国家出版基金资助项目

现代数学中的著名定理纵横谈丛书

丛书主编　王梓坤

PEANO CURVE，HAUSDORFF MEASURE AND HAUSDORFF DIMENSION

Peano曲线和Hausdorff测度与Hausdorff维数

谢彦麟　刘培杰数学工作室　编

内容简介

本书共分四编，从无限集谈起，讲述了皮亚诺曲线、豪斯道夫分球定理、豪斯道夫测度与豪斯道夫维数的相关理论.

本书适合高等数学研究人员及高等院校数学专业教师及学生参考阅读.

图书在版编目(CIP)数据

Peano 曲线和 Hausdorff 测度与 Hausdorff 维数/谢彦麟，刘培杰数学工作室编. —哈尔滨：哈尔滨工业大学出版社，2018.2

(现代数学中的著名定理纵横谈丛书)

ISBN 978 - 7 - 5603 - 6846 - 7

Ⅰ.①P… Ⅱ.①谢… ②刘… Ⅲ.①豪斯道夫空间 Ⅳ.①O189.11

中国版本图书馆 CIP 数据核字(2017)第 191442 号

策划编辑　刘培杰　张永芹
责任编辑　刘春雷
封面设计　孙茵艾
出版发行　哈尔滨工业大学出版社
社　　址　哈尔滨市南岗区复华四道街 10 号　邮编 150006
传　　真　0451 - 86414749
网　　址　http://hitpress.hit.edu.cn
印　　刷　哈尔滨市艺德印务有限公司
开　　本　787mm×960mm　1/16　印张 32　字数 330 千字
版　　次　2018 年 2 月第 1 版　2018 年 2 月第 1 次印刷
书　　号　ISBN 978 - 7 - 5603 - 6846 - 7
定　　价　158.00 元

⊙代序

读书的乐趣

你最喜爱什么——书籍.

你经常去哪里——书店.

你最大的乐趣是什么——读书.

这是友人提出的问题和我的回答.真的,我这一辈子算是和书籍,特别是好书结下了不解之缘.有人说,读书要费那么大的劲,又发不了财,读它做什么?我却至今不悔,不仅不悔,反而情趣越来越浓.想当年,我也曾爱打球,也曾爱下棋,对操琴也有兴趣,还登台伴奏过.但后来却都一一断交,“终身不复鼓琴”.那原因便是怕花费时间,玩物丧志,误了我的大事——求学.这当然过激了一些.剩下来唯有读书一事,自幼至今,无日少废,谓之书痴也可,谓之书橱也可,管它呢,人各有志,不可相强.我的一生大志,便是教书,而当教师,不多读书是不行的.

读好书是一种乐趣,一种情操;一种向全世界古往今来的伟人和名人求教的方法，一种和他们展开讨论的方式；一封出席各种活动、体验各种生活、结识各种人物的邀请信；一张迈进科学宫殿和未知世界的入场券；一股改造自己、丰富自己的强大力量．书籍是全人类有史以来共同创造的财富，是永不枯竭的智慧的源泉．失意时读书，可以使人重整旗鼓；得意时读书，可以使人头脑清醒；疑难时读书，可以得到解答或启示；年轻人读书，可明奋进之道；年老人读书，能知健神之理．浩浩乎！洋洋乎！如临大海，或波涛汹涌，或清风微拂，取之不尽，用之不竭．吾于读书，无疑义矣，三日不读，则头脑麻木，心摇摇无主．

潜能需要激发

我和书籍结缘，开始于一次非常偶然的机会．大概是八九岁吧，家里穷得揭不开锅，我每天从早到晚都要去田园里帮工．一天，偶然从旧木柜阴湿的角落里，找到一本蜡光纸的小书，自然很破了．屋内光线暗淡，又是黄昏时分，只好拿到大门外去看．封面已经脱落，扉页上写的是《薛仁贵征东》．管它呢，且往下看．第一回的标题已忘记，只是那首开卷诗不知为什么至今仍记忆犹新：

日出遥遥一点红，飘飘四海影无踪．

三岁孩童千两价，保主跨海去征东．

第一句指山东，二、三两句分别点出薛仁贵（雪、人贵）．那时识字很少，半看半猜，居然引起了我极大的兴趣，同时也教我认识了许多生字．这是我有生以来独立看的第一本书．尝到甜头以后，我便千方百计去找书，向小朋友借，到亲友家找，居然断断续续看了《薛丁山征西》《彭公案》《二度梅》等，樊梨花便成了我心中的女英雄. 我真入迷了. 从此,放牛也罢,车水也罢,我总要带一本书,还练出了边走田间小路边读书的本领,读得津津有味,不知人间别有他事.

当我们安静下来回想往事时,往往会发现一些偶然的小事却影响了自己的一生. 如果不是找到那本《薛仁贵征东》,我的好学心也许激发不起来. 我这一生,也许会走另一条路. 人的潜能,好比一座汽油库,星星之火,可以使它雷声隆隆、光照天地;但若少了这粒火星,它便会成为一潭死水,永归沉寂.

抄,总抄得起

好不容易上了中学,做完功课还有点时间,便常光顾图书馆. 好书借了实在舍不得还,但买不到也买不起,便下决心动手抄书. 抄,总抄得起. 我抄过林语堂写的《高级英文法》,抄过英文的《英文典大全》,还抄过《孙子兵法》,这本书实在爱得狠了,竟一口气抄了两份. 人们虽知抄书之苦,未知抄书之益,抄完毫末俱见,一览无余,胜读十遍.

始于精于一,返于精于博

关于康有为的教学法,他的弟子梁启超说:"康先生之教,专标专精、涉猎二条,无专精则不能成,无涉猎则不能通也."可见康有为强烈要求学生把专精和广博(即"涉猎")相结合.

在先后次序上,我认为要从精于一开始. 首先应集中精力学好专业,并在专业的科研中做出成绩,然后逐步扩大领域,力求多方面的精. 年轻时,我曾精读杜布(J. L. Doob)的《随机过程论》,哈尔莫斯(P. R. Halmos)的《测度论》等世界数学名著,使我终身受益. 简言之,即"始于精于一,返于精于博". 正如中国革命一样,必须先有一块根据地,站稳后再开创几块,最后连成一片.

丰富我文采,澡雪我精神

辛苦了一周,人相当疲劳了,每到星期六,我便到旧书店走走,这已成为生活中的一部分,多年如此.一次,偶然看到一套《纲鉴易知录》,编者之一便是选编《古文观止》的吴楚材.这部书提纲挈领地讲中国历史,上自盘古氏,直到明末,记事简明,文字古雅,又富于故事性,便把这部书从头到尾读了一遍.从此启发了我读史书的兴趣.

我爱读中国的古典小说,例如《三国演义》和《东周列国志》.我常对人说,这两部书简直是世界上政治阴谋诡计大全.即以近年来极时髦的人质问题(伊朗人质、劫机人质等),这些书中早就有了,秦始皇的父亲便是受害者,堪称"人质之父".

《庄子》超尘绝俗,不屑于名利.其中"秋水""解牛"诸篇,诚绝唱也.《论语》束身严谨,勇于面世,"己所不欲,勿施于人",有长者之风.司马迁的《报任少卿书》,读之我心两伤,既伤少卿,又伤司马;我不知道少卿是否收到这封信,希望有人做点研究.我也爱读鲁迅的杂文,果戈理、梅里美的小说.我非常敬重文天祥、秋瑾的人品,常记他们的诗句:"人生自古谁无死,留取丹心照汗青""休言女子非英物,夜夜龙泉壁上鸣".唐诗、宋词、《西厢记》《牡丹亭》,丰富我文采,澡雪我精神,其中精粹,实是人间神品.

读了邓拓的《燕山夜话》,既叹服其广博,也使我动了写《科学发现纵横谈》的心.不料这本小册子竟给我招来了上千封鼓励信.以后人们便写出了许许多多的“纵横谈”.

从学生时代起,我就喜读方法论方面的论著.我想,做什么事情都要讲究方法,追求效率、效果和效益,方法好能事半而功倍.我很留心一些著名科学家、文学家写的心得体会和经验.我曾惊讶为什么巴尔扎克在51年短短的一生中能写出上百本书,并从他的传记中去寻找答案.文史哲和科学的海洋无边无际,先哲们的明智之光沐浴着人们的心灵,我衷心感谢他们的恩惠.

读书的另一面

以上我谈了读书的好处,现在要回过头来说说事情的另一面.

读书要选择.世上有各种各样的书:有的不值一看,有的只值看20分钟,有的可看5年,有的可保存一辈子,有的将永远不朽.即使是不朽的超级名著,由于我们的精力与时间有限,也必须加以选择.决不要看坏书,对一般书,要学会速读.

读书要多思考.应该想想,作者说得对吗?完全吗?适合今天的情况吗?从书本中迅速获得效果的好办法是有的放矢地读书,带着问题去读,或偏重某一方面去读.这时我们的思维处于主动寻找的地位,就像猎人追找猎物一样主动,很快就能找到答案,或者发现书中的问题.

有的书浏览即止,有的要读出声来,有的要心头记住,有的要笔头记录.对重要的专业书或名著,要勤做笔记,“不动笔墨不读书”.动脑加动手,手脑并用,既可加深理解,又可避忘备查,特别是自己的灵感,更要及时抓住.清代章学诚在《文史通义》中说:“札记之功必不可少,如不札记,则无穷妙绪如雨珠落大海矣.”

许多大事业、大作品，都是长期积累和短期突击相结合的产物. 涓涓不息，将成江河；无此涓涓，何来江河？

爱好读书是许多伟人的共同特性，不仅学者专家如此，一些大政治家、大军事家也如此. 曹操、康熙、拿破仑、毛泽东都是手不释卷，嗜书如命的人. 他们的巨大成就与毕生刻苦自学密切相关.

王梓坤

◎ 目录

第三编　豪斯道夫测度与豪斯道夫维数

第四编　数学各分支中的豪斯道夫维数

第一编

皮亚诺曲线
和豪斯道夫分球定理

第1章 集的势及其运算

我们先来看一道第 20 届美国大学生数学竞赛的试题：

B－3[①] 试举出一个从[0,1]映射到[0,1]的连续函数$f(x)$，对于每一个x的值都有无穷多个函数值与之对应.

解 我们知道，著名的皮亚诺(Peano)曲线即可作为存在连续满映射

$$g:[0,1]\to[0,1]\times[0,1]$$

的一个例子.

下面再举一例以示一斑：

先用一无穷三角级数来定义一个几乎满足本题要求的函数，然后对其稍加变形即得完全符合要求的函数.

选取p，使$0<p<1$，并令

$$h(x)=(1-p)\sum_{k=1}^{\infty}p^{k-1}\cos(3^{k^2}\pi x),x\in[0,1]$$

此级数以$(1-p)\sum p^{k-1}$为其强级数，因此h连续，且$|h(x)|\leqslant 1$. 易知当且仅当$x=0,1/3,2/3,1$时，才有$|h(x)|=1$，即$h(0)=h(2/3)=1,h(1/3)=h(1)=-1$.

① **B** 表示下午试题.

下面证明 h 在$\left(0,\frac{1}{3}\right)\cup\left(\frac{1}{3},\frac{2}{3}\right)\cup\left(\frac{2}{3},1\right)$内的每一点都可取无穷多个不超出闭区间$[-1,1]$的函数值. 令

$$h(x)=h_n(x)+R_n(x)$$

其中 $$h_n(x)=(1-p)\sum_{k=1}^{n-1}p^{k-1}\cos(3^{k^2}\pi x)$$

$$R_n(x)=(1-p)\sum_{k=n}^{\infty}p^{k-1}\cos(3^{k^2}\pi x)$$

设 $\alpha\in(-1,1)$，则存在一个正整数 q，当 $n\geqslant q$ 时，能使

$$h_n(0)>\alpha>h_n(1)$$

且对任一固定的 $n(\geqslant q)$，存在某个

$$t_n\in\left(0,\frac{1}{3}\right)\cup\left(\frac{1}{3},\frac{2}{3}\right)\cup\left(\frac{2}{3},1\right)$$

能使 $h(t_n)=\alpha$.

对任意 x，我们有

$$|h'(x)|\leqslant(1-p)\sum_{k=1}^{n-1}p^{k-1}3^{k^2}\pi\leqslant 3^{(n-1)^2}\pi$$

由此可推知，若

$$|x-t_n|<\frac{1}{\pi}p^n(1-2p)3^{-(n-1)^2}$$

则 $$|h_n(x)-\alpha|<p^n(1-2p)$$

由 $\cos(3^{n^2}\pi x)$的周期性知，在每一长为 $2\cdot 3^{-n^2}$ 的区间上，$h(x)$的第 n 项$(1-p)p^{n-1}\cos(3^{n^2}\pi x)$的值在$-(1-p)p^{n-1}$与$(1-p)p^{n-1}$之间振动，而$|R_{n+1}(x)|$关于 p^n 一致有界. 因此，$R_n(x)$的值在每一长为 $2\cdot 3^{-n^2}$ 的区间上至多是在$-(1-2p)p^{n-1}$与$(1-2p)p^{n-1}$之间振动. 令

$$A_n=\left[\frac{I_n\text{ 的长}}{2\cdot 3^{-n^2}}\right]\geqslant\left[\left(\frac{1-2p}{6\pi}\right)(qp)^n\right]$$

其中,[ ]表示不超过其内所含数值的最大整数. $I_n\subseteq[0,1]$,I_n 的长大于或等于$\frac{1}{\pi}p^n(1-2p)3^{-(n-1)^2}$,则在 I_n 所含 A_n 个不重叠子区间的每一个内,$h=h_n+R_n$ 取值 α 至少一次,从而在 I_n 内取值 α 至少 A_n 次. 因 n 可以任意大,当$(qp)^n\to\infty$ 时,即有

$$\forall x\in\left(0,\frac{1}{3}\right)\cup\left(\frac{1}{3},\frac{2}{3}\right)\cup\left(\frac{2}{3},1\right)$$

能使 $h(x)=\alpha$,其中 α 可取$(-1,1)$上的任意值.

最后令

$$f(x)=\sin^2\left(2h\left(\frac{x+1}{q}\right)\right)$$

即得完全符合本题要求的函数表达式.

由这一题可知,有限集与其真子集不能对等,即它们的所有元素不能有一一对应的关系. 但无限集——正整数集 $\mathbf{Z}^*$ 与其真子集$\{n+1,n+2,n+3,\cdots\}$有一一对应关系,这只要对 $a=1,2,3,\cdots$,令 a 与 $a+n$ 对应即可. 又如矩形$[0,a]\times[0,b]$(以 x 轴线段$[0,a]$及 y 轴线段$[0,b]$为两边所得矩形,视为点集),令其每一点(x,y)映射成$(\frac{1}{2}x,\frac{1}{2}y)$,则这矩形与其真子集$[0,\frac{1}{2}a]\times[0,\frac{1}{2}b]$所有点一一对应. 实际上面积不同的两矩形都对等,其实我们放大、缩小地图相比时已司空见惯,也就见怪不怪了.

实际上任何无限集 S 都可以与其真子集对等,这是无限的特征(最平常的怪事):取 S 的可列子集

$$\{a_1, a_2, \cdots, a_n, \cdots\}$$

S 的真子集 $S' = S\backslash\{a_1, a_2, \cdots, a_n, \cdots\}$. 令 M 中元素 a_k 映射为 a_{k+n},而 $S\backslash M$ 中元素不变,可见 S 与 S'对等.

称所有互相对等之集有同一个"势",于是每个集有一个势. 本书把所有可列集(可排成一序列之集,又称可数集),如不大于一整数的所有整数,不小于一整数的所有整数,整数集 $\mathbf{Z}$ 可排成

$$\{0,1,-1,2,-2,3,-3,\cdots,n,-n,\cdots\}$$

有理数集 $\mathbf{Q}$ 可排成

$$\{0,1,-1,2,-2,3,\frac{1}{3},-3,-\frac{1}{3},4,\frac{3}{2},\frac{2}{3},\frac{1}{4},-4,$$

$$-\frac{3}{2},-\frac{2}{3},-\frac{1}{4},5,\frac{1}{5},-5,-\frac{1}{5},6,\frac{5}{2},\frac{4}{3},\frac{3}{4},\frac{2}{5},\frac{1}{6},$$

$$-6,-\frac{5}{2},-\frac{4}{3},-\frac{3}{4},-\frac{2}{5},-\frac{1}{6},\cdots\} \tag{1.1}$$

视正、负整数分母为 1,逐次排分子分母和为 2,3,4,5,6,7,…的既约分数.

有理数的任何无限子集 S(把 S 中所有数按上式次序排列[①],实际上可列集的任何无限子集亦是可列集)的势记为 a. 有 n 个元素的有限集(显然互相对等)的势记为 n. 故"势"就是有限集的元素个数在一切集的推广. 由前述它与长度、面积、体积等"测度"无关(点集不一定有测度).

在分析、几何中视 $+\infty$ 为比一切正数大的唯一的"数",即只有一个 $+\infty$. 正整数趋向 $+\infty$ 与正实数趋向的 $+\infty$ 是一样的.

但无限集中尚有其势不是 a 的"不可列集".

---

① 集 $\mathbf{Q}$ 在数轴上处处稠密却与孤立点集 $\mathbf{Z}$ 对等,这又是一怪事.

[0,1)中所有实数组成的集便是不可列集,证之如下:

若[0,1)内所有实数的集是可列集,把它们用无限小数(对有限小数,在其末位后无限补0)记之为

$$x_1 = 0.a_{11}a_{12}\cdots a_{1k}\cdots = \sum_{j=1}^{\infty}\frac{a_{1j}}{10^j}$$

$$x_2 = 0.a_{21}a_{22}\cdots a_{2k}\cdots$$

$$\vdots$$

$$x_n = 0.a_{n1}a_{n2}\cdots a_{nk}\cdots$$

$$\vdots$$

现取[0,1)中的无限小数

$$x = 0.a_1a_2\cdots a_n\cdots$$

使对任何正整数 n,有

$$a_n = \begin{cases} 2 & 当\ a_{nn} = 1 \\ 1 & 当\ a_{nn} \neq 1 \end{cases}$$

则 x 与任一 x_n 的第 n 位数字不同,又 x 的所有各位小数数字不是0,9(在 x_n 与 x 中不会出现

$$0.b_1b_2\cdots b_{k-1}b_k00\cdots = 0.b_1b_2\cdots b_{k-1}(b_k - 1)999\cdots$$

因 $\sum\limits_{j=k+1}^{\infty}\frac{9}{10^j} = \frac{1}{10^k}$),故 x 不等于任何 x_n. 这与原假设[0,1)中所有实数可列在 $x_1, x_2, \cdots, x_n, \cdots$ 中矛盾.

本书把[0,1)内所有实数的集的势记为 c①.

势为 c 的点集尚有:

由[0,1)(点集)的势为 c,作可逆变换(一一对应)$t = \tan\frac{\pi}{2}x$ 把[0,1)变成[0,+∞);作可逆变换 $t =$

① 现一般文献把此势用专门的希伯来文字母 ℵ 表示(译为 aleph(阿列夫)),而把可列集之势记为 $\aleph_0$. 亦有文献如[2][3]中用英文小写字母表示,但[2]中把可列集之势记为 d.

$\tan\frac{-\pi}{2}x$ 把$[0,1)$变成$(-\infty,0]$，故（去掉点 0，势不变①）集 $\mathbf{R}^*$，$\mathbf{R}^-$ 的势为 c；

由$(0,1)$的势为 c，作可逆变换 $t=\tan\left(\pi\left(x-\frac{1}{2}\right)\right)$ 把$(0,1)$变成$(-\infty,+\infty)$，故实数集 $\mathbf{R}$ 的势为 c；

对任何 $\alpha,\beta\in\mathbf{R},\alpha<\beta$，作可逆变换 $t=\alpha(1-x)+\beta x$ 把$[0,1)$变成区间$[\alpha,\beta)$，再添上或去掉一点知，任何开、闭、半开闭区间的势为 c.

如同有限集的元素个数，两集之势亦可比较大小：设集 M,N 之势分别为 m,n，若集 N 的一真子集与集 M 对等，且集 M 的任何子集不与集 N 对等，则称 $m<n$，$n>m$. 显然上述 $a<c$. 可以证明，任何两集之势 m,n，在三式 $m<n,m=n,m>n$ 中必有且只有一式成立.

文献[2][3]证明，任何非空集 S 的所有子集组成之集的势必大于 S 的势. 故没有最大的势. 不可列集之势未必是 c.

至今未见有集，其势 s 在 a 与 c 之间，即 $a<s<c$. 康托(Cantor)认为这样的集不存在. 此猜想称为"连续统（有限或无限区间）假设"，多年未能证明. 20 世纪 60 年代证明了，在集论公理体系（颇为抽象）下，不可能证明连续统假设，即连续统假设与集论所有公理独立. 笔者对此大为不解，亦未找极为抽象且非本行的《集论》《数学基础》专著解读弄清这个问题. 如果连续统假设不成立，难道就不能找出反例吗？可以增加一些公理来证明连续统假设吗？平行公理及欧氏几何完

① 下文证，在无限集 S 中添上或除去有限个元素后其势不变.

全适用于实际生活，但确实不可能绝对准确地用实践来验证平行公理，故还有否定欧几里得平行公理的"非欧几何"，据说它在天文宏观测量方面有所应用. 但连续统假设究竟与平行公理不同吧？是否还可以搞出另一个集论体系呢？

类似于正整数加法，下面讨论并集之势. 但结果有与正整数加法颇为不同之处.

例 1.1　无限集 S 与有限集的并集、差集的势与 S 的势相同，即在无限集上添上或除去有限个元素，其势不变（S 为有限集时显然结论不成立）.

证　由本章前面的论述知，对差集情形结论成立. 在并集情形，不妨设 S 与有限集 $\{b_1,b_2,\cdots,b_n\}$ 不相交（无共同元素），否则在有限集内去掉这些共同元素. 若余下为空集，则结论更显然. 在 S 中取可列集 $\{a_1,a_2,\cdots,a_k,\cdots\}$. 令 $b_1,b_2,\cdots,b_n$ 分别对应于 S 中的 $a_1,a_2,\cdots,a_n$，每个（并集中的）a_k 对应于 S 中的 a_{k+n}，其余元素对应于其本身，则集 $S\cup\{b_1,b_2,\cdots,b_n\}$ 与 S 的所有元素一一对应.

例 1.2　有限个可列集的并集仍是可列集，势不变，与有限集不同.

证　设 k 个可列集

$$A_1=\{a_{11},a_{12},\cdots,a_{1n},\cdots\}$$
$$A_2=\{a_{21},a_{22},\cdots,a_{2n},\cdots\}$$
$$\vdots$$
$$A_k=\{a_{k1},a_{k2},\cdots,a_{kn},\cdots\}$$

则它们的并集的所有元素可列成

$$\{a_{11},a_{21},\cdots,a_{k1},a_{12},a_{22},\cdots,a_{k2},\cdots,$$
$$a_{1n},a_{2n},\cdots,a_{kn},\cdots\}$$

再在其中有重复者只保留一个，且 A_1 的元素要保留，于是余下不只有限个元素，故为可列集.

例 1.3 任何无限集 S 与可列集 A 的并集、差集的势与 S 的势相同.

证 先考察 $S\cup A$. 易见在无限集 S 内可取可列子集 M. 不妨设集 S 与 A 不相交. 因集 M 与集 $M\cup A$ 对等，可令它们的所有元素一一对应. 再令集 $S\backslash M$ 的所有元素对应于其本身. 于是集 S 与集 $S\cup A$ 所有元素一一对应，故集 S 与集 $S\cup A$ 的势相同.

再考察 $S\backslash A$. 不妨设 $A\subsetneqq S$. 因 $S\backslash A$ 非空，可在其内取元素 b_1，$A\cup\{b_1\}$ 仍为可列集，$S\backslash(A\cup\{b_1\})$ 非空，可在此非空集内再取元素 b_2，继续类似取 $b_3,b_4,\cdots\in S\backslash A$，得可列集 $B=\{b_1,b_2,\cdots,b_n,\cdots\}\in S\backslash A$.

因集 $A\cup B$ 与集 B 对等，可令它们的元素一一对应. 再令 $S\backslash\{A\cup B\}$ 的元素对应于其本身，则得集 S 与集 $S\backslash A$ 的元素一一对应，故其势相同.

全体无理数的集为实数集 $\mathbf{R}$（势为 c）与有理数集 $\mathbf{Q}$（势为 a）之差集，故全体无理数的集的势为 c.

例 1.4 有限个势为 c 的集两两不相交，则它们的并集势为 c.

证 设两两不相交的集 $S_1,S_2,\cdots,S_n$ 的势为 c，可令它们分别与区间（视为点集）$[0,1),[1,2),\cdots,[n-1,n)$ 对等. 于是 $S_1,S_2,\cdots,S_n$ 的并集与区间 $[0,n)$ 对等，故势为 c.

例 1.5 可列个势为 c 的集 $S_1,S_2,\cdots,S_n,\cdots$ 两两不相交，则它们的并集势为 c.

与上例同理可证.

上两例的命题中可去掉两两不相交的条件，结论

亦成立,但证明时要再用伯恩斯坦(Bernstein)定理,略.

下面讨论势的乘法,它与正整数乘法亦有颇为不同之怪.

设集 S_1,S_2 的势分别为 s_1,s_2,定义 A 与 B 的积集为二元组集

$$A\times B=\{(x,y)\mid x\in A,y\in B\}$$

则称 $A\times B$ 之势 s 为势 s_1 与 s_2 之积. 记为 $s=s_1s_2$.

如果两集 A',B' 分别与集 A,B 对等,易见积集 $A'\times B'$与 $A\times B$ 对等,故 $s_1\times s_2$ 只与 s_1,s_2 有关,与 A,B 无关. 定义是合理的.

易见积集 $S_1\times S_2$ 与 $S_2\times S_1$ 对等,故 $s_1s_2=s_2s_1$,势的乘法适合交换律.

例如正方形$[0,1]\times[0,1]$(以 x 轴的区间$[0,1]$及 y 轴的区间$[0,1]$为两邻边的正方形闭域)可视为线段$[0,1]$与线段$[0,1]$的积集.

两有限集 $A=\{1,2,3,4\}$ 与 $B=\{1,2\}$ 的积集

$$A\times B=\{(1,1),(1,2),(2,1),(2,2),(3,1),(3,2),(4,1),(4,2)\}$$

集 A,B 及积集 $A\times B$ 的势分别为4,2,8. $4\times2=8$,故两势之积可视为正整数乘法的推广.

对势 a,c 及有限集的势 n 有下列奇怪结论.

例1.6　$na=an=a$.

证　因交换律成立,证 $na=a$ 即可. 设可列集 $A=\{a_1,a_2,\cdots,a_k,\cdots\}$,有限集 $N=\{b_1,b_2,\cdots,b_n\}$.

把积集 $A\times N$ 的所有元素排成

$$b_1a_1,b_1a_2,\cdots,b_1a_k,\cdots$$
$$b_2a_1,b_2a_2,\cdots,b_2a_k,\cdots$$

$$\vdots$$

$$b_n a_1, b_n a_2, \cdots, b_n a_k, \cdots$$

与前面证有限个可列集之并集的势为 a 一样,同样可证此积集为可列集,势为 a.

例 1.7 $ac=ca=c$.

证 $ac=c$. 设可列集 $A=\{a_1,a_2,\cdots,a_n,\cdots\}$,集 C 的势为 c. 对任一正整数 n,取区间 $[n,n+1)$(由前述势为 c)与集 $\{(a_n,y)\mid y\in C\}$(显然势为 c)对等. 于是积集

$$A\times C=\bigcup_{n=1}^{\infty}\{(a_n,x)\mid x\in C\}$$

与区间并集

$$[1,2)\cup[2,3)\cup\cdots\cup[n,n+1)\cup\cdots=[1,+\infty)$$

对等,后者势亦为 c.

例 1.8 $nc=cn=c$(与前式同理可证).

与正整数一样,对任何势 s 定义 s 的 n 次幂(n 为正整数)

$$s^n=\underbrace{ss\cdots s}_{n个}$$

($s^2=ss, s^3=s^2s, s^4=s^3s, s^n$ 亦可视为 n 个势为 c 的集 S 的积集 $S\times S\times\cdots\times S$ 之势).

对上述 s 与 S,定义 s^a 为积集(以 S 的元素序列为元素)

$$S\times S\times\cdots\times S\times\cdots=\{(x_1,x_2,\cdots,x_n,\cdots)\mid x_1\in S, x_2\in S,\cdots,x_n\in S,\cdots\}$$

的势.

对势之幂亦有与正整数之幂不同之怪.

例 1.9 $a^2=aa=a$.

证 不妨设可列集 $A=\mathbf{Z}^*$,则积集 $A\times A$ 所有元

素可排成

$$\begin{array}{c}(1,1),(1,2),(1,3),\cdots,(1,n),\cdots\\(2,1),(2,2),(2,3),\cdots,(2,n),\cdots\\\vdots\\(k,1),(k,2),(k,3),\cdots,(k,n),\cdots\\\vdots\end{array}$$

所有元素又可排成一列

$(1,1),(1,2),(2,1),(1,3),(2,2),(3,1),\cdots,$
$(1,n),(2,n-1),(3,n-2),\cdots,(n,1),\cdots$

(先排左上角元素,再排从右上到左下第1斜线(倾斜45°),再排第2斜线、第3斜线……第 n 斜线……)故 $A\times A$仍为可列集,$a^2=aa=a$.

于是

$$a^3=a^2a=aa=a,a^4=a^3a=aa=a$$

继续同样证得(n 为正整数,实际即按归纳法)

$$a^n=a$$

设可列个可列集 $A_1,A_2,\cdots,A_n,\cdots$互不相交(亦可去掉),易见其并集与 $A_1\times A_1$ 对等. 故从 $aa=a$ 知,可列个可列集之并集仍为可列集.

例 1.10　$2^a=c.$

证　不妨取只含2个元素之集为$\{0,1\}$. 可列个集$\{0,1\}$之积集为

$$P=\{(a_1,a_2,\cdots,a_n,\cdots)\mid a_1=0,1;\\a_2=0,1;\cdots;a_n=0,1;\cdots\}$$

它对等于所有二进制无限小数

$$(0.a_1a_2\cdots a_n\cdots)_2=\sum_{k=1}^{\infty}\frac{a_k}{2^k}$$

(左边最后附标2表示二进制)的集. 在积集及无限小

数集除去“从某位数字起以后全为 1”者(使相等的 $(0.a_1a_2\cdots a_{k-1}0111\cdots)_2=(0.a_1a_2\cdots a_{k-1}1000\cdots)_2$[①] 只保留后者). 于是在无限小数集内无相等重复者,故组成区间[0,1)的所有实数集,势为 c. 设所除去的无限小数在积集 P 的相应元素组成集 M,则 $P\backslash M$ 对等于实数集[0,1)——不可列集. 于是不可列集 $P\backslash M$ 的势为 c,添上(显然)可列集 M 得出原集 P 的势亦为 c. 于是 $2^a=c$.

例 1.11 $a^a=c$.

证 不妨取可列集为正整数集 $\mathbf{Z}^*$,则可列个 $\mathbf{Z}^*$ 的积集为所有正整数列

$$(a_1,a_2,\cdots,a_n,\cdots)(a_1\in\mathbf{Z}^*,a_2\in\mathbf{Z}^*,\cdots,a_n\in\mathbf{Z}^*,\cdots) \tag{1.2}$$

组成之集(势为 a^a). 只要证此集之势为 c.

对任一正整数列(1.2),取二进制无限小数

$$(0.1\ \ldots\ \underset{\substack{\uparrow\\ \text{第}a_1\text{位}}}{101}\ \ldots\ \underset{\substack{\uparrow\\ \text{第}a_1+a_2\text{位}}}{101}\ \ldots\ \underset{\substack{\uparrow\\ \text{第}a_1+a_2+a_3\text{位}}}{101}\ \cdots\ \underset{\substack{\uparrow\\ \text{第}a_1+a_2+\cdots+a_n\text{位}}}{101}\cdots)_2$$

与其对应. 此无限小数不会从任一位数字起以后全为 1(因易见 $a_1+a_2+\cdots+a_n\to+\infty$).

反之对[0,1)内任一无限小数(从任一位数字起不得全为 1)

$$0.1\cdots\underset{\substack{\uparrow\\ \text{第}b_1\text{位}}}{101}\cdots\underset{\substack{\uparrow\\ \text{第}b_2\text{位}}}{101}\cdots\underset{\substack{\uparrow\\ \text{第}b_3\text{位}}}{101}\quad\cdots\quad\underset{\substack{\uparrow\\ \text{第}b_n\text{位}\cdots\cdots}}{101}\quad\cdots$$

---

① 因 $\frac{1}{2^{k+1}}+\frac{1}{2^{k+2}}+\frac{1}{2^{k+3}}+\cdots=\frac{1}{2^k}$,即 $(0.\underbrace{00\cdots00}_{k\text{个}}111\cdots)_2=(0.\underbrace{00\cdots01}_{k\text{个}})_2$.

令 $a_1 = b_1, a_2 = b_2 - b_1$（即 $b_2 = a_1 + a_2$），$a_3 = b_3 - b_2$（即 $b_3 = a_1 + a_2 + a_3$），…，$a_n = b_n - b_{n-1}$（即 $b_n = a_1 + a_2 + \cdots + a_n$）. 故反之可得唯一的数列(1.2)对应于这个无限小数. 于是所有正整数列的集与[0,1)内所有实数的集对等. 后者势为 c，前者亦然.

例 1.12　$c^n = c$.

证　由上段证明，可取势为 c 的集为所有正整数列的集 Q. n 个集 Q 之积集 $\underbrace{Q \times Q \times \cdots \times Q}_{n\text{个}}$ 的所有元素可表为

$$((a_{11}, a_{12}, \cdots, a_{1k}, \cdots), (a_{21}, a_{22}, \cdots, a_{2k}, \cdots), \cdots, (a_{n1}, a_{n2}, \cdots, a_{nk}, \cdots)) \qquad (1.3)$$

（内层括号表数列，其中各数均为正整数）. 对积集的每一元素(1.2)，令其对应于正整数列

$$(a_{11}, a_{21}, \cdots, a_{n1}, a_{12}, a_{22}, \cdots, a_{n2}, \cdots, a_{1k}, a_{2k}, \cdots, a_{nk}, \cdots)$$

反之任一正整数列，可改按上式表示其各项附标，从而易见必为积集的唯一元素的对应正整数列. 于是积集 $\underbrace{Q \times Q \times \cdots \times Q}_{n\text{个}}$ 与所有正整数列的集 Q 对等，即 $c^n = c$.

于是闭区间[0,1]与正方形闭域[0,1]×[0,1]，正方体闭域[0,1]×[0,1]×[0,1]，n 维空间的正方体闭域 $\underbrace{[0,1] \times [0,1] \times \cdots \times [0,1]}_{n\text{个}}$ 对等；全直线、全平面、全三维空间、全 n 维空间对等. 确怪！

例 1.13　$c^a = c$.

证　与上段取同样的集 Q，则可列个集 Q 的积集 $Q \times Q \times \cdots \times Q \times \cdots$ 的所有元素可表示为

$$((a_{11}, a_{12}, \cdots, a_{1k}, \cdots), (a_{21}, a_{22}, \cdots, a_{2k}, \cdots), \cdots, (a_{n1}, a_{n2}, \cdots, a_{nk}, \cdots), \cdots)$$

对积集中每一元素(1.3),令其对应于正整数列

$$(a_{11},a_{12},a_{21},a_{13},a_{22},a_{31},\cdots,a_{1k},$$
$$a_{2(k-1)},a_{3(k-2)},\cdots,a_{k1},\cdots)$$

于是与上段类似可证 $c^a=c$.

于是闭区间[0,1]与希尔伯特(Hilbert)空间(无限维)的“砖形”$[0,1]\times[0,\frac{1}{2}]\times[0,\frac{1}{3}]\times\cdots\times[0,\frac{1}{n}]\times\cdots$①对等. 全直线与全希尔伯特空间对等.

① 边长无限缩小是为了其上的点$(x_1,x_2,\cdots,x_n,\cdots)$与原点的距离$\sqrt{\sum_{i=1}^{\infty}x_i^2}<+\infty$.

有序集的序型及其运算

第2章

若能对一个集的所有元素规定前后次序规则,则称此集为按此规则的有序集.

例如任何(全部或部分)实数集,按从小到大为前后次序($a<b$ 时称 a 在 b 前)是有序集.

若有序集的元素 a,b,a 在 b 前(即 b 在 a 后),记为

$$a \prec b (\text{或 } b \succ a)$$

有序集元素的前后次序类似于实数的大小次序,要适合:

若 $a \prec b$,$b \prec c$,则 $a \prec c$.

(可简写为 $a \prec b \prec c$,或 $c \succ b \succ a$.)

并非每一集都可定出前后次序规则使其成有序集. 如定积分定义中积分区间的所有分割的集,曲线的所有内接折线的集.

对于一个集可定出多个次序规则,这时视为得出多个有序集. 如前述实数集,亦可规定从大到小的前后次序($a>b$ 时称 $a \prec b$)成为另一有序集.

如正整数集 $\mathbf{Z}^*$ 在上述两规则下所得有序集可写成

$$1 \prec 2 \prec 3 \prec 4 \prec \cdots \prec n-1 \prec n \prec n+1 \prec \cdots$$

$$\cdots \prec n+1 \prec n \prec n-1 \prec \cdots \prec 3 \prec 2 \prec 1$$

可分别简写成数列形式

$$\{1,2,3,\cdots,n-1,n,n+1,\cdots\} \tag{2.1}$$

$$\{\cdots,n+1,n,n-1,\cdots,3,2,1\} \tag{2.2}$$

一般可列成有限的有序集,都可按从左到右表示前后次序写成类似数列的形式. 如整数集 $\mathbf{Z}$ 按从小到大为前后次序可写成

$$\{\cdots,-n,\cdots,-3,-2,-1,0,1,2,3,\cdots,n,\cdots\} \tag{2.3}$$

易见对任何有限集,设有 n 个元素,则有 $n!$ 个规则使之成为有序集. 如三个元素 a_1,a_2,a_3 的集,可写成 6 个有序集(即 6 个排列)

$$\{a_1,a_2,a_3\},\{a_1,a_3,a_2\},\{a_2,a_1,a_3\}$$

$$\{a_2,a_3,a_1\},\{a_3,a_1,a_2\},\{a_3,a_2,a_1\}$$

两个对等(同势)的有序集 S,S',若可对它们的一切元素规定一个一一对应关系,使对应元素有相同的前后关系——若集 S 的元素 a,b 分别对应于集 S'的元素 a',b',则当且仅当 $a \prec b$ 时 $a' \prec b'$. 这时称两有序集 S,S'相似.

排成序列

$$\{a_1,a_2,\cdots,a_n,\cdots\}$$

型的所有集,按从左到右的次序所成有序集都相似,按从右到左的次序亦然.

易见有限 n 个元素的两有序集必相似. 一个有限集有(n 个元素)任意排成的 $n!$ 个有序集互相相似.

正整数有序集(2.1)与正偶数集$\{2,4,6,\cdots,2n,\cdots\}$相似(使 n 对应于 $2n$). 整数集 $\mathbf{Z}$ 改按从大到小为前后次序所得的有序集

$$\{\cdots,n,\cdots,3,2,1,0,-1,-2,-3,\cdots,-n,\cdots\} \tag{2.4}$$

与有序集(2.3)相似(使两相反数对应). 但正整数的有序集(2.1)(2.2)不相似. 对实数集 $\mathbf{R}$ 与正实数集 $\mathbf{R}^*$,有理数集 $\mathbf{Q}$ 与正有理数集 $\mathbf{Q}^*$,所有无理数的集与所有正无理数的集亦有类似结论.

有理数集 $\mathbf{Q}$ 与整数集 $\mathbf{Z}$ 均为可列集. 它们都按从小到大为前后次序所成两有序集不相似. 但把集 $\mathbf{Q}$ 排成上章式(1.1),则有序集(1.1)与整数有序集

$$\{0,1,-1,2,-2,3,-3,\cdots\}$$

相似. 正整数集 $\mathbf{Z}^*$ 还可排成有序集

$$\{1,3,5,7,\cdots,2n-1,\cdots,2,4,6,8,\cdots,2n,\cdots\}$$

它不与有序集(2.3)(2.4)相似. 故与有限集不同,无限集可排成多个互不相似的有序集.

称一切互相相似的集有同一序相(序型).

记正整数集 $\mathbf{Z}^*$,正偶数集,正奇数集,被 n 除余数为 k($n\in\mathbf{Z}^*,n\geqslant 2,k=0,1,2,\cdots,n-1$ 为给定的数)的所有正整数的集①,以从小到大(从大到小)为前后次序所得有序集的序相为 ω(为 ω^*).

记整数集 $\mathbf{Z}$ 所有(正、负,下同)偶数的集,所有奇数的集,……,以从小到大(从大到小)为前后次序所得有序集的序相为 ω(为 ω^*).

一般排成序列$\{a_1,a_2,\cdots,a_n,\cdots\}$型的所有集按从

① 如 $n=3,k=1$ 时得集$\{1,4,7,10,13,\cdots\}$.

左到右(从右到左)为前后次序所得有序集的序相为 π(为 π^*).

记有 n 个元素的有限集(任定前后次序)所成的 $n!$ 个有序集(互相相似)的序相为 n.

任一开区间 (α,β)($\alpha<\beta$,视为点集)与实数集 $\mathbf{R}$,无论以从小到大还是从大到小为前后次序所成有序集都相似(对 $x\in(\alpha,\beta)$,作可逆(一一对应)变换 $t=-x$,则得相反的大小次序. 作可逆变换 $t=\tan\dfrac{(2x-\alpha-\beta)\pi}{2(\beta-\alpha)}$可把$(\alpha,\beta)$换成$(-\infty,+\infty)$),记这些有序集的序相为 λ.

闭区间$[\alpha,\beta]$按从小到大或从大到小所得两有序集相似. 区间$[\alpha,\beta)$按从小到大(从大到小)所成有序集与区间$(\alpha,\beta]$按从大到小(从小到大)所成有序集相似(作可逆变换 $t=\alpha+\beta-x$ 可知).

区间$[\alpha,\beta)$与$[\gamma,+\infty)$都按从小到大所成有序集相似,都按从大到小亦然. 区间(α,β)与区间$(\gamma,+\infty)$亦有同样结论(都作可逆变换 $t=\dfrac{x-\alpha}{\beta-x}+\gamma$ 可知).

区间$(\alpha,\beta]$与$(-\infty,\gamma]$都按从小到大所成有序集相似,都按从大到小亦然. 区间(α,β)与$(-\infty,\gamma)$亦有同样结论(都作可逆变换 $t=\dfrac{x-\beta}{x-\alpha}+\gamma$ 可知).

区间(α,β),$[\alpha,\beta]$,$[\alpha,\beta)$,$(\alpha,\beta]$都按从小到大所成有序集不相似,都按从大到小亦然. 虽然它们的势均为 c.

下述序相的加法、乘法.

设有序集 L 与 M 不相交,序相分别为 λ,μ. 规定

并集 $L \cup M$ 任两元素 u,v 的前后次序：当 u,v 同属集 L（集 M）时按有序集 L（有序集 M）的前后次序. 当 $u \in L, v \in M$ 时，规定 $u \prec v$（即把有序集 L 的元素按原有次序排在前，把有序集 M 的元素按原有次序排在后）. 易见在这规定下 $L \cup M$ 为有序集，称其序相为 λ 与 μ 的（有序）和①，记为 $\lambda + \mu$. 易见有序集 L 与 M 分别换成与之相似的有序集 L' 与 M'，且类似规定 $L' \cup M'$ 的前后次序时，有序集 $L' \cup M'$ 与 $L \cup M$ 相似，序相相同，即 $\lambda + \mu$ 与所取的有序集 L 与 M 无关，只与 λ, μ 有关，定义是合理的.

易见对有限集的序相 n, n'，其序相之和即正整数 n, n' 之和 $n + n'$. 如含 3 元素的有序集与含 4 元素的有序集（两集不相交），它们的并集的序相 $7 = 3 + 4$. 故序相的加法可视为正整数加法的推广，但无限有序集的序相的和有多个与正整数的和颇为不同之怪. 与无限集之势的加法亦有所不同. 下文将详细叙述.

取序相为 ω 的正整数有序集（2. 1），又取序相为 ω^* 的有序集

$$\{\cdots, -n, \cdots, -3, -2, -1, 0\} \qquad (2.5)$$

（易见它与正整数集 $\mathbf{Z}^*$ 按从大到小所成有序集（序相为 ω^*）相似），则有序集（2. 5）与（2. 1）的并集为整数集 $\mathbf{Z}$ 的有序集（2. 3），其序相为 π，故得

$$\omega^* + \omega = \pi$$

但若改变两有序集的次序，有序集（2. 1）与（2. 5）的并集为有序集

---

① 注意，若把 $L \cup M$ 改为 $M \cup L$，则改为 M 的元素在前，L 的元素在后，于是有序集 $L \cup M$ 不同于有序集 $M \cup L$. $\lambda + \mu$ 不同于 $\mu + \lambda$.

$$\{1,2,3,\cdots,n,\cdots,\cdots,-n,\cdots,-3,-2,-1,0\}$$

则不与 **Z** 的有序集(2.3)相似. 于是

$$\omega+\omega^{*}\neq\pi,\omega+\omega^{*}\neq\omega^{*}+\omega$$

这就表明,序相的加法不适合交换律.

单元素集$\{0\}$可视为有序集. 它与从小到大的正整数有序集(2.1)之并集为从小到大的非负整数有序集

$$\{0,1,2,3,\cdots,n,\cdots\}$$

它与从小到大的正整数有序集(2.1)相似,故(又与有限有序集不同)

$$1+\omega=\omega$$

但相反有序集(2.1)与$\{0\}$的并集为有序集

$$\{1,2,3,\cdots,n,\cdots,0\}$$

与序相为 ω 的有序集不相似,故

$$\omega+1\neq\omega,\omega+1\neq1+\omega$$

区间$[\alpha,\beta)$的点集视为从小到大的有序集(下同),其序相为 $1+\lambda$($\{\alpha\}\cup(\alpha,\beta)$的序相). 区间$(\alpha,\beta]$的序相为 $\lambda+1$. 两有序集不相似,与有序集(α,β)也不相似,故又有

$$1+\lambda\neq\lambda+1,1+\lambda\neq\lambda,\lambda+1\neq\lambda$$

(与无限集的势的加法也不同,势的加法必适合交换律).

区间$[\alpha,\beta]$按从小到大或从大到小所成有序集的序相为 $1+\lambda+1$(视$[\alpha,\beta]$为$\{\alpha\}\cup(\alpha,\beta)\cup\{\beta\}$).

区间$[\alpha,\beta)$,其中 β 可取 $+\infty$,按从小到大(从大到小)所成有序集的序相为 $1+\lambda$(为 $\lambda+1$);区间$(\alpha,\beta]$,其中 α 可取 $-\infty$,按从小到大(从大到小)所成有序集的序相为 $\lambda+1$(为 $1+\lambda$).

对上述有序集 L,M,但不要求 L 与 M 不相交,定义其积集 $L\times M$ 任两元素 (u,u') 与 (v,v') 的前后次序为:当 $u'\prec v'$,或当 $u'=v'$ 且 $u\prec v$ 时 $(u,u')\prec(v,v')$. 按此前后次序 $L\times M$ 为有序集,称其序相为 $\lambda\mu$.

同样,易见 $\lambda\mu$ 与所取分别有序相 λ,μ 的有序集 L,M 无关.

例如取有序集 $L=\{1,2,3,4\}$, $M=\{1,2\}$,则积集

$$L\times M=\{(1,1),(2,1),(3,1),(4,1),(1,2),(2,2),(3,2),(4,2)\}$$

序相为 $8=4\times 2$. 一般任两有限有序集的序相的乘法与正整数的乘法一致. 序相的乘法可视为正整数乘法的推广. 但无限有序集的序相乘法亦有与正整数乘法颇为不同之怪,亦与无限集之势的乘法有所不同.

序数的乘法不适合交换律(又与势的乘法不同).

例如取正整数集 $\mathbf{Z}^*$ 及集 $\{1,2\}$ 按从小到大次序,其序相分别为 ω 及 2, $\mathbf{Z}^*\times\{1,2\}$ 为有序集

$$\{(1,1),(2,1),(3,1),\cdots,(n,1),\cdots,(1,2),(2,2),(3,2),\cdots,(n,2),\cdots\} \tag{2.6}$$

而 $\{1,2\}\times\mathbf{Z}^*$ 为有序集

$$\{(1,1),(2,1),(1,2),(2,2),(1,3),(2,3),\cdots,(1,n),(2,n),\cdots\} \tag{2.7}$$

二者不相似,于是 $\omega\cdot 2\neq 2\omega$.

但易见(2.7)为可列集,即 $2\omega=\omega$. 对一般正整数 n 所表示的序相有 $n\omega=\omega\neq\omega\cdot n$.

以下介绍良序集(整序集)及其序数.

若有序集的任何非空子集都有首元(最前的元素),则称此有序集为良序集.

任何可列集 M 可排成(有序集)

$$\{a_1, a_2, a_3, \cdots, a_n, \cdots\} \tag{2.8}$$

按从左到右为前后次序则为良序集. 但按从右到左次序则不是良序集. 有序集(1.1)(2.1)是良序集次序.

有理数集 **Q** 是有序集,按从小到大或从大到小次序都不是良序集,但排成有序集(1.1)则是良序集. 整数集 **Z** 按从小到大或从大到小次序都是有序集,但不是良序集,但排成

$$\{0, 1, -1, 2, -2, 3, -3, \cdots, n, -n, \cdots\}$$

则为良序集.

文献[2][3](极为抽象地)证明了任何有序集必可重新排列前后次序使之为良序集. 但笔者未见如何把实数集 **R** 具体排列次序使之成良序集,或者因理论研究不需要吧!

良序集的序相称为它的序数. 无限良序集的序数称为超限数(超穷数). 序数还有另一意义:对良序集每一元素 α,易见此良序集所有排在 α 前的元素(称 α 的前段)为良序集,此前段的序数可作为 α 的编号,如良序集(2.6)中所有元素可编号为

$$(1,1) = a_0, (1,2) = a_1, (1,3) = a_2, \cdots, (1,n) = a_{n-1}, \cdots$$

$$(2,1) = a_\omega, (2,2) = a_{\omega+1}, (2,3) = a_{\omega+2}, \cdots, (2,n) = a_{\omega+(n-1)}, \cdots$$

(注意,第一行中第 n 个元素的编号(其前段的序数)为 $n-1$. 可列良序集(2.8)中第 n 个元素 a_n 按此规定则编号为 $n-1$). 于是这些编号又组成良序集

$$\{0, 1, 2, \cdots, n-1, \cdots, \omega, \omega+1, \omega+2, \cdots, \omega+(n-1), \cdots\}$$

上述序数中 $0, 1, 2, \cdots, n-1, \cdots$($\omega, \omega+1, \omega+2, \cdots, \omega+(n-1), \cdots$)为有限序数(超限数或称超穷数),表示元素之前有有限个元素(无限个元素).

如同两个正整数必可比较大小,任两集的势亦然.但一般两个有序集的序相不一定可比较大小.然而两个良序集 A,B 的序数——设分别为 α,β——必可比较大小:当良序集 A 与良序集 B 的一个前段(某元素的前段)相似时称 $\alpha<\beta,\beta>\alpha$.同样,易见此二式与所取分别有序数 α,β 的集 A,B 无关.可证在 $\alpha<\beta,\alpha=\beta$,$\alpha>\beta$三式中有且仅有一式成立.于是所有良序集的所有序数按从小到大的次序是一个良序集.

在所有序数组成的良序集中,显然任一序数 α 必有紧跟其后的唯一序数(据良序集定义)$\alpha+1$.在除 0 以外的每个有限序数之前必有唯一的最后序数.但在超限数之前不一定有最后的元素,如 ω.但在 $\omega+1$,$\omega+2,\cdots$之前有最后的序数,分别为 $\omega,\omega+1,\cdots$.

上述序相及超限数分别为无限有序集的序相及超限数中最简单者且要用二元组(积集元素)的编号作为超限数的例子.文献[3]列出一系列颇复杂的超限数,但未有相应良序集的例子.实际上在数轴的点集中即有更复杂的序相及(文献[3]中的一系列)超限数编号.本文补述如下.

取(严格)递增数列

$$x_0,x_1,x_2,\cdots,x_k,\cdots\to x_{10}$$

$$x_{10},x_{11},x_{12},\cdots,x_{1k},\cdots\to x_{20}$$

(10,11,12,…不表示二位整数)

$$\vdots$$

$$x_{n0},x_{n1},x_{n2},\cdots,x_{nk},\cdots\to x_{(n+1)0}$$

其中有界数列

$$x_{10},x_{20},x_{30},\cdots,x_{(n+1)0},\cdots\to x_{100}\quad(100\text{ 非三位整数})$$

把它们排成良序集,则其序数为 $\omega\omega$(记为 ω^2).数 x_{nk}

的编号序数为 $\omega n+k$.

再从 x_{100} 开始取递增数列

$$x_{100},x_{101},x_{102},\cdots\to x_{110}$$
$$x_{110},x_{111},x_{112},\cdots\to x_{120}$$
$$x_{120},x_{121},x_{122},\cdots\to x_{130}$$
$$\vdots$$

其中

$$x_{110},x_{120},x_{130},\cdots\to x_{200}$$

把它们排在前述良序集之后,则所成良序集的序数为 $\omega^2\cdot 2$. 点 x_{1nk} 的编号为 $\omega^2+\omega n+k$.

继续无限次类似过程(要求 x_{k00} 有界),可得序数 $\omega^2\omega$(记为 ω^3),点 x_{mnk} 的编号为 $\omega^2 m+\omega n+k$.

类似继续可得有 4,5,6,…附标的点,即得出序数为 $\omega^4,\omega^5,\omega^6,\cdots$的良序集,各元素的编号序数有 4,5,6,…项.

若始终要求上述过程的良序集有界,最后又得良序集,其序数为 $\omega\omega\omega\cdots\omega\cdots$(记为 ω^ω),其中各元素的编号序数有可列个项. 各点的附标有可列个数.

以上过程还可继续,得出序数 $\omega^\omega\cdot 1,\omega^\omega\cdot 2,\omega^\omega\cdot 3,\cdots,\omega^\omega\cdot\omega=\omega^{\omega+1},\omega^{\omega+1}\cdot\omega=\omega^{\omega+2},\omega^{\omega+3},\cdots,\omega^{\omega\cdot 2},\omega^{\omega\cdot 3},\cdots,\omega^{\omega\omega}=\omega^{\omega^2},\cdots,\omega^{\omega^3},\cdots,\omega^{\omega^\omega},\cdots$.

在有可列个 ω 的 $\omega^{\omega^{\omega^{\cdots}}}$(记为 ε)之后,还可不断有更后的序数 $\varepsilon+1,\varepsilon+2,\cdots$.

第3章 康托集的奇特性质

直线上的完备集(点集)是不含孤立点(点集的孤立点 P 是指在其充分小邻域内不含此集除点 P 以外的点)的闭集.而闭集或者就是一个闭区间,或者是一个闭区间除去有限个或可列个开区间所得的余集.于是完备集由于无孤立点,似乎只能由若干闭区间所组成,从而它的测度(此时为区间长之和)是正数且集的势为 c.常见势为 c 的集似乎都是若干(开、闭、半开闭)区间的并集,从而其测度是正数,且不是稀疏(疏朗)集——任何开区间必有一个子区间,此子区间不含集的点.但康托点集否定了上述猜想.康托集是完备集,又是稀疏集,测度为0,势为 c.

康托集的构造过程:在区间[0,1]正中央除去长为$\frac{1}{3}$的开区间$\left(\frac{1}{3},\frac{2}{3}\right)$,在所余的两闭区间$\left[0,\frac{1}{3}\right]$,$\left[\frac{2}{3},1\right]$正中央又分别除去长为$\frac{1}{9}$的开区间$\left(\frac{1}{9},\frac{2}{9}\right)$,

$(\frac{7}{9},\frac{8}{9})$，在余下的四个闭区间$[0,\frac{1}{9}]$，$[\frac{2}{9},\frac{1}{3}]$，$[\frac{2}{3},\frac{7}{9}]$，$[\frac{8}{9},1]$正中央又除去长为$\frac{1}{27}$的开区间，……，如此无限继续后所得余集便是康托集，如下

$\frac{1}{27}$ $\frac{2}{27}$ $\frac{7}{27}$ $\frac{8}{27}$ $\frac{19}{27}$ $\frac{20}{27}$ $\frac{25}{27}$ $\frac{26}{27}$

0 $\frac{1}{9}$ $\frac{2}{9}$ $\frac{1}{3}$ $\frac{2}{3}$ $\frac{7}{9}$ $\frac{8}{9}$ 1

康托集显然非空，因它至少含有点$0,\frac{1}{3},\frac{2}{3},1,\frac{1}{9},\frac{2}{9},\frac{7}{9},\frac{8}{9},\cdots$，且为闭集（因由闭区间除去可列个开区间所得）. 因除去的所有开区间总长

$$\begin{aligned}&\frac{1}{3}+2\times\frac{1}{9}+4\times\frac{1}{27}+8\times\frac{1}{81}+\cdots\\&=\frac{1}{3}+\frac{2}{9}(1+\frac{2}{3}+(\frac{2}{3})^2+\cdots)\\&=\frac{1}{3}+\frac{2}{9}\times\frac{1}{1-\frac{2}{3}}=1\end{aligned}$$

故余下的康托集测度为0.

因除去的所有开区间总长为1，几乎处处挤满区间$[0,1]$，于是区间$[0,1]$内任何开区间必至少与所除去的一个开区间重叠. 两重叠的开区间的交集仍是一个开区间，易见它不含康托集的点，故康托集是稀疏集.

易见所除去的所有开区间无公共端点，与区间$[0,1]$亦无公共的端点. 于是所余下的康托集（闭集）无孤立点，故是完备集.

最后证康托集势为c.

第一次除去开区间$(\frac{1}{3},\frac{2}{3})$后,所余两闭区间的端点为0,1及三进制(有限)小数$(0.1)_3$,$(0.2)_3$;第二次除去两开区间后所余闭区间端点除上次4点外又增加三进制小数$(0.01)_3$,$(0.02)_3$,$(0.21)_3$,$(0.22)_3$;第三次除前2次的端点外又增加$(0.001)_3$,$(0.002)_3$,$(0.021)_3$,$(0.022)_3$,$(0.201)_3$,$(0.202)_3$,$(0.221)_3$,$(0.222)_3$;…. 即上几次的端点仍为下次的端点,所有端点都是三进制有限小数. 我们规定,当三进制有限小数末位数字为1时,即$(0.a_1a_2\cdots a_{k-1}1)_3$,改写为

$$(0.a_1a_2\cdots a_{k-1}0222\cdots)_3$$①

当末位数字为2时在其后添上无数个0,即形式上都改写成三进制无限小数. 于是,易见上述端点的各位数字都不出现1,只是0或2. 在这样的规定下,易见第一次除去的开区间$(\frac{1}{3},\frac{2}{3})$,即

$$((0.0222\cdots)_3,(0.2000\cdots)_3)$$

由所有第一位数字为1的所有三进制无限小数组成. 第二次除去的开区间$(\frac{1}{9},\frac{2}{9})$,$(\frac{7}{9},\frac{8}{9})$,即

$$((0.00222\cdots)_3,(0.02000\cdots)_3)$$
$$((0.20222\cdots)_3,(0.22000\cdots)_3)$$

由第一位数字为0或2,第二位数字为1的所有三进制无限小数所组成,类似知第三次除去的四个开

---

① 注意$\sum_{j=k+1}^{\infty}\frac{2}{3^j}=\frac{1}{3^k}$,即

$$(0.\underbrace{00\cdots0}_{k个}022\cdots)_3=(0.\underbrace{00\cdots0}_{k-1个}1)_3$$

区间由第一、二位数字为 0 或 2，第三位数字为 1 的所有三进制无限小数组成，…….于是所有除去的开区间全由含有数字 1 的所有三进制无限小数组成.余下的康托集由只含数字 1，2 的所有三进制（形式上）无限小数组成.对于除上三进制有限小数（形式上改成三进制无限小数）外，其余只含 0，2 的三进制无限小数 $(0.a_1 a_2 \cdots a_n \cdots)_3$（各位数字只取 0，2），可视为上述端点 $(0.a_1)_3$，$(0.a_1 a_2)_3$，$(0.a_1 a_2 a_3)_3$，…的极限，显然亦在康托集内.易见康托集的所有三进制无限小数所组成的集与可列个 $\{0,1\}$ 的积集

$$\{0,1\} \times \{0,1\} \times \{0,1\} \times \cdots \times \{0,1\} \times \cdots$$

对等，后者势为 $2^a = c$，故康托集的势亦为 c.

第4章 皮亚诺曲线

皮亚诺首先发现了能充满一个正方形的连续曲线

$$\begin{cases} x = x(t) \\ y = y(t) \end{cases} \quad (t \in [0,1])$$

其中 $x(t)$,$y(t)$对 t 连续. 点集

$$\{(x(t),y(t)) \mid t \in [0,1]\}$$
$$= \{(x,y) \mid x \in [0,1], y \in [0,1]\}$$

使数学家们大吃一惊. 这比前述线段[0,1]与正方形$[0,1] \times [0,1]$的所有点一一对应奇怪得多,因未规定这个一一对应关系是连续的——实际上这时由线段的所有点映射到正方形的所有点是处处不连续的. 也比分析课本中"连续而无处光滑(有导数)曲线"奇怪得多,毕竟这曲线与一般曲线一样未充满任一区域,面积为 0. 又皮亚诺曲线还有重点,即区间[0,1]内有几个不同的点 t,相应的点$(x(t),y(t))$相同,这样的重点有无数个. 于是似乎区间[0,1]的点比正方形的点还多. 实际上由于线段与正方形闭域不拓扑同胚(不存在双方单值连续映射),要在正方形内作出无重点的连续曲线是不可能的.

一般文献把有上述特性的曲线称为皮亚诺曲线. 后希尔伯特、勒贝格(Lebesgue)又分别作出两种皮亚诺曲线. 且希尔伯特所作的皮亚诺曲线作法也很容易类似地改成作充满正方体,n 维空间的正方体,无限维希尔伯特空间的砖形的连续曲线.

一般文献都以希尔伯特所作的曲线为皮亚诺曲线的例子. 现只阐述希尔伯特所作的曲线. 其基本思想是用无数个长为$\frac{1}{4},\frac{1}{4^2},\cdots,\frac{1}{4^n}$的区间套确定线段$[0,1]$的所有点,相应作出边长为$\frac{1}{2},\frac{1}{2^2},\cdots,\frac{1}{2^n},\cdots$的无数个正方形套确定正方形的每一点. 令区间套与正方形套一一对应,从而把线段$[0,1]$的所有点映射到正方形的所有点.

把线段$[0,1]$分为 4 等份,所得 4 个闭区间从左到右编号为 0,1,2,3. 相应把正方形$[0,1]\times[0,1]$分成 4 个相等的正方形,每个边长为$\frac{1}{2}$,亦编号为 0,1,2,3 分别与第 0,1,2,3 区间对应,要求相邻的区间对应相邻的小正方形,得图 4. 1. 图中的整数表示出正方形按虚折线顺序编号,各点旁的分数意义为,当 t 等于这分数时,即皮亚诺曲线的相应点,此直角折线即为皮亚诺曲线的内接折线,详见后文.

再对每个 $v=0,1,2,3$,把上述长为$\frac{1}{4}$的闭区间 i 分成 4 个长为$\frac{1}{16}$的闭区间,从左到右编号为 $i0,i1,i2,i3$. 相应把正方形 i 分成 4 个边长为$\frac{1}{4}$的小正方形,编

号为 $i0,i1,i2,i3$,分别与区间 $i0,i1,i2,i3$ 对应.对分成的16个闭区间与16个小正方形,要求相邻的区间对应相邻的小正方形,得图4.2.图中各二位号码意义同上,亦按虚折线顺序编号.折线各顶点及各黑点顺次表示 $t=\frac{1}{32},\frac{3}{32},\frac{5}{32},\cdots,\frac{31}{32}$时皮亚诺曲线的相应点.

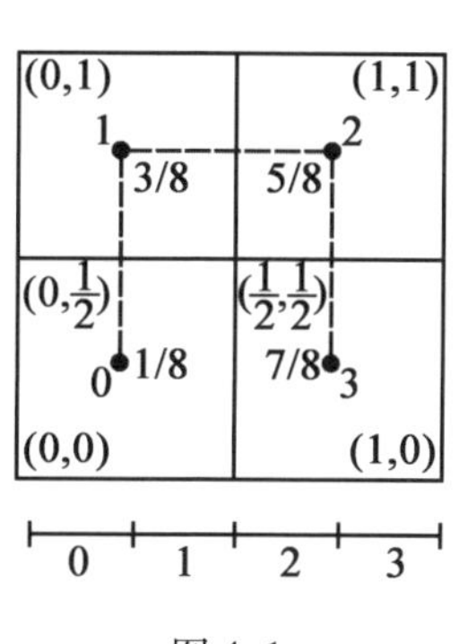

图4.1

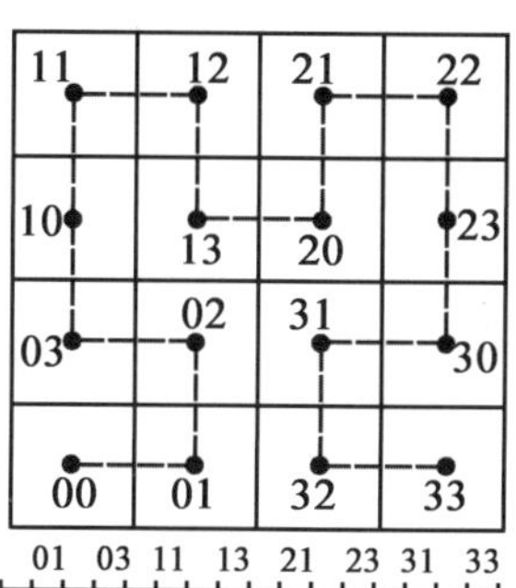

图4.2

对每个号码 ij,把区间 ij 等分为4个长为$\frac{1}{64}$的闭区间,从左到右编号为 $ij0,ij1,ij2,ij3$.相应把正方形 ij 分成4个边长为$\frac{1}{8}$的小正方形,相应编号为 $ij0,ij1,ij2,ij3$.亦要求线段[0,1]分成的64个闭区间与正方形[0,1]×[0,1]所分成的64个小正方形适合:相邻的区间对应相邻的正方形,得图4.3.图中折线上各顶点及各黑点表示 $t=\frac{1}{128},\frac{3}{128},\frac{5}{128},\frac{7}{128},\cdots,\frac{127}{128}$时皮亚诺曲线的相应点.

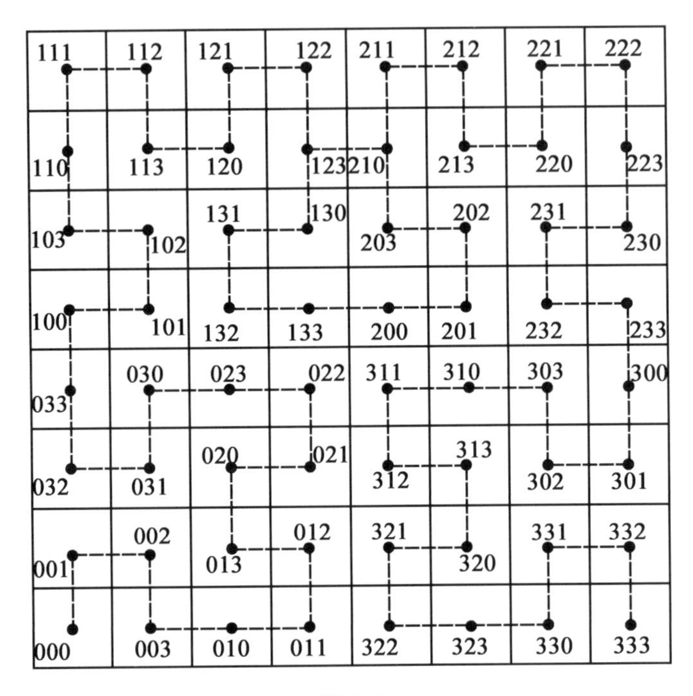

图 4.3

以下无限继续同样过程.

对任何数 $t\in[0,1]$,把它表示为四进制无限小数

$$t=(0.\,a_1a_2\cdots a_n\cdots)_4=\sum_{n=1}^{\infty}\frac{a_n}{4^n}\quad(a_n=0,1,2,3)$$

易见它是区间套

$$a_1,a_1a_2,a_1a_2a_3,\cdots,a_1a_2a_3\cdots a_n,\cdots$$

的唯一公共点. 令正方形 $[0,1]\times[0,1]$ 的点 $(x(t),y(t))$ 为正方形套

$$a_1,a_1a_2,a_1a_2a_3,\cdots,a_1a_2a_3\cdots a_n,\cdots$$

的唯一(因正方形边长也趋于 0)公共点. 当 t 为四进制无限小数 $(0.\,a_1a_2\cdots a_n\cdots)_4$ 时,趋于 t 的四进制有限

小数列$(0.a_1)_4,(0.a_1a_2)_4,\cdots,(0.a_1a_2\cdots a_n)_4,\cdots$及所在区间套是唯一的,从而在正方形确定唯一的相应点. 但对四进制有限小数

$$t=(0.a_1a_2\cdots a_k)_4=(0.a_1a_2\cdots a_k000\cdots)_4$$

它是区间套

$$a_1,a_1a_2,a_1a_2a_3,\cdots,a_1a_2a_3\cdots a_{k-1},a_1a_2a_3\cdots a_{k-1}a_k,$$
$$a_1a_2a_3\cdots a_{k-1}a_k0,a_1a_2a_3\cdots a_{k-1}a_k00,\cdots$$

的唯一公共点. 它亦可表示为

$$t=(0.a_1a_2\cdots a_{k-1}(a_k-1)333\cdots)_4$$①

它也是区间套

$$a_1,a_1a_2,a_1a_2a_3,\cdots,a_1a_2a_3\cdots a_{k-1},$$
$$a_1a_2\cdots a_{k-1}(a_k-1),a_1a_2\cdots a_{k-1}(a_k-1)3,$$
$$a_1a_2\cdots a_{k-1}(a_k-1)33,\cdots$$

的唯一公共点. 于是t的两个四进制小数表示式相应于两个不同的正方形套. 但这两个正方形套确定的点是相同的(于是正方形相应的点$(x(t),y(t))$也唯一确定). 证之如下:因两套间的第k个区间是相邻的(分界点为t),第$k+1$个区间亦然,第$k+2$个区间亦然,……,于是相应的正方形套也一样. 两正方形套第k个正方形的公共边,第$k+1$个正方形的公共边,第$k+2$个正方形的公共边,……形成一个区间套(落在两正方形$a_1a_2\cdots a_{k-1}(a_k-1),a_1a_2\cdots a_{k-1}a_k$的公共边上). 这些公共边长度趋于0,故确定唯一公共点,即两正方形套确定的同一公共点.

---

① 因$\sum\limits_{j=k+1}^{\infty}\frac{3}{4^j}=\frac{1}{4^k}$.

如 $t=\frac{1}{4}=(0.1000\cdots)_4=(0.0333\cdots)_4$. 相应两正方形套

$$1,10,100,1000\cdots$$
$$0,03,033,0333,\cdots$$

都确定同一公共点为$(0,\frac{1}{2})$.

对正方形$[0,1]\times[0,1]$的每一点 $P(x_0,y_0)$,因点 P 必落在一个正方形套内,取相应的区间套确定的点$t_0\in[0,1]$,则 $x(t_0)=x_0, y(t_0)=y_0$,即 P 为曲线上一点. 这证明了曲线 $x=x(t), y=y(t)\ (t\in[0,1])$ 填满了正方形.

但这曲线有无数重点,任何一次划分正方形时的分界线(在原正方形边上者如$(0,\frac{1}{2})$除外),即横坐标为四进制有限小数(0,1 除外)的点或纵坐标为四进制有限小数(0,1 除外)的点.

例如,原正方形的中心 $M(\frac{1}{2},\frac{1}{2})$. 易见它是在其右上方的正方形套 2,20,200,2 000,…的公共点,M 也是在其左上方的正方形套 1,13,133,1 333,…的公共点,M 也是在其左下方、右下方的两正方形套的公共点. 前两正方形套的任何第 n 个正方形有公共边,相应的区间套为点 $t=\frac{1}{2}$所在的两区间套,即

$$(x(\frac{1}{2}),y(\frac{1}{2}))=(\frac{1}{2},\frac{1}{2})$$

但后两个正方形套互相分离,也与前两个正方形套分离,故相应的区间套亦然. 于是相应的后两区间套确定

的点不同(可求得分别为 $t=\frac{1}{6},\frac{5}{6}$[①]),也与相应的前两区间套确定的点($t=\frac{1}{2}$)不同,即 $t=\frac{1}{2},\frac{1}{6},\frac{5}{6}$时曲线上相应的点同为

$$(x(t),y(t))=(\frac{1}{2},\frac{1}{2})$$

最后证把线段[0,1]的所有点 t 映射到正方形[0,1]×[0,1]的所有点$(x(t),y(t))$为连续映射,即对任何正数ε,存在相应的正数δ,使当$|t'-t|<\delta$时正方形相应点$(x(t'),y(t'))$必落在以点$(x(t),y(t))$为中心、ε 为半径的圆内. 曲线 $x=x(t),y=y(t)(t\in[0,1])$为所求皮亚诺曲线.

易见上述映射保持包含关系,即当所分的一个闭区间 A 包含所分的较小闭区间 B 时,与闭区间 A 相应的小正方形 A 必包含与闭区间 B 相应的小正方形 B,实际即区间(正方形)A 的编号是区间(正方形)B 的编号的开头部分.

设 $t=(0.a_1a_2\cdots a_n\cdots)_4$. 对上述 ε,取正整数 m,使边长为$\frac{1}{2^m}$的正方形 $a_1a_2\cdots a_m$(含有点$(x(t),y(t))$)及其前后的边长为$\frac{1}{2^m}$的两正方形(前后是指按 4^m 个边长为$\frac{1}{2^m}$的小正方形的编号(视为四进制数)从小到大

---

① 何以 $t=\frac{1}{6},\frac{5}{6}$时$(x(t),y(t))=(\frac{1}{2},\frac{1}{2})$? 文献上没说明. 文献中未求出用 t 表示 $x(t),y(t)$的具体表示式. 笔者求出此具体表示式,但颇繁故略. 用此表示式可证上述结论.

的前后次序)全落在上述以 ε 为半径的圆内——这只要取 $\frac{1}{2^m} < \frac{\varepsilon}{\sqrt{5}}$(因易见上述三个正方形所有点与点 $(x(t), y(t))$ 的距离不大于 $\frac{1}{2^m} \cdot \sqrt{5} < \varepsilon$). 再取正数 δ,使区间 $(t-\delta, t+\delta)$ 全落在长为 $\frac{1}{4^m}$ 的区间 $a_1 a_2 \cdots a_m$(包含点 t)及其左右相邻的长为 $\frac{1}{4^m}$ 的区间内——这只要取 $\delta < \frac{1}{4^m}$(因点 t 与上述相邻三区间的最左和最右端点的距离大于 $\frac{1}{4^m}$). 于是当 $|t'-t| < \delta$ 时 t' 必落在上述相邻三区间内,正方形的相应点 $(x(t'), y(t'))$ 必落在上述三个小正方形内,从而落在上述以 ε 为半径的圆内.

由上页注①所述公式可说明图 4.1 ~4.3 中的分数的前述意义. 现再据前述公式画出 $t=0, \frac{1}{8}, \frac{2}{8}, \frac{3}{8}, \cdots, \frac{7}{8}, 1$ 时相应的内接折线(图 4.4),及 $t=0, \frac{1}{32}, \frac{2}{32}, \frac{3}{32}, \cdots, \frac{31}{32}, 1$ 时相应的内接折线(图 4.5). 类似可将图 4.3 的内接折线改成 $t=0, \frac{1}{128}, \frac{2}{128}, \frac{3}{128}, \cdots, \frac{127}{128}$, 1 时的内接折线. 比较图 4.4、图 4.5,可见,把图 4.4 中折线第 1,2 段的直角折线,第 3,4 段的直角折线,……分别按图 4.6 向外改成 8 段的直角折线便得图 4.5 的内接折线. 同样对图 4.5 的内接折线作类似改动可得 $t=0, \frac{1}{512}, \frac{2}{512}, \frac{3}{512}, \cdots, \frac{511}{512}$, 1 时的内接折线,

以下同样继续……，皮亚诺曲线即这些内接折线的极限曲线.

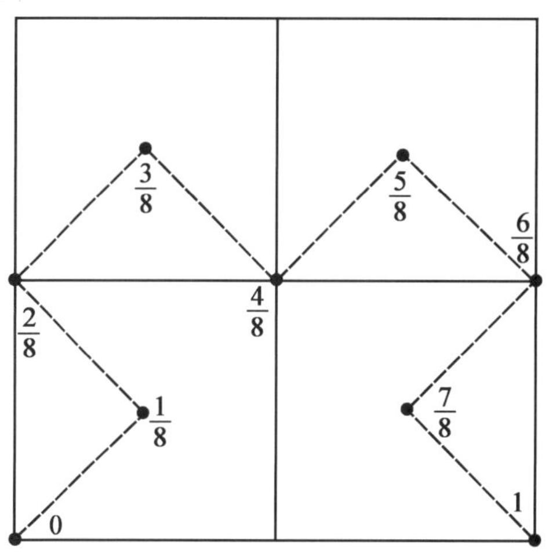

图 4.4

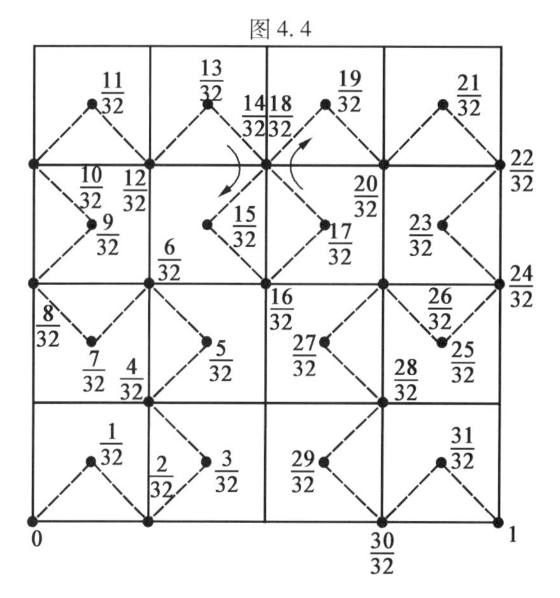

图 4.5

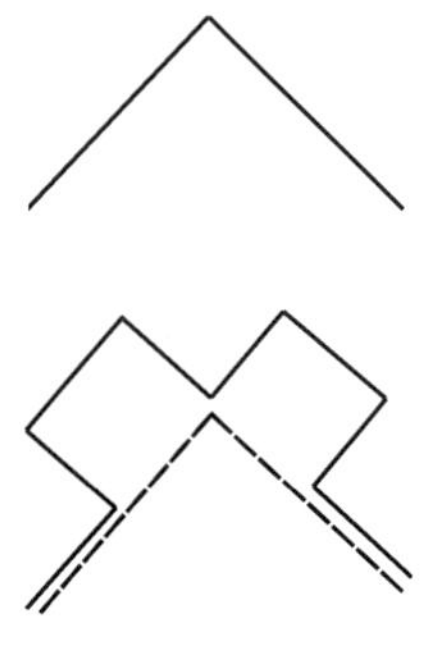

图 4.6

第5章 有关勒贝格填满空间的曲线的几何化

1. 历史注释

在1878年,康托证明:任意两个有限维的光滑流形,不管它们的维数如何,其基数总一样[4]. 特别,对区间 $I=[0,1]$ 和正方形 $Q=[0,1]\times[0,1]$ 成立,即存在由 I 到 Q 的一个一一对应.

由此立刻就会问,这个对应有无可能是连续的. 内托(E. Netto)在1879年解决了这个问题,他证明这种一一对应一定是非连续的[11]. 那么,放弃一一对应这个条件,可否仍得到一个连续的满映射呢? 皮亚诺在1890年彻底地解决了这个问题,他构造了第一个"填满空间的曲线"的例子[13](一个"填满空间的曲线"是一个由 I 到 $E^n(n\geqslant2)$ 的连续映射,它的象具有正 n 维若尔当(Jordan)容度[14]). 随后还有别的例子:[6,9,11].

但是事情没有完,因为还有下面的有关问题要问:尽管区间 I 不能连续、一一地映满一个具有正若尔当容度的 n 维集合（例如 E^2 中的 Q），它能以一个正外测度的集合为像吗？换句话说，是否有正 n 维外测度的若尔当曲线（由 I 到 E^n 的连续单映射）存在？奥斯古德（Osgood）在 1903 年证明这种曲线是存在的. 实际上他构造了一个单参数族的这种曲线. 这些曲线是勒贝格可测的. 当奥斯古德在 1902 年的感恩节期间投寄他的稿件时说勒贝格测度还不为哈佛大学（Harvard）的人所知是合理的，因为勒贝格的那篇决定性文章登在那一年的 *Annali di Matematica Pura ed Applicata* 上，而那时没有航空邮件. 但是，人们不解的是，奥斯古德也没使用博雷尔（Borel）测度，如果用了的话他会得到更好的结果. 奥斯古德的这族曲线的极限弧是皮亚诺的填满空间的曲线. 这不是巧合. 皮亚诺的灵气无疑启发了奥斯古德.

具有正勒贝格测度的若尔当曲线，现在称为奥斯古德曲线.

在 1917 年克诺普（K. Knopp）构造了另一族奥斯古德曲线，它们以谢尔品斯基（Sierpinski）的填满空间的曲线为极限[7,16,17].

兰斯（T. Lance）和汤玛斯（E. Thomas）显然不知道这项古老的工作，在 1991 年的一篇文章[8]中，用不同的方式发展了同一思想. 本章的目的是把奥斯古德和克诺普的处理方式及兰斯和汤玛斯的方法一同描述；并要指出后者为什么差一点就会得到作为他们的奥斯古德曲线族的极限的勒贝格填满空间的曲线；最后是趁此机会，写下第一个生成勒贝格填满空间的曲线的几何过程. 皮亚诺、希尔伯特和谢尔品斯基关于填满空间的曲线的几何生成法，与这些曲线本身一样，

早就为人所知[6,10,15,16]. 它们除了本身有趣,这些几何生成法还提供了一致收敛的多边形逼近序列,还为该映射的连续性提供了一个简单的证明. 特别在勒贝格曲线的情形,这个证明远比建立在康托集的结构上的常规证明简单.

2. 奥斯古德和勒贝格曲线

奥斯古德关于具有正勒贝格测度的若尔当曲线族的作法,是从正方形中逐步去除一些格栅状的区域,图 5.1 里面显示了从单位正方形中进行前两步的过程. 带阴影的正方形是每一步完成后留下的部分. 从正方形 S_1 开始,这些带阴影格的正方形用图 5.1 中的粗线条"连接"到一起. 这些带阴影格的区域的面积可以这么取:它们的面积和趋于某个正数 $\lambda<1$. 用 A_n 来表示第 n 步时所得到的 9^n 个正方形和 9^n-1 条连线所决定的点集,用 $J(A_n)$ 表示它的若尔当容度. 那么在无穷步后所得到的集合 $C=\bigcap\limits_{n=1}^{\infty}A_n$,其勒贝格测度 $\mu(C)=\lim\limits_{n\to\infty}J(A_n)=1-\lambda>0$. 它是一条若尔当曲线[12],可以参数化如下:将区间等分为 17 个子区间,有偶数编号的开子区间拿掉. 然后对剩下的 9 个闭子区间的每一个重复这个过程. 做完以后,再对剩下的 81 个闭子区间的每一个重复这个过程. 一直这样做下去,以至无穷,这样就生成一个康托型的疏朗集 Γ_{17}. 在第一步时,将余下的 9 个闭区间映入正方形 $S_1,S_2,\cdots,S_9$,拿掉的 8 个开区间线性地映成 S_1 到 S_2,S_2 到 S_3,……,S_8 到 S_9 的连线(不算起点和终点). 这个过程继续下去,直到无穷. Γ_{17} 的余集一一地映成全体连线的集合,而 Γ_{17} 映成 $\bigcap\limits_{n=1}^{\infty}Q_n$,这里 Q_n 表示第 n 步过程里的 9^n 个方块(奥斯古德是把去掉的、具有偶数编号的闭子区间映成带有起点和终点的连线,而余下的、具有奇数编号的开区间映成正方形. 为了我们在第 3 节的需要,我们将他的作法改了一下).

当 $\lambda \to 0$ 时的极限,就是皮亚诺填满空间的曲线,图 5.2 表示作皮亚诺曲线时的前两步,这里粗的多边形线表明了方块应该有的先后排列顺序. 用直线段将这些多边形线的起点和(0,0)相连,同样处理它的终点和(1,1),我们就得到第 1 节里提到的多边形逼近序列(另外一种多边形逼近可在[10,15,16]中找到). 比较图 5.2 和图 5.1. 由于前后两个方块现在有一条公共边,所以映射的一一性破坏,这一点是意料中的,因为不同维的流形不可能同胚.

克诺普关于奥斯古德曲线族的作法,是从一个起始的三角形中逐次去掉一些三角形区域,图 5.3 表示了它的前四步,这里带阴影的三角形是每一步中留下来的部分(起始的三角形 T 不一定是正等腰三角形).

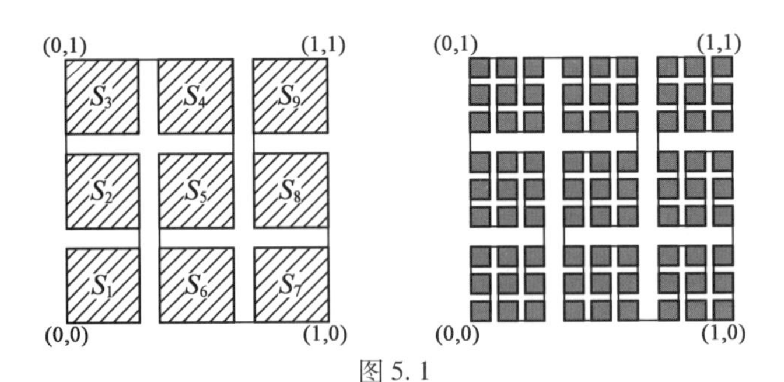

图 5.1

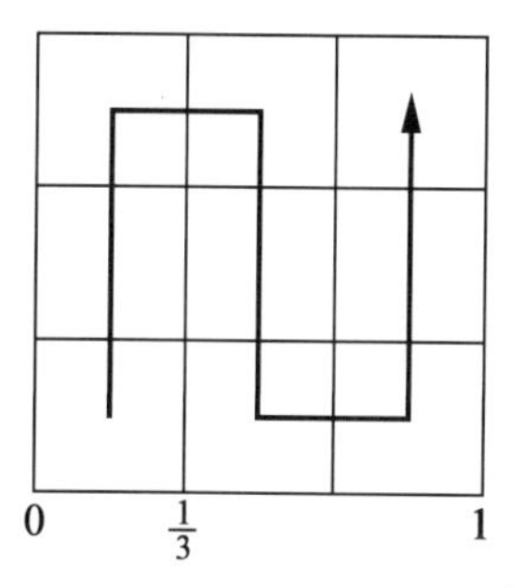

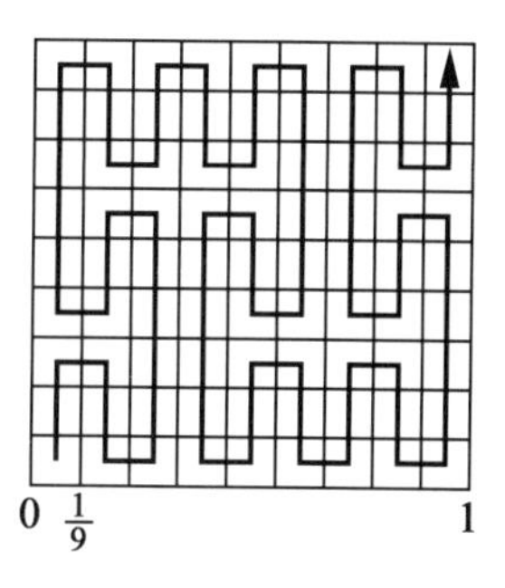

图 5.2

图 5.3

在第一步的时候，我们拿掉一个面积为 $r_1m(T)$ 的三角形，这里 $m(T)$ 是初始三角形 T 的面积，而 $r_1\in(0,1)$，余下的两个三角形 T_0 和 T_1，它们的面积和为 $m(T)(1-r_1)$. 对 T_0 和 T_1，我们拿掉面积为 $r_2m(T_0)$ 和 $r_2m(T_1)$ 的三角形，这里 $r_2\in(0,1)$. 余下的四个三角形 T_{00}，T_{01}，T_{10} 和 T_{11}，它们的面积和为 $m(T)(1-r_1)\cdot(1-r_2)$，如此下去. 在极限的情形，我们得到一个点集 C，它的勒贝格测度 $\mu(C)=m(T)\cdot\prod_{k=1}^{\infty}(1-r_k)$. 如果我们取 r_k 使 $\sum_{k=1}^{\infty}r_k$ 收敛，那么 $\mu(C)$ 为正. 对于每一步中要拿掉的三角形，如果取得恰当，

那么余下的三角形的整体面积就趋于0,并且这些余下的三角形退缩为点. 将区间$\left[0,\frac{1}{2}\right]$(所有的数 $0_{\dot{2}}0a_2a_3\cdots$)映入 T_0,$\left[\frac{1}{2},1\right]$(所有的数 $0_{\dot{2}}00\,a_3a_4\cdots$)映入 T_1,使$\left[0,\frac{1}{4}\right]$(所有的数 $0_{\dot{2}}00a_3a_4\cdots$)映入 T_{00},$\left[\frac{1}{4},\frac{1}{2}\right]$(所有的数$0_{\dot{2}}01\,a_3a_4\cdots$)映入 T_{01},$\left[\frac{1}{2},\frac{3}{4}\right]$(所有的数$0_{\dot{2}}10\,a_3a_4\cdots$)映入 T_{10},$\left[\frac{3}{4},1\right]$(所有的数 $0_{\dot{2}}11\,a_3a_4\cdots$)映入 T_{11}. 这样下去,每次总是将两个相邻区间的公共点映为对应的相邻三角形的公共顶点. 这样,将[0,1]映为 C 的这个映射就是一一且连续的,而 C 为具有勒贝格测度$\mu(C)>0$的奥斯古德曲线.

例如,取底为2 的等腰直角三角形作为起始三角形(因此,$m(T)=1$,$r_k=\frac{1}{4k^2}(k=1,2,\cdots)$,由魏尔斯特拉斯(Weierstrass)因子定理,相应的奥斯古德曲线的勒贝格测度为$\frac{2}{\pi}$. 若令 $r_k=\frac{r}{k^2}$,并取 $r\to 0$ 的极限,就得到一条填满整个空间的谢尔品斯基曲线,因为拿掉的三角形的面积和缩成0(也可见[16]). 由于相邻的三角形这时不仅在顶点相连,而且沿边相连,所以映射的单一性被破坏(也可见图5.4,这时粗的多边形线表示取三角形时的先后次序. 可以将图5.4 与图5.3 比较. 将起点和终点用线段予以扩充以后的那些多边形,就是一致收敛到谢尔品斯基曲线的多边形逼近).

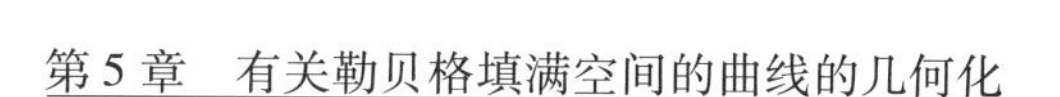

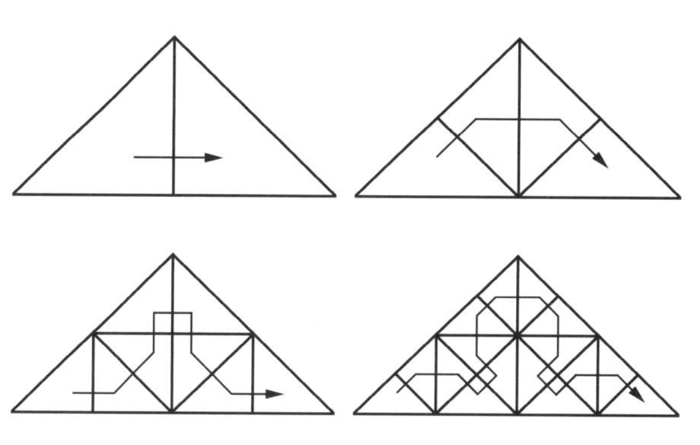

图5.4

3. 兰斯－汤玛斯曲线和勒贝格曲线

和上面的作法不同，兰斯和汤玛斯不是从正方形或者三角形中拿掉格栅，而是从正方形里面拿掉十字形的区域. 图5.5中表示的是它的前两步[8]. 这些方块像图5.5那样用粗线连接起来. 和以前一样，被拿掉的区域的面积可以这么取：它们的面积和趋于某个正数 $\lambda<1$. 最后得到一条勒贝格测度为 $1-\lambda$ 的奥斯古德曲线. 它的参数化可以按奥斯古德原来的例子那样来做，只不过是用康托集本身来代替康托型的疏朗集，即将拿掉的（开的）中间三分之一，线性地映成连线，而余下的闭区间映入正方形. 特别，在第一步，将闭区间 $\left[0,\frac{1}{9}\right],\left[\frac{2}{9},\frac{1}{3}\right],\left[\frac{2}{3},\frac{7}{9}\right],\left[\frac{8}{9},1\right]$ 映入正方形 S_1 到 S_4，这时终点映成适当的角点，而开区间 $\left(\frac{1}{9},\frac{2}{9}\right)$，$\left(\frac{1}{3},\frac{2}{3}\right)$，$\left(\frac{7}{9},\frac{8}{9}\right)$ 线性地映成 S_1 到 S_2，S_2 到 S_3 和 S_3 到 S_4 的连线（不包括起点和终点）. 这个过程继续下

去，直到无穷. 这样得到一个由 I 到 $\bigcap_{n=1}^{\infty} A_n$ 的一一连续映射，这里 A_n 是由第 n 步中 4^n 个方块和 4^n-1 条连线所构成的集合，和奥斯古德的例子一样，$\bigcap_{n=1}^{\infty} A_n$ 是勒贝格可测的，其测度为 $\lim_{n\to\infty} J(A_n)=1-\lambda>0$.

对于克诺普的奥斯古德曲线，它的每一部分仍然是奥斯古德曲线. 但奥斯古德和兰斯及汤玛斯的例子却不是这样，因为出现了连线. 有鉴于此，克诺普在文献[7]，109 页的脚注 2 中对克诺普的作法提出了批评（在同一个脚注中，他认为谢尔品斯基要作一条没有这种缺点的曲线的努力，因为太复杂，所以没有价值）. 这个批评也适用于兰斯和汤玛斯的作法，但这个作法不能简单地看作是奥斯古德原例的再现，因为他们的这个作法，稍加调整就可以在取极限后得到勒贝格填满空间的曲线.

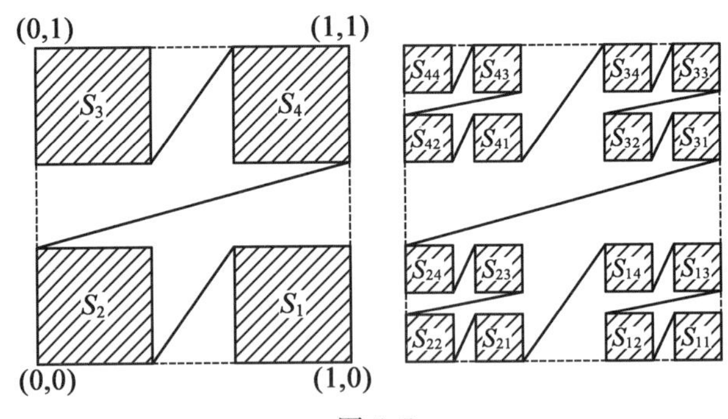

图 5.5

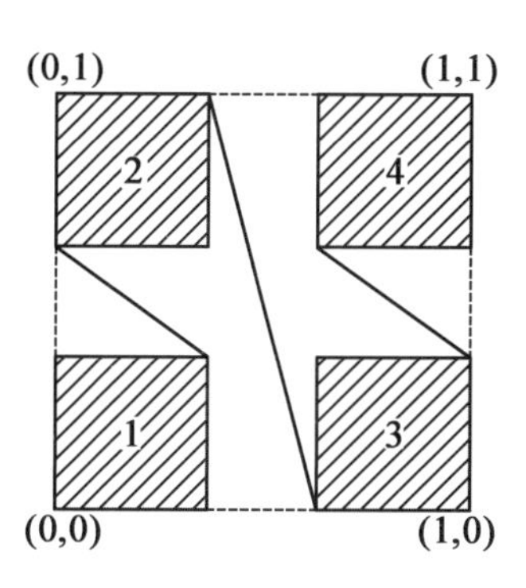

图 5.6

勒贝格填满空间的曲线，在康托集

$$\Gamma = \{0_{\dot{3}}2a_1 2a_2 2a_3 \cdots \mid a_j = 0 \text{ 或 } 1\}$$

上，由

$$x = 0_{\dot{2}}a_1 a_3 a_5 \cdots,\quad y = 0_{\dot{2}}a_2 a_4 a_6 \cdots \qquad (5.1)$$

定义，而在康托集的余集 $\Gamma^C = [0,1] \setminus \Gamma$ 上，由线性插值决定(见文[9]或[14]). 如果用图 5.6 中的连线来代替图 5.5 中的连线，并从左下角开始，在 $\lambda \to 0$ 的极限弧就是勒贝格填满空间的曲线. 这一事实可以这么看：根据我们的作法，区间 $\left[0,\frac{1}{9}\right]$(所有形如 $0_{\dot{3}}00a_3a_4a_5\cdots$的数)映入图 5.7 中的 S_1，而 S_1 的点坐标为$(0_{\dot{2}}0b_2b_3b_4\cdots, 0_{\dot{0}}0c_2c_3c_4\cdots)$. 区间$\left[\frac{2}{9},\frac{1}{3}\right]$(所有的数 $0_{\dot{3}}02a_3a_4\cdots$)映入 S_2，它的点是$(0_{\dot{2}}0b_2b_3b_4\cdots, 0_{\dot{2}}1c_2c_3c_4\cdots)$，区间$\left[\frac{2}{3},\frac{7}{9}\right]$(所有的数 $0_{\dot{3}}20a_3a_4a_5\cdots$)映入 S_3，它的点是$(0_{\dot{2}}1b_2b_3b_4\cdots, 0_{\dot{2}}0c_2c_3c_4\cdots)$，而$\left[\frac{8}{9},1\right]$(所有的数 $0_{\dot{3}}22a_3a_4a_5\cdots$)映入 S_4，它的点是

$(0_{\dot{2}}1b_2b_3b_4\cdots,0_{\dot{2}1}c_2c_3c_4\cdots)$. 这个过程对区间$\left[0,\frac{1}{81}\right]$, $\left[\frac{2}{81},\frac{1}{27}\right],\cdots,\left[\frac{80}{81},1\right]$(所有的形如 $0_{\dot{3}}0000a_5a_6a_7\cdots$, $0_{\dot{3}}0002a_5a_6a_7\cdots,0_{\dot{3}}2222a_5a_6a_7\cdots$的数)和位于方块 S_i 中的全体方块 $S_{ij}(i,j=1,2,3,4)$继续做,S_{ij}的点依次是$(0_{\dot{2}}00b_3b_4b_5\cdots,0_{\dot{2}}00c_3c_4c_5\cdots)$,$(0_{\dot{2}}00b_3b_4b_5\cdots,0_{\dot{2}}01c_3c_4c_5\cdots)$,$\cdots$,$(0_{\dot{2}}11_3b_4b_5\cdots,0_{\dot{2}}11c_3c_4c_5)$. 这个过程继续下去以至无穷,就证明了这个映射适合式(5.1). 因为 $t=\frac{1}{3}=0_{\dot{2}}0\bar{2}$ 由式(5.1)映为点$\left(\frac{1}{2},1\right)$, 而$t=\frac{2}{3}=0_{\dot{3}}2$ 映为$\left(\frac{1}{2},0\right)$,由图 5.6 中第二个正方形的终点到第三个正方形的连线,它在 $\lambda\to0$ 下的极限位置代表了$\left(\frac{1}{3},\frac{2}{3}\right)\subset\Gamma^C$ 上的线性插值;因为 $t=\frac{1}{9}=0_{\dot{3}}00\bar{2}$ 映为$\left(\frac{1}{2},\frac{1}{2}\right)$, 而 $t=\frac{2}{9}=0_{\dot{3}}02$ 映为$\left(0,\frac{1}{2}\right)$,由第一个正方形到第二个正方形的连线的极限位置代表了在$\left(\frac{1}{9},\frac{2}{9}\right)\subset\Gamma^C$ 上的线性插值;因为 $t=\frac{7}{9}=0_{\dot{3}}20\bar{2}$ 以$\left(1,\frac{1}{2}\right)$为象,而 $t=\frac{8}{9}=0_{\dot{3}}22$ 的象为$\left(\frac{1}{2},\frac{1}{2}\right)$,所以由第三个正方形列等四个正方形的连线的极限位置代表了$\left(\frac{7}{9},\frac{8}{9}\right)\subset\Gamma^C$ 上的线性插值,如此等等(也见图5.6). 重复这个方式以至无穷就说明,连线的极限位置像勒贝格的定义所要求的那样,是 Γ^C 上的线性插值.

现在我们可以利用这个勒贝格曲线的几何生成法

来构作多边形逼近如下：在每一个正方形里面，我们用一条直线（对角线）来联结起点和终点，并按图 5.8 中所显示的那样来连接这些连线（图 5.8 只画出前两步）．（在这个图解里面，我们已对拐角处进行了处理，以免多边形自身相交而看不清走向）这些多边形是通常意义下的多边形逼近，因为在每个方块内，多边形到勒贝格曲线的距离以方块的对角线的长度，即 $2^{\frac{1}{2-n}}$ 为上界，又多边形沿连线与勒贝格曲线重合．因此，它们构成一个一致收敛到勒贝格曲线的序列，所以它的连续性也得到了．

S_2	S_4
S_1	S_3

S_{22}	S_{24}	S_{42}	S_{44}
S_{21}	S_{23}	S_{41}	S_{43}
S_{12}	S_{14}	S_{32}	S_{34}
S_{11}	S_{13}	S_{31}	S_{33}

图 5.7

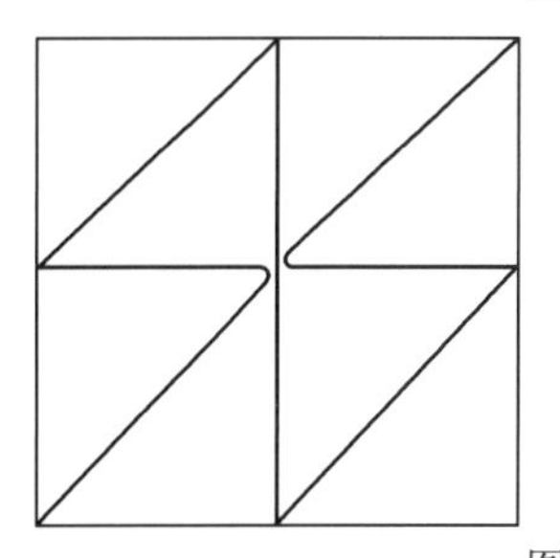

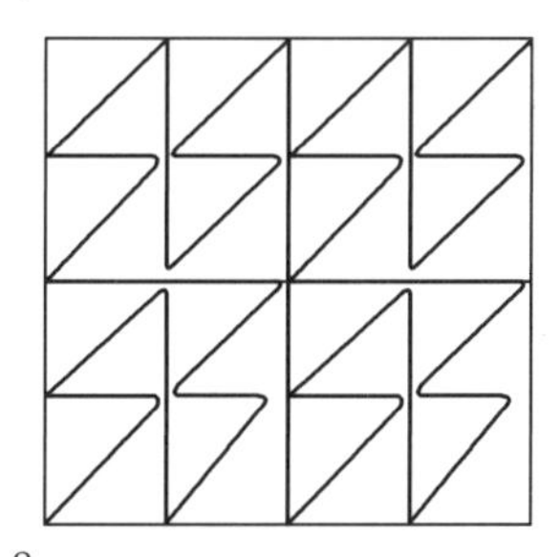

图 5.8

作为收尾，我们注意，奥斯古德的极限曲线，即皮亚诺曲线，和克诺普的极限曲线，即谢尔品斯基曲线，都是无处可微的．然而，兰斯 – 汤玛斯族的极限曲线，正好就是勒贝格曲线，却为可微的．

第6章 分球奇论

先介绍哈密尔顿(Hamilton)创立的四元数,它可作为研究三维空间旋转运动之工具.

哈密尔顿把复数推广为四元数

$$d+a\mathrm{i}+b\mathrm{j}+c\mathrm{k}\quad (a,b,c,d\in\mathbf{R})$$

其中虚数单位 i,j,k 对实数线性无关,它们与实单位 1 的乘法表为

$$\mathrm{i}^2=\mathrm{j}^2=\mathrm{k}^2=-1$$

$$1\mathrm{i}=\mathrm{i}\cdot 1=\mathrm{i},1\mathrm{j}=\mathrm{j}\cdot 1=\mathrm{j},1\mathrm{k}=\mathrm{k}\cdot 1=\mathrm{k}$$

$$\mathrm{ij}=\mathrm{k},\mathrm{jk}=\mathrm{i},\mathrm{ki}=\mathrm{j},\mathrm{ji}=-\mathrm{k},\mathrm{kj}=-\mathrm{i},\mathrm{ik}=-\mathrm{j}$$

视四元数为四维向量定义两个四元数之和及四元数与实数 λ 之积

$$(d_1+a_1\mathrm{i}+b_1\mathrm{j}+c_1\mathrm{k})+(d_2+a_2\mathrm{i}+b_2\mathrm{j}+c_2\mathrm{k})$$
$$=(d_1+d_2)+(a_1+a_2)\mathrm{i}+(b_1+b_2)\mathrm{j}+(c_1+c_2)\mathrm{k}$$

$$\lambda(d+a\mathrm{i}+b\mathrm{j}+c\mathrm{k})$$
$$=(d+a\mathrm{i}+b\mathrm{j}+c\mathrm{k})\cdot\lambda$$
$$=\lambda d+(\lambda a)\mathrm{i}+(\lambda b)\mathrm{j}+(\lambda c)\mathrm{k}$$

再要求四元数加法与乘法适合分配律、结合律,加法适合交换律,从而确定两个四元数之积

$$(d_1+a_1\mathrm{i}+b_1\mathrm{j}+c_1\mathrm{k})(d_2+a_2\mathrm{i}+b_2\mathrm{j}+c_2\mathrm{k})$$

$$
\begin{aligned}
&=(d_1d_2-a_1a_2-b_1b_2-c_1c_2)+\\
&\quad(d_1a_2+d_2a_1+b_1c_2-b_2c_1)\mathrm{i}+\\
&\quad(d_1b_2+d_2b_1+c_1a_2-c_2a_1)\mathrm{j}+\\
&\quad(d_1c_2+d_2c_1+a_1b_2-a_2b_1)\mathrm{k} \qquad (*)
\end{aligned}
$$

在这样规定下,易见四元数加法适合交换律、结合律,乘法适合结合律,加法与乘法适合分配律. 但显然乘法不适合交换律,如 $\mathrm{i}\cdot\mathrm{j}\neq\mathrm{j}\cdot\mathrm{i}$.

定义四元数的共轭四元数为

$$\overline{d+a\mathrm{i}+b\mathrm{j}+c\mathrm{k}}=d-a\mathrm{i}-b\mathrm{j}-c\mathrm{k}$$

四元数的模为

$$|d+a\mathrm{i}+b\mathrm{j}+c\mathrm{k}|=\sqrt{d^2+a^2+b^2+c^2}$$

易见对任何四元数 P 有

$$P\overline{P}=|P|^2$$

对两个四元数 P_1,P_2,由式(*)易证

$$|P_1P_2|=|P_1|\cdot|P_2|$$

(先证 $|P_1P_2|^2=|P_1|^2\cdot|P_2|^2$),且

$$\overline{P_1P_2}=\overline{P_2}\cdot\overline{P_1}$$

给定模为 1 的四元数

$$Q=d+a\mathrm{i}+b\mathrm{j}+c\mathrm{k}$$

$$(a,b,c,d\in\mathbf{R},a^2+b^2+c^2+d^2=1)$$

又对三维向量的点 $P(x,y,z)$ 用四元数 $P=x\mathrm{i}+y\mathrm{j}+z\mathrm{k}$ 表示. 取四元数

$$P'=QP\overline{Q}=x'\mathrm{i}+y'\mathrm{j}+z'\mathrm{k}$$

(易见积之实部为 0),显然这是把点 $P(x,y,z)$ 变为点 $P'(x',y',z')$ 的线性变换. 且

$$|P'|=|Q|\cdot|P|\cdot|\overline{Q}|=|Q|\cdot|\overline{Q}|\cdot|P|$$

$$= |Q\overline{Q}| \cdot |P| = |Q|^2 |P| = |P|$$

故此线性变换为三维空间的正交变换，必是绕过原点 O 的一轴的旋转(正常运动，线性变换矩阵的行列式等于1)，或再作对原点 O 的反射(非正常运动，上述行列式等于 -1).

因对任何实数 λ，易得

$$\begin{aligned} & Q(\lambda(a\mathrm{i}+b\mathrm{j}+c\mathrm{k}))\overline{Q} \\ = & (d^2+a^2+b^2+c^2)(\lambda a\mathrm{i}+\lambda b\mathrm{j}+\lambda c\mathrm{k}) \\ = & \lambda(a\mathrm{i}+b\mathrm{j}+c\mathrm{k}) \end{aligned}$$

从而知过原点及点 $S(a,b,c)$ 的直线(所有点可用 $(\lambda a,\lambda b,\lambda c)$ 表示)为旋转轴.

下证此线性变换必为正常运动——旋转而不作反射，即绕上述轴的旋转. 这只要再证线性变换矩阵的行列式等于1：具体算出此线性变换表示式，得

$$x'=(d^2+a^2-b^2-c^2)x+2(ab-cd)y+2(ac+bd)z$$
$$y'=2(ba+cd)x+(d^2-a^2+b^2-c^2)y+2(bc-ad)z$$
$$z'=2(ca-bd)x+2(cb+ad)y+(d^2-a^2-b^2+c^2)z$$

显然右边系数矩阵的行列式为 a,b,c,d 的连续函数，但它只取值 ±1，不能突然跳跃改变，故恒为1或恒为 -1. 令 $a=b=c=0$，这时由 $d^2+a^2+b^2+c^2=1$ 知 $d^2=1$，此行列式为

$$\begin{vmatrix} d^2 & 0 & 0 \\ 0 & d^2 & 0 \\ 0 & 0 & d^2 \end{vmatrix} = (d^2)^3 = 1$$

故知此线性变换为绕上述轴的一个旋转.

i,j,k 可视为坐标系中 x,y,z 轴上的单位向量.

现再求(按右手螺旋法则确定的)旋转角[①] θ. 由 $d^2+(a^2+b^2+c^2)=1$,可令

$$d=\cos\varphi,\sqrt{a^2+b^2+c^2}=\sin\varphi\quad(\varphi\in[0,\pi])$$

如图 6.1 所示,设$\overrightarrow{OS}$的方向余弦为 $\cos\alpha,\cos\beta,\cos\gamma$,$\alpha,\beta,\gamma$为射线 OS 分别与正半 x,y,z 轴所夹(无向)角,射线 OS 上单位向量

$$\overrightarrow{OM}=(\cos\alpha,\cos\beta,\cos\gamma)$$

$$\cos^2\alpha+\cos^2\beta+\cos^2\gamma=1\quad(\alpha,\beta,\gamma\in[0,\pi))$$

$$a=\sin\varphi\cos\alpha,b=\sin\varphi\cos\beta,c=\sin\varphi\cos\gamma$$

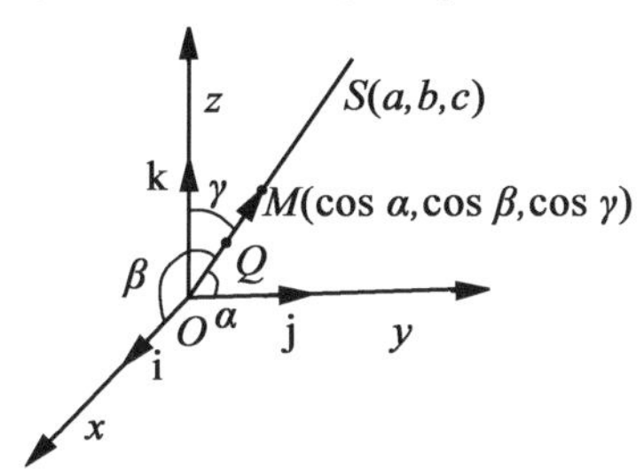

图 6.1

要求旋转角 θ,特取点 $P(1,0,0)$,这时

$$\begin{aligned}P'=&(\cos\varphi+\sin\varphi\cdot(\mathrm{i}\cos\alpha+\mathrm{j}\cos\beta+\mathrm{k}\cos\gamma))\mathrm{i}\cdot\\&(\cos\varphi-\sin\varphi\cdot(\mathrm{i}\cos\alpha+\mathrm{j}\cos\beta+\mathrm{k}\cos\gamma)\\=&(-\sin\varphi\cos\alpha+\mathrm{i}\cos\varphi+\mathrm{j}\sin\varphi\cos\gamma-\mathrm{k}\sin\varphi\cos\beta)\cdot\\&(\cos\varphi-\sin\varphi\cdot(\mathrm{i}\cos\alpha+\mathrm{j}\cos\beta+\mathrm{k}\cos\gamma))\\=&\mathrm{i}(\sin^2\varphi\cos^2\alpha+\cos^2\varphi-\sin^2\varphi\cos^2\gamma-\sin^2\varphi\cos^2\beta)+\cdots\\=&\mathrm{i}(\sin^2\varphi\cos^2\alpha+\cos^2\varphi+\sin^2\varphi(\cos^2\alpha-1))+\cdots\\=&\mathrm{i}(\cos2\varphi+2\sin^2\varphi\cos^2\alpha)+\cdots\end{aligned}$$

---

① 即当右手拇指指向旋转轴一个方向时,其余手指所指方向为有向旋转角的正向.

（未计含 j，k 的项）

因 $|P|=|\mathrm{i}|=1$，$|P'|=|P|=1$，故知

$$\begin{aligned}\cos\angle POP' &= \overrightarrow{OP}\cdot\overrightarrow{OP'}\\ &= (1,0,0)\cdot(\cos 2\varphi+2\sin^2\varphi\cos^2\alpha,\cdots,\cdots)\\ &= \cos 2\varphi+2\sin^2\varphi\cos^2\alpha\end{aligned}$$

但 $\angle POP'$ 并非旋转角 θ. 设点 P,P' 在旋转轴 OS 上的射影为 M，如图 6.2 所示，则有向角 $\angle PMP'=\theta$. 在两等腰 $\triangle POP'$，$\triangle PMP'$ 中，因 $\angle POM=\alpha$，故

$$|PM|=|OP|\sin\alpha$$

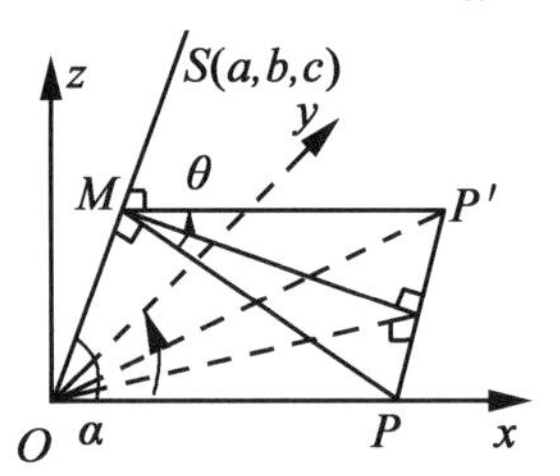

图 6.2

（注意 $\alpha\in[0,\pi)$，易见 $\alpha\in[\frac{\pi}{2},\pi)$ 时此式亦成立），又因 $\theta\in[0,2\pi)$，从而易见

$$\sin\frac{\theta}{2}=\frac{\sin\frac{1}{2}\angle POP'}{\sin\alpha}$$

$$\begin{aligned}\sin^2\frac{\theta}{2} &= \frac{\sin^2(\frac{1}{2}\angle POP')}{\sin^2\alpha}=\frac{1-\cos\angle POP'}{2\sin^2\alpha}\\ &= \frac{1-(\cos 2\varphi+2\sin^2\varphi\cos^2\alpha)}{2\sin^2\alpha}\\ &= \sin^2\varphi\end{aligned}$$

因 $\sin\frac{\theta}{2}\geqslant 0$，$\sin\varphi\geqslant 0$，故

$$\sin\frac{\theta}{2}=\sin\varphi$$

$$\theta=2\varphi \text{ 或 } \theta=2\pi-2\varphi$$

下证只有 $\theta=2\varphi$. 取定点 P 为 $(1,0,0)$ 及射线 OS 的方向余弦为 $0,0,1$(这时 S 在正半 z 轴上). 从而 θ 应为 φ 的连续函数. 证 $\varphi\in[0,\frac{\pi}{2})$ 及 $\varphi\in(\frac{\pi}{2},\pi]$ 时均有 $\theta=2\varphi$(注意当且仅当 $\varphi=\frac{\pi}{2}$ 时 $2\varphi=2\pi-2\varphi=\pi$):

取 $\varphi=\frac{\pi}{4}$,则

$$\begin{aligned} Q &= \cos\varphi+\mathrm{i}\sin\varphi\cos\alpha+\mathrm{j}\sin\varphi\cos\beta+\mathrm{k}\sin\varphi\cos\gamma \\ &=\frac{1}{\sqrt{2}}+\frac{1}{\sqrt{2}}(0\mathrm{i}+0\mathrm{j}+1\mathrm{k})=\frac{1}{\sqrt{2}}+\frac{1}{\sqrt{2}}\mathrm{k} \end{aligned}$$

$$P'=Q\mathrm{i}\overline{Q}=(\frac{1}{\sqrt{2}}+\frac{1}{\sqrt{2}}\mathrm{k})\mathrm{i}(\frac{1}{\sqrt{2}}-\frac{1}{\sqrt{2}}\mathrm{k})=\mathrm{j}$$

此时点 P,P' 在直线 OS 上的射影为原点 O,如图6.3所示,$\angle POP'$ 即旋转角,它即从 i 到 j 的有向角 $\frac{\pi}{2}$①. 这时

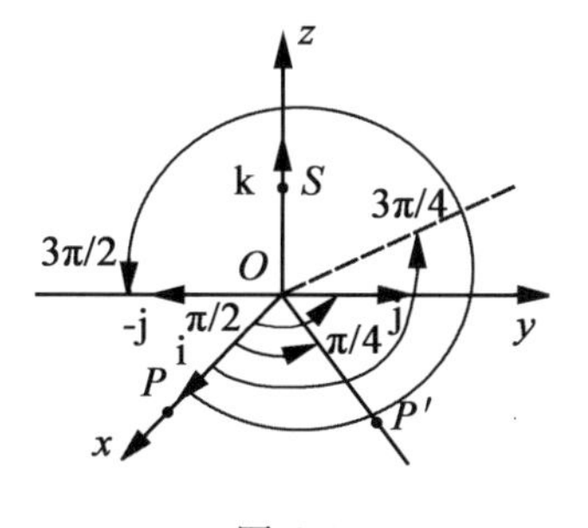

图6.3

① 右手拇指指向正半 z 轴(即 k 的方向)时,从 i 到 j 的方向为其余手指所指方向,作为旋转角正向.

$\theta=2\varphi$,再由 θ 对 φ 的连续性知 $\varphi\in[0,\frac{\pi}{2})$ 时亦有 $\theta=2\varphi$(θ 不能由 2φ 跳跃成 $2\pi-2\varphi$). 又从

$$(\cos\alpha,\cos\beta,\cos\gamma)=(0,0,1)$$

时 $\theta=2\varphi$,固定 φ,θ,因方向余弦连续改变时 $\frac{\theta}{\varphi}$ 为方向余弦的连续函数,故对其他方向余弦值亦有 $\theta=2\varphi$.

取 $\varphi=\frac{3}{4}\pi$,则

$$Q=-\frac{1}{\sqrt{2}}+\frac{1}{\sqrt{2}}\mathrm{k}$$

$$P'=Q\mathrm{i}\overline{Q}=(-\frac{1}{\sqrt{2}}+\frac{1}{\sqrt{2}}\mathrm{k})\mathrm{i}(-\frac{1}{\sqrt{2}}-\frac{1}{\sqrt{2}}\mathrm{k})=-\mathrm{j}$$

从 i 到 $-$j 的有向角 θ 为 $\frac{3}{2}\pi$,适合 $\theta=2\varphi$. 与上述同理知当 $\varphi\in(\frac{\pi}{2},\pi]$ 时(对一切方向余弦)亦有 $\theta=2\varphi$.

于是三维空间所有旋转与所有模为 1 的四元数 $\cos\varphi+\mathrm{i}\sin\varphi\cos\alpha+\mathrm{j}\sin\varphi\cos\beta+\mathrm{k}\sin\varphi\cos\gamma$ 一一对应,其中 $\cos\alpha,\cos\beta,\cos\gamma$ 为旋转轴的方向余弦,旋转角 $\theta=2\varphi$. 不妨把上述四元数改写成

$$\cos\frac{\theta}{2}+\mathrm{i}\sin\frac{\theta}{2}\cos\alpha+\mathrm{j}\sin\frac{\theta}{2}\cos\beta+\mathrm{k}\sin\frac{\theta}{2}\cos\gamma$$

$$(\theta\in[0,2\pi],\alpha,\beta,\gamma\in[0,\pi))$$

设有两个绕过原点 O 的轴的旋转,用四元数乘法表示为

$$P'=Q_1P\overline{Q_1},P''=Q_2P\overline{Q_2}$$

其中

$$Q_1=\cos\frac{\theta_1}{2}+\mathrm{i}\sin\frac{\theta_1}{2}\cos\alpha_1+\mathrm{j}\sin\frac{\theta_1}{2}\cos\beta_1+\mathrm{k}\sin\frac{\theta_1}{2}\cos\gamma_1$$

$$Q_2=\cos\frac{\theta_2}{2}+\mathrm{i}\sin\frac{\theta_2}{2}\cos\alpha_2+\mathrm{j}\sin\frac{\theta_2}{2}\cos\beta_2+\mathrm{k}\sin\frac{\theta_2}{2}\cos\gamma_2$$

它们分别把三维空间任一点 P 旋转为点 P', P''.

现求两旋转之积的四元数表示式. 把三维空间任一点 P 先经第一个旋转变成 $Q_1P\overline{Q_1}=P'$,再把 P'按第二个旋转变成

$$P''=Q_2P'\overline{Q_2}=Q_2Q_1P\overline{Q}_1\ \overline{Q}_2=(Q_2Q_1)P\ \overline{Q_2Q_1}$$

即得如下引理.

引理6.1　第一个旋转与第二个旋转之积相应的四元数等于第二、第一个旋转相应的四元数 Q_2, Q_1 之积.

用四元数表示旋转研究旋转之积最为方便.

引理6.2　令 ψ 为绕 x 轴旋转角 $\frac{2}{3}\pi$ 的旋转,则在 xOy 平面存在过原点 O 的轴,使绕此轴旋转角 π 的旋转 φ 与 ψ 所产生的旋转群 G 中每一旋转用 φ 及 ψ 的幂(即 $\varphi,\psi,\psi^2$①)的乘积表示式(其中任两相邻因式不能同为 φ,也不能同为 ψ 的幂)是唯一的.

证　设 φ 在 xOy 平面上的轴(待定)的方向余弦为 $\cos\theta,\sin\theta,0$,则 φ,ψ,ψ^2 所对应的四元数

$$\varphi:\cos\frac{\pi}{2}+\sin\frac{\pi}{2}(\mathrm{i}\cos\theta+\mathrm{j}\sin\theta+\mathrm{k}\cdot 0)=\mathrm{i}\cos\theta+\mathrm{j}\sin\theta$$

$$\psi:\cos\frac{\frac{2\pi}{3}}{2}+\mathrm{i}\sin\frac{\frac{2\pi}{3}}{2}=\cos\frac{\pi}{3}+\mathrm{i}\sin\frac{\pi}{3}$$②

---

① 因 $\varphi^2=\psi^3=I$(恒等旋转,即不转),故 $\varphi(\psi)$ 的指数只取1(1,2).

② 注意正半 x 轴的方向角 α,β,γ 分别为 $0,\frac{\pi}{2},\frac{\pi}{3}$,方向余弦为 $1,0,\frac{1}{2}$.

$$\psi^2:\cos\frac{\frac{4\pi}{3}}{2}+\mathrm{i}\sin\frac{\frac{4\pi}{3}}{2}=\cos\frac{2\pi}{3}+\mathrm{i}\sin\frac{2\pi}{3}$$

它们所产生的群 G 的任一元素可表示为

$$\psi^{\lambda_0}\varphi\psi^{\lambda_1}\varphi\psi^{\lambda_2}\cdots\varphi\psi^{\lambda_{n-1}}\varphi\psi^{\lambda_n}$$

$$n\geqslant 0,\lambda_0=0,1,2,\lambda_n=0,1,2\quad(\psi^0=I)$$

$$\lambda_1,\lambda_2,\cdots,\lambda_{n-1}=1,2$$

下证,可选取角 θ,使此型表示式中任两式不表示同一旋转. 算出这些旋转的四元数表示式. 易见其四元数(实部及 i,j,k 的系数)都是 $\cos\theta,\sin\theta$ 的多项式(系数式中可有$\sqrt{3}$). 任何这样的两个多项式 F_1,F_2,方程 $F_1=F_2$对 $\cos\theta,\sin\theta$ 只有有限个根(令两多项式相等得 $\cos\theta,\sin\theta$ 的(某正整数)k 次方程,再把方程两边所有对 $\sin\theta$ 的奇(偶)次项移到左(右)边,再两边平方后把所有 $\sin^2\theta$ 用 $1-\cos^2\theta$ 取代便得 $\cos\theta$ 的整式方程,易见两边对 $\cos\theta$ 的最高次项次数不同,两边不恒等,从而对 $\cos\theta$ 只有有限个根). 因群 G 中只有可列个旋转. 任取其中两个旋转,令其相等所得 $F_1=F_2$ 型方程对 $\cos\theta,\sin\theta$ 只有有限个根. 所有这些方程的根 $\cos\theta,\sin\theta$ 只有可列个. 故可取 $\cos\theta,\sin\theta$ 不是这些根. 于是所得相应表示(可列个)旋转的四元数互不相同,即这些可列个旋转互不相同. 从而每个旋转的上述表示式是唯一的.

引理 6.3　引理 6.2 中的旋转群 G 可分为三个互不相交的(旋转)子集之并

$$G=B^*+C^*+A^*\quad(\text{“}+\text{”号表各项互不相交})$$

使(由 A^* 中所有旋转乘 φ 所得所有元素的集,下同)

$$A^*\varphi=B^*+C^*,A^*\psi=B^*,B^*\psi=C^*$$

证 把群 G 中只含至多一个因式之转动分别归入

$$B_1^* = \{\varphi, \psi\}, C_1^* = \{\psi^2\}, A_1^* = \{I\}$$

(分别为 B^*, C^*, A^* 中至多只有一个因式之集). 这里集 B_1^* 中每个元素的最右因式不是 ψ^2, 集 C_1^* 中每个元素的最右因式不是 φ, 集 A_1^* 中每个元素的最右因式不是 ψ.

现用归纳法逐次作出集 B^*, C^*, A^* 的有 n 个因式的所有元素的(旋转)子集 B_n^*, C_n^*, A_n^*(保持它们的所有元素的最右因式分别不是 ψ^2, φ, ψ):

设已作出集 $B_{n-1}^*, C_{n-1}^*, A_{n-1}^*$, 按表 6.1 作集 B_n^*, C_n^*, A_n^*(每一步分别表示添加的第 n 个因式放入哪个集, 当最右因式为 φ 时不应再添加 φ, ……):

表 6.1

	当 g 的最右因式为	把 $g\varphi$ 放入	把 $g\psi$ 放入	把 $g\psi^2$ 放入
对 B_{n-1}^* 的元素 g	ψ	A_n^*		
	φ		$C_n^{*'}$	A_n^*
对 $C_{n-1}^* \cup C_n^{*'}$ 的元素 g	ψ, ψ^2	A_n^*		
对 $A_{n-1}^* \cup A_n^*$ 的元素 g	ψ^2	B_n^*		
	φ		B_n^*	$C_n^{*''}$

(其中 $C_n^{*'}$($C_n^{*''}$)表示 C_n^* 的一部分(另一部分))

于是群

$$G = \sum_{n=0}^{\infty} (B_n^* + C_n^* + A_n^*) = B^* + C^* + A^*$$

其中

$$B^* = \sum_{n=1}^{\infty} B_n^*, C^* = \sum_{n=1}^{\infty} C_n^*, A^* = \sum_{n=1}^{\infty} A_n^*$$

($\sum$ 号亦表示各项互不相交).

下证

$$A^*\varphi = B^* + C^*, A^*\psi = B^*, B^*\psi = C^*$$

证 记 A_{φ}^* ($A_{\psi^2}^*$) 为集 A^* 中最右因式为 φ (为 ψ^2) 的所有元素组成的集. $B_{\varphi}^*, B_{\psi}^*, C_{\psi}^*, C_{\psi^2}^*$ 之意义类似. 由上表可知

$$A^* = B_{\psi}^*\varphi + B_{\varphi}^*\psi^2 + C_{\psi^2}^*\varphi + \{I\} + C_{\psi}^*\varphi$$

$$B^* = A_{\psi^2}^*\varphi + A_{\varphi}^*\psi + \{\varphi, \psi\}$$

$$C^* = A_{\varphi}^*\psi^2 + B_{\varphi}^*\psi + \{\psi^2\}$$

故

$$A_{\varphi}^* = B_{\psi}^*\varphi + C_{\psi}^*\varphi + C_{\psi^2}^*\varphi, A_{\psi^2}^* = B_{\varphi}^*\psi^2$$

$$B_{\varphi}^* = A_{\psi^2}^*\varphi + \{\varphi\}, B_{\psi}^* = A_{\varphi}^*\psi + \{\psi\}$$

$$C_{\psi^2}^* = A_{\varphi}^*\psi^2 + \{\psi^2\}, C_{\psi}^* = B_{\varphi}^*\psi$$

先证 $$A^*\varphi = B^* + C^*$$

$$\begin{aligned} A^*\varphi &= (B_{\psi}^*\varphi + B_{\varphi}^*\psi^2 + C_{\psi}^*\varphi + C_{\psi^2}^*\varphi + \{I\})\varphi \\ &= B_{\psi}^* + B_{\varphi}^*\psi^2\varphi + C_{\psi}^* + C_{\psi^2}^* + \{\varphi\} \\ &\subset B^* + A_{\psi^2}^*\varphi + C^* + B^* \subset B^* + C^* \end{aligned}$$

$$\begin{aligned} B^* + C^* &= (A_{\psi^2}^*\varphi + A_{\varphi}^*\psi + \{\varphi, \psi\}) + \\ &\quad (A_{\varphi}^*\psi^2 + \{\psi^2\} + B_{\varphi}^*\psi) \\ &\subset (A^*\varphi + B_{\psi}^* + \{I\varphi, \psi\varphi\cdot\varphi\}) + \\ &\quad (C_{\psi^2}^* + C_{\psi}^*) \\ &\subset (A^*\varphi + B_{\psi}^*\varphi\cdot\varphi + A^*\varphi) + \\ &\quad (C_{\psi^2}^*\varphi\cdot\varphi + C_{\psi}^*\varphi\cdot\varphi)^{①} \\ &\subset A^*\varphi \end{aligned}$$

再证 $$A^*\psi = B^*$$

① 由上表知 $\psi\varphi \in A^*$.

$$A^*\psi = (B_\psi^*\varphi + B_\varphi^*\psi^2 + C_\psi^*\varphi + C_{\psi^2}^*\varphi + \{I\})\psi$$
$$= (A_\varphi^* + B_\varphi^*\psi^2 + \{I\})\psi = A_\varphi^*\psi + B_\varphi^* + \{\psi\} \subset B$$
$$B^* = A_{\psi^2}^*\varphi + \{\varphi\} + A_\varphi^*\psi + \{\psi\} \subset B_\varphi^* + A^*\psi$$
$$= B_\varphi^*\psi^2\psi + A^*\psi \subset A^*\psi$$

最后证　　　　　$A^*\psi^2 = C^*$

（从而 $B^*\psi = A^*\psi \cdot \psi = A^*\psi^2 = C^*$）

$$A^*\psi^2 = (B_\psi^*\varphi + B_\varphi^*\psi^2 + C_\psi^*\varphi + C_{\psi^2}^*\varphi + \{I\})\psi^2$$
$$= (A_\varphi^* + B_\varphi^*\psi^2 + \{I\})\psi^2$$
$$= A_\varphi^*\psi^2 + B_\varphi^*\psi + \{\psi^2\} = C^*$$

豪斯道夫(Hausdorff)分球面定理　对引理6.2中的旋转 φ,ψ 及以原点 O 为球心的任一球面 S(视为点集)有

$$S = A + B + C + D$$

其中 D 为可列点集,又 $A\varphi = B + C, A\psi = B, C\psi = A$.(即 $A \equiv B + C, C \equiv A \equiv B$,"$\equiv$"表示叠合,即通过运动(含非正常运动,但这里只需正常运动(旋转))可使之重合,颇怪!)

证　由于群 G 可看成球面 S 绕球心 O 的旋转群,故球面 S 的所有点可分成互不相交的(不可列个)类,使得同类(不同类)的元素可(不可)经群 G 中的旋转相互重合.

对群 G 中任一旋转 g,取 g 的旋转轴及球面 S 的两交点,记为 P_g, P'_g,即球面 S 上旋转 g 的不动点(适合:P_g 经旋转 g 所得 $P_g g = P_g$,又 $P'_g g = P'_g$).在球面 S 取点集

$$D = \sum_{g\in G}\sum_{g'\in G}(P_g g' + P'_g g')$$

即先取与群 G 中的每一旋转 g 的两不动点 P_g, P'_g 同

类的点集 $\sum_{g' \in G}(P_g g' + P'_g g')$，再对群 G 所有旋转 g 取上述点集之并集. 由于群 G 中只有可列个旋转，易见 D 为可列集.

把 $S-D$（“$-$”号表集与其子集之差集）中所有点仍按上述要求分类. 在 $S-D$ 的每一类中取一点组成集 M①. 由 M 及引理 6.3 的群 G 的（旋转）子集 A^*，B^*，C^*，取 $S-D$ 之子集

$$A=\{xg \mid x \in M, g \in A^*\}$$

（即集 M 的所有点经子集 A^* 的所有旋转得到的所有点组成的点集）

$$B=\{xg \mid x \in M, g \in B^*\}$$

$$C=\{xg \mid x \in M, g \in C^*\}$$

则由上述知此三点集中. 当所取的点 x, x' 不同时，分别经群 G 中任两旋转 g, g' 后得不同的点（若 $xg=x'g'$，则 $x'=x(gg'^{-1})$，因由群之定义 $gg'^{-1} \in G$，又 $x', x \in M$. 于是点集 M 中的点 x, x' 属同一类，这与假设每一类只取一点矛盾）；当所取点 x 相同时，则 x 经群 G 中任两不同的旋转 g, g' 亦得不同的点（否则 $xg=xg'$，$xgg'^{-1}=x$，$x \in S-D$ 为群 G 的旋转 gg'^{-1} 的不动点，从而 $x \in D$，得矛盾）. 于是点集 A, B, C 中任二者不相交. 其中任一点集与点集 D 不相交.

点集 A 中每一元素可表为 xg，其中点 $x \in M$，旋转 $g \in A^*$. 故 $g\psi \in A^*\psi = B^*$，$xg\psi \in B$，于是得证 $A\psi \in B$；反之 B 的每一元素可表示为 xg'，其中点 $x \in M$，旋转 $g' \in B^* = A^*\psi$，故存在旋转 $g \in A^*$ 使 $g\psi = g'$，于是 $xg' = xg\psi \in A\psi$，得证 $B \subset A\psi$，与前述 $A\psi \subset B$ 知 $A\psi = B$.

① 这里用到选择公理，本来很明显，但有的数学家不准用，怪！

类似知 $A\psi^2 = C$，即 $A = C\psi$，$A\varphi = B + C$.

以下论述巴拿赫－塔斯基(Banach-Tarski)分球定理.

定义 6.1　设三维空间点集 U, V. 若

$$U = \sum_{m=1}^{n} U_m, V = \sum_{m=1}^{n} V_m$$

$$U_m \equiv V_m$$

则称 U, V 可有限分割而叠合，记为 $U \approx V$.

引理 6.4　设点集 $E_1 \approx E_2, E_2 \approx E_3$，则 $E_1 \approx E_3$.

引理 6.5　设点集 $U_1 \approx V_1, U_2 \approx V_2, U_1 \cap U_2 = V_1 \cap V_2 = \varnothing$(即不相交)，则 $U_1 + U_2 \approx V_1 + V_2$.

引理 6.6　设点集 $R' \subset R \approx Q$，则存在点集 $Q' \subset Q$ 使 $Q' \approx R'$.

(以上三引理都很显然易证)

引理 6.7　设点集 $N_0 \supset N_1 \supset N_2, N_0 \approx N_2$，则 $N_0 \approx N_1$.

证　(与关于势的对等关系的伯恩斯坦定理证明类似)由 $N_0 \approx N_2$ 知可分解

$$N_0 = \sum_{m=1}^{n} N_{0m}$$

且存在运动 μ_m 使

$$N_2 = \sum_{m=1}^{n} N_{0m}\mu_m$$

令点集

$$N_3 = \sum_{m=1}^{n} (N_1 N_{0m})\mu_m \approx \sum_{m=1}^{n} N_1 N_{0m} = N_1 \text{①}$$

易见

① 接连的两集表示其交集，省去记号“∩”.

$$N_3 \subset \sum_{m=1}^{n} N_{0m}\mu_m = N_2$$

以上由 $N_0 = \sum_{m=1}^{n} N_{0m} \supset N_1 = \sum_{m=1}^{n} N_1 N_{0m} \supset N_2 = \sum_{m=1}^{n} N_{0m}\mu_m$ 推出，存在 $N_3 \subset N_2$ 使 $N_3 = \sum_{m=1}^{n}(N_1 N_{0m})\mu_m \approx N_1$. 同样可由

$$N_1 = \sum_{m=1}^{n} N_1 N_{0m} \supset N_2 = \sum_{m=1}^{n} N_2 N_{0m} = \sum_{m=1}^{n} N_2 (N_1 N_{0m})$$

$$\supset N_3 = \sum_{m=1}^{n} (N_1 N_{0m})\mu_m$$

推出，存在点集

$$N_4 \subset N_3$$

$$N_4 = \sum_{m=1}^{n} (N_2 N_1 N_{0m})\mu_m = \sum_{m=1}^{n} (N_2 N_{0m})\mu_m \approx N_2$$

继续可得 $N_5, \cdots, N_{2l}, N_{2l+1}, \cdots$，使

$$N_0 \supset \sum_{m=1}^{n} N_{0m} \supset N_1 = \sum_{m=1}^{n} N_1 N_{0m} \supset N_2 = \sum_{m=1}^{n} N_{0m}\mu_m$$

$$\supset N_3 = \sum_{m=1}^{n} (N_1 N_{0m})\mu_m \supset N_4 = \sum_{m=1}^{n} (N_2 N_{0m})\mu_m$$

$$\supset N_5 = \sum_{m=1}^{n} (N_3 N_{0m})\mu_m \supset \cdots$$

$$\supset N_{2l} = \sum_{m=1}^{n} (N_{2l-2} N_{0m})\mu_m$$

$$\supset N_{2l+1} = \sum_{m=1}^{n} (N_{2l-1} N_{0m})\mu_m \supset \cdots$$

则

$$N_0 = \sum_{m=0}^{\infty} (N_m - N_{m+1}) + N_0 N_1 N_2 \cdots$$

$$= \sum_{l=0}^{\infty}(N_{2l} - N_{2l+1}) + \sum_{l=0}^{\infty}(N_{2l+1} - N_{2l+2}) + N_0N_1N_2\cdots \tag{6.1}$$

$$N_1 = \sum_{l=1}^{\infty}(N_l - N_{l+1}) + N_0N_1N_2\cdots$$
$$= \sum_{l=0}^{\infty}(N_{2l+1} - N_{2l+2}) + \sum_{l=0}^{\infty}(N_{2l+2} - N_{2l+3}) + N_0N_1N_2\cdots \tag{6.2}$$

而

$$N_{2l+2} - N_{2l+3} = \sum_{m=1}^{n}(N_{2l}N_{0m})\mu_m - \sum_{m=1}^{n}(N_{2l+1}N_{0m})\mu_m$$
$$= \sum_{m=1}^{n}(N_{2l}N_{0m} - N_{2l+1}N_{0m})\mu_m \tag{6.3}$$

$$N_{2l} - N_{2l+1} = \sum_{m=1}^{n}N_{2l}N_{0m} - \sum_{m=1}^{n}N_{2l+1}N_{0m}$$
$$= \sum_{m=1}^{n}(N_{2l}N_{0m} - N_{2l+1}N_{0m}) \tag{6.4}$$

由式(6.3)及式(6.2)得

$$N_1 = \sum_{l=0}^{\infty}(N_{2l+1} - N_{2l+2}) + \sum_{l=0}^{\infty}\sum_{m=1}^{n}(N_{2l}N_{0m} - N_{2l+1}N_{0m})\mu_m + N_0N_1N_2\cdots$$
$$= \sum_{l=0}^{\infty}(N_{2l+1} - N_{2l+2}) + \sum_{m=1}^{n}\sum_{l=0}^{\infty}(N_{2l}N_{0m} - N_{2l+1}N_{0m})\mu_m + N_0N_1N_2\cdots$$
$$= \sum_{l=0}^{\infty}(N_{2l+1} - N_{2l+2}) + \sum_{m=1}^{n}\left(\sum_{l=0}^{\infty}(N_{2l}N_{0m} - N_{2l+1}N_{0m})\right)\mu_m +$$

$$N_0 N_1 N_2 \cdots$$

而由式(6.1)及式(6.4)得

$$\begin{aligned} N_0 &= \sum_{l=0}^{\infty} \sum_{m=1}^{\infty} (N_{2l} - N_{2l+1}) N_{0m} + \\ &\quad \sum_{l=0}^{\infty} (N_{2l+1} - N_{2l+2}) + N_0 N_1 N_2 \cdots \\ &= \sum_{m=1}^{n} \left(\sum_{l=0}^{\infty} (N_{2l} N_{0m} - N_{2l+1} N_{0m}) \right) + \\ &\quad \sum_{l=0}^{\infty} (N_{2l+1} - N_{2l+2}) + N_0 N_1 N_2 \cdots \end{aligned}$$

即点集 N_0 可分成 $n+1$ 个互不相交的子集

$$\sum_{l=0}^{\infty} (N_{2l} N_{0m} - N_{2l+1} N_{0m}) \quad (m = 1, 2, \cdots, n)$$

$$\sum_{l=0}^{\infty} (N_{2l+1} - N_{2l+2}) + N_0 N_1 N_2 \cdots$$

它们分别与点集 N_1 的 $n+1$ 个子集

$$\sum_{l=0}^{\infty} (N_{2l} N_{0m} - N_{2l+1} N_{0m}) \mu_m \quad (m = 1, 2, \cdots, n)$$

$$\sum_{l=0}^{\infty} (N_{2l+1} - N_{2l+2}) + N_0 N_1 N_2 \cdots$$

叠合,得证

$$N_0 \approx N_1$$

巴拿赫－塔斯基分球定理　任何球体 W(点集),可分解为两个不相交子集 U,V 之并,且 $W \approx U \approx V$.

证　设 A,B,C,D 为在豪斯道夫分球面定理分球 W 的表面 S 所有点所得的子集.对球面 S(点集)的任一子集 Y,定义集 Y^{**} 为过球面子集 Y 各点的所有半径除去球心 O 后所有点组成的集,则

$$W = A^{**} + B^{**} + C^{**} + D^{**} + \{O\}$$

令

$$U=A^{**}+D^{**}+\{O\},V=B^{**}+C^{**}$$

由引理6.4和引理6.5得

$$C^{**}\approx A^{**}\approx B^{**}+C^{**}$$

$$A^{**}\approx B^{**}+C^{**}\approx A^{**}+(B^{**}+C^{**})$$

从而

$$U\approx(A^{**}+B^{**}+C^{**})+D^{**}+\{O\}\approx W$$

现证,存在绕球心 O 的旋转 ξ,使点集 $D\xi$ 与 D 不相交:由 D 可列,可把它列为

$$D=\{x_0,x_1,x_2,\cdots,x_n,\cdots\}$$

由于绕球心 O 的旋转可把点 x_0 移至球面 S 的任一点,故可把 x_0 移至点集 $S-D$ 的一点 y_0,合此要求的旋转有不可列个(因再以过点 y_0 的直径为轴的任何旋转使 y_0 不动,先后两次旋转(结果仍为绕球心 O 的旋转,有不可列个)使点 x_0 移至 y_0). 对任何 $m=1,2,3,\cdots$,若再确定点 x_m 旋转后所得到的点 y_m,则确定了唯一的旋转使 x_0,x_m 分别移到 $y_0,y_m(m=1,2,3,\cdots)$. 在上述使点 x_0 移至点 y_0 的不可列个旋转中除去可能使任何 $x_m(m=1,2,3,\cdots)$ 移至任何 $y_{m'}(m'=1,2,3,\cdots)$ 的旋转(至多可列个)后任取一旋转 ξ,则点集 $D\xi$ 与点集 D 不相交.

于是点集

$$D\approx D\xi\subset A+B+C$$

$$D^{**}\equiv(D\xi)^{**}\subset A^{**}+B^{**}+C^{**}\approx A^{**}\approx C^{**}$$

故由引理6.6,存在点集 $C'^{**}\subset C^{**}$ 使 $D^{**}\subset C'^{**}$,取点 $c\in C^{**}-C'^{**}$,则

$$\begin{aligned}U&=A^{**}+D^{**}+\{O\}\\&\approx B^{**}+C'^{**}+\{c\}\subset B^{**}+C^{**}\subset V\subset W\end{aligned}$$

从而再由 $W\approx U\approx B^{**}+C'^{**}+\{c\}$,据引理 6.7 得 $W\approx V$.

易见 $W=U+V$.

这两定理的确很怪. 但其中球(球面)所分出的子集 M,N(子集 A,B,C)是不可测集,不会使体积、曲面面积、三重积分、曲面积分理论产生矛盾. 定理的结论也不可能用实物模型演示. 如果真的能造成实物演示,重新拼成的球(球面)的密度(面密度)——物理概念——一定比原球(球面)小,总质量仍不变. 一千克的金球不可能拼成两个同样是一千克的金球. 其实无限集就是怪事多多:正方形内点集与其一边上的点集对等,一条连续曲线可充满正方形,……,只不过司空见惯,见怪不怪了吧!

两个分球定理出来后,有人认为这是证明中使用了"选择公理"(在一些非空集的每一集选取一元素,所有选取的元素可组成一集 S)造成的矛盾,不承认两定理的结论,更加反对使用选择公理. 自康托创立了集合论,一直有人不承认选择公理(虽然用选择公理证明了一些重要定理,如关于势的伯恩斯坦定理,存在不可测集,……),理由是由选取元素组成的集 S 没有确定的元素,违反数学研究的规矩. 但后来(见文献[2])有人在选择公理不成立的模型证明了更怪的结论,造成很多矛盾. 如函数在一点 x_0 连续的"$\varepsilon-\delta$"定义与序列式定义(对任何趋于点 x_0 的序列 $x_1,x_2,\cdots,x_n,\cdots$, $f(x_n)\to f(x_0)$)不等价,实数集 $\mathbf{R}$ 是可列个可列集之并集,实数集 $\mathbf{R}$ 的任何子集可测,存在线性空间有两个不对等的基底,……. 这才使不承认选择公理的人大大减少.

第 二 编

各类康托集的
豪斯道夫测度

第7章

豪斯道夫维数，它的性质和惊奇之处[①]

1. 引言

维数的概念在数学中有很多的方面和意义，并且关于一个集合应该是多少维数有许多非常不同的定义. 最简单的情形是 $\mathbf{R}^d$ 的维数：为了区别 $\mathbf{R}^d$ 中的点，我们需要不同的坐标，因此，$\mathbf{R}^d$ 作为向量空间有维数 d. 类似地，一个 d 维流形局部象 $\mathbf{R}^d$ 中的一个区域.

另一个有趣的概念是一个拓扑空间的拓扑维数：每个离散点集的拓扑维数是0(例如，$\mathbf{R}^d$ 中的任何有限点集)，一条单射的曲线的拓扑维数是1，一个圆盘有维数2，等等. 这个思想就是 d 维点集的每一个邻域都可由一个 $d-1$ 维的点集所分离. 曲线和圆可以通过去掉一个孤立的点来分离，等等. 一个正式的定义

① 译自：*The Amer. Math. Monthly*, Vol. 114(2007), No. 6, p. 509-528, Hausdorff Dimension, Its Properties, and Its Surprises, Dierk Schleicher, figure number 4.

是递归的,为了方便,我们就从空集开始:空集有拓扑维数 -1;一个集合如果它的每一个点有一个开邻域基,并且这些邻域的边界的拓扑维数至多为 $d-1$,那么,该点集的维数至多为 d.

所有这些维数,如果有限,就是整数(我们忽略无限维空间). 不同于我们的思想和各种维数概念的有意思的讨论可见马宁(Manin)最近的文章.

我们会考虑维数的一个不同的方面,也就是与图 7.1 所示的“分形”集合的自相似性有关的(问题). 正如芒德罗布(Mandelbrot)指出的:“云不是球体,山不是圆锥,海岸线不是圆,树皮不是光滑的,甚至连光也不是按直线传播的.”大自然中出现的这么多的实体都不是流形. 例如图 7.1 所示的蕨类植物是通过简单的仿射自相似的过程构造的. 于是,人们曾试图用“分形”来描述树和植物的毛状根部系统,而不是把它当作光滑流形. 相似的讨论可以应用到对人类的肺和大多数的周界和国界的描述上.

豪斯道夫维数概念已经有了近一个世纪之久,但是随着计算机图形学的发展,从而使得可以模拟与可视化自然科学的许多领域中的重要的美丽实体,这一概念已经得到了充分的重视. 早期,这些集合通过专门的方法来作为直观猜想的反例. 在本章的第一部分,我们试图使有兴趣的读者确信豪斯道夫维数是描述度量集合 X 的有趣性质的“正确”概念. 对 $\mathbf{R}_0^*$ 中的任意数 d,我们定义 d 维豪斯道夫测度 $\mu_d(X)$,如果 d 是一个正整数并且 $X=\mathbf{R}^d$,那么这个测度与勒贝格测度一致(最多差一个规范化因子). d 有一个极限(threshold)值叫作 $\dim_H(X)$,使得如果 $d>\dim_H(X)$,那么

$\mu_d(X)=0$;如果 $d<\dim_H(X)$,那么 $\mu_d(X)=\infty$. 这个值 $\dim_H(X)$就是 X 的豪斯道夫维数.

我们首先从直观上理解这个概念,然后,我们通过描述一些相对而言新近发现的集合来挑战这个问题,这些集合具有豪斯道夫维数的非常值得注意的和令人惊奇(可能违反直观)的性质. 为了描述这种集合,想象一条联结 0 到∞ 的曲线 $\gamma:(0,\infty)\to\mathbf{C}$(我们把曲线 $\gamma:I\to\mathbf{C}$ 及其在 $\mathbf{C}$ 中的象集$\{\gamma(t):t\in I\}$视为同一).曲线有至少为 1 的维数,可能维数会更大一些,但是它

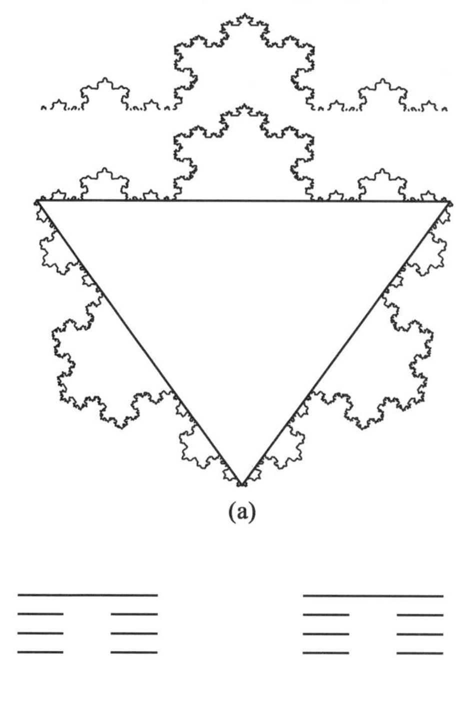

(a)

(b)

(c)

(d)

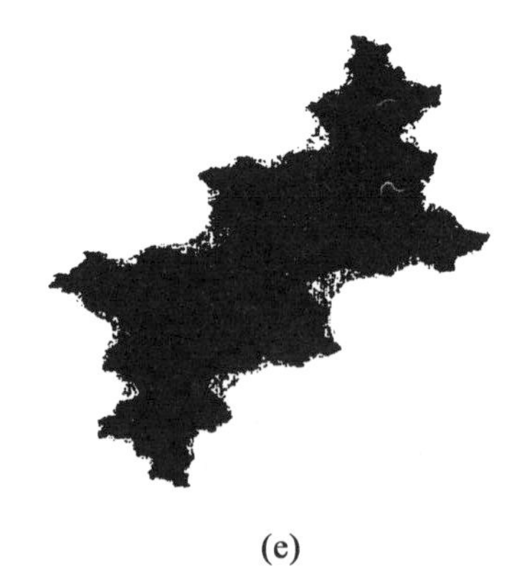

(e)

图7.1:$\mathbf{R}^2$ 中的一些“分形”集合(a)雪花曲线它的3个(分形)边都可以分别的分割成4部分,每一部分都是整个边的复制,与原图相比收缩了1/3;(b)康托中间三分之一集,包含两个它自身的复制,收缩了1/3;(c)平面上的“分形”正方形,它包含自身的四个复制(因此它与雪花集有相同的维数!);(d)蕨类植物;(e)二次多项式的朱利亚集.

的端点肯定是0维的. 现在取一族不相交的曲线 γ_h,每一条线联结不同的点 z_h 到∞. 例如对于 $h\in[0,1]$,令 $z_h=\mathrm{i}h$ 以及 $\gamma_h(t)=\mathrm{i}h+\gamma(t)$(假定 γ 使得所有的 γ_h 互不相交). 那么,这些端点是维数为1的区间,同时,所有的曲线 γ_h 的并覆盖了 $\mathbf{C}$ 的一个开集,因此必定有维数2. 端点的并的维数比曲线的并的维数小,这是正确的且直观的. 本章中,我们描述如下情形:

定理7.1(一个豪斯道夫维数悖论)　存在 $\mathbf{C}$ 的子集 E 和 R,它们有如下性质:

(1)E 和 R 互不相交;

(2)R 的任意道路连通分支是一条单射曲线(一条“射线”)$\gamma:(0,\infty)\to\mathbf{C}$,它把 E 中的某个 e 连接到∞(也就是 $\lim\limits_{t\to 0}\gamma(t)=e$,并且 $\lim\limits_{t\to\infty}\gamma(t)=\infty$);

(3)E 中的任意一点 e 是 R 中一条或几条曲线的端点;

(4)射线集 $R=\cup\gamma((0,1))$ 有豪斯道夫维数1;

(5)端点集 E 有豪斯道夫维数2,并且甚至是完全的2维勒贝格测度(也就是,集合 $\mathbf{C}\backslash E$ 测度为0);

(6)更强一点的结论,我们有 $E\cup R=\mathbf{C}$:端点集 E 是一维点集 R 的余集. 然而,E 中的任意一点都可以由 R 中的一条或几条曲线联结到∞!

数学中充满令人惊奇的现象,通常用很艺术的方法来构造集合展示这些现象. 这个结果是动力系统中出现的许多现象的另一个阐释,特别是复动力系统. 它来自于一系列的连续的更强的结果. 故事开始于卡尔平斯基(karpinska)的一个令人惊奇的结果. 她建立了对某个 λ 的复指数映射 $z \to \lambda e^z$ 的动力学中自然出现的集合 E 和 R,这里 E 和 R 拥有性质(1) ~ (4). 按照 E 有豪斯道夫维数 2 的形式拥有性质(5). 这个结果可推广成对任意 λ 属于 $C^* = C \setminus \{0\}$ 的指数映射结论也成立. 这个结果还可推广成对映射 $z \mapsto a = e^z + be^{-z}$ 也成立. 在这种情况下,E 通常有正的勒贝格二维测度. 最后,对于形如 $z \mapsto \pi\sinh z$ 的映射,我们建立了条件(6).

我们从对维数的几个概念的讨论(第 2 节)开始本章的论述. 在第 3 节,我们给出豪斯道夫维数的定义和它的许多基本性质. 在第 4 节,我们描述了一个由卡尔平斯基构造的一个漂亮的例子,在这个例子中 E 是二维勒贝格测度. 在本章剩下的篇幅中,我们将证明满足定理 7.1 的所有论断(包括 $\mathbf{C} = E \cup R$)的集合 E 和 R 在复动力学中是自然出现的,例如在我们迭代如 $z \mapsto \pi\sin z$ 的映射的时候.

在第 5 节中我们描述迭代复映射 sin 和 sinh 的基本特征. 在第 6 节中我们给出估计豪斯道夫维数的一个基本定理. 在第 7 节,我们将细致地描述映射 $z \mapsto \pi\sinh z$ 这个动力系统,并且完成定理 7.1 的证明. 最后我们讨论与平坦勒贝格测度相关的已知结果,包括麦克马伦(McMullen)的一个定理和米尔诺(Milnor)的一个猜想.

本章的目的是突出表明在维数理论和超越动力系

统交界处所观察到的有趣现象. 本章内容不能认为是这两个领域中令人激动的结果的穷尽的搜集. 我们仅可以提到一些最有意思的参考文献. 超越动力系统方面比较好的搜集结果见 Bergweiler 的著作. Devaney 描述了关于指数动力系统的一些更为奇特的性质. 关于"超越动力系统的中逃逸点曲线"的课题首次由法图(Fatou)于 1926 年指出,并由 Eremenko 系统地研究. 关于指数动力系统的特殊情形首次由 Devaney 及其合作者研究,并完全解决. 在更一般的框架下,有一些存在性结果. 这门艺术的当前研究状态可见 Rottenfuβer 相关著作中的内容,在关于超越动力系统的豪斯道夫维数的当前研究工作中我们想提一提的是 Stallard 以及 Kotus 和 Utbanski 的论文. 当前论文的一些结果已经推广到一大类整函数中了. 在这里,我们对没有提到他们工作的那些人表示歉意.

2. "分形"维数的概念

引出分形维数概念的基本出发点是为了研究具有不同尺度大小的有趣的点集,考虑一个规则的边长为 1 的三维方体. 对于任意正整数 k 我们可以把这个方体分割成很多边长为 $s=1/k$ 的小方体. 很明显,我们得到的小方体的个数是 $N(s)=k^3=s^{-3}$,然而,如果我们把一个单位正方形分成边长为 $s=1/k$ 的小正方形,我们得到 $N(s)=s^{-2}$ 个小正方形. 这里的指数就是维数:如果 $\mathbf{R}^n$ 中的一个集合 X 可以被分成某个有限数 $N(s)$ 个子集,所有这些子集(通过平移、旋转)彼此全等. 任一子集是 X 的一个复制,并有线性伸缩因子 s 倍,那么,X 的自相似维数是满足条件 $N(s)=s^{-d}$ 的唯一值,也就是

$$d=\lg(N(s))/\lg(1/s) \qquad (7.1)$$

这个简单的思想可以运用到许多有趣的集合里，例如，考虑如图 7.1(a)所示的“雪片”曲线：我们只看最大层次的 1/3 的雪片. 为了更容易描述我们将其置于三角形上. 上面雪片的细节表明这最大层次的 1/3 雪片可以分解成 $N=4$ 部分，任意一部分是整个最大的 1/3 的缩小形式，并有伸缩因子 $s=1/3$. 这个假定的维数必定满足 $3^d=4$(也就是，$d=\lg 4/\lg 3\approx 1.26\cdots$). 这个雪片集是一条曲线(因此，有拓扑维数 1)，但是，它的自相似维数比一条直线的自相似维数大：当把一条线段分割成原线段长 1/3 的小段后，我们得到 3 段. 对于雪片曲线，我们得到 4 部分(对于一个长方形我们得到 9 部分). 继续细致地分下去，我们得到相同的维数：我们把 4 部分的每一部分再分成 4 部分，因此我们得到伸缩因子 $s=1/9$；同样地有 $d=\lg(4^2)/\lg(3^2)\approx 1.26\cdots$.

我们就对如图 7.1(b)所示的标准的“中间 1/3”的康托集来开发这一思想. 从一个单位区间开始构造，去掉中间的 1/3 开区间，得到两个长度分别为 $s=1/3$ 的区间；对这两个区间每一个都去掉中间的 1/3，如此继续递归地分下去就得到标准的康托集. 这个集合由 $N=2$ 个部分(左边和右边)组成，这两部分都是原集合的缩小形式，并有伸缩因子 $s=1/3$. 这个康托集的维数 $d=\lg 2/\lg 3\approx 0.63\cdots$比一条曲线的维数小，但是比离散点集的维数大.

这是最后一个例子，如图 7.1(c)所示：把一个单位正方形分成 9 个边长为 $s=1/3$ 的相同的小正方形. 只有顶点的 4 个小正方形留下，其余的去掉. 对每一个

小正方形如此进一步地分下去. 得到像雪片曲线一样的维数 $\lg 4/\lg 3 \approx 1.26\cdots$,这个集合仅仅是"中间 1/3"康托集自身与自身的简单的笛卡儿(Descartes)积.

我们不必认真地对待康托集的维数. 例如,从一个单位区间开始构造,去掉中间长一点或短一点的区间,来留下 $N=2$ 个长度 s 属于$(0,1/2)$的任意的子区间. 在下一层次的分割中,我们把相对于子区间长度的相同的份数中间区间去掉. 这样得到的康托集也是自相似的. 它的维数 $d=\lg 2/\lg(1/s)$ 可以达到$(0,1)$区间的任意值.

我们已经开发过的集合都是线性自相似的. 它们都是由有限部分组成,每一部分都是整个集合线性的缩小形式. 只有对这种集合自相似维数才能应用. 随后,我们要定义两个更深入的"分形"维数概念:计盒维数和豪斯道夫维数. 与自相似维数相比,它们对更一般的集合都有意义. 但是对当前我们已经考虑过的 3 个例子,我们定义的这 3 个维数,都有相同的维数值.

这是前面构造的变形,它已经离开了线性自相似集的这个领域:取一个单位区间,把它替换为两个长度为 $s_1 \in (0,1/2)$ 的小区间. 这两个小区间的每一个都分别替换为长度为 $s_1 s_2$ 的两个子区间(这里 $s_2 \in (0,1/2)$),如此继续下去. 如果所有这些伸缩因子都相同,我们就像前面一样得到具有维数 $d=\lg 2/\lg(1/s_i)$的自相似康托集. 如果前 k 个伸缩因子是任意的,但是 $s_{k+1}=s_{k+2}=\cdots=s$,那么,这个康托集包含 2^k 个小康托集,并且这些小康托集是线性自相似的,有维数 $d=\lg 2/\lg(1/s)$. 如果序列 s_i 最终不是常数,那么我们需要一个更广义的维数概念. 我们期望如果

$s_i \to 0$,那么维数是 0;如果 $s_i \to 1/2$,那么维数是 1. 这对于我们在这部分的最后所定义的计盒维数而言是成立的.

我们甚至可以构造一个属于区间[0,1]的康托集,它具有正的一维勒贝格测度. 因此它的维数应当为1:第一步,我们把区间中间长度的 1/10 小区间去掉. 在剩下的两个区间中我们分别去掉中间长度为 1/200 的小区间. 接下来去掉四个长度为 1/4 000 的小区间,等等. 结果,我们去掉的小区间的总长度是 $1/10 + 2/200 + 4/4\,000 + \cdots = 0.111\,1\cdots = 1/9$. 这个操作过程最后剩下的康托集的勒贝格测度是 8/9(注意,我们通常去掉开区间,来保证剩下的集合是紧的. 因此,它的勒贝格测度有定义).

所有的这些康托集是同胚的. 甚至存在一个单位区间到自身的同胚,对于这个同胚在一个康托集上的限制(也就是维数为 0),产生另一个康托集(正的勒贝格测度)(一般地,一个拓扑空间的非空子集如果它是紧的,完全非连通的,并且没有孤立点,则称为一个康托集. 任何两个度量的康托集都是同胚的).

通过把这些线性康托集作笛卡儿积,我们就得到单位正方形的一些康托子集. 我们利用这些构造得到 0 维的正的 2 维勒贝格测度的集合,以及介于它们中间的任何情形.

为了定义如图 7.1 所示的蕨类集和朱利亚集的更一般集合的维数,我们需要比定义自相似维数更一般的方法. 对于 $\mathbf{R}^n$ 中的一个有界集 X,构造的思想如下:把 $\mathbf{R}^n$ 分割成边长为 s 的规则的刚性方体,并且数与 X 相交的小方体的个数;如果这个个数是 $N(s)$,那么,我

们定义 X 的“计盒维数”(或“象元计数维数”)为 $\lim_{s\to0}\lg(N(s))/\lg(1/s)$. 例如,如果 X 是 $\mathbf{R}^n$ 的一个有界子空间,那么 $N(s)\approx c(1/s)^d$,并且维数是 d. 计算机可以很容易地做下面的工作:在屏幕上画集合 X,数一数有多少象素,然后再把 X 画细一点,再数……. 当然,在很多情况下这个极限不存在. 因此这个计盒维数不总是有定义的. 然而,对前面讨论过的线性自相似集这个概念是有定义的. 对于这些集合它们的自相似维数和计盒维数是一致的. 计盒维数的另一个缺点是 $\mathbf{R}^n$ 中的任一可数稠密子集 X 的维数是 n,尽管可数集的维数应该非常“小”. 更一般的在可数并的情况下这种维数的概念表现的不好. 内在的原因是用于覆盖 X 的所有方体的大小有要求是一样的. 放弃这种概念就导出豪斯道夫维数的概念.

3. 豪斯道夫维数

令 X 是度量空间 M 的一个子集. 对于所有的 $d\in\mathbf{R}_0^+=[0,\infty)$,我们定义 X 的 d 维豪斯道夫测度 $\mu_d(X)$ 如下

$$\mu_d(X)=\lim_{\varepsilon\to0}\inf_{(U_i)}\sum_i(\operatorname{diam}(U_i))^d \qquad (*)$$

其中对满足 $\operatorname{diam}(U_i)<\varepsilon$ 的所有的 i,取 X 的可数开覆盖 (U_i) 的下极限. 这个思想主要是用小的 U_i 尽可能有效地覆盖 X(因此用下确界),并且用 $(\operatorname{diam}(U_i))^d$ 的和来估计 X 的 d-测度. 比 ε 小的条件限制了该集合可用的覆盖,因此随着 ε 的减小下确界只能增加. 因此极限在 $\mathbf{R}_0^*\cup\{\infty\}$ 中总是存在的,测度 μ_d 是 M 的外测度,因此所有的博雷尔(Borel)集对于 μ_d 是可测的.(读者是否能指出 $\mu_0(X)$ 的意义?)

如果 d 是一个正整数,X 是具有欧几里得度量的 $M=\mathbf{R}^n$ 的子集,那么,X 的 d 维豪斯道夫测度和 X 的 d 维勒贝格测度是一致的,至多相差一个常数.($\mathbf{R}^n$ 的一个直径为 s 的球体有 d 维豪斯道夫测度 s^d)对于所有的 $d>0$ 可数集也有豪斯道夫测度 0. d 维测度的依赖性是由下面更简单的引理确定的:

引理 7.1(d 维测度的依赖性) 对所有 $d\in\mathbf{R}_0^*$,下面诸陈述成立:

(1)如果 $\mu_d(X)<\infty$ 并且 $d'>d$,那么 $\mu_{d'}(X)=0$.

(2)如果 $\mu_d(X)>0$ 并且 $d'<d$,那么 $\mu_{d'}(X)=\infty$.

(3)对于给定的度量空间中的任意有界集 X,在 $\mathbf{R}_0^*\cup\{\infty\}$ 中有唯一的一个值 $d=:\dim_H(X)$,使得当 $d'>d$ 时,$\mu_{d'}(X)=0$,当 $d'<d$ 时,$\mu_{d'}(X)=\infty$.

该引理的前两个断言可以由豪斯道夫测度的定义(*)直接推出,(1)和(2)结合可以推出断言(3).

引理 7.1 中的值 $\dim_H(X)$ 被称为 X 的豪斯道夫维数. 对于 $d=\dim_H(X)$ 的豪斯道夫测度 $\mu_d(X)$,它们的值可能是零、正数,或者是无穷.

下面的一些注记可以阐明这一概念. 首先,与下界相比这个定义更容易推出维数的上界:为了建立维数的一个上界我们只需对任意的 ε 找到合适的覆盖. 为了给出下界,估计各种可能的覆盖是必要的. 例如,豪斯道夫维数很明显可以由计盒维数所控制(如果后者存在). 但是,运用大小不一的覆盖的这种自由度有时会产生更小的豪斯道夫维数(如上面所述,任何可数集的豪斯道夫维数为 0).

作为一个例子,令 X 是 $\mathbf{R}^n$ 的一个 d 维子空间的

有界子集. 为了确定起见,令 X 是一个 d 维的方体. 对正数 s,令 $N(s)$ 是 $\mathbf{R}^n$ 中需要去覆盖 X 的直径为 s 的开欧几里得(Euclid)球的个数. 那么对于某个常数 c 有 $N(s) \leqslant c(1/s)^d$. 因此,$\mu_{d'}(X) \leqslant c(1/s)^d s^{d'-d} = c(1/s)^{d'-d}$. 当 $s \to 0$ 时,如果 $d' > d$,上界趋于 0. 因此,当 $d' > d$ 时 $\mu_{d'}(X) = 0$. 因此 $\dim_H(X) \leqslant d$. 不难看出,大小不一的覆盖不会改变维数. 因此确实有 $\dim_H(X) = d$. 这个定理也表明为什么我们需要取极限 $\varepsilon \to 0$:如果 $d < \dim_H(X)$,用大块的覆盖似乎更有效. 然而,极限 $\varepsilon \to 0$ 意味着 $\mu_d(X) = \infty$,它也应该如此.

勒贝格测度和豪斯道夫测度的等价性意味着,$\mathbf{R}^n$ 中的任何集合,如果它有有限的正的 d 维勒贝格测度,那么它有 d 维豪斯道夫维数. 这又一次暗示了豪斯道夫维数是一个"正确的"概念.

像第2节讨论的那样看待线性的自相似集是有指导意义的. 豪斯道夫维数不会超过自相似维数. 事实上,如果 X 是直径为 R 的有界的自相似集,并且 X 是 N 个子集的并,每个子集都相似于 X,并有伸缩因子 $s<1$,那么,X 可以被 N 个直径为 sR 的球所覆盖,或者被 N^2 个直径为 s^2R 的球所覆盖,等等. 因为 $s<1$,当 $k \to 0$时直径趋于0. 按照式(*)的定义,X 的这些有限覆盖序列,就会产生一个 $\mu_d(X)$ 的上界,就是 $\lim\limits_{k\to\infty} N^k(s^kR)^d = \lim\limits_{k\to\infty}(Ns^d)^k R^d$. 并且如果 $Ns^d < 1$,或者 $d > \lg N/\lg(1/s)$,那么这就等于 0. 因此 X 的豪斯道夫维数至多为 $\lg N/\lg(1/s)$. 正如前面所描述的,豪斯道夫维数的上界比下界更容易给出. 毕竟,X 有可能是可数的,因此有豪斯道夫维数 0. 尽管它是线性自相似的.

下面的结果搜集了豪斯道夫维数有用的性质，这些性质不难从它的定义直接推出.

定理 7.2（豪斯道夫维数的初等性质） 豪斯道夫维数有下述诸性质：

(1) 如果 $X \subset Y$，那么 $\dim_H(X) \leqslant \dim_H(Y)$；

(2) 如果 X_i 是维数为 $\dim_H(X_i) \leqslant d$ 的可数的集族，那么 $\dim_H(\cup_i X_i) \leqslant d$；

(3) 如果 X 是可数的，那么 $\dim_H(X) = 0$；

(4) 如果 $X \subset \mathbf{R}^d$，那么 $\dim_H(X) \leqslant d$；

(5) 如果 $f: X \rightarrow f(X)$ 是一个利普希茨（Lipschitz）映射，那么 $\dim_H(f(X)) \leqslant \dim_H(X)$；

(6) 如果 $\dim_H(X) = d$，并且 $\dim_H(Y) = d'$，那么 $\dim_H(X \times Y) \geqslant d + d'$；

(7) 如果 X 是连通的，并且包含多于一个点，那么 $\dim_H(X) \geqslant 1$；更一般地，任何集合的豪斯道夫维数不比它的拓扑维数小；

(8) 如果 $\mathbf{R}^d$ 的一个子集 X 有有限的正的 d 维勒贝格测度，那么 $\dim_H(X) = d$.

正如我们在第 2 节中线性康托集情形下观察到的那样，在同胚变换下并不保持豪斯道夫维数. 事实上，拓扑和豪斯道夫维数（或者，一般地在测度论中）有时仅有很脆弱的协调性.

一些人喜欢“分形”这个词. 一种可能是如果一个集合 X 的豪斯道夫维数不是整数（X 有“分形维数”）时，定义该集合是一个“分形”. 这个定义的问题是，例如，在 $\mathbf{R}^d$ 中，康托集的豪斯道夫维数是 $[0, d]$ 中的任意数（回忆我们的例子），$\mathbf{R}^d$ 中的曲线可以有 $[1, d]$ 中的任意维数，等等. 为什么 $\mathbf{R}^d$ 中的一条曲线 X 当它的

维数是 1.001 或 1.999 而不是当它的维数是 2 时是一个“分形”？一个更好的定义是：如果 X 的豪斯道夫维数严格的大于它的拓扑维数,那么 X 是一个“分形”.

4. 卡尔平斯基的例子

这里我们给出一个属于卡尔平斯基的优美的令人惊奇的例子.

例子(卡尔平斯基)　在复平面 $\mathbf{C}$ 中存在具有下列诸性质的集合 E 和 R：

(1)E 和 R 互不相交；

(2)E 是完全的非连通,但有有限的正 2 维勒贝格测度(因此,E 有拓扑维数 0 和豪斯道夫维数 2)；

(3)R 的每个连通分支是一条联结 E 的一个点到 ∞ 的曲线；

(4)R 有豪斯道夫维数 1. 为什么这些性质是令人惊奇的？因为 R 的每个连通分支是一条联结 E 中一点到 ∞ 的曲线. 因此 $E\cup R$ 的每个连通分支都包含了 E 的一个点和在 R 中的一整条曲线. 集合 $E\cup R$ 是这种分支的不可数并. 这个并非常地大以致于 E 的所有这些单点的并集获得了一个正的 2 维勒贝格测度,因此豪斯道夫维数是 2. 在同样的这个不可数并集中,R 的维数保持为 1,因而 1 维的集合可以足够地大,通过它的曲线把 2 维点集 E 中的每一点联结到 ∞,而所有的曲线和端点是互不相交的!

一旦发现了这种现象(这种现象出人意料地在复动力系统中出现),它的证明出奇地简单. 我们利用从一个初始的闭正方形出发而做得的康托集作为集合 E：把这个正方形替换为 4 个不相交的闭的小正方形,这 4 个小正方形分别替换为 4 个更小的闭的不相交的正方形,如此继续下去. 很容易安排这些正方形的大小,使得最后得到的康托集有正的面积:我们只需确保每次去掉的面积非常小,使得累积去掉的面积总和(譬如)比初始正方形面积的一半还要小. 这就剩下了一个有正面积的康托集(这是两个具有一维正测度的一维康托集的乘积,仅此而已).

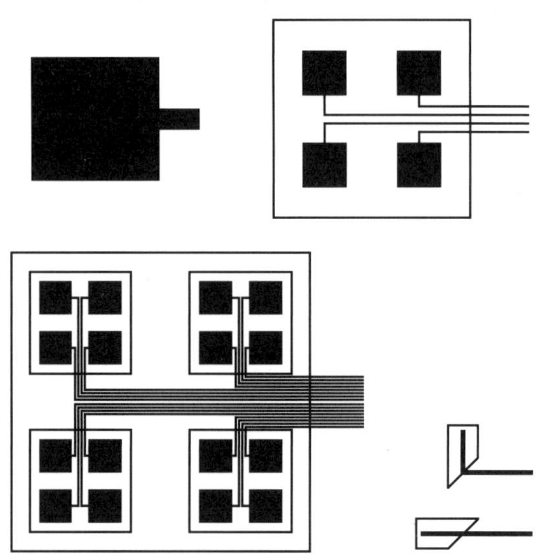

图 7.2:卡尔平斯基的例子的构造给出的是初始的长方形和正方形以及两步的细致分划. 每一个我们都保留阴影区域,因此我们有一个紧集的区间套序列(原先的正方形的细分步骤以轻的阴影标出). 右下方的细节表明康托集曲线可以进行直角的翻转而变成它的镜像,但并不改变它的维数.

图 7.2 表明了曲线的构造过程. 我们从一个初始长方形开始,结束于一个初始正方形. 当正方形被细分为 4 个闭的小正方形时,长方形也被分成 4 个平行的闭的小长方形. 并通过原始的正方形扩展长方形,使得

4 个扩展了的小长方形触及 4 个小正方形. 在下面的每个步骤中重复这个过程,以产生一族在第 n 次细分步骤中连接 4^n 个正方形的“长方形管”. 第 n 次细分产生了 4^n 个小正方形,它们中的每一个都由一个“长方形管”来连接,因此我们有 4^n 个连通分支. 令 X_n 是第 n 步构造的集合(由 4^n 个小正方形和连接它们的“长方形管”组成). 那么,X_{n+1} 是 X_n 的子集. 更确切地,每一步都把 X_n 的 4^n 个连通分支的每一个细分为 X_{n+1} 的 4 个连通分支.

显然,可数个 X_n 的交 $\cap X_n$ 得到一个具有下述性质的紧集 X. X 的每个连通分支都由 E 的一个点和把该点连接到初始长方形右端的一条曲线组成. 令 $R = X\backslash E$. 剩下的即要证明 R 有豪斯道夫维数 1. 我们注意,R 限制在初始长方形上是一个区间(水平方向)与一个康托集(竖直方向)的乘积. 我们可以适当安排这个垂直的康托集使得它的豪斯道夫维数是 0,因此,初始长方形内部 R 的那一部分子集有豪斯道夫维数 1. 接下来我们考虑,R 在初始正方形内部但在第一代小正方形外部的那个子集. 这就象前面所说的曲线的康托集,但是在中部有一个直角的转折. 如果这个曲线的一半换成它的镜象,我们就得到曲线的一个真正的康托集,其维数为 1(参见图 7.2 的细节), 这个反射并不改变豪斯道夫维数. 整个集合 R 是曲线这样的一维康托集的一个可数的并,这些曲线的每一个都有一个转折,当它们接近 E 时变得小一些了. 因此,R 仍然有维数 1.

最后一个小问题是 R 中的曲线并不把 E 联结到 ∞,因为它们终止于初始长方形的右端. 这个缺陷可以通过把初始长方形的可数个复制向右拓展来弥补.

毫无疑问,人们会觉得这个结果出人意料. 这是豪斯道夫维数概念的一个人为结果,以暗示它的定义是有问题的吗? 答案是否定的:这个令人惊奇的结果甚至在平面勒贝格测度的观点下也会出现其弱的形式. 我们的构造确保 R 的平面测度为 0,然而 E 却有严格正的平面勒贝格测度. 豪斯道夫维数是使这种结果更精确更强烈的一种方式;这种结果在于集合 E 和 R,而不在于它的定义.

让我们用一个"不可能"集的例子来结束这一节,这个集合是由 Adam Epstein 引入而引起我们的注意的:对于 $n \geqslant 3$,Larman 定义了 $\mathbf{R}^n$ 中的一个紧集,它是闭线段的不相交的并集,并且有正的 n 维勒贝格测度. 然而,把每个闭线段的端点去掉,仍然是一个具有零测度的集合(在 $\mathbf{R}^2$ 中这是不可能的). 换句话说,在 $\mathbf{R}^n$ 中,我们有一束未煮过的意大利式细面条,其所有的营养都在端点. 现在,当我们用煮过的意大利式细面条和复动力系统时,我们来看一看我们(甚至在 $\mathbf{R}^2$ 中)可以做得多么好.

5. 复正弦映射动力系统

在本章剩下的篇幅里,我们描述在非常简单的动力系统的研究中,是如何非常自然地产生强得多的结果的,例如,通过对 $\mathbf{C}$ 上映射 $z \mapsto \pi \sinh z$ 那样简单的一个映射(显然!)的迭代所给出的结果. (但是,我们回顾一下卡尔平斯基开发的上节中的例子,这仅仅在她发现了指数映射动力学的类似现象之后才得到的). 我们再次有象卡尔平斯基的例子中的集合 E 和 R,但是这次我们有 $E \cup R = \mathbf{C}$. 像前面一样,R 的每个

道路连通分支都是把 E 的一个点联结到 ∞ 的曲线. 并且 R 仍然有豪斯道夫维数 1. 但是现在集合 $E=\mathbf{C}\backslash R$ 有无限的勒贝格测度,甚至在 $\mathbf{C}$ 中有完全测度,并且集合 E 非常大以至于它的余集有维数 1——然而,E 的每一点可以由 R 中的一条乃至几条曲线联结到 ∞!

我们建立这个构造如下. 对于非零的整数 k,令 f: $\mathbf{C}\rightarrow\mathbf{C}$ 是由 $f(z)=k\pi\sinh z=(k\pi/2)(\mathrm{e}^{z}-\mathrm{e}^{-z})$ 给出. 我们研究由 f 的迭代给出的动力系统;我们记 f 的 n 次迭代为 $f^{\circ n}$(也就是 $f^{\circ 0}=\mathrm{id}$,并且 $f^{\circ(n+1)}=f\circ f^{\circ n}$). 我们的主要兴趣是"逃逸点"集,这个集合的定义是

$$I:=\{z\in\mathbf{C}:\text{当 } n\rightarrow 0 \text{ 时}, f^{\circ n}(z)\rightarrow\infty\} \quad (7.2)$$

它由在 f 的迭代下收敛到 ∞ 的那些点组成(在 $|f^{\circ n}(z)|\mapsto\infty$ 的意义下). 这里 I 表示"无穷";这个集合在多项式的迭代理论中起着基本的作用,并且它在超越整函数中同样的重要性只是刚刚显露出来. Eremenko 曾经指出,对于所有的超越整函数,集合 I 是非空的,并且他问是否集合 I 的所有道路连通分支都是无界的. 当前仅对形如 $z\mapsto\lambda\mathrm{e}^{z}$ 和 $z\mapsto a\mathrm{e}^{z}+b\mathrm{e}^{-z}$ 的函数得到了肯定的回答,这里 λ,a,b 都是非零的复数. 后面这族函数包含了我们的函数 f(对于更一般的情况我们得到了肯定的回答. 但是,Eremenko 的问题并非对所有的超越整函数都可以得到肯定的回答). 下面是对这族函数所知道结果的一个特殊情形:

定理 7.3(正弦函数的动力射线)

(1)对每个非零整数 k 及函数 $f(z)=k\pi\sinh z$,I 的每个道路连通分支都是满足 $\lim\limits_{t\rightarrow 0}\mathrm{Re}\ g(t)=\pm\infty$ 的曲线 $g:(0,\infty)\rightarrow I$ 或 $g:[0,\infty)\rightarrow I$. 每一条曲线都包含在高度为 π 的水平带内(这些曲线叫作"动力射线

(dynamic ray)”).

(2)对每条这样的曲线 g,极限 $z:=\lim\limits_{t\searrow 0} g(t)$ 在 $\mathbf{C}$ 中存在并且叫作 g 的“降落点”(“动力射线 g 降落在 z”).如果 $t>t'>0$,那么 $g(t')$ 和 $g(t)$ 这两个点以下述方式逃逸

$$|\mathrm{Re} f^{\circ k}(g(t))|-|\mathrm{Re} f^{\circ k}(g(t'))|\to\infty \quad (7.3)$$

(3)相反地,$\mathbf{C}$ 中的每一点 z,要么在唯一的一条动力射线上,要么是 1 条、2 条或者 4 条动力射线的降落点(也就是,要么对于一条唯一的动力射线 g 和唯一的 $t>0$ 有 $z=g(t)$,要么对于至多 4 条射线 g 有 $z=\lim\limits_{t\searrow 0} g(t)$).

尽管这些结果的严格证明是技术性的,我们还会在第 7 节说明为什么这些结果不是太惊奇的. 这很自然地导出我们的结果所需要的分解 $\mathbf{C}=E\cup R$,其中

$$R:=\bigcup_{\text{射线}g} g((0,\infty)),\quad E:=\bigcup_{\text{射线}g}\lim_{t\searrow 0} g(t) \quad (7.4)$$

如果你在复正弦映射方面的直觉比在双曲变量方面好,那么你不妨用前者来代替:除了复平面旋转 90°外,其他的情形是完全一样的. 我们更喜欢用 sinh 映射,因为在左半平面左边很远的地方,和在右半平面右边很远的地方它本质上分别与 $z\mapsto \mathrm{e}^{-z}$ 和 $z\mapsto \mathrm{e}^{z}$ 相同(至多相差一个因子 2). 还注意到我们的射线 $g:(0,\infty)\to I$ 的参数化与其他文献中用的不一样.

6. 抛物线条件

我们的结果的推动力是卡尔平斯基的一个基本引理,它符合我们的目的. 对于 $(0,\infty)$ 内的实数 ξ 和 $(1,\infty)$ 内的实数 p,考虑集合

$$P_{p,\xi}:=\{x+\mathrm{i}y\in\mathbf{C}:|x|>\xi,|y|<|x|^{1/p}\}\tag{7.5}$$

(限制在大于ξ的实部的"p-抛物线"). 对于所有n,我们还令$I_{p,\xi}$是I的子集,它由对于所有n,$f^{\circ n}\in P_{p,\xi}$的那些逃逸点z组成(在$P_{p,\xi}$中逃逸的点的集合). 对于非零的复数a,b,本节的结果都对形如$f(z)=ae^{z}+be^{-z}$的映射成立.

引理 7.2(维数和抛物线条件)　对于每个$p\in(1,\infty)$和每个充分大的ξ,集合$I_{p,\xi}$的豪斯道夫维数至多为$1+1/p$.

证　首先注意到,我们仅仅寻求豪斯道夫维数的一个上界估计. 因此,我们只需找到一族覆盖集,它们的直径比任意指定的$\varepsilon>0$小,使得对于满足$d>1+1/p$的每个d,它们的组合的d维豪斯道夫测度是有界的. 对于$I_{p,\xi}$的有界子集,我们在0,1,2,…"代"构造有限覆盖,使得在第n代的每个集合都可以细分成$n+1$代的有限多个小集合. 我们按照当"代"的序数趋向于无穷时,所有集合的直径趋向于0这样的方式进行构造,以致只要$d>1+1/p$,当n趋向于无穷时,第n代的所有集合组合的d维豪斯道夫测度递减. 按照式(*)中的定义,这蕴涵着当$d>1+1/p$时,$I_{p,\xi}$的d维豪斯道夫测度是有限的,因而$I_{p,\xi}$的豪斯道夫维数至多是$1+1/p$.

首先,我们给出证明的轮廓,并做若干简化;然后我们证明这些简化不会出现问题. 第1个简化是当$\mathrm{Re}\,z>\xi$时,我们把$f(z)$写成ae^{z}(忽略掉小的指数误差项be^{-z}),并且当$\mathrm{Re}\,z<-\xi$时,我们写成$f(z)=be^{-z}$. 为简单起见,我们忽略某些有界因子:我们不区分正方

形的边长和直径，并且去掉到处出现的如 $\pi/|a|$ 或 $\pi/|b|$ 这样的因子，这只会影响豪斯道夫测度，并不影响维数.

出于证明的目的，“标准正方形”是指边长为 π 的、各边平行于坐标轴的闭正方形. 一个标准正方形 Q 的象集 $f(Q)$ 是一个半圆环，它由两个半圆周和两个直的径向边界线段所界定. 如果 Q 的虚数部分变化而实数部分固定，那么半圆环 $f(Q)$ 围绕原点旋转. 我们总是调整标准正方形的虚部，使得 $f(Q)$ 整个地包含在右半平面或左半平面，这等价于 $f(Q)$ 的两个直的径向边界线段包含在虚轴这个条件.

用可数个没有公共内点的标准正方形来覆盖 $P_{p,\xi}$，固定实部在 $[x,x+\pi]$ 内的任意一个特定的正方形 Q_0，这里，$x\geqslant\xi$ 并且 ξ 足够大（$x\leqslant-\xi$ 的情形是类似的）. 现在 $f(Q_0)$ 与 $P_{p,\xi}$ 的交集位于实部在 $\pm|a|e^x$ 和 $\pm|a|e^{x+\pi}$ 之间，虚部至多为 $(|a|e^{x+\pi})^{1/p}=(|a|e^{\pi})^{1/p}e^{x/p}$ 的一个近似长方形内. 因此，覆盖 $f(Q_0)\cap P_{p,\xi}$ 所需要的边长为 π 的标准正方形的个数约为 $ce^x\cdot e^{x/p}=ce^{x(1+1/p)}$，其中

$$
\begin{aligned}
c&=|a|(e^{\pi}-1)\cdot 2(|a|e^{\pi})^{1/p}/\pi^2\\
&=2(e^{\pi}-1)e^{\pi/p}|a|^{1+1/p}\pi^{-2}
\end{aligned}
\tag{7.6}
$$

我们通过 f^{-1} 把这些正方形运回到 Q_0 中，我们不能覆盖 Q_0 的所有点. 仅能覆盖那些使 $f(z)$ 在 $P_{p,\xi}$ 内的 Q_0 中的点 z（图 7.3）. 因为在 Q_0 上 $|f'(z)|>|a|e^x$，这些覆盖集是边长至多为 $(\pi/|a|)e^{-x}$ 的近似正方形，因此，其直径至多为 $(\sqrt{2}\pi/|a|)e^{-x}$. 忽略掉有界因子，我们把这个值简写为 e^{-x}. 我们把这个覆盖叫作 Q_0 的“第 1 代覆盖（$\{Q_0\}$ 自身是第 0 代覆盖）.

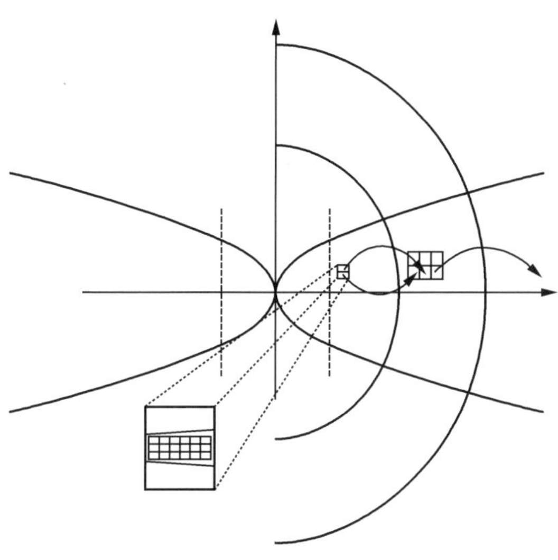

图 7.3　计算 $I_{p,\xi}$ 的豪斯道夫测度涉及由一个正方形网格迭代原象的分划以及这个分划的细化

让我们看看这个细分对于 d 维豪斯道夫测度有什么影响. 第 0 代的覆盖是一个标准的正方形,它的测度是常数. Q_0 的第 1 代覆盖有测度 $\sum (\mathrm{diam}(U_i))^d \approx c\mathrm{e}^{x(1+1/p)}(\mathrm{e}^{-x})^d = c\mathrm{e}^{x(1+1/p-d)}$. 因为 $d > 1 + 1/p$,对于在 (ξ, ∞) 中比较大的 x 来说,此测度是小的. 因此,第 1 次细分减小了测度.

我们继续细分覆盖,使得覆盖集合的直径趋向于 0,它的 d 维豪斯道夫维数并不增加. 第 n 代的每个近似正方形被若干个更小的第 $n+1$ 代的小近似正方形所取代. 让维数降低的因素是我们只考虑 $P_{p,\xi}$ 中的轨道,扔掉了在迭代下保留抛物线的任何因素. 这样,我们不妨保持这种归纳性的断言:第 n 代的所有逼近正方形在 $f, f^{\circ 2}, \cdots, f^{\circ n}$ 的作用下有与 $P_{p,\xi}$ 相交的象集. 此外,如果 Q' 是第 n 代的一个近似正方形,那么 $f^{\circ n}(Q')$

是一个标准正方形,它的点有非常大的实部,譬如说对某个满足 $y \geqslant \xi$ 的 y,实部在区间 $[y, y+\pi]$ 中.

对 Q' 中的某个 z,令 $\lambda := |(f^{\circ n})'(z)|$(随后我们会注意到,在 Q' 上这个导数本质上是一个常数),那么 Q' 是边长为 π/λ 的近似正方形. 因此它对 d 维豪斯道夫测度的贡献大约为 π^d/λ^d. 我们现在来确定在细分之后这个测度将会发生什么变化?

正如在第1步,$f^{\circ(n+1)}(Q') \cap P_{p,\xi}$ 被 $N_y := ce^{y(1+1/p)}$ 个边长为 π 的标准的正方形所覆盖,因此标准正方形 $f^{\circ n}(Q') \cap f^{-1}(P_{p,\xi})$ 被 N_y 个边长为 $(\pi/|a|)\mathrm{e}^{-y}$ 或 $(\pi/|b|)\mathrm{e}^{-y}$ 的近似正方形所覆盖. 再次忽略常数因子,我们把它简化为 e^{-y}. 我们需要 N_y 个非常小的近似正方形来覆盖在第 $n+1$ 步迭代中仍在 $P_{p,\xi}$ 中的 Q' 的点. Q' 中的这 N_y 个近似正方形的边长约为 e^{-y}/λ,因此,它们对 Q' 的 d 维豪斯道夫测度的贡献约为 $N_y(\mathrm{e}^{-y}/\lambda)^d = ce^{y(1+1/p-d)}\lambda^{-d}$,而 Q' 在细分之前的贡献是 $\pi^d\lambda^{-d}$. 因此,如果 $d > 1+1/p$,那么每一步细分都减少了 d 维豪斯道夫测度(至少当 ξ 大的时候). 由此即得当 $d > 1+1/p$ 时,$Q_0 \cap I_{p,\xi}$ 的 d 维豪斯道夫测度是有限的,因此引理 7.1 蕴涵着

$$\dim(Q_0 \cap I_{p,\xi}) \leqslant 1 + 1/p \tag{7.7}$$

因为 $I_{p,\xi}$ 是维数至多为 $1+1/p$ 的可数个集合的并,即得断言.

在这个证明中有两个主要的不精确的地方:我们忽略了常数,并且忽略了由 f 和它的迭代引起的几何形变. 后者是由两个问题引起的:我们忽略了 f 的两个指数项的其中一个,以及在 f 的有限次迭代下标准的正方形连续的后向迭代可能扭曲了正方形的形状,因

为f'和$(f^{\circ n})'$在小近似正方形上不是严格的常数. 然而,这个形变问题可以很容易地通过一个对于共形映射有用的通常称为克贝(Koebe)扭曲定理的引理来解决:对于$r\geqslant 1$,令$\mathfrak{D}_r := \{z\in\mathbf{C}: |z| < r\}$,并令$K_r$是一族单射全纯映射$g: =\mathfrak{D}_1\rightarrow\mathbf{C}$,这些映射在$\mathfrak{D}_r$上有单射全纯映射延拓. 那么,对于每个$r>1$,$K_r$中的所有映射$g$(在$\mathfrak{D}_1$上)的扭曲都有只与$r$有关的一致的界. 这里与扭曲的精确定义是不相关的:任何量都可以用来衡量g与一个仿射线性映射的偏差. 叙述这个结果的一个更明确的方式如下:如果我们规范化这一结果,使得$g(0)=0$并且$g'(0)=1$,那么空间K_r是紧的(在一致收敛拓扑意义下). 你不妨将这个事实记忆为“蛋黄定理”:当你打一个鸡蛋在油锅里,整个鸡蛋可以是任何形状(这表示把半径$r>1$的圆盘映射为$\mathbf{C}$中的单连通区域的黎曼映射),但是它的小一点的蛋黄(蛋黄表示单位圆盘)不会形变太多(它本质上仍然是一个圆盘,任意两点处的导数至多相差一个有界因子).

在我们的上下文中,很容易看到映射有界的扭曲,因此我们不妨假定f的n次迭代$f^{\circ n}$(它把一个第n代近似正方形映为标准正方形)是具有常数复导数的线性映射. 我们所做的这些都是为了对于直径和覆盖的集合个数引入有界因子,这些因子在重复细分时不变大.

第 2 个简化是在某几个步骤忽略了某些有界因子. 例如,在计算豪斯道夫测度时,我们用边长代之以直径. 这就在测度估计中引入了因子$\sqrt{2}$,但是这对于维数没有影响. 类似地我们忽略了诸如$\pi/|a|$或$\pi/|b|$的因子,对于所必需的正方形的个数,我们忽略

边界的影响，只是近似地计数，并且我们假定 $f^{\circ n}$ 的导数在小近似正方形上是一个常数. 这种简化的每一个都会导致豪斯道夫测度产生一个有界因子的变化，但是豪斯道夫维数不受影响. 一个关键的事实是，当 $d > 1+1/p$ 并且 x 足够大时，细分不会增加 d 维测度，并且这个事实是正确的.

我们现在已经证明了全部存在于截断的抛物线 $P_{p,\xi}$ 内的逃逸轨道形成了一个非常小的集合. 容易看到：对于除了有限初始步骤外，它们的整个轨道都在 $P_{p,\xi}$ 中的点的集合，这一事实也对（见推论 7.1）. 然而，令人惊奇的事实是从一个不同的（拓扑）观点看，这个大多数轨道正是在有限初始步骤迭代后进入 $P_{p,\xi}$ 并留在那里. 所有这些基于如下结果：

引理 7.3（水平延拓） 对每个 $h>0$，存在一个 $\eta>0$，有下面的性质：如果 (z_k) 和 (w_k) 是两个轨道，使得对所有的 k，$|\mathrm{Im}(z_k - w_k)| < h$，并且 $|\mathrm{Re}\, z_1| > |\mathrm{Re}\, w_1| + \eta$，那么对于每对 p 和 ξ 存在一个 N 使得 $k \geqslant N$ 时 z_k 属于 $P_{p,\xi}$.

证明的梗概 我们不给出精确的证明，这涉及一些容易的但冗长的估计. 代之的是，我们只概述其主要思想，仍然忽略有界因子. 令 $c := \max\{|a|,|b|\}$，$c' := \min\{|a|,|b|\}$，这里 $f(z) = ae^z + be^{-z}$. 我们先对充分大的 $|\mathrm{Re}\, w|$ 估计 $\mathrm{Re}\, f(w)$，即

$$\begin{aligned}|\mathrm{Re}\, f(w)| + c &\leqslant |f(w)| + c \leqslant c\exp|\mathrm{Re}\, w| + c \\ &< \exp(|\mathrm{Re}\, w| + c) \end{aligned} \tag{7.8}$$

由数学归纳法，这就得到了

$$|\mathrm{Re}\, w_{k+1}| \leqslant |w_{k+1}| < \exp^{\circ k}(|\mathrm{Re}\, w_1| + c)$$

因此

$$|\mathrm{Im}\ z_{k+1}| \leqslant |\mathrm{Im}\ w_{k+1}| + h \leqslant |w_{k+1}| + h$$
$$\leqslant \exp^{\circ k}(|\mathrm{Re}\ w_1| + c) + h \qquad (7.9)$$

如果$|\mathrm{Re}\ z| > |\mathrm{Re}\ w| + \eta$,并且这两个都充分大,那么

$$|f(z)| \geqslant c' \exp|\mathrm{Re}\ z| > c' \exp(|\mathrm{Re}\ w|) \exp \eta$$
$$\approx |f(w)| \mathrm{e}^{\eta} \qquad (7.10)$$

因此,如果 η 大,那么$|f(z)| \gg |f(w)|$. 因为$f(z)$和$f(w)$的虚部几乎相等,$f(z)$的绝对值肯定主要来自于实部. 因此

$$|\mathrm{Re}\ f(z)| - 1 \geqslant \frac{1}{\mathrm{e}} |f(z)| \approx \exp(|\mathrm{Re}\ z| - 1) \qquad (7.11)$$

我们就得到归纳关系

$$|\mathrm{Re}\ z_{k+1}| - 1 \geqslant \exp^{\circ k}(|\mathrm{Re}\ z_1| - 1)$$

现在如果 η 足够大,那么的确存在满足 $T > t > 0$ 的 T 和 t,使得

$$|\mathrm{Re}\ z_{k+1}| > \exp^{\circ k}(T) > \exp^{\circ k}(t) > |\mathrm{Im}\ z_{k+1}| \qquad (7.12)$$

对几乎所有的 k 都成立. 一旦 k 大到 $\exp^{\circ k}(T) > p \exp^{\circ k}(t)$,我们即有 $\exp^{\circ(k+1)}(T) > (\exp^{\circ(k+1)}(t))^p$. 引理得证.

我们最后证明动力射线集合 R 有豪斯道夫维数 1:

推论 7.1(动力射线的并的豪斯道夫维数)　由所有动力射线组成的集合 R 的豪斯道夫维数是 1.

证　考虑 R 的一个任意点 z,譬如说对某条射线 g 和某个 $t > 0$,有 $z = g(t)$. 对某个属于$(0, t)$的 t' 令 $w := g(t')$,那么由定理 7.3 知,存在一个不超过 π 的 h,使得对于所有的 k,$|\mathrm{Im}\ (f^{\circ k}(z) - f^{\circ k}(w))| \leqslant h$,并且

当$k\to\infty$时,$|\mathrm{Re}\,f^{\circ k}(z)|-|\mathrm{Re}\,f^{\circ k}(w)|\to\infty$[①]. 固定$p>1$,对每个选定的$\xi>0$,引理 7.3 蕴涵着存在一个$N$,使得$f^{\circ N}$属于$I_{p,\xi}$.

因此,我们证明了 $R\subset\bigcup_{N\geqslant 0}f^{-N}(I_{p,\xi})$. 如果$\xi$足够大,引理7.2 保证了$\dim_H(I_{p,\xi})\leqslant 1+1/p$. 这样,对于每个$N$,集合$f^{-N}(I_{p,\xi})$是$I_{p,\xi}$的全纯原象的可数并. 因此,定理7.2 的(2)和(5)蕴涵着$\dim_H(f^{-N}(I_{p,\xi}))\leqslant 1+1/p$. 由此即得$\dim_H(R)\leqslant 1+1/p$. 因为这对于大于1 的所有$p$都成立. 所以,我们得到$\dim_H(R)\leqslant 1$. 等式成立是由于$R$包含曲线.

现在,运用定理 7.3(这仍然需要证明),对于$f(z)=k\pi\sinh z$我们完成了维数悖论:$\mathbf{C}$的每个z要么属于一条动力射线,因此属于R,要么是联结z到∞的R中的一条或几条动力射线的降落点. 因为集合R的豪斯道夫维数为1(因此平面勒贝格测度为0),集合$E=\mathbf{C}\backslash R$就有完全测度,事实上是除了一维集R以外的全部. 这就证明了定理7.1.

7. 双曲正弦映射的细动力系统结构

我们现在来解释为什么定理7.3 是正确的,为什么说从动力系统的角度来说它是有意义的. 为了简单起见,我们把注意力仅限制于映射$f(z)=k\pi\sinh z=(k\pi/2)(\mathrm{e}^z-\mathrm{e}^{-z})$,这里$k$是正整数(图7.4).

---

① 严格地说,我们仅对特定的映射$z\mapsto a\mathrm{e}^z+b\mathrm{e}^{-z}$陈述了定理7.3. 并且只有这些映射在后面的部分要用到,因此我们在阅读整篇文章过程中只把映射$z\mapsto k\sinh z$记于心即可. 然而,本节的结果对于所有的映射$z\mapsto a\mathrm{e}^z+b\mathrm{e}^{-z}$都成立,这里$a,b$属于$\mathbf{C}\backslash\{0\}$. ——原注

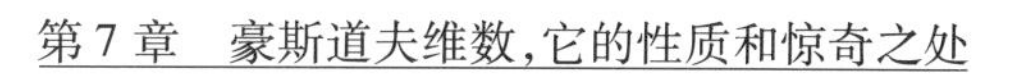

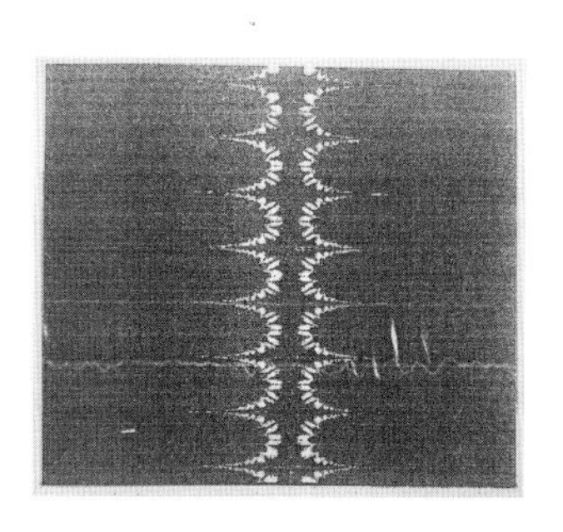

图7.4　映射$f:z\mapsto \pi\sinh z$的动力平面.展示的一些动力射线

首先注意,f是周期为$2\pi i$的周期函数(f是旋转正弦函数).并且把$i\mathbf{R}$映射到区间$[-k\pi i,k\pi i]$上.还注意,$f:\mathbf{R}\to\mathbf{R}$是同胚映射,它对于$\mathbf{R}$中所有的$x$,满足$f(0)=0$和$f'(x)\geqslant\pi$,由此即得$\mathbf{R}\setminus\{0\}$包含于逃逸点集$I$中.事实上,$\mathbf{R}^*$和$\mathbf{R}^-$是$I$的两个道路连通分支:它们都是动力射线,并且它们都通过I把它们的每个点联结到∞.因为$f(z+i\pi)=-f(z)$,所以对于所有的整数n,其他的动力射线包括曲线$i\pi n+\mathbf{R}^*$和$i\pi n+\mathbf{R}^-$.这些在f作用下的映射,映射到$\mathbf{R}^*$上或$\mathbf{R}^-$上.这给出了动力系统的一个有用的分划:集合(对于$\mathbf{Z}$内的所有的n)

$$U_{n,R}:=\{z\in\mathbf{C}:\mathrm{Re}\ z>0,\mathrm{Im}\ z\in(2\pi n,2\pi(n+1))\}$$
$$U_{n,L}:=\{z\in\mathbf{C}:\mathrm{Re}\ z>0,\mathrm{Im}\ z\in(2\pi n,2\pi(n+1))\}\tag{7.13}$$

(这是个对于特殊映射f的专门的分划,这个分划用到了由实轴和虚轴的不变性给出的对称性.在其他文献中,一个不同的分划可用于更一般的映射f).

映射f的几何是这样的:它使得它的限制是共形同构

$$f:U_{n,R}\to\mathbf{C}\setminus(\mathbf{R}^*\cup[-k\pi i,k\pi i])\tag{7.14}$$

和

$$f:U_{n,L}\to\mathbf{C}\setminus(\mathbf{R}^-\cup[-k\pi\mathrm{i},k\pi\mathrm{i}])\tag{7.15}$$

因此,每一个 $U_{n,\times}$ 的象集是 $U_{n,\times}$ 的单面覆盖. 这是一个有用的性质,叫作马尔可夫(Markov)性质. 它有助于把许多动力学问题简化为与符号动力系统有关的问题.

令 $\mathbf{Z}_R:=\{\cdots,-2_R,-1_R,0_R,1_R,2_R,\cdots\}$ 和 $\mathbf{Z}_L:=\{\cdots,-2_L,-1_L,0_L,1_L,2_L,\cdots\}$ 是 $\mathbf{Z}$ 的两个不相交的复制,并且令 $S:=(\mathbf{Z}_R\cup\mathbf{Z}_L)^{\mathbf{N}}$ 是 $\mathbf{Z}_R\cup\mathbf{Z}_L$ 中的元素的序列空间. 对于 $\mathbf{C}$ 中的每个 z,我们指定(S)中的一条路线$s=s_1s_2s_3\cdots$,使得如果$f^{\circ(k-1)}(z)$属于 $\overline{U}_{n,R}$时,$s_k=n_R$,如果$f^{\circ(k-1)}(z)$属于 $\overline{U}_{n,L}$时,$s_k=n_L$. 如果 z 的轨道进入 $\mathbf{R}$ 或者$[-k\pi\mathrm{i},k\pi\mathrm{i}]$,就会有歧义,但是不管怎样这种点很容易理解,并且我们允许在这种情形中的所有路线(一个给定的点 z 的所有可能路线的个数最多是 4;看定理 7.3 证明中的讨论). 下面的引理提供了理解 f 的动力系统的细节的机制.

引理 7.4(符号动力系统和曲线) 对 S 中的每个序列$\underline{s}$,路线$\underline{s}$ 上的 $\mathbf{C}$ 中的点 z 的集合要么是空集,要么是联结∞ 到 $\mathbf{C}$ 中一个唯一定义的降落点的曲线. 对于每条这种曲线,它的每个不是降落点的点逃逸.

证明梗概 对每个整数 N,令 $U_{\underline{s},N}$是点 z 的集合,这些 z 使得进入 z 的路线的前 N 个入口与$\underline{s}$ 的前 N 个入口一致. 由马尔可夫(Markov)性质,可以非常容易地看出每个 $\overline{U}_{\underline{s},N}$在 $\mathbf{C}$ 中都是闭的,连通的无界子集. 此外,在黎曼球面的拓扑中,把点∞ 加到这些集合中得到包含∞ 的紧的连通集. 令

$$C_s := \bigcap_{N \in \mathbf{N}} (\overline{U}_{s,\mathbf{N}} \cup \{\infty\}) \qquad (7.16)$$

这显然是一个嵌套的交集,因此 C_s 是包含∞的紧连通集. 如果 $C_s = \{\infty\}$,那么毋需证. 否则,我们可以证明 f 是足够延拓的,使得对 C_s 中的任意两点 z 和 w 以及任意 $\eta > 0$, 存在一个 n 满足 $||\mathrm{Re}\, f^{\circ n}(z)| - |\mathrm{Re} f^{\circ n}(w)|| > \eta$. 引理7.3蕴涵 z 和 w 中的至少一个逃逸.(这种延拓性源于 $U := \mathbf{C} \setminus \{-\mathrm{i}\pi, 0, \mathrm{i}\pi\}$ 携带一个唯一的规范化的双曲度量,以及 $f^{-1}(U) \subset U$ 这个事实. 关于 U 上的这个度量,f^{-1} 的每个局部分支都是收缩的,这就使 f 局部地可延拓. 这个论证只需要 U 的万有覆盖是 $\mathfrak{D}$ 和关于 $\mathfrak{D}$ 的全纯自映射的施瓦兹(Schwarz)引理这两个事实).

由此即得 $C_s \setminus \{\infty\}$ 的所有点都逃逸,至多有一个例外;引理7.3中的估计蕴涵着这些点逃逸得非常快. 这意味着对 $C_s \setminus \{\infty\}$ 的几乎所有的 z,$f^{\circ n}(z) \to \infty$ 的速度非常快,因此 $|(f^{\circ n})'(z)| \to \infty$ 的速度非常快. 这样,z 的前向迭代有非常强的延拓性. 相反地,如果 $z_n := f^{\circ n}(z)$,那么,f^{-n} 把 z_n 传送到 z 的分支非常强地收缩. 这蕴涵着 U_{sN} 的边界(它们是曲线)局部地一致地收敛到 C_s. 这就确保 C_s 是一条曲线.

这个引理是我们关于函数 f 的动力系统建立的两个主要结果的全部内容.

定理7.3的证明　**C** 中的每个点 z 有至少一条相关的路线. 如果它有不止一条路线,那么在迭代作用下它必定会映射到 $\mathrm{i}\mathbf{R}$ 或者 $\mathbf{R} + 2\pi\mathrm{i}\mathbf{Z}$. 在后面的一种情况,下次迭代落在 $\mathbf{R}$ 内. 所以,轨道要么到达不动点0,要么到达两个动力射线 $\mathbf{R}^+$ 或 $\mathbf{R}^-$ 之一上. 如果轨道到达 $\mathrm{i}\mathbf{R}$,那么在那个迭代下,它的整个前向轨道落在区间$[-k\pi i, k\pi i]$中. 特别地,这个轨道是有界的. 因此,一个点有 4 条路线,当且仅当它的轨道最后终止在零点. 如果一个点在不变区间$[-k\pi i, k\pi i]$中降落(并且有有界的轨道),或者如果它在 $\mathbf{R}^{+} \cup \mathbf{R}^{-}$ 中降落并逃逸,那么这个点有两条路线. 其余的每一点都只有一条路线.

我们回忆到,给定路线的点集,是一条单个的动力射线,它由逃逸点以及该射线的唯一降落点所组成(引理 7.4). 这蕴涵着 $\mathbf{C}$ 中的每个点要么位于唯一的动力射线上,要么是 1 条、2 条或 4 条动力射线的降落点. 这就证明了定理中的第 2 和第 3 个陈述.

对于第 1 个陈述,我们构造了由逃逸点组成的射线,并且它们的分划使得下述事实很明显:每条射线的实部趋向于 $\pm\infty$,而虚部被约束于长度为 π 的某个区间. 显然,每个逃逸点要么在唯一一条射线上,要么是一条射线的降落点;如果一条射线在一个逃逸点降落,那么降落点既不在其他任何一条射线上,也不是其他射线的降落点. 因此,每条射线(可能和它的端点一起)包含于 I 的一个道路连通分支内,I 的每一个道路连通分支都由一条单个的射线,可能还有它的端点组成. 这个事实的证明需要某些连续统理论的内容.

8. 勒贝格测试与逃逸点集

从动力系统的观点看,我们要问的一个重要问题是:在迭代下大多数的轨道是怎样的? 从拓扑的有利观点看,大部分的点在动力射线上,而不是射线的端点. 另外,由于射线的并的豪斯道夫维数是 1,测度论告诉我们大多数的点是射线的端点. 然而,正如我们现

在要看到的,甚至测度论表明 $\mathbf{C}$ 中的大多数点是逃逸的(对于我们的映射 $z \mapsto k\pi\sinh z$ 来说):这个断言是麦克马伦和 Bock 的组合. 因而,几乎所有的点是射线的逃逸端点. 顺着这条路,我们查阅了 Schubert 的一个结果,这个结果肯定地回答了米尔诺的一个猜想.

定理 7.4(逃逸点集的勒贝格测度)

(1)对于 $\lambda \neq 0$ 的每个映射 $z \mapsto \lambda e^z$,逃逸点集 I 的二维勒贝格测度为0,但它的豪斯道夫维数是2.

(2)然而,对于 $ab \neq 0$ 的每个映射 $z \mapsto ae^z + be^{-z}$,集合 I 有无限大的2维勒贝格测度. 对于 $\mathbf{C}$ 中的每条带 $S = \{z \in \mathbf{C}: \alpha \leqslant \mathrm{Im}\, z \leqslant \beta\}$,$S \backslash I$ 的二维勒贝格测度是有限的.

证明梗概　给定 $\xi > 0$,并令 $\mathfrak{H}_\xi = \{z \in \mathbf{C}: \mathrm{Re}\, z > \xi\}$. 我们证明,对每个映射 $E(z) = \lambda \exp(z)$ 以及充分大的 ξ,集合 $Z_\xi := \{z \in \mathbf{C}:$ 对所有的 $n, \mathrm{Re}\, E^{\circ n}(z) > \xi\}$ 的测度为0. 事实上,对 $\mathfrak{H}_\xi$ 中的边长为 2π 的,并且边平行于坐标轴的每个正方形 Q,象集 $E(Q)$ 是 $\mathbf{C}$ 中的一个大的圆环,并且对 Q 中的点 z,$E(z)$ 在 $\mathfrak{H}_\xi$ 中的概率大约是1/2. 经过 n 次的连续迭代后仍在 Z_ξ 中的概率是 2^{-n}(假定在相继步骤中的概率是独立的). 因此,Q 中整个轨道在 $\mathfrak{H}_\xi$ 中的点 z 的集合的二维勒贝格测度为0,因此,Z_ξ 的二维勒贝格测度为0. 但是因为 $|E(z)| = |\lambda| \exp(\mathrm{Re}\, z)$,对于 I 中的每个点 z,肯定存在一个 N,使得对于满足 $n \geqslant N$ 的所有的 n,$E^{\circ n}(z)$ 属于 Z_ξ. 因为 I 是 $\bigcup\limits_{n \geqslant 0} E^{\circ -n}(Z_\xi)$ 的一个子集,对于指数映

射 $z\mapsto\lambda e^z$,它的测度为 0.

对于 $ab\neq 0$ 的映射 $E(z)=ae^z+be^{-z}$,情况有所不同:这种情况下,我们不是在每一步中都扔掉一半的点,而是"循环"(字面上的意思)它们中大部分的点:这次 $|E^{\circ n}(z)|\to\infty$ 蕴涵着 $|\mathrm{Re}\,E^{\circ n}(z)|\to\infty$. 我们用另一条抛物线(应该说是余集部分),即

$$P:=\{x+\mathrm{i}y\in\mathbf{C}:|y|<|x|^2\} \tag{7.17}$$

如果对于 $|x|$ 充分大的 $z=x+\mathrm{i}y$,使得 $E(z)$ 属于 P,那么

$$|\mathrm{Re}\,E(z)|\geqslant|E(z)|^{1/2}\approx e^{|x|/2}\gg|x| \tag{7.18}$$

因此,在 P 中逃逸到 ∞ 的那些点就逃逸得非常快. 另外,象在第一部分(实部比 ξ 大或比 $-\xi$ 小)一样,正方形 Q 的象集仍是个圆环,但是 P 的 $E(Q)$ 部分约占 $1-e^{-|x|/2}$,因此,第 1 步中大部分的点存在. 在这部分点中,第 2 步中存在点所占的比例是 $1-e^{-e^{(|x|/2)/2}}$,等等. 在 Q 中的点在迭代的作用下在 P 中"丢失的"部分比 1 小,由此我们就得到 $I\cap Q$ 有正的二维勒贝格测度. 为了更精确,我们递归地定义一个序列 (ξ_n),其中 $\xi_0=\xi$. 并且对 $n=1,2,3,\cdots,\xi_{n+1}=e^{|\xi_n|/2}$. 假定 ξ_0 足够大,那么对于所有 $n,\xi_n>2^{n-1}\xi_1$. 如果

$$Q_n:=\{z\in Q:\text{对于 }k=0,1,2,\cdots,n,E^{\circ k}\in P\} \tag{7.19}$$

那么对 Q_n 的每个点 z 有 $|\mathrm{Re}\,E^{\circ n}|>\xi_n$. 这就意味着 Q_n 的所有点在 P 中再一次迭代时至少还有 $1-e^{-\xi_n/2}=1-1/\xi_{n+1}$ 的部分. 这样,用 μ 表示二维勒贝格测度,我

们就得到

$$\frac{\mu(Q_n)}{\mu(Q)}>1-\frac{1}{\xi_1}-\frac{1}{\xi_2}-\cdots-\frac{1}{\xi_n}>1-\frac{2}{\xi_1}=1-2\mathrm{e}^{-\xi_0} \tag{7.20}$$

因为$\bigcap_n Q_n$包含于I中,即得

$$\mu(I\cap Q)>(1-2\mathrm{e}^{-\xi_0/2})\mu(Q) \tag{7.21}$$

逃逸点集在Q中有正的密度,因此I有正的(甚至是无限的)二维勒贝格测度.

事实上,我们已经证明得更多了:$\mu(Q\backslash I)<2\mathrm{e}^{-\xi_0/2}\mu(Q)$. 因此,对于每个高度为$2\pi$的水平带$S$,$I$在$S$中的余集有有限的勒贝格测度

$$\mu(z\in S\backslash I\mid |\operatorname{Re} z|>\xi_0)<2\pi\int_{\xi_0}^{\infty}2\mathrm{e}^{-x/2}\mathrm{d}x=4\pi\mathrm{e}^{-\xi_0/2} \tag{7.22}$$

这就证明了结果.

注　米尔诺猜想,对于$f(z)=\sin z$收敛到不动点$z=0$的点集在每一条带$S'=\{z\in\mathbf{C}\mid\alpha\leqslant\operatorname{Re} z\leqslant\beta\}$中有有限的勒贝格面积. 因为正弦函数和双曲正弦函数在旋转坐标系中表示相同的映射,这从Schubert的结果即得.

我们以另一特殊情形来结束本章,这种情形就是集合I非常大,使得$\mathbf{C}\backslash I$的测度为0:

推论7.2(完全测度的逃逸集)　令k是一个非零整数. 对于映射

$$z\mapsto k\pi\sin z \text{ 或 } z\mapsto k\pi\sinh z \tag{7.23}$$

集合 $I\cap E$ 有完全的二维勒贝格测度(也就是 $\mathbf{C}\setminus(I\cap E)$ 的测度为 0).

证 我们调用 Bock 的一个定理:对于任意的超越整函数下面的两个陈述至少有一个成立:(1)几乎每个轨道都在 $\mathbf{C}$ 中稠密,或(2)几乎所有的轨道都收敛到∞或收敛到一个临界轨道(临界轨道是指 $\pm k\pi\mathrm{i}$ 这两个临界值之一的轨道). 但是因为 I 有正测度,所以情况(1)不成立. 因此,陈述(2)成立. 对于映射 $E:z\mapsto k\pi\sinh z$(或者等价地,$z\mapsto k\pi\sin z$),两个临界值映到不动点 0. 然而,因为$|E'(0)|>1$(也就是不动点 0 是"排斥"的),轨道可以收敛到 0 的点是那些在有限次迭代之后恰好降落在零点的至多可数个点. 因此,几乎所有的轨道必定逃逸.

齐次康托集的网测度性质及应用[①]

第8章

武汉大学数学系的丰德军、饶辉和南京大学数学系的吴军三位教授于1996年研究了一维齐次康托集的网测度性质，建立了该集的自然覆盖网诱导的豪斯道夫测度与通常豪斯道夫测度的等价性，作为应用，完全确定了齐次康托集的豪斯道夫维数

设$\mathscr{F}$为区间$E_0=[0,1]$的一个子集族，使得对任意$x\in E_0$及任意$\varepsilon>0$，均存在$I\in\mathscr{F}$，使得$x\in I$且$|I|\leqslant\varepsilon$，其中$|I|$表示集I的直径，上述$\mathscr{F}$称为E_0上的一个网.

设E为$[0,1]$的一个子集，α,ε为严格大于0的实数，令

$$H^{\alpha}_{\varepsilon,\mathscr{F}}(E)$$

$$=\inf\left\{\sum_j|I_j|^{\alpha};E\subset\bigcup_j I_j,I_j\in\mathscr{F},|I_j|\leqslant\varepsilon\right\}$$

$$H^{\alpha}_{\mathscr{F}}(E)=\lim_{\varepsilon\to 0}H^{\alpha}_{\varepsilon,\mathscr{F}}(E)$$

---

① 丰德军，饶辉，吴军. 齐次Cantor集的网测度性质及应用[J]. 自然科学进展——国家重点实验室通迅，1996，6(6)：673-678.

$$\dim_{H,\mathscr{F}}(E) = \inf\{\alpha > 0 : H^{\alpha}_{\mathscr{F}}(E) = 0\}$$

$H^{\alpha}_{\mathscr{F}}(E)$ 与 $\dim_{H,\mathscr{F}}(E)$ 分别称为集 E 对于网 $\mathscr{F}$ 的 α 维豪斯道夫测度与豪斯道夫维数. 当 $\mathscr{F}$ 为 E_0 的所有子集作成的网时,得到通常的豪斯道夫测度与豪斯道夫维数.

设 $\mathscr{F}_1,\mathscr{F}_2$ 为 E_0 的两个网,$E\subset E_0$,若存在两个正实数 c_1,c_2,使得对任意 $0<\alpha<1$,有

$$c_1 H^{\alpha}_{\mathscr{F}_1}(E) \leqslant H^{\alpha}_{\mathscr{F}_2}(E) \leqslant c_2 H^{\alpha}_{\mathscr{F}_1}(E)$$

则称网 $\mathscr{F}_1,\mathscr{F}_2$ 对于集 E 等价. 从此情形立刻可以看到集 E 对于这两个网的豪斯道夫维数相同.

上面提到,通常的豪斯道夫测度相应的网为 E_0 的所有子集作成的集族,亦即,当计算集 E 的豪斯道夫测度时,必须考虑集 E 的所有可能的覆盖,如果能找到与上述网等价且结构与性质均很好的网,则将能简化集 E 的测度与维数的估计. 关于网测度的一般讨论,可参阅文献[19-22].

本章讨论齐次康托集网测度的性质,作为应用,将确定齐次康托集的豪斯道夫维数.

下面定义齐次康托集.

设 $\mathscr{N}=\{n_k\}_{k\geqslant 1}$ 为一列正整数序列,$n_k\geqslant 2$;$\mathscr{C}=\{c_k\}_{k\geqslant 1}$ 为一列正实数序列,$0<c_k<1$,且 $n_kc_k\leqslant 1$. 现从 E_0 出发,构造 E_1. E_1 由 E_0 的 n_1 个闭子区间构成,它们满足:(1)这 n_1 个子区间的长度相同,均等于 c_1;(2)这些区间的间隔相同;(3)最左边的区间的左端点与 E_0 的左端点重合,最右边的区间的右端点与 E_0 的右端点重合. 上述 n_1 个区间称为 1 阶基本区间. 以 $\mathscr{F}_1$ 表示 1 阶基本区间全体所构成的集合. 现假定 E_k 已经定义. $\mathscr{F}_k$ 表示相应的 k 阶基本区间的集合,令 $I\in\mathscr{F}_k$ 为

任一 k 阶基本区间,以 I 代替 E_0,重复由 E_0 生成 E_1 的过程,由此得到 E_{k+1}(注意第 $k+1$ 阶基本区间的长度为 $C_{k+1}|I| = \prod_{j=1}^{k+1} c_j$),最后令 $E = \bigcap_{k\geqslant 0} E_k$,$E$ 称为由序列 $\mathscr{N},\mathscr{C}$ 确定的齐次康托集,记为 $E = E(\mathscr{N},\mathscr{C})$. 在不产生混淆的情形下,简记为 E. 齐次康托集是一类非常重要的分形集, Kahane 与 Salem[23], Lee 与 Park[24], Moorthy, Vijaya 与 Venkatachalapathy[25],华苏[20]分别讨论过齐次康托集的某些特殊类型,并确定了它们的豪斯道夫维数,但一般齐次康托集的维数至今仍未解决,本章将通过网测度技巧完全解决这一问题.

以 $\mathscr{F}_0$ 表示 E_0 中所有子集作成的集族,前面已经提到网测度技巧在于找到一个对于 $\mathscr{F}_0$ 而言相对简单同时又与 $\mathscr{F}_0$ 等价的网,从齐次康托集的构造可以看到,$\{\mathscr{F}_k\}_{k\geqslant 1}$ 是简单而自然的网,我们将通过某些中间网建立它与 $\mathscr{F}_0$ 的等价性. 最后可以看到,通过该网非常容易确定齐次康托集的维数.

下面引入一些定义和记号.

设 $\mathscr{V}=\{v_j\}$ 是有限或可数多个集合作成的集列,设 A 为 E_0 的子集,记

$$A \cap \mathscr{V} = \{A \cap v_j \mid v_j \in \mathscr{V}\},\ \|\mathscr{V}\|^s = \sum_{v_j \in \mathscr{V}} |v_j|^s$$

$$\mathscr{V} + x = \{v_j + x\}_{v_j \in \mathscr{V}}$$

其中 $v_j + x = \{y + x \mid y \in v_j\}$. 令

$$G_k = \{I \mid I = \bigcup_{t=1}^{m} I_t, I_t \in \mathscr{F}_k, 1 \leqslant m \leqslant n_k,$$
$$\text{且存在 } J \in \mathscr{F}_{k-1} \text{ 使得 } I \subset J\}$$

亦即 G_k 的元素为某一 $k-1$ 阶基本区间生成的若干个 k 级基本区间的并,令 $\mathscr{F} = \bigcup_{k\geqslant 1} G_k$.

引理 8.1 网 $\mathscr{F}_0$ 与网 $\mathscr{I}$ 等价

证 $\forall 0 < s \leqslant 1$. 注意到 $\mathscr{I}$ 为 $\mathscr{F}_0$ 的子集族. 故 $H^s_{\mathscr{F}_0}(E) \leqslant H^s_{\mathscr{I}}(E)$. 因此只需证存在 $c > 0$ 使得

$$cH^s_{\mathscr{I}}(E) \leqslant H^s_{\mathscr{F}_0}(E) \tag{8.1}$$

设 I 是 E_0 的一个开子区间, $I \cap E \neq \varnothing$. 则存在唯一正整数 k, 使得 I 至少包含一个 k 阶基本区间, 而不包含任一 $k-1$ 阶基本区间, 故 I 至多只与两个 $k-1$ 阶基本区间相交.

若 I 与两个 $k-1$ 阶基本区间相交, 记此两基本区间为 J_1, J_2, 令 $I_1 = J_1 \cap I, I_2 = J_2 \cap I$, 则因 $|I_1|^s \leqslant |I|^s$, $|I_2|^s \leqslant |I|^s$, 有

$$|I|^s \geqslant \frac{1}{2}(|I_1|^s + |I_2|^s) \tag{8.2}$$

令 $G(I_i)$ 为与 $I_i (i=1,2)$ 相交的 k 阶基本区间的并, 则 $G(I_i) \in G_k$, 且 $|G(I_i)| \leqslant |I_1| + 2\prod_{i=1}^{k} C_i$, 因为 I_1, I_2 中至少有一个要包含一个 k 阶基本区间, 不妨设 I_1 包含一个 k 阶基本区间, 则

$$|G(I_1)|^s \leqslant (|I_1| + 2\prod_{i=1}^{k} c_i)^s \leqslant (3|I_1|)^s \tag{8.3}$$

若 I_2 中至少包含一个 k 阶基本区间, 同理有

$$|G(I_2)|^s \leqslant (3|I_2|)^s$$

因此

$$|I|^s \geqslant \frac{1}{2} 3^{-s}(|G(I_1)|^s + |G(I_2)|^s)$$

若 I_2 不包含 k 阶基本区间, 则

$$|G(I_2)| = \prod_{i=1}^{k} c_i \leqslant |G(I_1)|$$

因此,由(8.2)(8.3)两式有

$$|I|^s \geqslant \frac{3^{-s}}{2}|G(I_1)|^s \geqslant \frac{3^{-s}}{4}(|G(I_1)|^s + |G(I_2)|^s)$$

总之,有

$$\begin{aligned}|I|^s &\geqslant \frac{3^{-s}}{4}(|G(I_1)|^s + |G(I_2)|^s)\\ &\geqslant \frac{1}{12}(|G(I_1)|^s + |G(I_2)|^s) \qquad (8.4)\end{aligned}$$

若 I 仅与一个 $k-1$ 阶基本区间相交,仿上分析将有

$$|I|^s \geqslant 3^{-s}|G(I)|^s, G(I) \in G_k \qquad (8.4)'$$

从上面分析可以看到 $I \cap E \subset (G(I_1) \cap E) \cup (G(I_2) \cap E)$(或 $I \cap E \subset G(I) \cap E$),且 $|G(I_1)|, |G(I_2)| \leqslant 6|I|$.

现设 $I = \{I_j\}$ 为 E 的一个 δ 覆盖,由前述讨论及(8.4)(8.4)′两式,可以找到一个 6δ 覆盖 $G = \{g_i\}$, $g_i \in \mathscr{I}$,使得 $\| I \|^s \geqslant \| G \|^s \cdot \frac{1}{12}$,从而取 $c = \frac{1}{12}$. 即证得式(8.1).

现考虑一个 $k-1$ 阶基本区间 $I \in \mathscr{F}_{k-1}$,由它生成的 n_k 个 k 级基本区间记为 $I_{k,1}(I), \cdots, I_{k,n_k}(I)$. 令 m 为一正整数,且 $1 \leqslant m < n_k$,并令

$$n_k = qm + r \quad (0 \leqslant r < m, q \in \mathbf{N})$$

若 $r > 0$,按下述方式构造 I 的 $q+1$ 个子集:令 $\widetilde{W}_{k,m,1}(I)$ 为以 $I_{k,1}(I)$ 的左端点为左端点,以 $I_{k,m}(I)$ 的右端点为右端点的区间, $W_{k,m,1} = \bigcup_{A \in \widetilde{W}_{k,m,1} \cap \mathscr{F}_k} A$;$\cdots \widetilde{W}_{k,m,q}$ 为以 $I_{k,(q-1)m+1}(I)$ 的左端点为左端点,以 $I_{k,qm}(I)$ 的右端点为右端点的区间,$W_{k,m,q} = \bigcup_{A \in \widetilde{W}_{k,m,q} \cap \mathscr{F}_k} A$;$\widetilde{W}_{k,m,q+1}$ 为

以 $I_{k,qm+1}(I)$ 的左端点为左端点，以 $I_{k,qm+r}(I)$ 的右端点为右端点的区间；$W_{k,m,q+1}=\bigcup\limits_{A\in\widetilde{W}_{k,m,q+1}\cap\mathscr{F}_k}A$. 记 $\mathscr{W}_{k,m}(I)=\{W_{k,m,j}\}_{1\leqslant j\leqslant q+1}$，$\mathscr{W}_{k,m}=\{v\mid v\in\mathscr{W}_{k,m}(I),I\in\mathscr{F}_{k-1}\}$，注意 $\mathscr{W}_{k,m}$ 为 E_k 的一个覆盖族，并且对任意的 k,m，$\mathscr{W}_{k,m}\subset\mathscr{I}$.

若 $r=0$，同样按上面方式可构造 I 的 $q+1$ 个子集，不过最后一个子集为 $\varnothing$.

引理 8.2 存在正实数 c，使得对 E 的任一覆盖族 $\mathscr{V}\subset\mathscr{I}$，存在覆盖族 $\mathscr{W}_{k,m}$，使得 $\forall 0<s\leqslant 1$，有

$$\|\mathscr{V}\|^s\geqslant c\|\mathscr{W}_{k,m}\|^s$$

证 设 $\mathscr{V}=\{v_j\}$ 为 E 的任一 $\mathscr{V}$ 覆盖，由 E 的紧性可以进一步假定 $\mathscr{V}$ 为有限族，假定在这些 v_j 中，所包含的最低阶的基本区间的阶数为 k_1，所包含的最高阶的基本区间的阶数为 k_2，令

$$D_1=\{v_j\mid v_j\in\mathscr{V},\text{且 } v_j \text{ 至少包含一个 } k_1 \text{ 阶基本区间}\}$$

$$D_2=\{I\mid I\in\mathscr{F}_{k_1},\text{且不存在 } v_j\in\mathscr{V},\text{使得 } I\subset v_j\}$$

$$D=D_1\cup D_2$$

由构造立刻看到，D 是 E_{k_1} 的一个覆盖族，设 $p\in D$，令

$$h(p,s)=\begin{cases}\dfrac{|p|^s}{\#p(k_1)} & (\text{若 } p\in D_1)\\ \|p\cap\mathscr{V}\|^s & (\text{若 } p\in D_2)\end{cases}$$

其中 $\#p(k_1)$ 表示 p 包含的 k_1 级基本区间的数目，由 $\mathscr{V}$ 的构造知，若 $v_j\in\mathscr{V}$，但 $v_j\notin D_1$，则 v_j 应包含在某一 k_1 级基本区间中. 假定当 $p=p_0$ 时，$h(p,s)$ 达到最小值（由假定覆盖族有限，这是可以做到的）.

(1) $p_0\in D_1$.

在此情形，由前面的分析有

$$\|\mathscr{V}\|^s=\sum_{p\in D_1}|p|^s+\sum_{p\in D_2}\|p\cap\xi\mathscr{V}\|^s$$

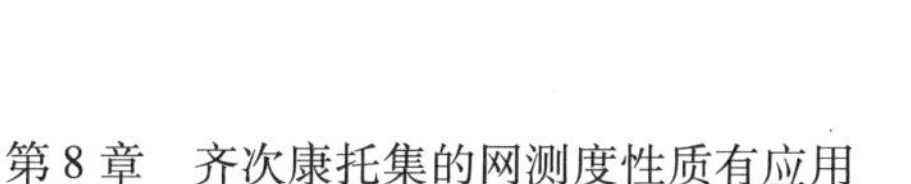

$$
\begin{aligned}
&= \sum_{p \in D_1} \#p(k_1)h(p,s) + \sum_{p \in D_2} h(p,s) \\
&\geqslant \sum_{p \in D_1} \#p(k_1)h(p_0,s) + \sum_{p \in D_2} h(p_0,s) \\
&= \left(\sum_{p \in D_1} \#p(k_1) + \#D_2\right)h(p_0,s)
\end{aligned}
$$

注意,上述等号右端括号中恰好是 k_1 级基本区间的个数,即 $n_1 n_2 \cdots n_k$,因

$$
n_{k_1} h(p_0,s) = \frac{n_{k_1}}{\#p_0(k_1)} |p_0|^s
$$

直接计算得

$$
\| \mathscr{V} \|^s \geqslant \frac{1}{2} \| \mathscr{W}_{k_1 \# p_0(k_1)} \|^s \tag{8.5}
$$

(2) $p_0 \in D_2$.

此时 p_0 为一 k_1 阶基本区间,设 $n_2 n_2 \cdots n_{k_1}$ 个 k_1 阶基本区间的左端点与 p_0 的左端点的距离分别为 t_1, $t_2, \cdots, t_{n_1 n_2 \cdots n_k}$. 考虑集族 $\mathscr{V}^* \triangleq \{p_0 \cap \mathscr{V} + t_i\}_{1 \leqslant i \leqslant n_1 n_2 \cdots n_k}$ 则 $\mathscr{V}^* \subset \mathscr{I}$. 由于 $p_0 \cap \mathscr{V}$ 不含 k_1 阶基本区间,故 $\mathscr{V}^*$ 中的元亦不含 k_1 阶基本区间,并且对 $\mathscr{V}^*$ 中的任一元 v_j^*,有 $\| v_j^* \|^s = h(p_0,s)$. 从而如同(1)中的计算有

$$
\| \mathscr{V} \|^s \geqslant \left(\prod_{j=1}^{k_1} n_j\right) h(p_0,s) = \| \mathscr{V}^* \|^s \tag{8.6}
$$

上面已提到 $\mathscr{V}^* \subset \mathscr{I}$,并且 $\mathscr{V}^*$ 中的元均不包含 k_1 阶基本区间,但它包含的最高阶基本区间为 k_2,因此可以重复(1)中的讨论,并且至多经过有限步,由(8.5)(8.6)两式,找到 k^* ($k_1 \leqslant k^* \leqslant k_2$) 及正整数 m,最后有

$$
\| \mathscr{V} \|^s \geqslant \frac{1}{2} \| \mathscr{W}_{k^*,m} \|^s
$$

引理 8.3　存在正常数 $c>0$,使得对任意正整数 $k,m\geqslant 2$ 及任意 $0<s\leqslant 1$,有

$$\| \mathscr{W}_{k,m} \|^s \geqslant c \| \mathscr{F}_{k-1} \|^s$$

证　设 I 为任一 $k-1$ 阶基本区间,令 $n_k=qm+r$ $(0\leqslant r<m)$,则 $n_k\leqslant (q+1)m$,设 m 个相邻 k 级基本区间的并的直径为 $\delta(m)$,则 $\delta(m)$ 应大于任意两相邻 k 阶区间的间隔,由此有

$$|I|\leqslant 2(q+1)\delta(m)$$

从而

$$|I|^s\leqslant 2^s(q+1)^s(\delta(m))^s\leqslant 4q(\delta(m))^s$$

由此得

$$\| \mathscr{F}_{k-1} \|^s\leqslant 4 \| \mathscr{W}_{k,m} \|^s$$

注　若 $m=1$,则 $\mathscr{W}_{k,m}=\mathscr{W}_{k,1}=\mathscr{F}_k$,此时有

$$\| \mathscr{W}_{k,m} \|^s = \| \mathscr{F}_k \|^s$$

定理 8.1　设 E 是由序列 $\{n_k\}_{k\geqslant 1}$,$\{c_k\}_{k\geqslant 1}$ 确定的齐次康托集,则

$$c \varliminf_{k\to\infty}\prod_{i=1}^{k} n_i c_i^s \leqslant H^s(E) \leqslant \varliminf_{k\to\infty}\prod_{i=1}^{k} n_i c_i^s$$

其中 $0\leqslant s\leqslant 1$,c 为绝对正常数.

证　首先注意到对任意 $k\geqslant 1$,$\mathscr{F}_k$ 是 E 的一个覆盖,从而

$$H^s(E) \leqslant \varliminf_{k\to\infty} \| \mathscr{F}_k \|^s = \varliminf_{k\to\infty}\prod_{i=1}^{k} n_i c_i^s$$

现设 $\mathscr{V}$ 为 E 的任一个 δ 覆盖,那么由引理 8.1 ~ 8.3 及注 1 知存在正常数 c 和正整数 k,使得

$$\| \mathscr{V} \|^s \geqslant c \| \mathscr{F}_k \|^s$$

从而对足够小的 δ,有

$$\| \mathscr{V} \|^s \geqslant c \varliminf_{k\to\infty} \| \mathscr{F}_k \|^s$$

即

$$H^s(E) \geqslant c \underline{\lim}_{k\to\infty}\prod_{i=1}^{k} n_i c_i^s$$

定理 8.2　设 E 为由序列 $\{n_k\}_{k\geqslant 1}$ 及 $\{c_k\}_{k\geqslant 1}$ 确定的齐次康托集，则

$$\dim_H E = \underline{\lim}_{k\to\infty}\frac{\lg n_1 n_2\cdots n_k}{-\lg c_1 c_2\cdots c_k}$$

证　设 $s > \underline{\lim}_{k\to\infty}\dfrac{\lg n_1 n_2\cdots n_k}{-\lg c_1 c_2\cdots c_k}$，则存在子序列 $\{k_i\}_{i\geqslant 1}$，使得 $s > \dfrac{\lg n_1 n_2\cdots n_k}{-\lg c_1 c_2\cdots c_k}$，从而 $\prod\limits_{j=1}^{k} n_j c_j^s \leqslant 1$，由此得 $\underline{\lim}_{k\to\infty}\prod\limits_{i=1}^{k} n_i c_i^s \leqslant 1$，由定理8.1的右半部分，$H^s(E) \leqslant 1$，故 $\dim_H(E) \leqslant s$，由 s 的选择，即得

$$\dim_H(E) \leqslant \underline{\lim}_{k\to\infty}\frac{\lg n_1 n_2\cdots n_k}{-\lg c_1 c_2\cdots c_k}$$

利用同样的分析，可以证明相反的不等式.

设 $E\subset\mathbf{R}$，若 $0 < H^s(E) < \infty$，则集 E 称为 s 集，由定理 8.1，8.2 有

推论　齐次康托集 E 为 s 集的充分必要条件为 $0 < \underline{\lim}_{k\to\infty}\prod\limits_{i=1}^{k} n_i c_i^s < \infty$，且

$$s = \underline{\lim}_{k\to\infty}\frac{\lg n_1 n_2\cdots n_k}{-\lg c_1 c_2\cdots c_k}$$

三分康托集自乘积的豪斯道夫测度的估计[①]

第9章

中山大学数学与计算机科学学院的贾保国教授,中山大学岭南学院的周作领教授和中山大学数学系的朱智伟教授在2003年证明了三分康托集 C 自乘积集 $C \times C$ 的豪斯道夫测度,满足 $1 \leqslant H^{\log_3 4}(C \times C) \leqslant 1.502\ 879$.

1. 引言与定理

计算与估计分形集的豪斯道夫维数与测度是分形几何研究的重要内容之一.一般地说,计算分形集合的豪斯道夫维数,特别是计算豪斯道夫测度是非常困难的.在满足开集条件下,自相似集的豪斯道夫维数已被完全确定(参见文[19]).但就在这种情形,豪斯道夫测度的计算与估计,除直线上的康托集及其种种变形之外,也几乎无任何结果(参见文[26-28]).文[29]首先得到维数为1的

① 贾保国,周作领,朱智伟.三分Cantor集自乘积的Hausdorff测度的估计[J].数学学报,2003,46(4):747-752.

一种谢尔品斯基地毯的豪斯道夫测度的准确值，文[30]又把这个结果推广到维数不大于1的情形. 到目前为止，尚无任何维数大于1的分形的豪斯道夫测度被确定（含给出计算表达式的）. 本章研究了三分康托集 C 的自乘积集 $C\times C$（维数大于1）的豪斯道夫测度，得到了 $H^s(C\times C)$ 的一个较好的估计.

在平面 $\mathbf{R}^2$ 上取单位正方形 E_0，在 E_0 上除了保留四个角上边长为$\frac{1}{3}$的小正方形外，删去其余部分的内部，得到四个边长为$\frac{1}{3}$的小正方形的集合记为 E_1，对 E_1 中的每个正方形重复上述过程得到的集合记为 E_2，无限重复上述过程，得到 $E_0\supset E_1\supset\cdots\supset E_n\supset\cdots$. 非空集合的自相似集且满足开集条件. 因此，$C\times C$ 的豪斯道夫维数 $s=\dim_H(C\times C)$ 满足 $4\times\left(\frac{1}{3}\right)^s=1$. 即 $1\leqslant s=\log_3 4\leqslant 2$. 本章的主要结果是：

定理 9.1　三分康托集的自乘积集 $C\times C$ 的豪斯道夫测度满足不等式

$$1\leqslant H^{\log_3 4}(C\times C)\leqslant 1.502\,879$$

2. 相关的命题及引理

为了证明本章的定理，我们叙述两个命题和引理.

命题 9.1　设 $s=\log_3 4$，则

（1）当 $0\leqslant x\leqslant 1$ 时

$$(1-x)^s+x^s\geqslant\frac{2}{2^s}$$

（2）对任何 $x_1,x_2,x_3,x_4\in(0,\infty)$，有

$$\left(\frac{x_1+x_2}{2}\right)^s\leqslant\frac{1}{2}(x_1^s+x_2^s),\left(\frac{x_1+x_2+x_3+x_4}{4}\right)^s\leqslant\frac{x_1^s+x_2^s+x_3^s+x_4^s}{4}$$

证 (1)令$f(x)=(1-x)^s+x^s$,则

$$f'(x)=-s(1-x)^{s-1}+sx^{s-1}$$

$$f''(x)=s(s-1)(1-x)^{s-2}+s(s-1)x^{s-2}\geqslant 0$$

因此$f(x)$在$[0,1]$上是凹函数且当$x=\dfrac{1}{2}$时,$f(x)$取最小值$f(\dfrac{1}{2})=\dfrac{2}{2^s}$,从而结论(1)成立.

由于$g(x)=x^s$在$(0,\infty)$上是凹函数,从而结论(2)是显然的. 证毕.

命题 9.2[28] 设$F=C\times C$,$U\subset \mathbf{R}^n$为可测集合且$|U|>0$,则$H^s(F\cap U)\leqslant |U|^s$.

E_n由4^n个边长为$\dfrac{1}{3^n}$的正方形组成,每个这样的正方形称为基本正方形,记为Ω_n. 在E_n上定义分布函数μ,满足

$$\begin{cases}\mu(E_0)=2^{\frac{s}{2}}\\ \mu(E_n)=\dfrac{1}{4^n}\times 2^{\frac{s}{2}}\quad (n=1,2,3,\cdots)\\ \mu(E_0-C\times C)=0\end{cases}$$

则μ为E_0上一个测度且μ为$C\times C$上的一个质量分布.

如图 9.1 建立的直角坐标系,E_0的主和斜对角线方程分别为$y=x$,$y+x=1$. 设G为平行于E_0的斜对角线且与E_0相交的直线,记原点到G的距离$d((0,0),G)=g\geqslant 0$. 记G与x轴,y轴围成的三角形为$\triangle_g$.

引理 9.1 $\mu(\triangle_g)\geqslant \dfrac{1}{2}\cdot\dfrac{9}{4^s}g^s$,$0\leqslant g\leqslant\dfrac{\sqrt{2}}{3}$.

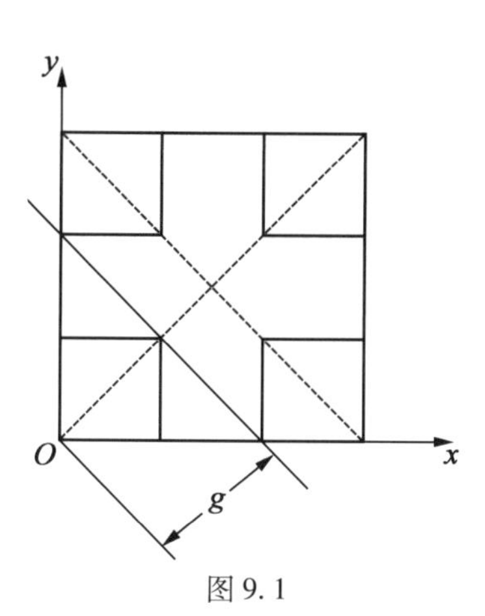

图 9.1

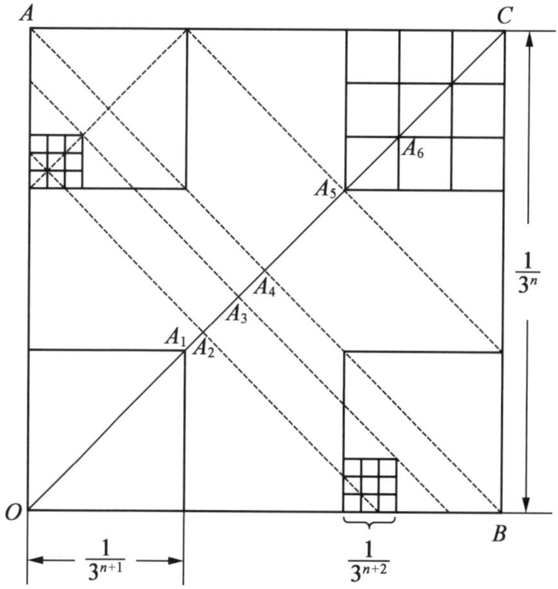

A C

A_6

A_5

$\frac{1}{3^n}$

A_4

A_3

A_1 A_2

O B

$\frac{1}{3^{n+1}}$ $\frac{1}{3^{n+2}}$

图 9.2

证 设$0<g\leqslant\frac{\sqrt{2}}{3}$,则存在正整数 n,使$\frac{\sqrt{2}}{3^{n+1}}<g\leqslant\frac{\sqrt{2}}{3^n}$,如图 9.2,考虑如下 6 种情况:

(1)若$|OA_1|<g\leqslant|OA_2|$,即$\frac{\sqrt{2}}{3^{n+1}}<g\leqslant\frac{\sqrt{2}}{3^{n+1}}+\frac{\sqrt{2}}{3^{n+3}}=\frac{\sqrt{2}}{3^{n+1}}\cdot\frac{10}{9}$,则 $g^s\leqslant\frac{2^{\frac{s}{2}}}{4^{n+1}}\cdot\frac{10^s}{9^s}$,且存在 $\Omega_{n+1}\in E_{n+1}$,使$\triangle_g\supset\Omega_{n+1}$,从而有

$$\mu(\triangle_g)\geqslant\frac{2^{\frac{s}{2}}}{4^{n+1}}\geqslant\frac{9^s}{10^s}\cdot g^s=\frac{16}{10^s}\cdot g^s\geqslant\frac{1}{2}\cdot\frac{9}{4^s}\cdot g^s$$

(2)若$|OA_2|<g\leqslant|OA_3|$,即$\frac{\sqrt{2}}{3^{n+1}}\cdot\frac{10}{9}\leqslant g\leqslant\frac{\sqrt{2}}{3^{n+1}}+\frac{\sqrt{2}}{3^{n+2}}=\frac{\sqrt{2}}{3^{n+1}}\cdot\frac{4}{3}$,则 $g^s\leqslant\frac{4^s}{4}\cdot\frac{2^{\frac{s}{2}}}{4^{n+1}}$,且存在 $\Omega_{n+3}^{(1)}$和 $\Omega_{n+3}^{(2)}$在 E_{n+3}中,使$\triangle_g\supset\Omega_{n+1}\cup\Omega_{n+3}^{(1)}\cup\Omega_{n+3}^{(2)}$,从而有

$$\mu(\triangle_g)\geqslant\frac{2^{\frac{s}{2}}}{4^{n+1}}+\frac{2\cdot2^{\frac{s}{2}}}{4^{n+3}}=\frac{2^{\frac{s}{2}}}{4^{n+1}}\cdot\frac{9}{8}\geqslant\frac{9}{8}\cdot\frac{4}{4^s}\cdot g^s\geqslant\frac{1}{2}\cdot\frac{9}{4^s}\cdot g^s$$

(3)若$|OA_3|<g\leqslant|OA_4|$,即$\frac{\sqrt{2}}{3^{n+1}}\cdot\frac{4}{3}<g\leqslant\frac{1}{2}\cdot\frac{\sqrt{2}}{3^n}$,则 $g^s\leqslant\frac{1}{2^s}\cdot\frac{2^{\frac{s}{2}}}{4^n}=\frac{4}{2^s}\cdot\frac{2^{\frac{s}{2}}}{4^{n+1}}$,且 E_{n+3}中存在 $\Omega_{n+2}^{(1)}$和$\Omega_{n+2}^{(2)}$,使$\triangle_g\supset\Omega_{n+1}\cup\Omega_{n+2}^{(1)}\cup\Omega_{n+2}^{(2)}$,从而有

$$\mu(\triangle_g)\geqslant\frac{2^{\frac{s}{2}}}{4^{n+1}}+\frac{2\cdot2^{\frac{s}{2}}}{4^{n+2}}=\frac{2^{\frac{s}{2}}}{4^{n+1}}\cdot\frac{3}{2}\geqslant\frac{3}{2}\cdot\frac{2^s}{4}\cdot g^s\geqslant\frac{1}{2}\cdot\frac{9}{4^s}\cdot g^s$$

(4)若$|OA_4|<g\leqslant|OA_5|$,即$\frac{1}{2}\cdot\frac{\sqrt{2}}{3^n}<g\leqslant\frac{1}{2}\cdot$

$\frac{\sqrt{2}}{3^n}+\frac{1}{2}\cdot\frac{\sqrt{2}}{3^{n+1}}=\frac{\sqrt{2}}{3^n}\cdot\frac{2}{3}$,则 $g^s\leqslant\frac{2^{\frac{s}{2}}}{4^{n+1}}\cdot 2^s$,且$\triangle_g$ 包含 E_0 的斜对角线 $y+x=1$ 以下的$\triangle OAB$,从而有

$$\mu(\triangle_g)\geqslant\frac{2\cdot 2^{\frac{s}{2}}}{4^{n+1}}\geqslant\frac{2}{2^s}\cdot g^s\geqslant\frac{1}{2}\cdot\frac{9}{4^s}\cdot g^s$$

(5)若 $|OA_5|<g\leqslant|OA_6|$,即$\frac{\sqrt{2}}{3^n}\cdot\frac{2}{3}<g\leqslant\frac{\sqrt{2}}{3^n}\cdot\frac{2}{3}+\frac{\sqrt{2}}{3^{n+2}}=\frac{\sqrt{2}}{3^{n+1}}\cdot\frac{7}{3}$,则 $g^s\leqslant\frac{2^{\frac{s}{2}}}{4^{n+1}}\cdot\frac{7^s}{4}$,且$\triangle_g$ 包含三个不相交的 Ω_{n+1},从而有

$$\mu(\triangle_g)\geqslant\frac{3\cdot 2^{\frac{s}{2}}}{4^{n+1}}\geqslant\frac{3\cdot 4}{7^s}g^s\geqslant\frac{1}{2}\cdot\frac{9}{4^s}g^s$$

(6)若 $|OA_6|<g\leqslant|OC|$,即$\frac{\sqrt{2}}{3^{n+1}}\cdot\frac{7}{3}<g\leqslant\frac{\sqrt{2}}{3^n}$,则 $g^s\leqslant\frac{2^{\frac{s}{2}}}{4^n}$,且$\triangle_g$ 包含三个不相交的 Ω_{n+1} 和一个 Ω_{n+2},从而有

$$\mu(\triangle_g)\geqslant\frac{3\cdot 2^{\frac{s}{2}}}{4^{n+1}}+\frac{2^{\frac{s}{2}}}{4^{n+2}}=\frac{2^{\frac{s}{2}}}{4^n}\cdot\frac{13}{16}\geqslant\frac{13}{16}g^s\geqslant\frac{1}{2}\cdot\frac{9}{4^s}g^s$$

证毕.

引理 9.2　对任何可测集 V,有 $\mu(V)\leqslant 2^{\frac{s}{2}}|V|^s$.

证明　不妨设 $V\subset E_0$,否则用 $V\cap E_0$ 代替.

(1)若 V 与 E_1 中四个基本正方形相交,作平行于主和斜对角线的直线 G_1,G_2,G_3,G_4 使 $V\subset\Omega_V$ 且 V 与 Ω_V 的四边均相交(图 9.3),其中 Ω_V 为由直线 G_1,G_2,G_3,G_4 围成的矩形. 记距离

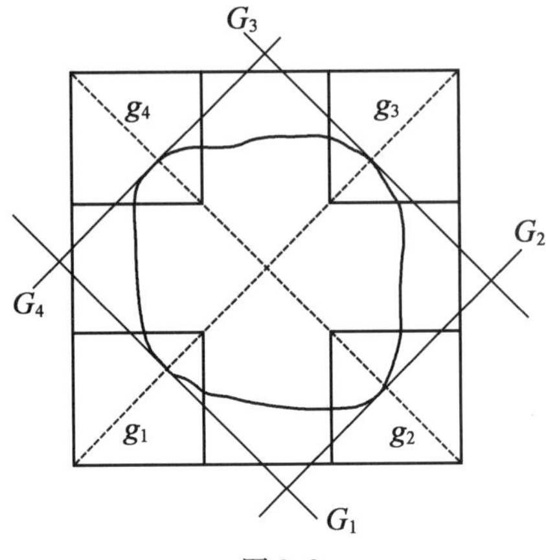

图 9.3

$$d((0,0),G_1)=g_1,d((1,0),G_2)=g_2$$
$$d((1,1),G_3)=g_3,d((0,1),G_4)=g_4$$

则$|V|\geqslant\sqrt{2}-g_1-g_3$，$|V|\geqslant\sqrt{2}-g_2-g_4$，从而$|V|\geqslant\sqrt{2}-\frac{1}{2}(g_1+g_2+g_3+g_4)=\sqrt{2}\left(1-\frac{\sqrt{2}}{4}(g_1+g_2+g_3+g_4)\right)$. 由于$\frac{\sqrt{2}}{4}(g_1+g_2+g_3+g_4)\leqslant\frac{\sqrt{2}}{4}\cdot 4\cdot\frac{\sqrt{2}}{3}<1$，从而由命题 9.1 和引理 9.1 知

$$\begin{aligned}\frac{2^s}{2}|V|^s&\geqslant\frac{2^s}{2}\cdot 2^{\frac{s}{2}}\left(1-\frac{\sqrt{2}}{4}(g_1+g_2+g_3+g_4)\right)^s\\&\geqslant\frac{2^s}{2}\cdot 2^{\frac{s}{2}}\left(\frac{2}{2^s}-2^{\frac{s}{2}}\left(\frac{g_1+g_2+g_3+g_4}{4}\right)^s\right)\\&\geqslant 2^{\frac{s}{2}}-\frac{4^s}{2}\left(\frac{g_1^s+g_2^s+g_3^s+g_4^s}{4}\right)\end{aligned}$$

及

$$\mu(V)\leqslant\sum_{k=1}^{4}\left(\frac{2^{\frac{s}{2}}}{4}-\mu(\triangle_{g_k})\right)$$

$$= 2^{\frac{s}{2}} - \sum_{k=1}^{4}\mu(\triangle_{g_k}) \leqslant 2^{\frac{s}{2}} - \frac{1}{2}\cdot\frac{9}{4^s}(g_1^s + g_2^s + g_3^s + g_4^s)$$

故 $2^{\frac{s}{2}}|V|^s - \mu(V) \geqslant \frac{2^s}{2}|V|^s - \mu(V)$

$$\geqslant\left(\frac{1}{2}\cdot\frac{9}{4^s} - \frac{4^s}{8}\right)(g_1^s + g_2^s + g_3^s + g_4^s) \geqslant 0$$

(2)若 V 与 E_1 中三个基本正方形相交,而与另一个不相交,不妨设 V 与位于左上角的基本正方形不相交(图9.3),则

$$|V| \geqslant \sqrt{2} - g_1 - g_3 = \sqrt{2}\left(1 - \frac{\sqrt{2}(g_1 + g_3)}{2}\right)$$

由命题9.1知

$$2^{\frac{s}{2}}|V|^s \geqslant 2^s\left(1 - \frac{\sqrt{2}(g_1 + g_3)}{2}\right)^s$$

$$\geqslant 2^s\left(\frac{2}{2^s} - 2^{\frac{s}{2}}\left(\frac{g_1 + g_3}{2}\right)^s\right) \geqslant 2 - \frac{2^s\cdot 2^{\frac{s}{2}}}{2}(g_1^s + g_3^s)$$

由引理9.1知

$$\mu(V) \leqslant 3\cdot\frac{2^{\frac{s}{2}}}{4} - (\mu(\triangle_{g_1}) + \mu(\triangle_{g_2}) + \mu(\triangle_{g_3}))$$

$$\leqslant 3\cdot\frac{2^{\frac{s}{2}}}{4} - \frac{1}{2}\cdot\frac{9}{4^s}(g_1^s + g_2^s + g_3^s)$$

由于 $g_1^s + g_3^s \leqslant 2\cdot\frac{2^{\frac{s}{2}}}{3^s} = \frac{2^{\frac{s}{2}}}{2}$,从而

$$2^{\frac{s}{2}}|V|^s - \mu(V) \geqslant 2 - 3\cdot\frac{2^{\frac{s}{2}}}{4} + \left(\frac{1}{2}\cdot\frac{9}{4^s} - \frac{2^s\cdot 2^{\frac{s}{2}}}{2}\right)\cdot$$

$$(g_1^s + g_3^s) + \frac{1}{2}\cdot\frac{9}{4^s}g_2^s$$

$$\geqslant 2 - 3\cdot\frac{2^{\frac{s}{2}}}{4} + \left(\frac{1}{2}\cdot\frac{9}{4^s} - \frac{2^s\cdot 2^{\frac{s}{2}}}{2}\right)\cdot$$

$$\frac{2^{\frac{s}{2}}}{2}+\frac{1}{2}\cdot\frac{9}{4^s}g_2^s$$

$$\geqslant 0.838\ 4-0.832>0$$

(3)若 V 仅与 E_1 中两个基本正方形 Ω_1,Ω'_1 相交，当 Ω_1,Ω'_1 位于对角线上，不妨设在主对角线上(参见图 9.3)，则 $|V|\geqslant\sqrt{2}-g_1-g_3$，由(2)和引理 9.1 得 $2^{\frac{s}{2}}|V|^s\geqslant 2-\frac{2^s\cdot 2^{\frac{s}{2}}}{2}(g_1^s+g_3^s)$，$\mu(V)\leqslant 2\cdot\frac{2^{\frac{s}{2}}}{4}-(\mu(\triangle_{g_1})+\mu(\triangle_{g_3}))\leqslant\frac{2^{\frac{s}{2}}}{2}-\frac{1}{2}\cdot\frac{9}{4^s}(g_1^s+g_3^s)$. 由于 $g_1^s+g_3^s\leqslant 2\cdot\frac{2^{\frac{s}{2}}}{3^s}=\frac{2^{\frac{s}{2}}}{2}$，从而

$$2^{\frac{s}{2}}|V|^s-\mu(V)\geqslant 2-\frac{2^{\frac{s}{2}}}{2}+\left(\frac{1}{2}\cdot\frac{9}{4^s}-\frac{2^s\cdot 2^{\frac{s}{2}}}{2}\right)(g_1^s+g_3^s)$$

$$\geqslant 2-\frac{2^{\frac{s}{2}}}{2}+\left(\frac{1}{2}\cdot\frac{9}{4^s}-\frac{2^s\cdot 2^{\frac{s}{2}}}{2}\right)\frac{2^{\frac{s}{2}}}{2}$$

$$\geqslant 1.225-0.833>0$$

当 Ω_1,Ω'_1 位于 E_0 的同一条边上，如图 9.4 至图 9.7 所示，记 $a=\min\{x:(x,y)\in(\Omega_1\cup\Omega'_1)\cap V\}$；$b=\max\{x:(x,y)\in(\Omega_1\cup\Omega'_1)\cap V\}$，则 $0\leqslant a\leqslant\frac{1}{3}$，$\frac{2}{3}\leqslant b\leqslant 1$，由直线 $x=a$，$x=\frac{1}{3}$，$y=0$，$y=\frac{1}{3}$ 围成的矩形记为 Ω_a，由直线 $x=b$，$x=\frac{2}{3}$，$y=0$，$y=\frac{1}{3}$ 围成的矩形记为 Ω_b，则 $|V|\geqslant b-a$，且 $\mu(V)\leqslant\mu(\Omega_a)+\mu(\Omega_b)$.

①当 $0\leqslant a\leqslant\frac{1}{6}$，$\frac{2}{3}\leqslant b\leqslant 1$ 或 $\frac{1}{6}\leqslant a\leqslant\frac{1}{3}$，$\frac{5}{6}\leqslant b\leqslant 1$

(图9.4,图9.5),我们有

$$|V|^s \geqslant (b-a)^s \geqslant \left(\frac{1}{2}\right)^s$$

$$\mu(V) \leqslant \mu(\Omega_a) + \mu(\Omega_b) \leqslant \frac{2^{\frac{s}{2}}}{4} + \frac{2 \cdot 2^{\frac{s}{2}}}{16} = \frac{3 \cdot 2^{\frac{s}{2}}}{8}$$

故 $2^{\frac{s}{2}} |V|^s - \mu(V) \geqslant 2^{\frac{s}{2}} \cdot \left(\frac{1}{2}\right)^s - \frac{3 \cdot 2^{\frac{s}{2}}}{8} = 2^{\frac{s}{2}} \cdot \left(\frac{1}{2^s} - \frac{3}{8}\right) \geqslant 2^{\frac{s}{2}}(0.416\ 67 - 0.375) > 0.$

②当 $0 \leqslant a \leqslant \frac{1}{6}, \frac{5}{6} \leqslant b \leqslant 1$ 时(图9.6),我们有

$$|V|^s \geqslant (b-a)^s \geqslant \left(\frac{2}{3}\right)^s = \frac{2^s}{4}$$

$$\mu(V) \leqslant \mu(\Omega_a) + \mu(\Omega_b) \leqslant 2 \cdot \frac{2^{\frac{s}{2}}}{4}$$

故 $2^{\frac{s}{2}} |V|^s - \mu(V) \geqslant \frac{2^s \cdot 2^{\frac{s}{2}}}{4} - \frac{2^{\frac{s}{2}}}{2} = 2^{\frac{s}{2}}\left(\frac{2^s}{4} - \frac{1}{2}\right) > 0.$

③当 $\frac{1}{6} \leqslant a \leqslant \frac{1}{3}, \frac{2}{3} \leqslant b \leqslant \frac{5}{6}$ 时(图9.7),我们有

$$|V|^s \geqslant (b-a)^s \geqslant \left(\frac{1}{3}\right)^s = \frac{1}{4}$$

$$\mu(V) \leqslant \mu(\Omega_a) + \mu(\Omega_b) \leqslant 4 \cdot \frac{2^{\frac{s}{2}}}{16} = \frac{2^{\frac{s}{2}}}{4}$$

故 $2^{\frac{s}{2}} |V|^s - \mu(V) \geqslant \frac{2^{\frac{s}{2}}}{4} - \frac{2^{\frac{s}{2}}}{4} = 0$

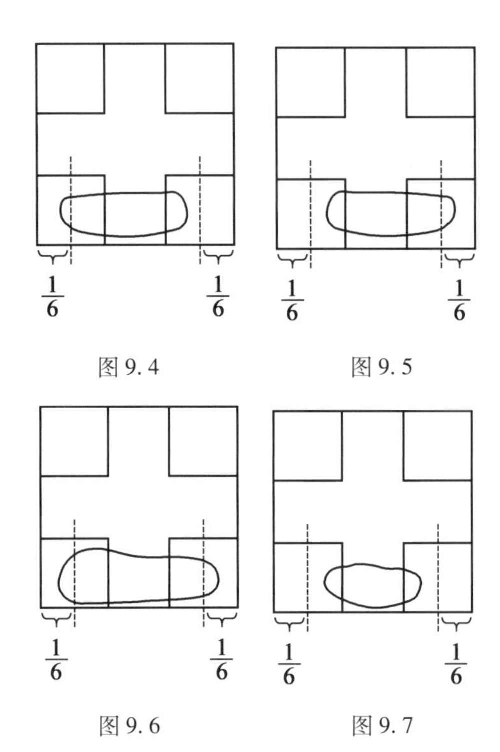

图 9.4　　图 9.5

图 9.6　　图 9.7

④若 V 仅与 E_1 中一个基本正方形 Ω_1 相交，则 $\mu(V)=\mu(V\cap\Omega_1)$. 当 $V\cap\Omega_1$ 仅与 E_2 中一个基本正方形 Ω_2 相交，则 $\mu(V)=\mu(V\cap\Omega_2)$. 当 $V\cap\Omega_1$ 与 E_2 中两个、三个、四个基本正方形相交，则由(1) ~ (3)知，$\mu(V)=\mu(V\cap\Omega_1)\leqslant 2^{\frac{s}{2}}|V\cap\Omega_1|^s\leqslant 2^{\frac{s}{2}}|V|^s$. 由数学归纳法知：或者 $\mu(V)\leqslant 2^{\frac{s}{2}}|V|^s$，或者存在 $\Omega_n\in E_n$，使得 $\mu(V)=\mu(V\cap\Omega_n)\leqslant\mu(\Omega_n)=\frac{2^{\frac{s}{2}}}{4^n}$. 令 $n\to\infty$，得 $\mu(V)=0\leqslant 2^{\frac{s}{2}}|V|^s$. 证毕.

3. 定理的证明

由质量分布原理[19]和引理9.1知

$$2^{\frac{s}{2}}H^s(C\times C)\geqslant\mu(C\times C)=2^{\frac{s}{2}}$$

从而 $H^s(C\times C)\geqslant 1$. 下面估计 $H^s(C\times C)$ 的上界.

建立如图9.8所示的直角坐标系,以正方形 E_0 的一个顶点 A 为坐标原点,在正方形 E_0 的边上截取线段 $\overline{AE}=\overline{AF}=2x,\overline{BG}=\overline{BH}=2x,\overline{CI}=\overline{CJ}=2x,\overline{DK}=\overline{DL}=2x$

记八边形 $EFGHIJKL$ 为 U_x,取 $x=\frac{1}{3^3}+\frac{1}{3^6}+\frac{1}{3^9}+\frac{1}{3^{12}}$,则除 E_3 中的4个小正方形,E_6 中的8个小正方形,E_9 中的16个小正方形以及 E_{12} 中的32个小正方形外,其余的小正方形都被 U_x 覆盖,从而由命题9.2得

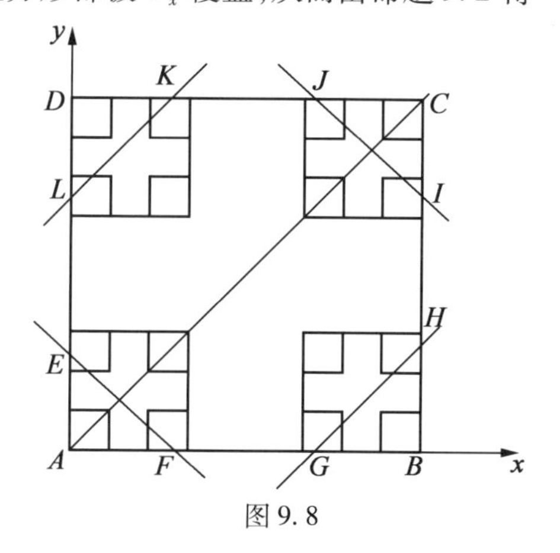

图9.8

$$\left(1-4\cdot\left(\frac{1}{4^3}+\frac{2}{4^6}+\frac{4}{4^9}+\frac{8}{4^{12}}\right)\right)H^s(C\times C)$$

$$\leqslant H^s((C\times C)\cap U_x)\leqslant|U_x|^s\leqslant\left(\sqrt{1+(1-4x)^2}\right)^s$$

即

$$H^s(C\times C)\leqslant\frac{(\sqrt{1+(1-4x)^2})^s}{1-4\cdot\left(\frac{1}{4^3}+\frac{2}{4^6}+\frac{4}{4^9}+\frac{8}{4^{12}}\right)}$$

故 $H^s(C\times C)\leqslant 1.502\ 879$. 证毕.

齐次康托集的豪斯道夫测度[①]

第10章

海军计算技术研究所的瞿成勤研究员、武汉大学数学系的饶辉教授和南京大学数学系的苏维宜教授在2003年完全确定了一类齐次康托集的豪斯道夫测度.

1. 引言与定理

设$I=[0,1]$, $\{n_k\}_{k\geqslant 1}$为一正整数序列, $\{C_k\}_{k\geqslant 1}$为一正实数序列,满足$n_k\geqslant 2$, $0<n_kc_k\leqslant 1(k\geqslant 1)$. 对任意$k\geqslant 1$,记$D_k=\{(i_1,\cdots,i_k)\mid 1\leqslant i_j\leqslant n_j,1\leqslant j\leqslant k\}$,令$D=\bigcup\limits_{k\geqslant 0}D_k$,其中$D_0$约定为空集. 若$\sigma=(\sigma_1,\cdots,\sigma_k)\in D_k$, $\tau=(\tau_1,\cdots,\tau_m)\in D_m$,记$\sigma*\tau=(\sigma_1,\cdots,\sigma_k,\tau_1,\cdots,\tau_m)$. 设$\mathcal{F}=\{I_\sigma\mid\sigma\in D\}$是$I$的闭子区间族,它满足[31]

(1) $I_\varnothing=I$;

(2) 对任意$k\geqslant 1$, $\sigma\in D_{k-1}$, $I_{\sigma*i}$ $(1\leqslant i\leqslant n_k)$是$I_\sigma$的闭子区间,记其从左

① 瞿成勤,饶辉,苏维宜. 齐次Cantor集的Hausdorff测度[J]. 数学学报,2003,46(1):19-22.

到右的排列为 $I_{\sigma*1},\cdots,I_{\sigma*n_k}$，任意两个相邻的的闭子区间的间隔长度相等，记此间隔长度为 y_k，并且 $I_{\sigma*l}$的左端点与 I_σ 的左端点重合，$I_{\sigma*n_k}$的右端点与 I_σ 的右端点重合；

(3)对任意 $k\geqslant 1$ 及任意 $\sigma\in D_{k-1}$，$1\leqslant j\leqslant n_k$，有 $\frac{|I_{\sigma*j}|}{|\sigma_\sigma|}=c_k$，其中 $|A|$ 表示 A 的直径.

记 $E_k=\bigcup\limits_{\sigma\in D_k}I_\sigma$，称紧集 $E=\bigcap\limits_{k\geqslant 0}E_k$ 为 $\{n_k\}$ 和 $\{c_k\}$ 确定的齐次康托集，称 $\mathcal{F}_k=\{I_\sigma|\sigma\in D_k\}$ 为 E 的 k 阶基本区间.

文[31]利用网测度技巧，完全确定了 E 的豪斯道夫维数. 本章发展了文[32]中的技巧，给出 E 的豪斯道夫测度的精确表达式.

定理 10.1 设 E 是 $\{n_k\}$ 和 $\{c_k\}$ 确定的齐次康托集，若对任意 $k\geqslant 1$，$y_{k+1}\leqslant y_k$，则

$$\mathcal{H}^s(E)=\liminf_{k\to\infty}\prod_{j=1}^{k}n_jc_j^s$$

其中 s 是 E 的豪斯道夫维数.

2. 两个引理

记 G_k 为 $\mathcal{F}_k$ 中元素的所有可能并集的集合

$$G=\bigcup_{k=0}^{\infty}G_k \tag{10.1}$$

$$\mathcal{H}_G^\alpha(E)=\lim_{\delta\to 0}\inf\{\sum|U_i|^\alpha \mid E\subset U_i,\ |U_i|<\delta,U_i\in G_n,n\geqslant 1\} \tag{10.2}$$

引理 10.1[33] 设 $\mathcal{H}^\alpha(E)$ 是 E 的 α 维豪斯道夫测度，则 $\mathcal{H}^\alpha(E)=\mathcal{H}_G^\alpha(E)$.

对任意 $\sigma=(\sigma_1,\cdots,\sigma_m)\in D_m$，若 $0<k\leqslant m$，记 $\sigma|k=(\sigma_1,\cdots,\sigma_k)$，设 x_k 是 k 阶基本区间的长度，y_k

是相邻两个 k 阶基本区间 $I_{\sigma*i}$ 与 $I_{\sigma*(i+1)}$ 的间隔长度，则

$$x_k = c_1\cdots c_k, y_k = \frac{1-n_k c_k}{n_k - 1} c_1 \cdots c_{k-1}$$

对任意 $\sigma,\tau\in D_k$，记 $a(\sigma)$ 为 I_σ 的左端点，$b(\tau)$ 为 I_τ 的右端点. 记

$$B = \liminf_{k\to\infty}\prod_{j=1}^{k} n_j c_j^s$$

由文[31]的定理 1 知：若 $B=0$ 或 $+\infty$，则$\mathcal{H}^s(E)=0$ 或 $+\infty$. 因此只要在 $0<B<+\infty$ 情形下证明定理 10.1 即可. 为证$\mathcal{H}^s(E)\geqslant B$，我们要在 E 上给出一个质量分布. 设 μ 为由 E 支撑的概率测度，使得对任意 $A\in\mathcal{F}_k$，有

$$\mu(A) = (n_1\cdots n_k)^{-1}$$

引理 10.2　设 E 是满足定理 10.1 条件的齐次康托集，且 $0<B<+\infty$，则对任意 $\varepsilon>0$，存在 $k_0>0$，使得对任意 $\sigma,\tau\in D_k(k\geqslant k_0)$. 若 $a(\sigma)<b(\tau)$，且 $\sigma|k_0=\tau|k_0$，则

$$\mu([a(\sigma),b(\tau)]) \leqslant (B-\varepsilon)^{-1}(b(\tau)-a(\sigma))^s \tag{10.3}$$

证　由于$\liminf\limits_{k\to\infty}(n_1\cdots n_k)(c_1\cdots c_k)^s=B$，于是对任意 $\varepsilon>0$，存在 $k_0>0$，当 $k\geqslant k_0$ 时

$$(n_1\cdots n_k)^{-1}\leqslant(B-\varepsilon)^{-1}(c_1\cdots c_k)^s \tag{10.4}$$

若 $\sigma=\tau\in D_k(k\geqslant k_0)$，此时显然有式(10.3). 因此，我们只要在 $\sigma\neq\tau,\sigma,\tau\in D_k(k\geqslant k_0)$ 情形下证明式(10.3). 此时我们用数学归纳法.

(1) 当 $n=k_0+1$ 时，假设$[a(\sigma),b(\tau)]$中含有 i 个 k_0+1 阶基本区间，由于 $\sigma|k_0=\tau|k_0$，且 $\sigma\neq\tau$，故

$2\leqslant i\leqslant n_{k_0+1}$. 利用 x^s 的凸性及式(10.4),得

$$(b(\tau)-a(\sigma))^s=\left(\frac{n_{k_0+1}-i}{n_{k_0+1}-1}c_{k_0+1}+\frac{i-1}{n_{k_0+1}-1}\right)^s\cdot(c_1\cdots c_{k_0})^s\geqslant(B-\varepsilon)\mu([a(\sigma),b(\tau)])$$

从而 $\mu([a(\sigma),b(\tau)])\leqslant(B-\varepsilon)^{-1}(b(\tau)-a(\sigma))^s$.

(2)现假设当 $n=k(>k_0)$ 时,式(10.3)成立. 我们分两种情形讨论 $n=k+1$ 时的情形.

1′ $\sigma,\tau\in D_{k+1},\sigma|k=\tau|k$,类似于(1)的证明有式(10.3)成立.

2′ $\sigma,\tau\in D_{k+1},\sigma|k\neq\tau|k$.

(i)若 $a(\sigma)=a(\sigma|k),b(\tau)\neq b(\tau|k)$,则 $I_{\tau|k}$ 落在 $I_{\sigma|k}$ 的右方,且 $i=\tau_{k+1}<n_{k+1}$. 令 $\hat{\tau}\in D_k$,且 $I_{\hat{\tau}}$ 紧靠 $I_{\tau|k}$ 的左方,则 $I_{\hat{\tau}}$ 与 $I_{\tau|k}$ 的间隔至少为 y_k,记

$$b(\tau)-a(\sigma)=\lambda(b(\hat{\tau})-a(\sigma|k))+(1-\lambda)(b(\tau|k)-a(\sigma|k))\tag{10.5}$$

这里

$$\lambda=\frac{b(\tau|k)-b(\tau)}{b(\tau|k)-b(\hat{\tau})}\quad(0<\lambda<1)\tag{10.6}$$

由式(10.5)及归纳假设,得

$$\begin{aligned}(b(\tau)-a(\sigma))^s&\geqslant\lambda(b(\hat{\tau})-a(\sigma|k))^s+(1-\lambda)(b(\tau|k)-a(\sigma|k))^s\\&\geqslant(B-\varepsilon)(\mu([a(\sigma),b(\hat{\tau})])+(1-\lambda)\mu([a(\sigma|k),b(\sigma|k)))\end{aligned}\tag{10.7}$$

由式(10.6),并注意 $y_{k+1}\leqslant y_k$,得

$$\lambda\leqslant\frac{(n_{k+1}-i)(x_{k+1}+y_{k+1})}{x_k+x_k}\leqslant1-\frac{i}{n_{k+1}}\tag{10.8}$$

由式(10.7)(10.8),得

$$\mu([a(\sigma),b(\tau)])\leqslant(B-\varepsilon)^{-1}(b(\tau)-a(\sigma))^s$$

同理可证,在 $b(\tau)=b(\tau|k)$,但 $a(\sigma)\neq a(\sigma|k)$ 时也有式(10.3).

(ii)若 $a(\sigma)\neq a(\sigma|k)$ 且 $b(\tau)\neq b(\tau|k)$,则 $1<\sigma_{k+1}$ 且 $\tau_{k+1}<n_{k+1}$,分两种情形讨论.

(a)$\sigma_{k+1}>\tau_{k+1}$,设 $\sigma'\in D_k$,且 $I_{\sigma'}$ 是紧靠 $I_{\sigma|k}$ 右方的第一个 k 阶基本区间,令

$$\tau'\in D_{k+1},\tau'|k=\tau|k,\text{且 }\tau'_{k+1}=\tau_{k+1}+n_{k+1}-\sigma_{k+1}+1$$

则由(i)知

$$\begin{aligned}\mu([a(\sigma),b(\tau)])&=\mu([a(\sigma'),b(\tau')])\\&\leqslant(B-\varepsilon)^{-1}(b(\tau')-a(\sigma'))^s\\&\leqslant(B-\varepsilon)^{-1}(b(\tau)-a(\sigma))^s\end{aligned}$$

(b)$\sigma_{k+1}\leqslant\tau_{k+1}$,设 $\tau'\in D_{k+1},\tau'|k=\tau|k$,且 $\tau'_{k+1}=\tau_{k+1}-\sigma_{k+1}+1$,此时同样有式(10.3). 至此引理 10.2 得证.

3. 定理 10.1 的证明

在 G 中任取一个 E 的 δ - 覆盖 $\{U_i\}$,$\delta\leqslant\min\{x_{k_0},y_{k_0}\}$,则对 U_i,必存在 $\sigma\in D_{k_0}$,使得 $U_i\subset I_\sigma$,假设 U_i 是某些 $k(i)$ 阶基本区间的并,记构成 U_i 的最左端的基本区间为 $I_{\sigma^{(i)}}$,构成 U_i 的最右端基本区间为 $I_{\tau^{(i)}}$,则

$$|U_i|=b(\tau^{(i)})-a(\sigma^{(i)})$$

因此,由引理 10.2 得

$$\sum|U_i|^s\geqslant(B-\varepsilon)$$

从而由引理 10.1,得$\mathcal{H}^s(E)\geqslant B-\varepsilon$;由 ε 的任意性,即得$\mathcal{H}^s(E)\geqslant B$. 另外,由文[32]的定理 1,知$\mathcal{H}^s(E)\leqslant B$. 至此定理 8.1 得证.

注　定理 8.1 中条件“$y_{k+1}\leqslant y_k$”是不可去的,我

们看下面例子.

对任意 $k \geqslant 1$,取 $n_k \equiv 2$,$c_{2k-1}=\frac{1}{2}$,$c_{2k}=\frac{1}{8}$. 令 E 是由上述$\{n_k\}$,$\{c_k\}$确定的齐次康托集,显然它不满足条件"$y_{k+1} \leqslant y_k$". 另外,选择适当的覆盖,直接计算得

$$\mathcal{H}^s(E) \leqslant \frac{2+\sqrt{2}}{4} < B = 1$$

这里 $s=\frac{1}{2}$是 E 的豪斯道夫维数.

对称康托集自乘积集的豪斯道夫中心测度[①]

第11章

设 C_λ 是由迭代函数系统(IFS) $\{f_1, f_2\}$ 生成的对称康托集,其中 $f_1(x)=\lambda x, f_2(x)=1-\lambda+\lambda x\left(0<\lambda<\frac{1}{2}, x \in [0,1]\right)$. 在压缩比 λ 满足一定条件时,肇庆学院数学系的朱智伟教授和中山大学岭南学院的周作领教授得到了 C_λ 与其自身的笛卡儿乘积 $C_\lambda \times C_\lambda$ 的豪斯道夫中心测度的计算公式.

1. 引言及引理

本章考虑平面上一类自相似集的豪斯道夫中心测度的计算问题. 设 E 是 $\mathbf{R}^n$ 中一个子集,集合 E 的一个中心球 δ - 覆盖指的是球心在 E 上,直径不超过 δ,且覆盖集 E 的可数球族. 设 $\{B(x_i, r_i)\}_{i>0}$ 为 E 的一个中心球 δ - 覆盖,$s \geq 0$,定义

① 朱智伟,周作领. 对称 Cantor 集自乘积集的 Hausdorff 中心测度[J]. 数学学报(中文版)[J]. 2006,49(4):919-926.

$$C_0^s(E) = \lim_{\delta \to 0} \inf\{\sum_{i=1}^{\infty}(2r_i)^s\}$$

其中的下确界取自 E 的所有中心球 δ－覆盖. 称 $C_0^s(E)$ 为集合 E 的豪斯道夫中心预测度. 注意到 $C_0^s(E)$ 本身并不是一个测度,因为它并非单调的,但通过下述定义可以得到一个测度,令

$$C^s(E) = \sup\{C_0^s(F) \mid F \subset E\}$$

从上述定义知,$C^s(E)$ 满足下列性质:

引理 11.1[34-36]　设 $s \geqslant 0$,E 为 $\mathbf{R}^n$ 的一个子集,$H^s(E)$ 为 E 的豪斯道夫测度,则

(1) $2^{-s}C^s(E) \leqslant H^s(E) \leqslant C^s(E)$;

(2) $\forall r > 0$,$C^s(rE) = r^s C^s(E)$,其中 $rE = \{rx \mid x \in E\}$;

(3) $C^s(E)$ 是度量外测度,且是博雷尔规则的.

由测度 $C^s(E)$ 可以按如下方式定义一个维数 $\dim_C(E)$ 为

$$\begin{aligned}\dim_C(E) &= \sup\{s \mid C^s(E) = \infty\} \\ &= \inf\{s \mid C^s(E) = 0\}\end{aligned}$$

由引理 11.1 不难看出

$$\dim_C(E) = \dim_H(E)$$

其中,$\dim_H(E)$ 表示 E 的豪斯道夫维数. 关于豪斯道夫中心测度,中心维数的进一步性质参见文[34,35].

豪斯道夫中心测度作为对豪斯道夫测度的补充,它与填充测度有着很好的对称性. 对上述这三种测度的性质研究及其计算一直是分形几何研究的重要问题. 到目前为止,仅对直线上的康托集,在测度计算方面有较为丰富的结果(见文[37-41]). 但对于平面上生成的自相似集而言,这方面的结果却很少. 在文

[42]中,我们考虑了平面上一类自相似集的豪斯道夫测度,得到了豪斯道夫测度的精确值.

密度作为刻画分形集合局部结构的一个重要参数,它与测度有着密切的联系. 一般地,豪斯道夫中心测度的计算与上球密度有关. 设 μ 为 $\mathbf{R}^n$ 上一个有限博雷尔测度,E 是 $\mathbf{R}^n$ 中一个博雷尔集且 $\mu(E)<\infty$. 对于 $\forall x\in\mathbf{R}^n$,定义集合 E 在点 x 处关于测度 μ 的上球密度为

$$\overline{D}^s(\mu,x)=\limsup_{r\to 0}\frac{\mu(B(x,r))}{(2r)^s}\tag{11.1}$$

关于上球密度与豪斯道夫中心测度之间的关系,有下列结果:

引理 11.2[34-36]　设 $C^s(E)<\infty$,若取式(11.1)中的测度 μ 为豪斯道夫中心测度 $C^s(.)$,则对 C^s - 几乎所有 $x\in E$,有

$$\overline{D}^s(C^s,x)=1$$

本章考虑平面上一类自相似集的豪斯道夫中心测度的计算问题. 设 C_λ 是由迭代函数系统 $\{f_1,f_2\}$ 生成的对称康托集,其中 $f_1(x)=\lambda x,f_2(x)=1-\lambda+\lambda x$, $0<\lambda<\frac{1}{2},x\in[0,1]$. 在文[41]中,当 $0<\lambda\leqslant\frac{1}{3}$时,得到 C_λ 的豪斯道夫中心测度为 $C^s(C_\lambda)=2^s(1-\lambda)^s$,其中 $s=-\log_\lambda 2$ 为 C_λ 的豪斯道夫维数,而文[40]则在更一般的条件下考虑了直线上一类特定康托集的豪斯道夫中心测度,并得出相应的准确值. $C_\lambda\times C_\lambda$ 表示 C_λ 与自身的笛卡儿乘积,不难知道 $C_\lambda\times C_\lambda$ 是一个自相似集,其豪斯道夫维数为 $s=\dim_H(C_\lambda\times C_\lambda)=\dim_C(C_\lambda\times C_\lambda)=-\log_\lambda 4$,并且 $0<H^s(C_\lambda\times C_\lambda)\leqslant$

$C^s(C_\lambda\times C_\lambda)<+\infty$. 本章的主要结果是：

定理 11.1 设 $C_\lambda\times C_\lambda$ 为上述定义的自相似集，且$0<\lambda<\frac{1}{4}$, $s=-\log_\lambda 4$, 如果 λ 还满足条件

$$2\lambda\leqslant(1-\lambda)\left(\frac{1}{3}\right)^{\frac{1}{1-s}}$$

那么 $$C^s(C_\lambda\times C_\lambda)=2^s\sqrt{2^s}(1-\lambda)^s$$

注 定理 11.1 中关于 λ 的两个条件实际上可以进一步简化，但为了方便证明，在此以两个条件进行刻画. 其中 $0<\lambda<\frac{1}{4}$决定了 $0<s<1$，而条件 $2\lambda\leqslant(1-\lambda)\left(\frac{1}{3}\right)^{\frac{1}{1-s}}$，则是为了下面证明上的方便.

2. 相关的引理及结果

为方便讨论，可将自相似集 $C_\lambda\times C_\lambda$ 看成是由平面上单位正方形 S_0 经迭代函数系统$\{\varphi_1,\varphi_2,\varphi_3,\varphi_4\}$生成的吸引子，其中 $\varphi_i(x)=\lambda_i x+b_i(i=1,2,3,4)$, $x=(x_1,x_2)\in\mathbf{R}^2$, $b_1=(0,0)$, $b_2=(1-\lambda,0)$, $b_3=(1-\lambda,1-\lambda)$, $b_4=(0,1-\lambda)$，注意本章只讨论 $\lambda_1=\lambda_2=\lambda_3=\lambda_4=\lambda$ 的情形. 由迭代函数系统$\{\varphi_1,\varphi_2,\varphi_3,\varphi_4\}$可按下列方式唯一确定自相似测度 μ 为

$$\mu=\sum_{i=1}^{4}\lambda_i^s\mu\cdot\varphi_i^{-1}\tag{11.2}$$

则 $C_\lambda\times C_\lambda$ 是 μ 的支撑，且 μ 为 $C_\lambda\times C_\lambda$ 上的一个质量分布. 现以单位正方形 S_0 的一个顶点为原点，建立图 11.1 所示的直角坐标系.

在图 11.1 中，记 $P_{(x,y)}$ 为坐标为(x,y)的点，EF 为垂直于正方形对角线 $P_{(0,0)}P_{(1,1)}$ 的直线，交正方形 S_0

的边于 E,F. 令 $t=\mathrm{dist}(P_{(0,0)},EF)$,即点 $P_{(0,0)}$ 到直线 EF 的距离. 直线 EF 将正方形 S_0 分为两部分,记 $\triangle(P_{(0,0)},t)$ 为 S_0 的靠近点 $P_{(0,0)}$ 的部分. 首先给出一个结果:

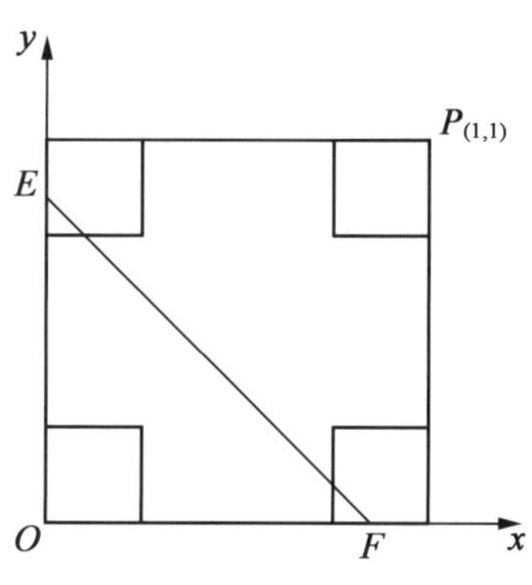

图 11.1

引理 11.3　设 $0<\lambda<\dfrac{1}{4}$,μ 为由式(11.2)确定的自相似测度,$0<t\leqslant\sqrt{2}$,$s=-\log_\lambda 4$,则有

$$\inf_{0<t\leqslant\sqrt{2}}\frac{\mu(\triangle(P_{(0,0)},t))}{t^s}=\frac{\sqrt{2}^s}{4(1-\lambda)^s}$$

证　根据自相似性,只需对 $\sqrt{2}\lambda\leqslant t\leqslant\sqrt{2}$ 的情形进行讨论. 分下列几种情况:

(1)当 $\sqrt{2}\lambda\leqslant t\leqslant\dfrac{1-\lambda}{\sqrt{2}}$ 时,显然有

$$\frac{\mu(\triangle(P_{(0,0)},t))}{t^s}\geqslant\frac{\sqrt{2}^s}{4(1-\lambda)^s}$$

成立;

(2)当 $\dfrac{1-\lambda}{\sqrt{2}}<t\leqslant\dfrac{1+\lambda}{\sqrt{2}}$ 时,此时图 11.1 中直线 EF

与 $\varphi_2(S_0)$ 及 $\varphi_4(S_0)$ 相交，记 $t_2=\operatorname{dist}(P_{(1-\lambda,0)},EF)$，$t_4=\operatorname{dist}(P_{(0,1-\lambda)},EF)$，则有

$$\frac{\mu(\Delta(P_{(0,0)},t))}{t^s}$$

$$=\frac{\mu\left(\Delta\left(P_{(0,0)},\frac{1-\lambda}{\sqrt{2}}\right)\right)+2\mu(P_{(1-\lambda,0)},t_2)}{\left(\frac{1-\lambda}{\sqrt{2}}+t_2\right)^s}$$

$$=\frac{\frac{1}{4}+2\mu(P_{(1-\lambda,0)},t_2)}{\left(\frac{1-\lambda}{\sqrt{2}}+t_2\right)^s}>\frac{\frac{1}{4}+\mu(P_{(1-\lambda,0)},t_2)}{\left(\frac{1-\lambda}{\sqrt{2}}+t_2\right)^s}$$

$$>\frac{\frac{1}{4}+\mu(P_{(1-\lambda,0)},t_2)}{\left(\frac{1-\lambda}{\sqrt{2}}\right)^s+t_2^s}$$

$$\geqslant\min\left\{\frac{\sqrt{2}^s}{4^s(1-\lambda)^s},\frac{\mu(P_{(1-\lambda,0)},t_2)}{t_2^s}\right\}$$

$$=\min\left\{\frac{\sqrt{2}^s}{4^s(1-\lambda)^s},\frac{\mu(P_{(0,0)},\lambda^{-1}t_2)}{(\lambda^{-1}t_2)^s}\right\}$$

上述不等式表明，$\inf\limits_{0<t\leqslant\sqrt{2}}\frac{\mu(\Delta(P_{(0,0)},t))}{t^s}$中的下确界不可能在$\frac{1-\lambda}{\sqrt{2}}<t<\frac{1+\lambda}{\sqrt{2}}$的范围内取到.

(3) 当$\frac{1+\lambda}{\sqrt{2}}<t\leqslant\sqrt{2}(1-\lambda)$时，显然有

$$\frac{\mu(\Delta(P_{(0,0)},t))}{t^s}\geqslant\frac{3}{4\sqrt{2^s}(1-\lambda)^s}>\frac{\sqrt{2^s}}{4(1-\lambda)^s}$$

(4) 当$\sqrt{2}(1-\lambda)<t\leqslant\sqrt{2}$时，此时图 11.1 中的直

线 EF 与 $\varphi_3(S_0)$ 相交,记 $t_3=\operatorname{dist}(P_{(1-\lambda,1-\lambda)},EF)$,则有

$$
\begin{aligned}
&\frac{\mu(\Delta(P_{(0,0)},t))}{t^s}\\
&=\frac{\mu(\Delta(P_{(0,0)},\sqrt{2}(1-\lambda)))+\mu(P_{(1-\lambda,1-\lambda)},t_3)}{(\sqrt{2}(1-\lambda)+t_3)^s}\\
&=\frac{\frac{3}{4}+\mu(P_{(1-\lambda,1-\lambda)},t_3)}{(\sqrt{2}(1-\lambda)+t_3)^s}>\frac{\frac{3}{4}+\mu(P_{(1-\lambda,1-\lambda)},t_3)}{\sqrt{2^s}(1-\lambda)^s+t_3^s}\\
&\geqslant\min\left\{\frac{\frac{3}{4}}{\sqrt{2^s}(1-\lambda)^s},\frac{\mu(P_{(1-\lambda,1-\lambda)},t_3)}{t_3^s}\right\}\\
&=\min\left\{\frac{3}{4\sqrt{2^s}(1-\lambda)^s},\frac{\mu(P_{(0,0)},\lambda^{-1}t_3)}{(\lambda^{-1}t_3)^s}\right\}
\end{aligned}
$$

上述不等式表明,$\inf\limits_{0<t\leqslant\sqrt{2}}\dfrac{\mu(\Delta(P_{(0,0)},t))}{t^s}$中的下确界不可能在$\sqrt{2}(1-\lambda)<t<\sqrt{2}$的范围内取到.

综合上面的讨论,引理 11.3 得证.

为了证明本章的主要结果,引用下面的一个引理.

引理 11.4[37]　设 $0<\alpha<1,p\leqslant p_0,a\geqslant a_0,y\geqslant\lambda_0x^\alpha$,若 $0<x\leqslant\left(\dfrac{a_0\lambda_0}{p_0}\right)^{\frac{1}{1-\alpha}}$,则有

$$\frac{p-y}{(a-x)^\alpha}<\frac{p}{a^\alpha}\tag{11.3}$$

3. 定理的证明

本节给出定理 11.1 的证明,首先给出两个引理.

引理 11.5　设定理 11.1 的条件成立,则对任何 $A\in\varphi_1(C_\lambda\times C_\lambda)$ 及任何满足$\sqrt{2}\lambda\leqslant r\leqslant\sqrt{2}$的 r,有

$$\frac{\mu(B(A,r))}{(2r)^s}\leqslant\frac{1}{(2\cdot\mathrm{dist}(A,P_{(1,1)}))^s}$$

进而有

$$\sup_{\sqrt{2}\lambda\leqslant r\leqslant\sqrt{2}}\frac{\mu(B(A,r))}{(2r)^s}=\frac{1}{(2\cdot\mathrm{dist}(A,P_{(1,1)}))^s}$$

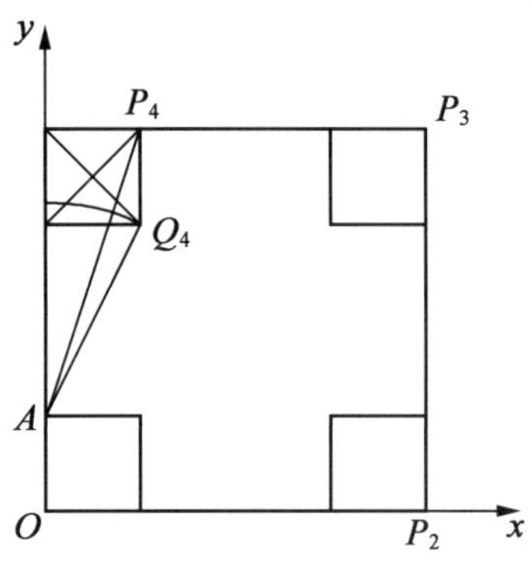

图 11.2

证 对 $\forall A\in\varphi_1(C_\lambda\times C_\lambda)$，根据 $C_\lambda\times C_\lambda$ 的构造，正方形 $\varphi_2(S_0)$，$\varphi_3(S_0)$，$\varphi_4(S_0)$ 中与点 A 距离最远的点必定是它们的一个顶点. 记这些顶点分别为 P_2，P_3，P_4，如图 11.2 所示. 在此采用引理 11.3 中的记号，如果圆 $B(A,r)$ 与某个 $\varphi_i(S_0)$ $(i=2,3,4)$ 相交，那么圆周与正方形 $\varphi_i(S_0)$ 的其中两条边一定相交，令 $t_i=\sup\{t\in(0,\sqrt{2}\lambda]\mid\Delta(P_i,t)\cap B(A,r)=\varnothing\}$ $(i=2,3,4)$，则 $\Delta(P_i,t_i)$ 与 $B(A,r)$ 的圆周的唯一交点必定落在正方形 $\varphi_i(S_0)$ 上，记这个交点为 Q_i. 在 $\triangle AP_iQ_i$ 中，它们的边长应满足下列关系

$$\mathrm{dist}(A,Q_i)\geqslant\mathrm{dist}(A,P_i)-\mathrm{dist}(P_i,Q_i)$$

注意到正方形对角线与两边的夹角为 45°，由上述讨论不难得到

$$\operatorname{dist}(A,Q_i)\geqslant\operatorname{dist}(A,P_i)-\sqrt{2}t_i \tag{11.4}$$

下面分三种情况进行讨论：

(1)如果圆 $B(A,r)$ 只与 $\varphi_2(S_0)$，$\varphi_3(S_0)$，$\varphi_4(S_0)$ 其中一个相交. 不失一般性，不妨假定 $B(A,r)$ 只与 $\varphi_4(S_0)$ 相交，采用上面的记号则有 $r=\operatorname{dist}(A,Q_4)$，并且 $\mu(B(A,r))\leqslant\frac{1}{2}-\mu(\Delta(P_4,t_4))$，结合式(11.4)得到

$$\frac{\mu(B(A,r))}{(2r)^s}\leqslant\frac{\frac{1}{2}-\mu(\Delta(P_4,t_4))}{(2(\operatorname{dist}(A,P_4)-\sqrt{2}t_4))^s}$$
$$=\frac{\frac{1}{2}-\mu(\Delta(P_4,t_4))}{(2(\operatorname{dist}(A,P_4)-2\sqrt{2}t_4))^s} \tag{11.5}$$

在引理 11.4 中，取 $\alpha=s$，$p_0=p=\frac{1}{2}$，$a=2\operatorname{dist}(A,P_4)$，$a_0=2(1-\lambda)$，$y=\mu(\Delta(P_4,t_4))$，$x=2\sqrt{2}t_4$. 根据引理 11.3，得到

$$\frac{y}{x^\alpha}=\frac{\mu(\Delta(P_4,t_4))}{(2\sqrt{2}t_4)^s}$$
$$\geqslant\frac{1}{2^s\sqrt{2^s}}\frac{\sqrt{2^s}}{4(1-\lambda)^s}$$
$$=\frac{1}{4\cdot 2^s(1-\lambda)^s}$$

因此取 $\lambda_0=\frac{1}{4\cdot 2^s(1-\lambda)^s}$. 定理 11.1 的条件保证了 $2\sqrt{2}t_4\leqslant\left(\frac{a_0\lambda_0}{p_0}\right)^{\frac{1}{1-\alpha}}$ 成立. 由引理 11.4，得到

$$\frac{\mu(B(A,r))}{(2r)^s}\leqslant\frac{\frac{1}{2}}{(2\mathrm{dist}(A,P_4))^s}=\frac{1}{2\cdot(2\mathrm{dist}(A,P_4))^s}$$

这表明$\frac{\mu(B(A,r))}{(2r)^s}$的最大值不可能在 $B(A,r)$ 的圆周与 $\varphi_2(S_0)$ 的内部相交时取到.

(2) 如果圆 $B(A,r)$ 只与 $\varphi_2(S_0)$, $\varphi_3(S_0)$, $\varphi_4(S_0)$ 其中两个相交. 不失一般性, 不妨设 $B(A,r)$ 与 $\varphi_2(S_0)$, $\varphi_4(S_0)$ 两个正方形相交, 此时 $r=\mathrm{dist}(A,Q_2)=\mathrm{dist}(A,Q_4)$, 并且 $\mu(B(A,r))\leqslant\frac{3}{4}-\mu(\Delta(P_2,t_2))-\mu(\Delta(P_4,t_4))$. 结合式(11.4)得到:

当 $\mathrm{dist}(A,P_2)\geqslant\mathrm{dist}(A,P_4)$ 时, 有

$$\frac{\mu(B(A,r))}{(2r)^s}\leqslant\frac{\frac{3}{4}-\mu(\Delta(P_2,t_2))-\mu(\Delta(P_4,t_4))}{(2(\mathrm{dist}(A,P_2)-\sqrt{2}t_2))^s}$$

$$\leqslant\frac{\frac{3}{4}-\mu(\Delta(P_2,t_2))}{(2(\mathrm{dist}(A,P_2)-\sqrt{2}t_2))^s}\tag{11.6}$$

而当 $\mathrm{dist}(A,P_4)\geqslant\mathrm{dist}(A,P_2)$ 时, 有

$$\frac{\mu(B(A,r))}{(2r)^s}\leqslant\frac{\frac{3}{4}-\mu(\Delta(P_2,t_2))-\mu(\Delta(P_4,t_4))}{(2(\mathrm{dist}(A,P_4)-\sqrt{2}t_4))^s}$$

$$\leqslant\frac{\frac{3}{4}-\mu(\Delta(P_4,t_4))}{(2(\mathrm{dist}(A,P_4)-\sqrt{2}t_4))^s}\tag{11.7}$$

至此利用引理 11.4, 类似情形(1)的讨论, 唯一不同的是此时取 $p_0=\frac{3}{4}$, 定理 11.1 的条件保证了

$$2\sqrt{2}t_2 \leqslant \left(\frac{a_0\lambda_0}{p_0}\right)^{\frac{1}{1-\alpha}} \text{与 } 2\sqrt{2}t_4 \leqslant \left(\frac{a_0\lambda_0}{p_0}\right)^{\frac{1}{1-\alpha}}$$

成立,因此由式(11.6)(11.7),可得到

$$\frac{\mu(B(A,r))}{(2r)^s} \leqslant \frac{\frac{3}{4}}{(2\text{dist}(A,P_2))^s} = \frac{3}{4\cdot(2\text{dist}(A,P_2))^s}$$

或者

$$\frac{\mu(B(A,r))}{(2r)^s} \leqslant \frac{\frac{3}{4}}{(2\text{dist}(A,P_4))^s} = \frac{3}{4\cdot(2\text{dist}(A,P_4))^s}$$

成立. 这表明$\frac{\mu(B(A,r))}{(2r)^s}$的最大值不可能在 $B(A,r)$ 的圆周与 $\varphi_2(S_0)$ 和 $\varphi_4(S_0)$ 的内部相交时取到.

(3) 如果圆 $B(A,r)$ 与三个正方形 $\varphi_2(S_0)$, $\varphi_3(S_0)$, $\varphi_4(S_0)$ 都相交. 根据 $C_\lambda \times C_\lambda$ 的结构,应有 $\text{dist}(A,P_3) \geqslant \text{dist}(A,P_2)$, $\text{dist}(A,P_3) \geqslant \text{dist}(A,P_4)$. 利用式(11.4),得到

$$\frac{\mu(B(A,r))}{(2r)^s} \leqslant \frac{1-\mu(\Delta(P_3,t_3))}{(2(\text{dist}(A,P_3)-\sqrt{2}t_3))^s} \tag{11.8}$$

此时利用引理 11.4,类似情形(i)的讨论,不同的是此时取 $p_0=1$, $a_0=2\sqrt{2}(1-\lambda)$,定理 11.1 的条件保证了 $2\sqrt{2}t_3 \leqslant \left(\frac{a_0\lambda_0}{p_0}\right)^{\frac{1}{1-\alpha}}$成立,因此由式(11.8),得到

$$\frac{\mu(B(A,r))}{(2r)^s} \leqslant \frac{1}{(2\text{dist}(A,P_3))^s}$$

成立. 这表明$\frac{\mu(B(A,r))}{(2r)^s}$的最大值不可能在 $B(A,r)$ 的圆周与 $\varphi_2(S_0)$,$\varphi_3(S_0)$ 和 $\varphi_4(S_0)$ 的内部相交时达到.

综合上述讨论,不难看出

$$\sup_{\sqrt{2}\lambda\leqslant r\leqslant\sqrt{2}}\frac{\mu(B(A,r))}{(2r)^s}=\frac{1}{(2\mathrm{dist}(A,P_{(1,1)}))^s}$$

成立,引理 11.5 得证.

推论 对任何 $A\in C_\lambda\times C_\lambda$ 及$\sqrt{2}\lambda\leqslant r\leqslant\sqrt{2}$,有

$$\sup_{\sqrt{2}\lambda\leqslant r\leqslant\sqrt{2}}\frac{\mu(B(A,r))}{(2r)^s}\leqslant\frac{1}{2^s\sqrt{2^s}(1-\lambda)^s}$$

证 注意到在 $\varphi_1(C_\lambda\times C_\lambda)$ 的所有点中,点 $P_{(\lambda,\lambda)}$ 是距离点 $P_{(1,1)}$ 最近的点,根据引理 11.1 得

$$\sup_{\sqrt{2}\lambda\leqslant r\leqslant\sqrt{2}}\frac{\mu(B(P_{(\lambda,\lambda)},r))}{(2r)^s}=\frac{1}{2^s\sqrt{2^s}(1-\lambda)^s}$$

由此知推论成立.

引理 11.6 设 μ 是由式(11.2)定义的自相似测度,$s=-\log_\lambda 4$.

(1)对任何 $A\in C_\lambda\times C_\lambda$,有

$$\overline{D}^s(\mu,A)\leqslant\frac{1}{2^s\sqrt{2^s}(1-\lambda)^s}$$

(2)对 μ-几乎所有 $A\in C_\lambda\times C_\lambda$,有

$$\overline{D}^s(\mu,A)\geqslant\frac{1}{2^s\sqrt{2^s}(1-\lambda)^s}$$

证 (1)由于 $A\in C_\lambda\times C_\lambda$,因此有

$$\{A\}=\lim_{n\to\infty}\varphi_{i_1}\circ\varphi_{i_2}\circ\cdots\circ\varphi_{i_n}(S_0)$$

其中 $i_j\in\{1,2,3,4\}$,$j=1,2,\cdots,n$. 对于满足 $0<r<\sqrt{2}$ 的实数 r,一定存在正整数 $n>0$,使得$\sqrt{2}\lambda^{n+1}<r\leqslant$

$\sqrt{2}\lambda^n$. 不难看出

$$(\varphi_{i_1}\circ\varphi_{i_2}\circ\cdots\circ\varphi_{i_n})^{-1}(B(A,r))$$
$$=B((\varphi_{i_1}\circ\varphi_{i_2}\circ\cdots\circ\varphi_{i_n})^{-1}(A),\lambda^{-n}r)$$

此时$\sqrt{2}\lambda<\lambda^{-n}r\leqslant\sqrt{2}$. 由于 $C_\lambda\times C_\lambda$ 为自相似集,因此

$$\frac{\mu(B(A,r))}{(2r)^s}$$
$$=\frac{\mu(B((\varphi_{i_1}\circ\varphi_{i_2}\circ\cdots\circ\varphi_{i_n})^{-1}(A),\lambda^{-n}r))}{(2\lambda^{-n}r)^s}$$

由推论,得到

$$\frac{\mu(B(A,r))}{(2r)^s}\leqslant\frac{1}{2^s\sqrt{2^s}(1-\lambda)^s}$$

因此

$$\overline{D}^s(\mu,A)\leqslant\frac{1}{2^s\sqrt{2^s}(1-\lambda)^s}$$

(2)按照文[41]中的方法,构造一个 μ－测度为 1 的集合 $F_{p,k}$. 对任何 $k\geqslant1$ 及 $p\geqslant1$,设 $\varphi_3^k=\varphi_3\circ\varphi_3\circ\cdots\circ\varphi_3$,定义

$$F_{p,k}=\bigcup_{n=p}^{\infty}\bigcup_{(i_1i_2\cdots i_n)\in I_n}\varphi_{i_1}\circ\varphi_{i_2}\circ\cdots\circ\varphi_{i_n}\circ\varphi_1\circ\varphi_3^k(S_0)$$

其中 $I_n=\{(i_1i_2\cdots i_n):i_j\in\{1,2,3,4\},j=1,2,\cdots,n\}$.
根据文[41],有下列结果成立

$$\mu(\bigcap_{k\geqslant1}(\bigcap_{p\geqslant1}F_{p,k}))=1$$

根据上述结果,对 $\forall A\in(C_\lambda\times C_\lambda)\cap(\bigcap_{k\geqslant1}(\bigcap_{p\geqslant1}F_{p,k}))$,则对 $\forall k\geqslant1$ 以及 $\forall p\geqslant1$,有

$$A\in(C_\lambda\times C_\lambda)\cap F_{p,k}$$

根据 $F_{p,k}$的定义,对任何 $k\geqslant1$,存在 $n>p$(n 与 p 相关),使得

$$\text{dist}(A, A_n^0) \leqslant \sqrt{2}\lambda^{n+k+1}$$

其中点 A_n^0 是正方形 $\varphi_{i_1} \circ \varphi_{i_2} \circ \cdots \circ \varphi_{i_n} \circ \varphi_1(S_0)$ 的右上角顶点，即 $\{A_n^0\} = \lim\limits_{k \to \infty} \varphi_{i_1} \circ \varphi_{i_2} \circ \cdots \circ \varphi_{i_n} \circ \varphi_1 \circ \varphi_3^k(S_0)$.

现取 $r_p = \sqrt{2}(\lambda^n - \lambda^{n+1}) + \sqrt{2}\lambda^{n+k+1}$，则有

$$B(A, r_p) \supset B(A_n^0, \sqrt{2}(\lambda^n - \lambda^{n+1}))$$

因此 $\mu(B(A, r_p)) \geqslant \mu(B(A_n^0, \sqrt{2}(\lambda^n - \lambda^{n+1})))$，则

$$\frac{\mu(B(A, r_p))}{(2r_p)^s} \geqslant \frac{\frac{1}{4^n}}{2^s \sqrt{2^s}(\lambda^n - \lambda^{n+1} + \lambda^{n+k+1})^s} = \frac{1}{2^s \sqrt{2^s}(1 - \lambda + \lambda^{k+1})^s}$$

（上述推导用到了 $\frac{1}{\lambda^s} = 4$）. 注意到对任何 $k \geqslant 1$，有 $A \in (C_\lambda \times C_\lambda) \cap (\bigcap\limits_{p \geqslant 1} F_{p,k})$ 以及 $p \to \infty$ 时，有 $r_p \to 0$. 因此由上述式子得到

$$\overline{D}^s(\mu, A) \geqslant \frac{1}{2^s \sqrt{2^s}(1 - \lambda + \lambda^{k+1})^s}$$

又因 $A \in (C_\lambda \times C_\lambda) \cap (\bigcap\limits_{k \geqslant 1}(\bigcap\limits_{p \geqslant 1} F_{p,k}))$，上式令 $k \to \infty$，则有

$$\overline{D}^s(\mu, A) \geqslant \frac{1}{2^s \sqrt{2^s}(1 - \lambda)^s}$$

注意到 $\mu(\bigcap\limits_{k \geqslant 1}(\bigcap\limits_{p \geqslant 1} F_{p,k})) = 1$ 以及 $C_\lambda \times C_\lambda$ 为 μ 的支撑，因此对 μ - 几乎所有 $A \in C_\lambda \times C_\lambda$，有

$$\overline{D}^s(\mu, A) \geqslant \frac{1}{2^s \sqrt{2^s}(1 - \lambda)^s}$$

成立. 引理 11.6 得证.

定理 11.1 的证明 根据自相似测度 μ 的定义

（见式(11.2)），对任何可测集 $E\subset\mathbf{R}^2$，有

$$\mu(E)=\frac{C^s(E\cap(C_\lambda\times C_\lambda))}{C^s(C_\lambda\times C_\lambda)}$$

结合引理 11.2 得到：对 μ - 几乎所有 $A\in C_\lambda\times C_\lambda$，有

$$\overline{D}^s(\mu,A)=\frac{1}{C^s(C_\lambda\times C_\lambda)}$$

成立. 引理 11.6 得到了对 μ - 几乎所有 $A\in C_\lambda\times C_\lambda$，有

$$\overline{D}^s(\mu,A)=\frac{1}{2^s\sqrt{2^s}(1-\lambda)^s}$$

所以 $C^s(C_\lambda\times C_\lambda)=2^s\sqrt{2^s}(1-\lambda)^s$. 定理 11.1 证毕.

4. 例子

设 $\lambda=\frac{1}{64}$，则 $s=\frac{1}{3}$. 容易验证定理 11.1 的条件成立. 此时

$$\overline{D}^s(\mu,P_{(\frac{1}{64},\frac{1}{64})})=\frac{1}{2^s\sqrt{2^s}\left(1-\frac{1}{64}\right)^s}$$

因此

$$C^s(C_\lambda\times C_\lambda)=2^s\sqrt{2^s}\left(1-\frac{1}{64}\right)^s=\frac{(126\sqrt{2})^{\frac{1}{3}}}{4}$$

注　定理 11.1 中关于 λ 的条件可变为：$\frac{2\lambda}{1-\lambda}\leqslant\left(\frac{1}{3}\right)^{\frac{1}{1-s}}$. 由此可以看出，如果某个压缩比 λ_0 满足该条件，则任何 $\lambda\leqslant\lambda_0$ 也满足该条件. 因此从上述例子可以看出：当压缩比满足 $0<\lambda\leqslant\frac{1}{64}$ 时，$C_\lambda\times C_\lambda$ 的豪斯道夫中心测度均可由定理 11.1 给出的公式计算得到.

关于齐次康托集的一个注记①

第12章

设 C 是$[0,1]$上豪斯道夫测度为正有限的齐次康托集类,中山大学的瞿成勤教授与南京大学的苏维宜教授在2001年证明了$\inf_{E\in C}\frac{\mathcal{H}^s(E)}{\mathcal{R}_s(E)}=\frac{1}{2}$,这里 s 是 E 的豪斯道夫维数,$\mathcal{H}^s(E)$是 E 的 s 维豪斯道夫测度,$\mathcal{R}_s(E)$的定义见引言.

1. 引言

设 $I=[0,1]$,令$\{n_k\}_{k\geq 1}$为一正整数序列,$\{c_k\}_{k\geq 1}$为一正实数序列,满足$n_k\geq 2,0<n_kc_k\leq 1(k\geq 1)$. 对任意 $k\geq 1$,记 $D_k=\{(i_1,\cdots,i_k)\mid 1\leq i_j\leq n_j,1\leq j\leq k\}$,$D=\bigcup_{k\geq 0}D_k$,其中 $D_0=\varnothing$. 若 $\sigma=(\sigma_1,\cdots,\sigma_k)\in D_k$,$\tau=(\tau_1,\cdots,\tau_m)\in D_m$,记 $\sigma*\tau=(\sigma_1,\cdots,\sigma_k,\tau_1,\cdots,\tau_m)$. 设$\mathcal{F}=\{I_\sigma\mid\sigma\in D\}$是 I 的闭区间簇,它满足[19]:

(1)$I_\varnothing=I$;

① 瞿成勤,苏维宜. 关于齐次 Cantor 集的一个注记[J]. 数学年刊,2001,22(3):339-342.

(2)对任意 $k\geqslant 1,\sigma\in D_{k-1},I_{\sigma*i}(1\leqslant i\leqslant n_k)$ 是 I_σ 的闭子区间,记其从左到右的排列为$I_{\sigma*1},\cdots,I_{\sigma*n_k}$,任意两个相邻的闭区间 $I_{\sigma*i},I_{\sigma*(i+1)}(1\leqslant i\leqslant n_k-1)$间隔长度相等,并且 $I_{\sigma*1}$的左端点与 I_σ的左端点重合,$I_{\sigma*n_k}$的右端点与 I_σ的右端点重合;

(3)对任意 $k\geqslant 1,\sigma\in D_{k-1},1\leqslant j\leqslant n_k$,有$\dfrac{|I_{\sigma*j}|}{|I_\sigma|}=c_k$,其中$|A|$表示 A 的直径.

记 $E_k=\bigcup\limits_{\sigma\in D_k}I_\sigma,E=\bigcap\limits_{k\geqslant 0}E_k$,称紧集 E 为由[43,44] $\{n_k\}_{k\geqslant 1},\{c_k\}_{k\geqslant 1}$确定的齐次康托集,称$\mathcal{F}_k=\{I_\sigma:\sigma\in D_k\}$为 E 的 k 阶基本区间.

丰德军、饶辉和吴军[43]采用网测度技巧完全确定了 E 的豪斯道夫维数,并给出了 E 的豪斯道夫测度正有限的充要条件.

定理 12.1[43]　设 E 是由$\{n_k\}_{k\geqslant 1},\{c_k\}_{k\geqslant 1}$确定的齐次康托集,则存在正常数 c,使得

$$c\liminf_{k\to\infty}\prod_{j=1}^{k}n_jc_j^s\leqslant\mathcal{H}^s(E)\leqslant\liminf_{k\to\infty}\prod_{j=1}^{k}n_jc_j^s$$

最佳常数 c 的确定是非常重要的问题,本章完全解决了此问题,并证明了:

定理 12.2　设 C 是[0,1]上豪斯道夫测度为正有限的齐次康托集类,则

$$\inf_{E\in C}\frac{\mathcal{H}^s(E)}{\mathcal{R}_s(E)}=\frac{1}{2}$$

定理 12.3　设 E 是由$\{n_k\}_{k\geqslant 1},\{c_k\}_{k\geqslant 1}$确定的齐次康托集,则

$$\frac{1}{2}\liminf_{k\to\infty}\prod_{j=1}^{k}n_jc_j^s\leqslant\mathcal{H}^s(E)\leqslant\liminf_{k\to\infty}\prod_{j=1}^{k}n_jc_j^s$$

其中$\mathcal{R}_s(E)=\lim_{k\to\infty}\inf\prod_{j=1}^{k}n_jc_j^s$, s 是 E 的豪斯道夫维数.

2. 几个引理

对任意 $\sigma\in D_{k-1}$,记 $G_{k,\sigma}$ 为 $I_\sigma\cap\mathcal{F}_k$ 中元素所有可能并集的集合,令

$$G_k=\bigcup_{\sigma\in D_{k-1}}G_{k,\sigma},G=\bigcup_{k=1}^{\infty}G_k$$

$$\mathcal{H}_{\mathcal{C}}^{\alpha}(E)=\lim_{\delta\to0}\inf\left\{\sum|U_i|^{\alpha}|E\subset\cup U_i,|U_i|<\delta,U_i\in G\right\}$$

引理 12.1 设$\mathcal{H}^{\alpha}(E)$是 E 的 α - 维豪斯道夫测度,则

$$\frac{1}{2}\mathcal{H}_{\mathcal{C}}^{\alpha}(E)\leqslant\mathcal{H}^{\alpha}(E)\leqslant\mathcal{H}_{\mathcal{C}}^{\alpha}(E)\qquad(12.1)$$

证 第二个不等式显然,现证第一个不等式. 设 U 是$[0,1]$上的开区间,$U\cap E\neq\varnothing$,因此存在一个正整数 k,使得 U 至少含有一个 k 阶基本区间,但不含任何$(k-1)$阶基本区间,因此 U 至多与两个$(k-1)$阶基本区间相交.

情形 1 U 与两个$(k-1)$阶基本区间相交,设 J_1, J_2 是那样的两个基本区间,记 $U_1=J_1\cap U$,$U_2=J_2\cap U$,那么利用 x^s 的凸性,有

$$\begin{aligned}|U|^s&\geqslant(|U_1|+|U_2|)^s\\&\geqslant\frac{2^s}{2}(|U_1|^s+|U_2|^s)\qquad(12.2)\end{aligned}$$

由于 U_1 和 U_2 中至少有一个含 k 阶基本区间,不失一般性,设 U_1 含有一个 k 阶基本区间,记 $G(U_1)=\bigcup_{\sigma\in D_kI_\sigma\cap U_1\neq\varnothing}I_\sigma$, 则 $|G(U_1)|^s\leqslant(|U_1|+\prod_{i=1}^{k}c_i)^s\leqslant 2^s|U_1|^s$. 如果 U_2 也至少含有一个 k 阶基本区间,记

$G(U_2)=\bigcup_{\sigma\in D_k I_\sigma\cap U_2\neq\varnothing} I_\sigma$，因此$|G(U_2)|^s\leqslant 2^s|U_2|^s$. 从而$G(U_i)\in G_k(i=1,2)$且

$$\begin{aligned}|U|^s&\geqslant\frac{2^s}{2}(|U_1|^s+|U_2|^s)\\&\geqslant\frac{1}{2}(|G(U_1)|^s+|G(U_2)|^s)\end{aligned}\qquad(12.3)$$

如果U_2不含任何k阶基本区间，由于U是一个与J_2相交的开区间，因此存在正整数$l(>k)$，使得U_2至少含一个l阶基本区间，但它不含任何$(l-1)$阶基本区间，记

$$G(U_2)=\bigcup_{\sigma\in D_l,I_\sigma\cap U_2\neq\varnothing} I_\sigma$$

则$G(U_2)\in G_l$，类似于上面的论述，有$|G(U_2)|^s\leqslant 2^s|U_2|^s$. 此时，我们也有式(12.3).

情形2　U仅与一个$(k-1)$阶基本区间相交. 如果U的左端点不落在任何k阶基本区间上，记$G(U)=\bigcup_{\sigma\in D_k,I_\sigma\cap U\neq\varnothing} I_\sigma$，则$G(U)\in G_k$，且

$$|U|^s\geqslant\frac{1}{2^s}|G(U)|^s\geqslant\frac{1}{2}|G(U)|^s\qquad(12.4)$$

若U的左端点落在某个k阶基本区间上，设J_1是那样的基本区间，记$U_1=U\cap J_1$，$U_2=U-U_1$，且$G(U_2)=\bigcup_{\sigma\in D_k,I_\sigma\cap U_2\neq\varnothing} I_\sigma$，则$G(U_2)\in G_k$，且$2^s|U_2|^s\geqslant|G(U_2)|^s$. 对于$U_1$，存在一个正整数$l(>k)$，使得$U_1$至少含一个$l$阶基本区间，但它不含任何$(l-1)$阶基本区间，记$G(U_1)=\bigcup_{\sigma\in D_l,I_\sigma\cap U_1\neq\varnothing} I_\sigma$，类似于上面的论述有$2^s|U_1|^s\geqslant|G(U_1)|^s$. 因此我们也有式(12.3).

现设$\{U^i\}$是E的δ-覆盖，则$\{G(U_1^i),G(U_2^i)\}\subset G$是$E$的$2\delta$-覆盖，因此$\mathcal{H}^s(E)\geqslant\frac{1}{2}\mathcal{H}^s_G(E)$，引理

12.1得证.

对任意 $\sigma=(\sigma_1,\cdots,\sigma_m)\in D_m$,若 $0<k\leqslant m$,记 $\sigma|k=(\sigma_1,\cdots,\sigma_k)$. 设 x_k 是 k 阶基本区间的长度,y_k 是任意两个相邻基本区间 $I_{\sigma*i}$ 和 $I_{\sigma*(i+1)}$ 的间隔长度,这里 $\sigma\in D_{k-1}$,$1\leqslant i\leqslant n_k-1$,则

$$x_k=c_1\cdots c_k,y_k=\frac{1-n_kc_k}{n_k-1}c_1\cdots c_{k-1} \tag{12.5}$$

对任意两个 $\sigma,\tau\in D_k$,记 $a(\sigma)$ 是 I_σ 的左端点,$b(\tau)$ 是 I_τ 的右端点. 设 μ 是支撑在 E 上的概率测度,使得对任意 $A\in\mathcal{F}_k$,有 $\mu(A)=(n_1\cdots n_k)^{-1}$.

引理 12.2 设 E 是齐次康托集,且 $0<\mathcal{R}_s(E)<\infty$. 那么对任意 $\epsilon>0$,存在 $k_0\in\mathbf{N}$,使得对任意 $\sigma,\tau\in D_k(k>k_0)$,若 $a(\sigma)<b(\tau)$ 且 $\sigma|(k-1)=\tau|(k-1)$,则

$$\mu([a(\sigma),b(\tau)])\leqslant(\mathcal{R}_s(E)-\epsilon)^{-1}(b(\tau)-a(\sigma))^s$$

证 由于 $\liminf\limits_{n\to\infty}(n_1\cdots n_k)(c_1\cdots c_k)^s=\mathcal{R}_s(E)$,则对任意 $\epsilon>0$ 存在 $k_0>0$,使得当 $k\geqslant k_0$ 时,$(n_1\cdots n_k)\cdot(c_1\cdots c_k)^s\geqslant\mathcal{R}_s(E)-\epsilon$,因此

$$(n_1\cdots n_k)^{-1}\leqslant(\mathcal{R}_s(E)-\epsilon)^{-1}(c_1\cdots c_k)^s \tag{12.6}$$

如果 $\sigma=\tau\in D_k(k>k_0)$,则 $b(\tau)-a(\sigma)=c_1\cdots c_k$,从而由式(12.6)得

$$\begin{aligned}&\mu([a(\sigma),b(\tau)])\\=&(n_1\cdots n_k)^{-1}\\=&(\mathcal{R}_s(E)-\epsilon)^{-1}(b(\tau)-a(\sigma))^s\end{aligned}$$

如果 $\sigma\neq\tau,\sigma,\tau\in D_k(k>k_0)$,假设$[a(\sigma),b(\tau)]$中含 i 个 k-阶基本区间,由于$\sigma|(k-1)=\tau|(k-1)$,

且 $\sigma\neq\tau$,故 $2\leqslant i\leqslant n_k$,且

$$\begin{aligned}(b(\tau)-a(\sigma))^s&=(ix_k+(i-1)y_k)^s\\&=\left(ic_k+(i-1)\frac{1-n_kc_k}{n_k-1}\right)^s(c_1\cdots c_{k-1})^s\\&=\left(\frac{n_k-i}{n_k-1}c_k+\frac{i-1}{n_k-1}\right)^s(c_1\cdots c_{k-1})^s\end{aligned}$$

利用 x^s 的凸性有

$$(b(\tau)-a(\sigma))^s\geqslant\frac{n_k-i}{n_k-1}(c_1\cdots c_k)^s+\frac{i-1}{n_k-1}(c_1\cdots c_{k-1})^s\tag{12.7}$$

由(12.6)和(12.7)两式得

$$\begin{aligned}(b(\tau)-a(\sigma))^s&\geqslant(\mathcal{R}_s(E)-\epsilon)(n_1\cdots n_k)^{-1}\cdot\\&\quad\left(\frac{n_k-i}{n_k-1}+\frac{n_k(i-1)}{n_k-1}\right)\\&=(\mathcal{R}_s(E)-\epsilon)i(n_1\cdots n_k)^{-1}\\&=(\mathcal{R}_s(E)-\epsilon)\cdot\\&\quad\mu([a(\sigma),b(\tau)])\end{aligned}$$

因此 $\mu([a(\sigma),b(\tau)])\leqslant(\mathcal{R}_s(E)-\epsilon)^{-1}(b(\tau)-a(\sigma))^s$,引理12.2得证.

引理 12.3　设 E 是齐次康托集,则 $\mathcal{H}_G^s(E)=\mathcal{R}_s(E)$.

证　$\mathcal{H}_G^s(E)\leqslant\mathcal{R}_s(E)$ 是显然的. 现设 $\{U_i\}\subset G$ 是 E 的 δ - 覆盖,$\delta\leqslant x_{k_0}$. 对每个 U_i,必存在一个正整数 $k(i)>k_0$,使得 U_i 含在某个 $(k(i)-1)$ 阶基本区间内. 假设 U_i 是某些 $k(i)$ 阶基本区间的并,即 $U_i=I_{\sigma^{(i)}}\cup\cdots I_{\tau^{(i)}}$,这里 $I_{\sigma^{(i)}}$ 和 U_i 有相同的左端点,$I_{\tau^{(i)}}$ 和 U_i 有相同的右端点,则 $|U_i|=b(\tau^{(i)})-a(\sigma^{(i)})$. 由引理12.2有

$$1=\mu(E)\leqslant\sum_i\mu(U_i)$$

$$\leqslant \sum_i \mu([a(\sigma^{(i)}),b(\tau^{(i)})])$$

$$\leqslant (\mathcal{R}_s(E)-\epsilon)^{-1}\sum_i (b(\tau^{(i)})-a(\sigma^{(i)}))^s$$

$$=(\mathcal{R}_s(E)-\epsilon)^{-1}\sum_i |U_i|^s$$

因此$\mathcal{H}_G^s(E)\geqslant\mathcal{R}_s(E)-\epsilon$. 由 ϵ 的任意性,有$\mathcal{H}_G^s(E)\geqslant\mathcal{R}_s(E)$,引理 12.3 得证.

引理 12.4 设 $s\in(0,1)$,m 是某个固定的正整数,$n_{2k-1}\equiv 2^m$,$n_{2k}\equiv 2$,$c_{2k-1}\equiv 2^{-m}$,$c_{2k}\equiv\frac{2^m}{2^{\frac{m+1}{s}}}$,假设 E 是由$\{n_k\}_{k\geqslant1}$,$\{c_k\}_{k\geqslant1}$确定的齐次康托集,则

$$\mathcal{H}^s(E)\leqslant\frac{2^s}{2}+\frac{2-2^s}{2^{m+1}}$$

证 由文[19]知 $\dim_H(E)=s$. 另外,对任意 $\sigma\in D_{2k-2}$,记 $I_\sigma(1,1)=I_{\sigma*(1,1)}$,$I_\sigma(2^m,2)=I_{\sigma*(2^m,2)}$,$I_\sigma(i,i+1)=I_{\sigma*(i,2)}\cup I_{\sigma*(i+1,1)}$,$i=1,\cdots,2^m-1$. 则

$$|I_\sigma(1,1)|=|I_\sigma(2^m,2)|=2^{-\frac{k(m+1)}{s}}$$

$$|I_\sigma(i,i+1)|=2(2^{-\frac{k(m+1)}{s}})\quad(i=1,\cdots,2^m-1)$$

显然,$\{I_\sigma(1,1),I_\sigma(2^m,2),I_\sigma(1,2),\cdots,I_\sigma(2^m-1,2^m)\}_{\sigma\in D_{2k-2}}$是 E 的一个覆盖,且

$$\mathcal{H}^s(E)\leqslant\lim_{k\to\infty}\sum_{\sigma\in D_{2k-2}}(|I_\sigma(1,1)|^s+|I_\sigma(2^m,2)|^s+|I_\sigma(1,2)|^s+\cdots+|I_\sigma(2^m-1,2^m)|^s)$$

$$=\frac{2^s}{2}+\frac{2-2^s}{2^{m+1}}$$

引理 12.4 得证.

3. 定理的证明

定理12.2的证明 由引理12.1和引理12.3得 $\inf\left\{\frac{\mathcal{H}^s(E)}{\mathcal{R}_s(E)}:E\in C\right\}\geqslant\frac{1}{2}$,另外,对任意 $\varepsilon>0$,设 $0<s<\frac{\lg(1+2\varepsilon)}{\lg 2}$,且 $m>\frac{\lg\left(\frac{2-2^s}{1+2\varepsilon-2^s}\right)}{\lg 2}$. 取 $n_{2k-1}\equiv 2^m$, $n_{2k}\equiv 2$, $c_{2k-1}\equiv 2^{-m}$, $c_{2k}\equiv\frac{2^m}{2^{\frac{m+1}{s}}}$,设 E_0 是由上述序列 $\{n_k\}_{k\geqslant 1}$ 和 $\{c_k\}_{k\geqslant 1}$ 确定的齐次康托集,由引理12.4得 $\mathcal{H}^s(E_0)\leqslant\frac{1}{2}+\varepsilon$. 由于 $\mathcal{R}_s(E_0)=1$,故 $\inf\left\{\frac{\mathcal{H}^s(E)}{\mathcal{R}_s(E)}:E\in C\right\}=\frac{1}{2}$,定理12.2得证.

由定理12.1和定理12.2即得定理12.3

一类广义康托集的豪斯道夫维数①

第13章

宁波教育学院的戴振祥教授在2001年研究和推广了自相似分形中最经典的例子:康托三分集的构造及其豪斯道夫维数,利用满足开集条件的压缩自相似映射的性质,解决了一类广义康托集的豪斯道夫维数计算问题.主要结果是构造了一类广义的康托 $2k+1(k\in\mathbf{N})$ 分集,并给出它们的维数 $s=\ln(k+1)/\ln(1/X)$.

康托三分集在经典数学中是一个重要的反例.1975年,芒德布罗提出Fractal几何后,人们重新对它进行了研究,它是自相似分形中最简单、最典型的例子,它的豪斯道夫维数为 $\ln 2/\ln 3$[46].本章在此基础上,构造了一类广义康托集,并给出了它们的豪斯道夫维数.

关于自相似映射,开集条件和豪斯道夫维数的定义,见文献[47].

① 戴振祥.一类广义Cantor集的Hausdorff维数[J].浙江师大学报(自然科学版),2001,24(2):143-145.

以下引理在本章中是最重要的,它涉及不变集合的存在性和维数.

引理 13.1　设$\{S_i\}_{i=1}^m$是 $\mathbf{R}^n$ 上的、满足开集条件的压缩自相似映射族,则有:

(1)存在唯一的 $\mathbf{R}^n$ 的紧集 E(称为不变集),使得 $E=\bigcup\limits_{i=1}^m S_i(E)$成立;

(2)E 的豪斯道夫维数 s(是一个实数),由指数方程

$$d_1^s+d_2^s+\cdots+d_n^s=1$$

唯一决定,其中$\{d_i\}_{i=1}^n$是$\{S_i\}_{i=1}^n$的压缩比.

(3)对任意紧集 K_0,令 $K_1=\bigcup\limits_{i=1}^m S_i(K_0)$,$K_n=\bigcup\limits_{i=1}^m S_i(K_{n-1})$,则集合$\lim\limits_{n\to\infty} K_n=E$,即集合序列收敛于不变集.

1. 广义的康托三分集的构造及其维数

如下构造广义的康托三分集:

设 $K_0=[0,1]$;第一步将区间$[0,1]$分成 3 份,设其第 1,3 个区间的长度为 $X(0<X<\frac{1}{2})$,第 2 个区间长度为 $1-2X$,去掉中间的一个开区间$(X,1-X)$,记 $K_1=[0,X]\cup[1-X,1]$,再将剩下的两个小闭区间$[0,X]$,$[1-X,1]$分别按同样的比例$(X,1-2X,X)$分成 3 份,并各去掉中间的开区间,记

$$\begin{aligned}K_2=&[0,X^2]\cup[X-X^2,X]\cup\\&[1-X,1-X+X^2]\cup\\&[1-X^2,1]\end{aligned}$$

如此下去,最后得到的集合就是广义的康托三分集.

这一构造过程可描述为迭代函数系:令 $I=[0,$

1]，$S_1(x)=Xx$，$S_2(x)=Xx+1-X$，$x\in I$.

引理 13.2　$\{S\}_{i=1}^{2}$是 I 上的压缩比为 X 的自相似映射族.

证　$\forall x,\ y\in I,\ \forall i$，有：$|S_i(x)-S_i(y)|=X|y-x|<\frac{1}{2}|y-x|$，所以$\forall A,B\subset I$，有

$$|S_i(A)-S_i(B)|<\frac{1}{2}|B-A|$$

其中$|B-A|$表示集合 A 与 B 的距离. 因而 S_i 是 I 上的压缩比为 X 的自相似映射，即$\{S_i\}_{i=1}^{2}$是 I 上压缩比为 X 的自相似映射族.

定理 13.1　广义的康托三分集的维数 $s=\ln 2/\ln(\frac{1}{X})$.

证　令开集 $U=(0,1)$，则(1)$S_1(U)\cap S_2(U)=\varnothing$；(2)$S_1(U)=(0,X)\subset U$，$S_2(U)=(1-X,1)\subset U$.

因此$\{S_i\}_{i=1}^{2}$满足开集条件，设紧集 $K_0=[0,1]$，由上述构造，第一步对应的是 K_1，第二步对应的是 K_2，第 n 步对应的是 K_n，$K_n=\bigcup\limits_{i=1}^{2}S_i(K_{n-1})$，则极限集合 $E=\lim\limits_{n\to\infty}K_n$ 作为广义的康托三分集，恰好是$\{S_i\}_{i=1}^{2}$的不变集，由引理 13.1，其维数 s 应满足方程$(X)^s+(X)^s=1$，所以，$s=\ln 2/\ln(\frac{1}{X})$.

推论 13.1　当 $X=\frac{1}{3}$时，$s=\ln 2/\ln 3$ 即为康托三分集的维数.

推论 13.2　当 $X\to\frac{1}{2}$时，$s\to 1$；当 $X\to 0$ 时，$s\to 0$.

即广义的康托三分集最大维数接近1,最小维数可以逼近0.

2. 康托 $2k+1(k\in\mathbf{N})$ 分集的构造及其维数

康托 $2k+1(k\in\mathbf{N})$ 分集的构造:

将闭区间 $[0,1]$ 等分为 $2k+1$ 份,每个小区间长为 $\frac{1}{2k+1}$,去掉中间第 $2,4,6,\cdots,2n$ 个开区间:$\left(\frac{1}{2k+1},\frac{2}{2k+1}\right),\left(\frac{3}{2k+1},\frac{4}{2k+1}\right),\cdots,\left(\frac{2k-1}{2k+1},\frac{2k}{2k+1}\right)$;然后对剩下的 $k+1$ 个闭区间:$\left[0,\frac{1}{2k+1}\right],\left[\frac{2}{2k+1},\frac{3}{2k+1}\right],\cdots,\left[\frac{2k}{2k+1},1\right]$,再分别等分为 $2k+1$ 份,去掉中间的开区间…,最后得到的集合就是康托 $2k+1(k\in\mathbf{N})$ 分集.

这一构造可描述为迭代函数:

令 $I=[0,1]$,$S_1(x)=\frac{1}{2k+1}x$,$S_2(x)=\frac{1}{2k+1}x+\frac{2}{2k+1}$,$S_3(x)=\frac{1}{2k+1}x+\frac{4}{2k+1},\cdots,S_{k+1}(x)=\frac{1}{2k+1}x+\frac{2k}{2k+1},x\in I.$

引理 13.3　$\{S_i\}_{i=1}^{k+1}$ 是 I 上的压缩比为 $\frac{1}{2k+1}$ 的自相似映射族.

证　$\forall x,y\in I,\forall i$,有 $|S_i(x)-S_i(y)|=\frac{1}{2k+1}\cdot|y-x|$,所以,对 $\forall A,B\subset I$,有 $|S_i(A)-S_i(B)|\leqslant\frac{1}{2k+1}|B-A|$,其中 $|B-A|$ 表示集合 A 与 B 的距离.因而 S_i 是 I 上的压缩比为 $\frac{1}{2k+1}$ 的自相似映射,即

$\{S_i\}_{i=1}^{k+1}$是 I 上压缩比为$\dfrac{1}{2k+1}$的自相似映射族.

定理 13.2 康托 $2k+1(k\in\mathbf{N})$ 分集的维数 $s=\ln(k+1)/\ln(2k+1)$.

证 令开集 $U=(0,1)$,则

(1)$S_i(U)\cap S_j(U)=\varnothing, i\neq j$;(2)$S_i(U)\subset U$,对 $\forall i$.

因此,$\{S_i\}_{i=1}^{k+1}$满足开集条件,设紧集 $K_0=[0,1]$,由上述构造,第一步对应的是 K_1,第二步对应的是 K_2,第 n 步对应的是 K_n,$K_n=\bigcup\limits_{i=1}^{k+1}S_i(K_{n-1})$,则极限集合 $E=\lim\limits_{n\to\infty}K_n$ 作为康托 $2k+1(k\in\mathbf{N})$ 分集,恰好是$\{S_i\}_{i=1}^{k+1}$的不变集,由引理 13.1,其维数 s 应满足方程$(k+1)\cdot\left(\dfrac{1}{2k+1}\right)^s=1$,所以

$$s=\frac{\ln(k+1)}{\ln(2k+1)}$$

推论 13.3 当 $k=1$ 时,$s=\ln 2/\ln 3$ 即为康托三分集的维数.

推论 13.4 当 $k\to\infty$ 时,$s\to 1$.

3. 广义的康托 $2k+1(k\in\mathbf{N})$ 分集的构造及其维数

综上所述,可构造广义的康托 $2k+1(k\in\mathbf{N})$ 分集,并求出其维数.

广义的康托 $2k+1(k\in\mathbf{N})$ 分集的构造:

将闭区间$[0,1]$分为 $2k+1$ 份,设第 $1,3,5,\cdots,2k+1$ 个小闭区间长均为 $X\left(0<X<\dfrac{1}{k+1}\right)$,第 $2,4,6,\cdots,2k$ 个小开区间长均为$\dfrac{1-(k+1)X}{k}$. 去掉第

$2,4,6,\cdots,2n$ 个小开区间

$$(X,X+\frac{1-(k+1)X}{k})$$

$$(2X+\frac{1-(k+1)X}{k},2X+2\frac{1-(k+1)X}{k})$$

$$\vdots$$

然后对剩下的 $k+1$ 个闭区间：$[0,X]$，$[X+\frac{1-(k+1)X}{k},2X+\frac{1-(k+1)X}{k}]$，$\cdots$，再分别按照同样的比例分为 $2k+1$ 份，去掉中间的开区间；如此下去，最后得到的集合就是广义的康托 $2k+1(k\in\mathbf{N})$ 分集.

这一构造可描述为迭代函数：

令 $I=[0,1]$，$S_1(x)=Xx$，$S_2(x)=Xx+X+\frac{1-(k+1)X}{k}$，$S_3(x)=Xx+2X+2\frac{1-(k+1)}{k}X$，$\cdots$，$S_{k+1}(x)=Xx+kX+k\frac{1-(k+1)}{k}X$，$x\in I$.

引理 13.4　$\{S_i\}_{i=1}^{k+1}$ 是 I 上的压缩比为 X 的自相似映射族.

证　$\forall x,y\in I$，$\forall i$，有 $|S_i(x)-S_i(y)|=X|y-x|$，故对 $\forall$ $A,B\subset I$，有 $|S_i(A)-S_i(B)|\leqslant X|B-A|$，其中 $|B-A|$ 表示集合 A 与 B 的距离. 因而 S_i 是 I 上的压缩比为 X 的自相似映射，即 $\{S_i\}_{i=1}^{k+1}$ 是 I 上压缩比为 X 的自相似映射族.

定理 13.3　广义的康托 $2k+1(k\in\mathbf{N})$ 分集的维数 $s=\ln(k+1)/\ln(1/X)$.

证　令开集 $U=(0,1)$，则(1) $S_i(U)\cap S_j(U)=\varnothing$，$i\neq j$；(2) $S_i(U)\subset U$，对 $\forall i$. 因此，$\{S_i\}_{i=1}^{k+1}$ 满足开集条件，设紧集 $K_0=[0,1]$，由上述构造，第一步对应的

是 K_1,第二步对应的是 K_2,第 n 步对应的是 K_n,$K_n = \bigcup_{i=1}^{k+1} S_i(K_{n-1})$,则极限集合 $E = \lim_{n\to\infty} K_n$ 作为广义的康托 $2k+1(k\in\mathbf{N})$ 分集,恰好是 $\{S_i\}_{i=1}^{k+1}$ 的不变集,由引理 13.1,其维数 s 应满足方程 $(k+1)X^s = 1$,所以

$$s = \frac{\ln(k+1)}{\ln\left(\frac{1}{X}\right)}$$

注 显然,当 $X\to\frac{1}{k+1}$ 时,$s\to 1$;当 $X\to 0$ 时,$s\to 0$.

m 分非均匀康托集的豪斯道夫测度[①]

第14章

韩山师范学院数学与信息技术学院的曾超益教授在2006年证明了 m 分非均匀康托集 E 的豪斯道夫测度 $H^s(E)=1$.

设 $E_0=[0,1]$,由线性迭代系统(I):$s_i=a_ix+b_i,x\in[0,1],i=1,2,\cdots,m$,且 $0<a_i<1,i=1,2,\cdots,m;b_{i+1}>b_i+a_i>0,b_1=0,i=1,2,\cdots,m-1,b_m+a_m=1$;产生的不变集 $E=\bigcup_{i=1}^{m}s_i(E)$ 称为 m 分非均匀康托集. E 为自相似集,其豪斯道夫维数 s 满足 $a_1^s+a_2^s+\cdots+a_m^s=1$. 取 $m=3$ 时,得

E_0:0 ________________________________ 1

E_1:0 _________ ______ ____________ 1

E_2:0 __ __ __ __ __ ___ __ __ _____ 1

……

① 曾超益. m 分非均匀 Cantor 集的 Hausdorff 测度[J]. 纯粹数学与应用数学,2006,22(1):118-121.

E 的 k 级基本区间记为 $E_k^i(i=1,2,\cdots,m^k)$，共有 m^k 个. 相邻两个 k 级基本区间 E_k^i,E_k^{i+1} 间被划去的部分长度记为

$$d_{i,j+1}^k \quad (i=1,2,\cdots,m^k-1,k=1,2,\cdots)$$

又记

$$d_{j,j+1}^0=(a_j^s+a_{j+1}^s)^{\frac{1}{s}}-(a_j+a_{j+1}) \quad (j=1,2,\cdots,m-1)$$

文[50]证明了当 $m=3$ 时，由线性迭代系统（Ⅰ）产生的三分非均匀康托集 C^3 的豪斯道夫测度 $H^s(C^3)=1$的充分必要条件是

$$d_{j,j+1}^1 \geqslant d_{j,j+1}^0 \quad (j=1,2)$$

本章的主要结果：

定理 14.1 当 $m>3$ 时，由线性迭代系统(Ⅰ)产生的 m 分非均匀康托集 E 的豪斯道夫测度 $H^s(E)=1$ 的充分必要条件是

$$d_{j,j+1}^1 \geqslant d_{j,j+1}^0 \quad (j=1,2,\cdots,m-1)$$

由线性迭代系统（Ⅰ）给定的条件及上文可知，E 的 k 级基本区间 $s_{i_1}s_{i_2}\cdots s_{i_k}([0,1])$ 的排列顺序（从左至右）符合下列规则.

(1) $s_{i_1}s_{i_2}\cdots s_{i_k}([0,1])=s_{i_1}s_{i_2}\cdots s_{i_{k_0}}\underbrace{s_1\cdots s_1}_{k-k_0\text{个}}([0,1])$，$k_0=1,2,\cdots,k,i_{k_0}\neq 1$ 时，其左邻区间为 $s_{i_1}s_{i_2}\cdots s_{i_{k_0}-1}\underbrace{s_m\cdots s_m}_{k-k_0\text{个}}([0,1])$，其右邻区间为 $s_{i_1}s_{i_2}\cdots s_{i_{k_0}}\underbrace{s_1\cdots s_1}_{k-k_0-1\text{个}}s_2([0,1])$；

(2) $s_{i_1}s_{i_2}\cdots s_{i_k}([0,1])=s_{i_1}s_{i_2}\cdots s_{i_{k_0}}\underbrace{s_m\cdots s_m}_{k-k_0\text{个}}([0,1])$，$k_0=1,2,\cdots,k,i_{k_0}\neq m$ 时，其左邻区间为 $s_{i_1}s_{i_2}\cdots s_{i_{k_0}}\underbrace{s_m\cdots s_m}_{k-k_0-1\text{个}}s_{m-1}([0,1])$，其右邻区间为 $s_{i_1}s_{i_2}\cdots$

$s_{i_{k_0+1}}\underbrace{s_1\cdots s_1}_{k-k_0\text{个}}([0,1])$；

(3) $s_1s_1\cdots s_1([0,1])$无左邻区间，$s_ms_m\cdots s_m([0,1])$无右邻区间；

(4)其他情况，其左邻区间为$s_{i_1}s_{i_2}\cdots s_{i_{k-1}}s_{i_{k-1}}([0,1])$，右邻区间为$s_{i_1}s_{i_2}\cdots s_{i_{k-1}}s_{i_{k+1}}([0,1])$.

为证明定理，我们给出如下引理.

引理 14.1　设

$$E_k^i=s_{i_1}s_{i_2}\cdots s_{i_{k_0}}s_i\underbrace{s_m\cdots s_m}_{k-k_0-1\text{个}}([0,1])$$

$$E_k^{i+1}=s_{i_1}s_{i_2}\cdots s_{i_{k_0}}s_{i+1}\underbrace{s_1\cdots s_1}_{k-k_0-1\text{个}}([0,1])$$

为一对相邻的区间，则$d_{i,i+1}^k=a_{i_1}a_{i_2}\cdots a_{i_{k_0}}d_{i,i+1}^1$，其中$k_0=0,1,2,\cdots,k-1$，$a_{i_0}=1$.

证　
$$\begin{aligned}d_{i,i+1}^k&=s_{i_1}s_{i_2}\cdots s_{i_{k_0}}s_{i+1}\underbrace{s_1\cdots s_1}_{k-k_0-1\text{个}}(0)-\\&\quad s_{i_1}s_{i_2}\cdots s_{i_{k_0}}s_i\underbrace{s_m\cdots s_m}_{k-k_0-1\text{个}}(1)\\&=s_{i_1}s_{i_2}\cdots s_{i_{k_0}}s_{i+1}(0)-s_{i_1}s_{i_2}\cdots s_{i_{k_0}}s_i(1)\\&=s_{i_1}s_{i_2}\cdots s_{i_{k_0}}(b_{i+1})-s_{i_1}s_{i_2}\cdots s_{i_{k_0}}(a_i+b_i)\\&=a_{i_1}a_{i_2}\cdots a_{i_{k_0}}d_{i,i+1}^1\end{aligned}$$

引理 14.2　(1)当$N=2l(N\leqslant m)$时，则

$$(a_1^s+a_2^s)^{\frac{1}{s}}+(a_3^s+a_4^s)^{\frac{1}{s}}+\cdots+(a_{2l-1}^s+a_{2l}^s)^{\frac{1}{s}}>(a_1^s+a_2^s+\cdots+a_{2l}^s)^{\frac{1}{s}}$$

(2)当$N=2l-1(N\leqslant m)$时，则

$$(a_1^s+a_2^s)^{\frac{1}{s}}+(a_3^s+a_4^s)^{\frac{1}{s}}+\cdots+(a_{2l-3}^s+a_{2l-2}^s)^{\frac{1}{s}}+a_{2l-1}>(a_1^s+a_2^s+\cdots+a_{2l-1}^s)^{\frac{1}{s}}$$

证　(1)令

$$F(s)=(a_1^s+a_2^s)^{\frac{1}{s}}+(a_3^s+a_4^s)^{\frac{1}{s}}+\cdots+$$
$$(a_{2l-1}^s+a_{2l}^s)^{\frac{1}{s}}-(a_1^s+a_2^s+\cdots+a_{2l}^s)^{\frac{1}{s}}$$

则

$$\begin{aligned}
F_s(s)=&-\frac{1}{s^2}(a_1^s+a_2^s)^{\frac{1}{s}-1}(a_1^s\ln a_1+a_2^s\ln a_2)-\\
&\frac{1}{s^2}(a_3^s+a_4^s)^{\frac{1}{s}-1}(a_3^s\ln a_3+a_4^s\ln a_4)-\cdots-\\
&\frac{1}{s^2}(a_{2l-1}^s+a_{2l}^s)^{\frac{1}{s}-1}(a_{2l-1}^s\ln a_{2l-1}+a_{2l}^s\ln a_{2l})+\\
&\frac{1}{s^2}(a_1^s+a_2^s+\cdots+a_{2l}^s)^{\frac{1}{s}-1}\cdot\\
&(a_1^s\ln a_1+a_2^s\ln a_2+\cdots+a_{2l}^s\ln a_{2l})\\
=&\frac{1}{s^2}(a_1^s\ln a_1+a_2^s\ln a_2)((a_1^s+a_2^s+\cdots+a_{2l}^s)^{\frac{1}{s}-1}-\\
&(a_1^s+a_2^s)^{\frac{1}{s}-1})+\frac{1}{s^2}(a_3^s\ln a_3+a_4^s\ln a_4)\cdot\\
&((a_1^s+a_2^s+\cdots+a_{2l}^s)^{\frac{1}{s}-1}-(a_3^s+a_4^s)^{\frac{1}{s}-1})+\cdots+\\
&\frac{1}{s^2}(a_{2l-1}^s\ln a_{2l-1}+a_{2l}^s\ln a_{2l})((a_1^s+a_2^s+\cdots+\\
&a_{2l}^s)^{\frac{1}{s}-1}-(a_{2l-1}^s+a_{2l}^s)^{\frac{1}{s}-1})\\
<&0
\end{aligned}$$

所以 $F(s)$ 为单调递减函数. 因此, $F(s)>F(1)=0$. 即(1)成立.

(2)同理可证.

引理 14.3　对任意正整数 $l<k$,有

$$(a_i^s+a_{i+1}^s)^{\frac{1}{s}}-(a_i+a_{i+1})$$
$$\geqslant(a_l^s a_m^{ls}+a_{i+1}^s a_1^{ls})^{\frac{1}{s}}-(a_i a_m^l+a_{i+1}a_1^l)$$

证　设 $F(x,y)=(x^s+y^s)^{\frac{1}{s}}-(x+y)$,则

$$
\begin{aligned}
F_x(x,y)&=\frac{1}{s}(s^s+y^s)^{\frac{1}{s}-1}sx^{s-1}-1\\
&=(x^s+y^s)^{\frac{1}{s}-1}x^{s-1}-1\\
&=x^{s-1}((x^s+y^s)^{\frac{1}{s}-1}-x^{1-s})\\
&\geqslant x^{s-1}((x^s)^{\frac{1-s}{s}}-x^{1-s})=0
\end{aligned}
$$

所以 $F(x,y)=(x^s+y^s)^{\frac{1}{s}}-(x+y)$关于变量 x 是单调递增函数.

同理 $F(x,y)=(x^s+y^s)^{\frac{1}{s}}-(x+y)$关于变量 y 是单调递增函数. 所以 $F(a_i,a_{i+1})\geqslant F(a_ia_m^l,a_{i+1})\geqslant F(a_ia_m^l,a_{i+1}a_1^l)$. 即结论成立.

引理 14.4　设 $d_{i,i+1}^1\geqslant d_{i,i+1}^0(i=1,2,\cdots,m-1)$,则任意两个相邻 k 级基本区间 E_k^i,E_k^{i+1} 满足:$|E_k^i\cup E_k^{i+1}|^s\geqslant|E_k^i|^s+|E_k^{i+1}|^s$.

证　由引理 14.1 与引理 14.3 可知

$$
\begin{aligned}
&|E_k^i\cup E_k^{i+1}|^s\\
&=(a_{i_1}a_{i_2}\cdots a_{i_{k_0}}a_ia_m^{k-k_0-1}+d_{i,i+1}^k+\\
&\quad a_{i_1}a_{i_2}\cdots a_{i_{k_0}}a_{i+1}a_1^{k-k_0-1})^s\\
&=(a_{i_1}a_{i_2}\cdots a_{i_{k_0}}a_ia_m^{k-k_0-1}+a_{i_1}a_{i_2}\cdots a_{i_{k_0}}d_{i,i+1}^1+\\
&\quad a_{i_1}a_{i_2}\cdots a_{i_{k_0}}a_{i+1}a_1^{k-k_0-1})^s\\
&=(a_{i_1}a_{i_2}\cdots a_{i_{k_0}})^s(a_ia_m^{k-k_0-1}+d_{i,i+1}^1+a_{i+1}a_1^{k-k_0-1})^s\\
&\geqslant(a_{i_1}a_{i_2}\cdots a_{i_{k_0}})^s(a_ia_m^{k-k_0-1}+(a_j^s+a_{j+1}^s)^{\frac{1}{s}}-\\
&\quad (a_j+a_{j+1})+a_{i+1}a_1^{k-k_0-1})^s\\
&\geqslant(a_{i_1}a_{i_2}\cdots a_{i_{k_0}})^s(a_ia_m^{k-k_0-1}+(a_i^sa_m^{ls}+a_{i+1}^sa_1^{ls})^{\frac{1}{s}}-\\
&\quad (a_ia_m^l+a_{j+1}a_1^l)+a_{i+1}a_1^{k-k_0-1})^s
\end{aligned}
$$

$$=(a_{i_1}a_{i_2}\cdots a_{i_{k_0}}a_i a_m^{k-k_0-1})^s+$$
$$(a_{i_1}a_{i_2}\cdots a_{i_{k_0}}a_{i+1}a_1^{k-k_0-1})^s$$
$$=|E_k^i|^s+|E_k^{i+1}|^s \quad (其中取 l=k-k_0-1)$$

由引理 14.2 和引理 14.4 得:

引理 14.5　设 $d_{i,i+1}^1 \geqslant d_{i,i+1}^0 (i=1,2,\cdots,m-1)$，则任意 N 个相邻 k 级基本区间 $E_k^{i+1},E_k^{i+2},\cdots,E_k^{i+N}$ 满足

$$|E_k^i \cup E_k^{i+1} \cup \cdots \cup E_k^{i+N}|^s$$
$$\geqslant |E_k^i|^s+|E_k^{i+1}|^s+\cdots+|E_k^{i+N}|^s$$

下面我们证明定理.

证　充分性，设 $d_{i,i+1}^1 \geqslant d_{i,i+1}^0 (i=1,2,\cdots,m-1)$，记 $E_k^i=s_{i_1}s_{i_2}\cdots s_{i_k}([0,1])$ 为 E 的 k 级基本区间，共有 m^k 个，其长度为 $|E_k^i|=a_1^{l_1}a_2^{l_2}\cdots a_m^{l_m}(l_1+l_2+\cdots+l_m=k)$ 的 k 级基本区间共有 $\dfrac{k!}{l_1!\ l_2!\ \cdots l_m!}$ 个，取所有的 E_k^i 作为 E 的一个基本覆盖. 则

$$H^s(E) \leqslant \sum_{l_1,l_2,\cdots,l_m=1}^{k} \frac{k!}{l_1!l_2!\cdots l_m!}(a_1^{l_1}a_2^{l_2}\cdots a_m^{l_m})^s$$
$$=\sum_{l_1,l_2,\cdots,l_m=1}^{k} \frac{k!}{l_1!l_2!\cdots l_m!}((a_1^{l_1})^s(a_2^{l_2})^s\cdots(a_m^{l_m})^s)$$
$$=(a_1^s+a_2^s+\cdots+a_m^s)^k=1$$

即 $H^s(E)\leqslant 1$.

另外，设 $U_1,U_2,\cdots,U_n,\cdots$ 是 E 的任意覆盖，由 E 的紧性及有限覆盖定理，不妨设存在 p 个 $U_1,U_2,\cdots,U_p$ 覆盖 E，即 $E\subset \bigcup_{j=1}^{p} U_j$，且 U_j 包含 N_j 个相邻的 k 级基本区间 $E_k^{i_j+1},l=1,2,\cdots,N_j,i_j\in\{0,1,2,\cdots,m^{k-1}\}$，其中 $N_1+N_2+\cdots+N_p=m^k$. 由引理 14.5 得

$$|U_j|^s \geqslant |\bigcup_{l=1}^{N_j} E_k^{i_j+l}|^s \geqslant \sum_{l=1}^{N_j} |E_k^{i_j+l}|^s$$

于是
$$\sum_{j=1}^{p} |U_j|^s \geqslant \sum_{j=1}^{p} \sum_{l=1}^{N_j} |E_k^{i_j+l}|^s = 1$$

由豪斯道夫测度的定义可知 $H^s(E) = \inf\{\sum_{j=1}^{\infty}|U_j|^s\} \geqslant 1$,所以 $H^s(E)=1$.

必要性,若存在 i_0,使得 $d^1_{i_0,i_0+1} < d^0_{i_0,i_0+1}$,$1 \leqslant i_0 \leqslant m-1$. 取 $E_1^1, E_1^2, \cdots, E_1^{i_0-1}, E_1^{i_0} \cup E_1^{i_0+1}, E_1^{i_0+2}, \cdots, E_1^m$ 为 E 的覆盖,则

$$\begin{aligned}
H^s(E) \leqslant & |E_1^1|^s + |E_1^2|^s + \cdots + |E_1^{i_0-1}|^s + \\
& |E_1^{i_0} \cup E_1^{i_0+1}|^s + |E_1^{i_0+2}|^s + \cdots + |E_1^m|^s \\
& = a_1^s + a_2^s + \cdots + a_{i_0-1}^s + (a_{i_0} + d^0_{i_0,i_0+1} + a_{i_0+1})^s + \\
& \quad a_{i_0+2} + \cdots + a_m^s \\
& < a_1^s + a_2^s + \cdots + a_{i_0-1}^s + a_{i_0}^s + a_{i_0+1}^s + a_{i_0+2}^s + \cdots + \\
& \quad a_m^s = 1
\end{aligned}$$

与 $H^s(E)=1$ 矛盾.

均匀三部分康托集的豪斯道夫中心测度①

第15章

均匀三部分康托集 $K(\lambda,3)$ 是满足开集条件的自相似分形集. 江苏大学理学院数学系的戴美凤教授、浙江大学数学系的阮火军教授及南京大学数学系的苏维宜教授在2006年通过一个概率测度 μ 在点 x 的上球密度的计算给出了 $K(\lambda,3)$ 的 s 维豪斯道夫中心测度的精确值,其中 $s=\log_{\lambda}\frac{1}{3}$ 是 $K(\lambda,3)$ 的豪斯道夫维数.

1. 引言

维数与测度是描述分形集的两个重要概念. 对于一些满足开集条件的自相似分形集,豪斯道夫维数是已知的[39,55],但对于这类分形集的测度的计算却非常困难. 豪斯道夫中心测度是另一类由球覆盖定义的测度,它所诱导出的维数等于

① 戴美凤,阮火军,苏维宜. 均匀三部分康托集的Hausdorff中心测度[J]. 数学学报(中文版),2006,49(1):11-18.

豪斯道夫维数. 最近, Feng[56] 给出了线性康托集的 Packing 测度的精确值, Zhu 和 Zhou[41] 得到了对称康托集的豪斯道夫中心测度的精确值. 均匀三部分康托集 $K(\lambda,3)$ 是迭代函数系 $\{\varphi_1,\varphi_2,\varphi_3\}$ 的吸引子, 其中

$$\varphi_1(x)=\lambda x,\varphi_2(x)=\frac{1-\lambda}{2}+\lambda x,\varphi_3(x)=(1-\lambda)+\lambda x,$$

$x\in[0,1]$.

本章将证明当 $0<\lambda\leqslant\frac{1}{5}$ 时, $K(\lambda,3)$ 的 s 维豪斯道夫中心测度的精确值是 1, 其中 $s=\log_\lambda\frac{1}{3}$ 是 $K(\lambda,3)$ 的豪斯道夫维数.

2. 豪斯道夫中心测度

设 E 为 $\mathbf{R}^n$ 中的任意子集, $s\geqslant0$ 为一个非负数, 对任何 $\delta>0$, 定义

$$C^s(E)=\sup\{C_0^s(F):F\subset E\} \qquad (15.1)$$

这里 $C_0^s(F)=\lim\limits_{\delta\to0}(\inf\{\sum\limits_{i=1}^{\infty}|B_i|^s \mid |B_i|\leqslant\delta,F\subset\bigcup\limits_i B_i,$ B_i 是中心在 F 的闭球$\})$.

由文[57]知式(15.1)中的 C^s 是一个测度, 称为 s 维豪斯道夫中心测度. 由定义可得下列性质:

性质 15.1[57]　若 $E\subset\mathbf{R}^n, a>0$, 则

(1) $C^s(aE)=a^sC^s(E),\forall a>0$;

(2) $2^{-s}C^s(E)\leqslant H^s(E)\leqslant C^s(E)$, 这里 $H^s(E)$ 是 E 的 s 维豪斯道夫测度.

令 μ 是 $\mathbf{R}^n$ 中的有限博雷尔测度, E 是博雷尔可测集, 且 $\mu(E)<\infty$. 对任意 $x\in\mathbf{R}^n$, 定义 μ 在点 x 的上球密度为

$$\overline{D}^s(\mu,x)=\lim_{r\to 0}\sup\frac{\mu(B_r(x))}{(2r)^s} \tag{15.2}$$

对任意博雷尔集 $F\subset \mathbf{R}^n$,定义$C^s|_E(F)=C^s(E\cap F)$. Tricot[57]证明了下述引理:

引理 15.1　若 $C^s(E)<\infty$,则对几乎所有的 $x\in E$,有$\overline{D}^s(C^s|_E,x)=1$.

由引理 15.1,我们又得到:

引理 15.2[41]　若 $0<C^s(E)<\infty$,对任意博雷尔集 $A\subset \mathbf{R}^n$,定义 $\mu(A)=\dfrac{C^s(A\cap E)}{C^s(E)}$,则对几乎所有的 $x\in E$,有 $C^s(E)=(\overline{D}^s(\mu,x))^{-1}$.

利用自相似集的豪斯道夫维数公式[55],有

引理 15.3　对均匀三部分康托集 $K(\lambda,3)\subset R$,它的豪斯道夫维数 $s=\log_\lambda\dfrac{1}{3}$,并且 $0<H^s(K(\lambda,3))<\infty$.

由性质 15.1 和引理 15.3,有 $0<C^s(K(\lambda,3))<\infty$,这里 s 是 $K(\lambda,3)$ 的豪斯道夫维数. 这样,我们可以对任意博雷尔集 $A\subset\mathbf{R}$,定义一个概率测度

$$\mu(A)=\frac{C^s(A\cap K(\lambda,3))}{C^s(K(\lambda,3))} \tag{15.3}$$

注　在本章的后面部分,s 和 μ 总是分别表示 $K(\lambda,3)$ 的豪斯道夫维数和式(15.3)定义的概率测度.

3. 四个引理

这一节将估计μ 在一些特殊区间上的取值. 首先,我们给出下述定义:

定义 15.1　对 $k=0,1,2,\cdots$,定义 $\{l_i^k\}_{i=1}^{2\cdot 3^k}$,

$\{r_i^k\}_{i=0}^{2\cdot 3^k}$和$P(\lambda,3)=\bigcup\limits_{k=0}^{\infty}\bigcup\limits_{i=0}^{2\cdot 3^k-1}(r_i^k,l_{i+1}^k)$,使得它们分别满足下列条件:

(1)对任何$k\geqslant 0$,有$r_0^k=\lambda$;

(2)$l_1^0=\dfrac{1-\lambda}{2}$,$r_1^0=\dfrac{1+\lambda}{2}$,$l_2^0=1-\lambda$,$r_2^0=1$;

(3)对任何$k\geqslant 1$,$l_{3i-2}^k=l_i^{k-1}$,$r_{3i}^k=r_i^{k-1}$,并且

$$(r_{3i-2}^k-l_{3i-2}^k):(l_{3i-1}^k-r_{3i-2}^k):(r_{3i-1}^k-l_{3i-1}^k):(l_{3i}^k-r_{3i-1}^k):(r_{3i}^k-l_{3i}^k)$$
$$=\lambda:\frac{1-3\lambda}{2}:\lambda:\frac{1-3\lambda}{2}:\lambda\quad(i=1,2,\cdots,2\cdot 3^{k-1})$$

性质15.2　由定义15.1确定的$P(\lambda,3)$,$\{l_i^k\}_{i=1}^{2\cdot 3^k}$和$\{r_i^k\}_{i=0}^{2\cdot 3^k}$具有下述性质:

(1)$P(\lambda,3)=[\lambda,1]\backslash K(\lambda,3)$;

(2)对任何$k\geqslant 0$,有$(l_i^k-r_{i-1}^k):(r_i^k-l_i^k)\geqslant\dfrac{1-3\lambda}{2}:\lambda$

$(i=1,2,\cdots,2\cdot 3^k)$;

(3)对任何$k\geqslant 0$,有$r_{3i-1}^{k+1}\geqslant\lambda r_{i-1}^k+(1-\lambda)r_i^k$和$r_{3i-2}^{k+1}\geqslant 2\lambda r_{i-1}^k+(1-2\lambda)r_i^k(i=1,2,\cdots,2\cdot 3^k)$.

证　(1)显然.

(2)用数学归纳法证明.当$k=0$时显然成立.假设$k=m$时成立,即$(l_i^m-r_{i-1}^m):(r_i^m-l_i^m)\geqslant\dfrac{1-3\lambda}{2}:\lambda$对所有$i=1,2,\cdots,2\cdot 3^m$成立.对$k=m+1$,$i=1,2,\cdots,2\cdot 3^m$,由定义得

$$(l_{3i-1}^{m+1}-r_{3i-2}^{m+1}):(r_{3i-1}^{m+1}-l_{3i-1}^{m+1})=\frac{1-3\lambda}{2}:\lambda$$

$$(l_{3i}^{m+1}-r_{3i-1}^{m+1}):(r_{3i}^{m+1}-l_{3i}^{m+1})=\frac{1-3\lambda}{2}:\lambda$$

由于 $l_{3i-2}^{m+1}=l_i^m, r_{3i-3}^{m+1}=r_{i-1}^m, r_{3i-2}^{m+1}<r_{3i}^{m+1}=r_i^m$,所以

$$(l_{3i-2}^{m+1}-r_{3i-3}^{m+1}):(r_{3i-2}^{m+1}-l_{3i-2}^{m-1})>(l_i^m-r_{i-1}^m):(r_i^m-l_i^m)$$
$$>\frac{1-3\lambda}{2}:\lambda$$

这样,(2)证毕.

(3)对任何 $k\geqslant 0$, $r_i^k-r_{i-1}^k=r_i^k-l_i^k+l_i^k-r_{i-1}^k\geqslant \frac{1-\lambda}{2\lambda}(r_i^k-l_i^k)$. 由定义 15.1 可以验证

$$r_i^k-r_{3i-2}^{k+1}=r_{3i}^{k+1}-r_{3i-2}^{k+1}=(1-\lambda)(r_i^k-l_i^k)$$
$$r_i^k-r_{3i-1}^{k+1}=r_{3i}^{k+1}-r_{3i-1}^{k+1}=\frac{1-\lambda}{2}(r_i^k-l_i^k)$$

故得 $r_i^k-r_{i-1}^k\geqslant\frac{r_i^k-r_{3i-2}^{k+1}}{2\lambda}$ 与 $r_i^k-r_{i-1}^k\geqslant\frac{r_i^k-r_{3i-1}^{k+1}}{\lambda}$. 性质 15.2证毕.

引理 15.4　对于任给的正实数,有 $\mu([0,r])\leqslant r^s$,且 $\mu([1-r,1])\leqslant r^3$.

证　我们只证明 $\mu([0,r])\leqslant r^3$,另一个不等式 $\mu([1-r,1])\leqslant r^s$ 可类似证明. 又由于对任意 $r>1$,有 $\mu([1,r])=0$,故只要证明对 $r\in[0,1]$,有 $\mu([0,r])\leqslant r^s$就足够了. 由定义 15.1 知

$$\mu([r_i^k,l_{i+1}^k])=0$$
$$\mu([l_{3i-1}^{k+1},r_{3i-1}^{k+1}])=\lambda^s\mu([l_i^k,r_i^k])$$
$$\mu([l_{3i-2}^{k+1},r_{3i-2}^{k+1}])=\lambda^s\mu([l_i^k,r_i^k])$$

下面,我们先用数学归纳法证明对一切 $r\in\bigcup_{k=0}^{\infty}\bigcup_{i=0}^{2\cdot 3^k-1}[r_i^k,l_{i+1}^k]$,有 $\mu([0,r])\leqslant r^s$.

(1)当 $k=0$ 时, $\bigcup_{i=0}^{2\cdot 3^k-1}[r_i^k,l_{i+1}^k]=[\lambda,\frac{1-\lambda}{2}]\cup[\frac{1+\lambda}{2},1-\lambda]$. 若 $r\in[\lambda,\frac{1-\lambda}{2}]$,则 $\mu([0,r])=$

$\mu([0,\lambda])=\lambda^s\leqslant r^s$；若 $r\in[\frac{1+\lambda}{2},1-\lambda]$，则 $\mu([0,r])=\mu([0,\frac{1+\lambda}{2}])=2\lambda^s=\frac{1+\lambda^s}{2}\leqslant(\frac{1+\lambda}{2})^s\leqslant r^s$.

(2)假设当 $k=m\geqslant 0$ 时，对一切 $r\in\bigcup\limits_{i=0}^{2\cdot 3^m-1}[r_i^m,l_{i+1}^m]$，有 $\mu([0,r])\leqslant r^s$.

下面证明当 $r=\bigcup\limits_{i=0}^{2\cdot 3^{m+1}-1}[r_i^{m+1},l_{i+1}^{m-1}]$ 时，仍有 $\mu([0,r])\leqslant r^s$. 若 $r\in\bigcup\limits_{i=0}^{2\cdot 3^{m+1}-1}[r_i^{m+1},l_{i+1}^{m+1}]$，则一定存在某个 $i_0\in\{0,1,\cdots,2\cdot 3^{m+1}-1\}$，使得 $r\in[r_{i_0}^{m+1},l_{i_0+1}^{m+1}]$.

①若 $i_0=3j(j\in\mathbf{N})$，那么 $\mu([0,r])=\mu([0,r_{i_0}^{m+1}])=\mu([0,r_j^m])\leqslant(r_j^m)^s=(r_{i_0}^{m+1})^s\leqslant r^s$.

②若 $i_0=3j-1(j\in\mathbf{N})$，由 $y=x^s$ 是凸函数及归纳假设与性质 15.2(3)，得

$$\begin{aligned}
\mu([0,r])&=\mu([0,r_{i_0}^{m+1}])\\
&=\mu([0,r_{3j-1}^{m+1}])\\
&=\mu([0,r_{3j-3}^{m+1}])+\mu([l_{3j-2}^{m+1},r_{3j-2}^{m+1}])+\\
&\quad\ \mu([l_{3j-1}^{m+1},r_{3j-1}^{m+1}])\\
&=\mu([0,r_{j-1}^m])+\lambda^s\mu([l_j^m,r_j^m])+\\
&\quad\ \lambda^s\mu([l_j^m,r_j^m])\\
&=\lambda\mu([0,r_{j-1}^m])+(1-\lambda)\mu([0,r_{j-1}^m])+\\
&\quad\ (1-\lambda^s)\mu([l_j^m,r_j^m])\\
&\leqslant\lambda\mu([0,r_{j-1}^m])+(1-\lambda)\mu([0,r_j^m])\\
&\leqslant\lambda(r_{j-1}^m)^s+(1-\lambda)(r_j^m)^s\\
&\leqslant(\lambda r_{j-1}^m+(1-\lambda)r_j^m)^s\\
&\leqslant(r_{3j-1}^{m+1})^s=(r_{i_0}^{m+1})^s\leqslant r^s
\end{aligned}$$

③若 $i_0=3j-2(j\in\mathbf{N})$，则

$$\begin{aligned}\mu([0,r])&=\mu([0,r_{i_0}^{m+1}])\\&=\mu([0,r_{3j-2}^{m+1}])\\&=\mu([0,r_{3j-3}^{m+1}])+\mu([l_{3j-2}^{m+1},r_{3j-2}^{m+1}])\\&=\mu([0,r_{j-1}^{m}])+\lambda^s\mu([l_j^m,r_j^m])\\&=2\lambda\mu([0,r_{j-1}^{m}])+(1-2\lambda)\cdot\\&\quad\mu([0,l_j^m])+(1-2\lambda^s)\mu([l_j^m,r_j^m])\\&\leqslant2\lambda\mu([0,r_{j-1}^{m}])+(1-2\lambda)\mu([0,r_j^m])\\&=2\lambda(r_{j-1}^m)^s+(1-2\lambda)(r_j^m)^s\\&\leqslant(2\lambda r_{j-1}^m+(1-2\lambda)r_j^m)^s\\&\leqslant(r_{3j-2}^{m+1})^s=(r_{i_0}^{m+1})^s\\&\leqslant r^s\end{aligned}$$

由于 $\bigcup\limits_{k=0}^{\infty}\bigcup\limits_{i=0}^{2\cdot3^k-1}[r_i^k,l_{i+1}^k]\supset P(\lambda,3)$ 且 $P(\lambda,3)$ 在 $[\lambda,1]$ 上稠密，利用 $y=r^s$ 的连续性，可得对任意 $r\in[\lambda,1]$，有 $\mu([0,r])\leqslant r^s$. 利用 $K(\lambda,3)$ 的相似性，可知对任意 $r\in[0,1]$，有 $\mu([0,r])\leqslant r^s$. 引理 15.4 证毕.

引理 15.5 对任意 $r\geqslant0$，令 $f(r)=a(r+b)^s-r^s-c$，这里 $a>1,b,c>0$. 若 $f(\lambda)\geqslant0$ 且 $\frac{b}{\lambda}-\frac{c}{\lambda^s}\geqslant0$，则对任意 $r\in[0,\lambda]$，有 $f(r)\geqslant0$.

证 由于 $f'(r)=s\left(\frac{a}{(r+b)^{1-s}}-\frac{1}{r^{1-s}}\right)=\frac{s}{r^{1-s}}\cdot\left(\frac{a}{(1+\frac{b}{r})^{1-s}}-1\right)$，故存在 $r_0=\frac{b}{a^{\frac{1}{1-s}}-1}\in(0,\infty)$，使得 $f'(r_0)=0$；当 $0<r<r_0$ 时，$f'(r)<0$；当 $r>r_0$ 时，$f'(r)>0$.

若 $\lambda \leqslant r_0$，则当 $0<r<\lambda$ 时，$f'(r)<0$，故对任何 $r\in[0,\lambda]$，$f(r)\geqslant f(\lambda)\geqslant 0$.

若 $r_0<\lambda$，则 $f(r_0)$ 是 $f(r)$ 在 $[0,\lambda]$ 内的最小值. 由于

$$
\begin{aligned}
f(r_0) &= a\left(\frac{b}{a^{\frac{1}{1-s}}-1}+b\right)^s-\left(\frac{b}{a^{\frac{1}{1-s}}-1}\right)^s-c\\
&= b^s\left(a^{\frac{1}{1-s}}-1\right)^{1-s}-c\\
&= b\left(\frac{a^{\frac{1}{1-s}}-1}{b}\right)^{1-s}-c=\frac{b}{r_0^{1-s}}-c\\
&\geqslant \frac{b}{\lambda^{1-s}}-c=\lambda^s\left(\frac{b}{\lambda}-\frac{c}{\lambda^s}\right)\geqslant 0
\end{aligned}
$$

我们得到对任意 $r\in[0,\lambda]$，有 $f(r)\geqslant 0$. 引理15.5证毕.

引理 15.6　对任意 $r\geqslant 0$，令

$$
f_1(r)=\frac{2^s\left(r+\frac{1-3\lambda}{2}\right)^s}{(1+\lambda)^s}-r^s-\lambda^s
$$

$$
f_2(r)=\frac{(r+1-2\lambda)^s}{(1-\lambda)^s}-r^s-2\lambda^s
$$

$$
f_3(r)=\frac{2^s\left(r+\frac{1-\lambda}{2}\right)^s}{(1+\lambda)^s}-r^s-2\lambda^s
$$

假设 $0<\lambda\leqslant\frac{1}{5}$，那么对任意 $r\in[0,\lambda]$，有 $f_i(r)\geqslant 0$ $(i=1,2,3)$.

证　由于 $0<\lambda\leqslant\frac{1}{5}$ 且 $3\lambda^s=1$，所以 $f_1(\lambda)=\left(\frac{1-\lambda}{1+\lambda}\right)^s-2\lambda^s\geqslant\left(\frac{2}{3}\right)^s-\frac{2}{3}>0$. 令 $b_1=\frac{1-3\lambda}{2}$，$c_1=\lambda^s$，

那么$\frac{b_1}{\lambda}-\frac{c_1}{\lambda^s}=\frac{1-5\lambda}{2\lambda}\geqslant 0$,于是由引理 15.5 可知,对任意 $r\in[0,\lambda]$,有 $f_1(r)\geqslant 0$.

由 $f_2(\lambda)=0$ 与$\frac{1-2\lambda}{\lambda}-\frac{2\lambda^s}{\lambda^s}>\frac{1-5\lambda}{\lambda}\geqslant 0$,得到对任意 $r\in[0,\lambda]$,有 $f_2(r)\geqslant 0$.

由 $f_3(\lambda)=0$ 与$\frac{\frac{1-\lambda}{2}}{\lambda}-\frac{2\lambda^s}{\lambda^s}=\frac{1-5\lambda}{2\lambda}\geqslant 0$,得到对任意 $r\in[0,\lambda]$,有 $f_3(r)\geqslant 0$. 引理 15.6 证毕.

引理 15.7　令 $y_0=r_0^0$ 是闭区间 $\varphi_1([0,1])$的右端点,$y_1=l_1^0$ 是闭区间 $\varphi_2([0,1])$的左端点,$y_2=r_1^0$ 是闭区间 $\varphi_2([0,1])$的右端点,$y_3=l_1^0$ 是闭区间 $\varphi_3([0,1])$的左端点,则对 $0<\lambda\leqslant\frac{1}{5}$和任意 $r>0$,有

$$\mu([y_i-r,y_i+r])\leqslant(2r)^s\quad(i=0,1,2,3)$$

证　不失一般性,我们只考虑 $i=0$ 与 $i=1$.

(1)先考虑 $i=0$.

①若 $r\leqslant\lambda$,则由 C^s 的性质和引理 15.4,得

$$\begin{aligned}\mu([y_0-r,y_0+r])&=\mu([y_0-r,y_0])\\&=\mu(\varphi_1[1-\lambda^{-1}r,1])\\&=\lambda^s\mu([1-\lambda^{-1}r,1])\\&\leqslant\lambda^s(\lambda^{-1}r)^s\\&=r^s<(2r)^s\end{aligned}$$

②若 $\lambda<r\leqslant\frac{1-3\lambda}{2}$,则 $\mu([y_0-r,y_0+r])=\mu([0,\lambda])=\lambda^s<r^s<(2r)^s$.

③若$\frac{1-3\lambda}{2}<r\leqslant\frac{1-\lambda}{2}$,$r^*=r-\frac{1-3\lambda}{2}$,则 $0<r^*\leqslant$

λ. 由引理 15.4 与 C^s 的性质,得

$$\mu([y_0-r,y_0+r])=\mu([0,\lambda])+\mu([y_1,y_1+r^*])\leqslant\lambda^s+(r^*)^s$$

再由引理 15.6,得

$$\mu([y_0-r,y_0+r])\leqslant\frac{2^s\left(r^*+\frac{1-3\lambda}{2}\right)^s}{(1+\lambda)^s}\leqslant(2r)^s$$

④若$\frac{1-\lambda}{2}<r\leqslant 1-2\lambda$,则

$$\mu([y_0-r,y_0+r])=\mu\left(\left[y_0-\frac{1-\lambda}{2},y_0+\frac{1-\lambda}{2}\right]\right)\leqslant\left(2\cdot\frac{1-\lambda}{2}\right)^s\leqslant(2r)^s$$

⑤若 $1-2\lambda<r\leqslant 1-\lambda$,令 $r^*=r-(1-2\lambda)$,则 $0<r^*\leqslant\lambda$. 由引理 15.4 与 C^s 的性质,得

$$\mu([y_0-r,y_0+r])=\mu([0,\lambda])+\mu([y_1,y_1+\lambda])+\mu([y_3,y_3+r^*])\leqslant 2\lambda^s+(r^*)^s$$

再由引理 15.6,得 $\mu([y_0-r,y_0+r])\leqslant\frac{r^s}{(1-\lambda)^s}<\frac{(2r)^s}{(1+\lambda)^s}<(2r)^s$.

⑥若 $r>1-\lambda$,则 $\mu([y_0-r,y_0+r])=1<\frac{(2r)^s}{(1+\lambda)^s}<(2r)^s$.

(2)再考虑 $i=1$.

①若 $0<r\leqslant\lambda$,则 $\mu([y_1-r,y_1+r])=\mu([y_1,y_1+r])\leqslant r^s<(2r)^s$.

②若 $\lambda < r \leqslant \frac{1-3\lambda}{2}$，则 $\mu([y_1 - r, y_1 + r]) = \mu([0,\lambda]) = \lambda^s < r^s < (2r)^s$.

③若 $\frac{1-3\lambda}{2} < r \leqslant \frac{1-\lambda}{2}$，令 $r^* = r - \frac{1-3\lambda}{2}$，则

$$\begin{aligned}&\mu([y_1 - r, y_1 + r])\\&=\mu([y_1, y_1+\lambda]) + \mu\left(\left[y_0 - \left(r - \frac{1-3\lambda}{2}\right), y_0\right]\right)\\&=\lambda^s + \mu([y_0 - r^*, y_0])\\&\leqslant \lambda^s + (r^*)^s\end{aligned}$$

由引理 15.6，得 $\mu([y_1 - r, y_1 + r]) \leqslant \frac{2^s\left(r^* + \frac{1-3\lambda}{2}\right)^s}{(1+\lambda)^s} \leqslant (2r)^s$.

④若 $\frac{1-\lambda}{2} < r \leqslant \frac{1+\lambda}{2}$，令 $r^* = r - \frac{1-\lambda}{2}$，由引理 15.6，得

$$\begin{aligned}&\mu([y_1 - r, y_1 + r])\\&=\mu([0,\lambda]) + \mu([y_1, y_1+\lambda]) + \mu([y_3, y_3 + r^*])\\&=2\lambda^s + (r^*)^s\\&\leqslant \frac{2^s\left(r^* + \frac{1-\lambda}{2}\right)^s}{(1+\lambda)^s} = \frac{(2r)^s}{(1+\lambda)^s} < (2r)^s\end{aligned}$$

⑤若 $r > \frac{1+\lambda}{2}$，则 $\mu([y_1 - r, y_1 + r]) = 1 < \frac{(2r)^s}{(1+\lambda)^s} < (2r)^s$.

引理 15.7 证毕.

3. 主要定理

对于任一正整数$k\geqslant 1$,定义$I_k=\{(i_1,i_2,\cdots,i_k)\mid i_j=1,2,3;j=1,2,\cdots,k\}$,$I_\infty=\{(i_1,i_2,\cdots)\mid i_j=1,2,3;j=1,2,\cdots\}$. 记$\{x_{i_1i_2\cdots}\}=\bigcap_{k=0}^{\infty}\varphi_{i_1}\circ\varphi_{i_2}\circ\cdots\circ\varphi_{i_k}([0,1])$,则

$$x_{i_1i_2\cdots}\in K(\lambda,3),\text{且 }K(\lambda,3)=\bigcup_{(i_1,i_2,\cdots)\in I_\infty}\{x_{i_1i_2\cdots}\}$$

现在来构造$F(\lambda,3)\subset K(\lambda,3)$,使得$\mu(F(\lambda,3))=1$. 对任何正整数$k\geqslant 1$,令$\varphi_1^k=\varphi_1\circ\varphi_1^{k-1}$,$\varphi_2^k=\varphi_2\circ\varphi_2^{k-1}$,定义$F_{p,k}=\bigcup_{n=p}^{\infty}\bigcup_{(i_1,i_2,\cdots,i_n)\in I_n}\varphi_{i_1}\circ\varphi_{i_2}\circ\cdots\circ\varphi_{i_n}\circ\varphi_2^k([0,1])$,$p\in\mathbf{N}$. 令

$$F(\lambda,3)=\bigcap_{k\geqslant 1}\{\bigcap_{p\geqslant 1}F_{p,k}\}\qquad(15.5)$$

则有下面引理:

引理15.8　若$F(\lambda,3)$如式(15.5)所定义,则$F(\lambda,3)\subset K(\lambda,3)$并且$\mu(F(\lambda,3))=1$.

证　由$F(\lambda,3)$的构造可知,$F(\lambda,3)\subset K(\lambda,3)$.

由$F_{p,k}$的定义可知$F_{p,k}=\bigcup_{(i_1,i_2,\cdots,i_p)\in I_p}\varphi_{i_1}\circ\varphi_{i_2}\circ\cdots\circ\varphi_{i_p}(A)$,其中$A=\{\varphi_2^k([0,1])\}\cup\{\bigcup_{n=1}^{\infty}\bigcup_{(i_1,i_2,\cdots,i_n)\in I_n}\varphi_{i_1}\circ\varphi_{i_2}\circ\cdots\circ\varphi_{i_n}\circ\varphi_2^k([0,1])\}$. 注意到

$$\mu(F_{p,k})=3^p(\lambda^s)^p\mu(A)=(3\lambda^s)^p\mu(A)=\mu(A)$$

现在证明$\mu(A)=1$. 构造A的子集$\bigcup_{q=0}^{\infty}B_q$如下:

(1) $B_0=\varphi_2^k([0,1])$

(2) $B_q=\bigcup_{\substack{(i_1,i_2,\cdots,i_{qk})\in I_{qk}\\(i_{sk+1},i_{sk+2},\cdots,i_{(s+1)k})\neq(2,2,\cdots,2)\\0\leqslant s\leqslant q-1}}\varphi_{i_1}\circ\varphi_{i_2}\circ\cdots\circ\varphi_{i_{qk}}\circ\varphi_2^k([0,1])\quad(q\geqslant 1)$

可以证明下面两个性质:

①$B_q \cap B_{q'} = \varnothing$($q,q'$为任一非负整数且 $q \neq q'$).

②$\mu(B_q) = \left(1 - \frac{1}{3^k}\right)^q \cdot \frac{1}{3^k}, q \geqslant 0$.

首先证明性质①. 不妨设 $q' > q$,从而

$$B_{q'} \subset T_{q+1} = \bigcup_{\substack{(i_1,i_2,\cdots,i_{(q+1)k}) \in I_{(q+1)k} \\ (i_{qk+1},i_{qk+2},\cdots,i_{(q+1)k}) \neq (2,2,\cdots,2)}} \varphi_{i_1} \circ \varphi_{i_2} \circ \cdots \circ \varphi_{i_{(q+1)k}}([0,1])$$

由于$(i_{qk+1}, i_{qk+2}, \cdots, i_{(q+1)k}) \neq (2,2,\cdots,2)$,故 $T_{q+1} \cap B_q = \varnothing$,从而 $B_q \cap B_{q'} = \varnothing$.

其次证明性质②. 由 B_q 的构造知

$$\mu(B_{q+1}) = (3^k - 1) \cdot (\lambda^s)^k \cdot \mu(B_q) = \frac{3^k - 1}{3^k}\mu(B_q) \quad (q \geqslant 0)$$

从而得 $\mu(B_q) = \left(\frac{3^k - 1}{3^k}\right)^q \mu(B_0) = \left(\frac{3^k - 1}{3^k}\right)^q \cdot \frac{1}{3^k}$ $(q \geqslant 0)$. 由性质①②,得

$$\mu(A) \geqslant \mu\left(\bigcup_{q=0}^{\infty} B_q\right) = \sum_{q=0}^{\infty} \left(\frac{3^k - 1}{3^k}\right)^q \cdot \frac{1}{3^k} = 1$$

从而$\mu(A) = 1$,故$\mu(F_{p,k}) = 1, p \geqslant 1$. 由于$\{F_{p,k}\}_{p \geqslant 1}$关于 p 单调递减,故

$$\mu\left(\bigcap_{p \to \infty} F_{p,k}\right) = \lim_{p \to \infty} \mu(F_{p,k}) = 1$$

注意到 $\varphi_2^{k+1}([0,1]) \subset \varphi_2^k([0,1])$,从而有 $F_{p,k+1} \subset F_{p,k}$,所以$\{\bigcap_{p \geqslant 1} F_{p,k}\}_{k \geqslant 1}$关于 k 单调递减,于是$\mu(F(\lambda,3)) = \mu\left(\bigcap_{k \geqslant 1}\{\bigcap_{p \geqslant 1} F_{p,k}\}\right) = 1$. 引理 15.8 证毕.

定理 15.1　若 $0 < \lambda \leqslant \frac{1}{5}$,则 $K(\lambda,3)$的豪斯道夫中心测度 $C^s(K(\lambda,3)) = 1$,这里 $s = \log_\lambda \frac{1}{3}$.

证　由引理15.2知,结论等价于对几乎所有的 $x \in F(\lambda,3)$,有 $\overline{D}^s(\mu,x)=1$.

首先证明对任意 $x \in F(\lambda,3)$,有 $\overline{D}^s(\mu,x) \geqslant 1$.

任取 $x \in F(\lambda,3)$,有 $x \in F_{p,k}$ 对任意 $p,k>0$ 成立.由 $F_{p,k}$ 的定义知,一定存在 $n \geqslant p$ 和 $(i_1,i_2,\cdots,i_n) \in I_n$,使得 $x \in \varphi_{i_1} \circ \varphi_{i_2} \circ \cdots \circ \varphi_{i_n} \circ \varphi_2^k([0,1])$.记 η_n 为 $\varphi_{i_1} \circ \varphi_{i_2} \circ \cdots \circ \varphi_{i_n}([0,1])$ 的长度.令 y_0 为 $\varphi_{i_1} \circ \varphi_{i_2} \circ \cdots \circ \varphi_{i_n} \circ \varphi_2^k([0,1])$ 的中点,从而 y_0 也是 $\varphi_{i_1} \circ \varphi_{i_2} \circ \cdots \circ \varphi_{i_n}([0,1])$ 的中点,故有

$$y_0 - \frac{\lambda^k}{2}\eta_n \leqslant x \leqslant y_0 + \frac{\lambda^k}{2}\eta_n$$

令 y_n^0 与 y_n^1 分别是 $\varphi_{i_1} \circ \varphi_{i_2} \circ \cdots \circ \varphi_{i_n}([0,1])$ 的左右端点,$r_p = \frac{\eta_n}{2} + \frac{\lambda^k}{2}\eta_n$,则

$$x - r_p \leqslant \left(y_0 + \frac{\lambda^k}{2}\eta_n\right) - \left(\frac{\eta_n}{2} + \frac{\lambda^k}{2}\eta_n\right) = y_n^0$$

$$x + r_p \geqslant \left(y_0 - \frac{\lambda^k}{2}\eta_n\right) + \left(\frac{\eta_n}{2} + \frac{\lambda^k}{2}\eta_n\right) = y_n^1$$

所以

$$\begin{aligned}&\frac{\mu([x-r_p,x+r_p])}{(2r_p)^s}\\ \geqslant&\frac{\mu(\varphi_{i_1} \circ \varphi_{i_2} \circ \cdots \circ \varphi_{i_n}([0,1]))}{(2r_p)^s}\\ =&\frac{\eta_n^s}{(\eta_n+\lambda^k\eta_n)^s}\\ =&\frac{1}{(1+\lambda^k)^s}\end{aligned}$$

注意到上面不等式对任意 $k \geqslant 1$ 均成立,令 $k \to \infty$,可

得对任意 $x\in F(\lambda,3)$，有 $\overline{D}^s(\mu,x)\geqslant 1$. 再由引理15.8，可得对几乎所有的 $x\in K(\lambda,3)$，有 $\overline{D}^s(\mu,x)\geqslant 1$.

为了证明反向不等式，将证明对任意 $x\in K(\lambda,3)$ 与 $0<r<\lambda$，有 $\frac{\mu([x-r,x+r])}{(2r)^s}\leqslant 1$. 由于 $0<r<\lambda$，故存在整数 $k\geqslant 1$，使得 $\lambda^{k+1}<r\leqslant\lambda^k$. 假设 $x\in\bigcap_{k=1}^{\infty}\varphi_{i_1}\circ\varphi_{i_2}\circ\cdots\circ\varphi_{i_k}([0,1])$，从而 $x\in\bigcap_{k=1}^{\infty}\varphi_{i_1}\circ\varphi_{i_2}\circ\cdots\circ\varphi_{i_{k+1}}([0,1])$.

我们考虑以下三种情况：

(1)若 $i_{k+1}=1$. 令 y_{k+1}^0 与 y_{k+1}^1 分别是 $\varphi_{i_1}\circ\varphi_{i_2}\circ\cdots\circ\varphi_{i_k}\circ\varphi_1([0,1])$ 的左右端点，从而 y_{k+1}^0 也是 $\varphi_{i_1}\circ\varphi_{i_2}\circ\cdots\circ\varphi_{i_k}([0,1])$ 的左端点. 由 $K(\lambda,3)$ 的构造以及 $0<\lambda\leqslant\frac{1}{5}$，可得 $\mu([y_{k+1}^0-\lambda^k,y_{k+1}^0])=0$，从而

$$\mu([x-r,x+r])\leqslant\mu([y_{k-1}^0,y_{k+1}^1+r])$$
$$=\mu([y_{k+1}^1-r,y_{k+1}^1+r])\quad(15.6)$$

注意到 $y_0=(\varphi_{i_1}\circ\varphi_{i_2}\circ\cdots\circ\varphi_{i_k})^{-1}(y_{k+1}^1)$ 是 $\varphi_1([0,1])$ 的右端点. 令 $r_1=\lambda^{-k}r$，则 $\lambda<r_1\leqslant 1$. 由 $C^s|_{K(\lambda,3)}$ 的性质，不等式(15.6)和引理 15.7，有

$$\frac{\mu([x-r,x+r])}{(2r)^s}$$
$$\leqslant\frac{\mu([y_{k+1}^1-r,y_{k+1}^1+r])}{(2r)^s}$$
$$=\frac{\mu(\varphi_{i_1}\circ\varphi_{i_2}\circ\cdots\circ\varphi_{i_k}([y_0-r_1,y_0+r_1]))}{(2r)^s}$$
$$=\frac{\lambda^{sk}\mu([y_0-r_1,y_0+r_1])}{(2r)^s}$$

$$=\frac{\mu([y_0-r_1,y_0+r_1])}{(2r_1)^s}\leqslant 1$$

(2)若 $i_{k+1}=2$. 令 $[y_{k+1}^2,y_{k+1}^3]=\varphi_{i_1}\circ\varphi_{i_2}\circ\cdots\circ\varphi_{i_k}\circ\varphi_2([0,1])$, $[y_{k+1}^4,y_{k+1}^5]=\varphi_{i_1}\circ\varphi_{i_2}\circ\cdots\circ\varphi_{i_k}\circ\varphi_3([0,1])$. 不失一般性,我们仅需讨论 $y_{k+1}^2\leqslant x\leqslant y_{k+1}^2+\frac{\lambda^{k+1}}{2}$.

①若 $x+r<y_{k+1}^4$,则 $\mu([x-r,x+r])\leqslant\mu([y_{k+1}^2-r,y_{k+1}^2+r])$. 类似于式(15.1),我们可以证明 $\frac{\mu([x-r,x+r])}{(2r)^s}\leqslant 1$.

②若 $x-r\geqslant y_{k+1}^0$ 且 $x+r\geqslant y_{k+1}^4$. 定义 $r_1=\frac{y_{k+1}^1-(x-r)}{\lambda^k}$, $r_2=\frac{(x+r)-y_{k+1}^4}{\lambda^k}$,则 $0\leqslant r_1,r_2\leqslant\lambda$. 由引理15.4,$f(x)=x^s$ 的凸性与 C^s 的性质,得

$$\frac{\mu([x-r,x+r])}{(2r)^s}\leqslant\frac{r_1^s+\lambda^s+r_2^s}{(1+r_1+r_2-2\lambda)^s}$$

$$\leqslant\frac{2\cdot\left(\frac{r_1+r_2}{2}\right)^s+\lambda^s}{(r_1+r_2+1-2\lambda)^s} \tag{15.7}$$

令 $f(t)=(2t+1-2\lambda)^s-2t^s-\lambda^s(0\leqslant t\leqslant\lambda)$. 因为 $f(\lambda)=0$ 且对 $0\leqslant t\leqslant\lambda$,有 $f'(t)=2s[(2t+1-2\lambda)^{s-1}-t^{s-1}]\leqslant 0$,故对 $0\leqslant t\leqslant\lambda$,有 $f(t)\geqslant f(\lambda)=0$,于是

$$\frac{2t^s+\lambda^s}{(2t+1-2\lambda)^s}\leqslant 1$$

由于 $0\leqslant r_1,r_2\leqslant\lambda$,所以 $0\leqslant\frac{r_1+r_2}{2}\leqslant\lambda$. 由式(15.7),得 $\frac{\mu([x-r,x+r])}{(2r)^s}\leqslant 1$.

③令 $x_1 = \dfrac{y_{k+1}^0 + x + r}{2}$ 与 $r^* = \dfrac{x + r - y_{k+1}^0}{2}$. 若 $x - r < y_{k+1}^0, y_{k+1}^4 \leqslant x + r \leqslant y_{k+1}^5$，则 $[y_{k+1}^0, x + r] = [x_1 - r^*, x_1 + r^*]$ 且

$$y_{k+1}^2 = \frac{y_{k+1}^0 + y_{k+1}^4}{2} \leqslant x_1 \leqslant \frac{y_{k+1}^0 + y_{k+1}^5}{2} = y_{k+1}^2 + \frac{\lambda^{k+1}}{2}$$

$$\lambda^{k+1} < \frac{y_{k+1}^4 - y_{k+1}^0}{2} \leqslant r^* < \frac{x + r - (x - r)}{2} = r$$

注意到尽管 x_1 可能不在 $K(\lambda,3)$ 中，我们仍然可用②的方法得到 $\dfrac{\mu([x_1 - r^*, x_1 + r^*])}{(2r^*)^s} \leqslant 1$，故

$$\begin{aligned}\frac{\mu([x - r, x + r])}{(2r)^s} &= \frac{\mu([y_{k+1}^0, x + r])}{(2r)^s} \\ &< \frac{\mu([x_1 - r^*, x_1 + r^*])}{(2r^*)^s} \leqslant 1\end{aligned}$$

④若 $x + r > y_{k+1}^5$，则 $r > \dfrac{\lambda^k}{2}$，从而 $\dfrac{\mu([x - r, x + r])}{(2r)^s} = \dfrac{(\lambda^k)^s}{(2r)^s} < 1$.

(3) 若 $i_{k+1} = 3$. 类似于 (1)，我们可以证明 $\dfrac{\mu([x - r, x + r])}{(2r)^s} \leqslant 1$.

定理 15.1 证毕.

注 本章定理的证明思路与文[41]是相似的. 一方面，我们构造吸引子 $K(\lambda,3)$ 的一个子集，证明对于几乎所有的 $x \in K(\lambda,3)$，均有 $\overline{D}^s(\mu,x) \geqslant 1$. 另一方面，利用引理 15.7 证明对于任意 $x \in K(\lambda,3)$，均有 $\overline{D}^s(\mu, x) \leqslant 1$. 可以看出，计算出精确的豪斯道夫中心测度的

困难在于给出引理 15. 4 和引理 15. 7 的证明. 在文[41]中, Zhu 和 Zhou 通过证明很多复杂的不等式, 得到了这些引理的证明. 本章引进新的方法去证明这些引理, 而且我们的方法看上去更适用于一般结果的证明.

一类均匀康托集的豪斯道夫中心测度①

第16章

漳州师范学院数学与信息科学系的李进军和集美大学理学院的陆式盘两位教授于2010年研究了均匀 $2n$ 部分康托集的豪斯道夫中心测度. 利用极大中心密度与豪斯道夫中心测度之间的关系,确定了均匀 $2n$ 部分康托集豪斯道夫中心测度的精确值.

1. 引言及主要结果

维数与测度是描述分形集的两个重要概念. 对于一些满足开集条件的自相似分形集,豪斯道夫维数是已知的(见文献[62]). 但分形集的测度的计算却非常困难. 到目前为止,人们只得到了很少一部分分形集的精确测度(见文献[19,62])(包括豪斯道夫测度和填充测度). 豪斯道夫中心测度是由球覆盖定义的测

① 李进军,陆式盘. 一类均匀康托集的 Hausdorff 中心测度[J]. 数学杂志,2010,30(1):120-124.

度,它所诱导的维数等于豪斯道夫维数. 豪斯道夫中心测度常用来估计测度的重分形谱. 因而,研究豪斯道夫中心测度就显得非常重要. 但是,豪斯道夫中心测度的计算要比豪斯道夫测度困难得多. 令 $0<\lambda\leqslant\frac{1}{3}$, $K(\lambda,2)$ 是直线上迭代函数系统 $\{S_1,S_2\}$ 的吸引子,这里 $S_1(x)=\lambda x, S_2(x)=1-\lambda+\lambda x, x\in[0,1]$. Zhu 和 Zhou[41] 得到了 $K(\lambda,2)$ 的 α 维的豪斯道夫中心测度为 $2^{\alpha}(1-\lambda)^{\alpha}$,其中 $\alpha=-\log_{\lambda}2$. 同样地,戴美凤等[58] 证明了当 $0<\lambda\leqslant\frac{1}{5}$ 时, $K(\lambda,3)$ 的 α 维豪斯道夫中心测度的精确值为 1,这里, $K(\lambda,3)$ 为迭代函数系统 $S_1(x)=\lambda x, S_2(x)=\frac{1-\lambda}{2}+\lambda x, S_3(x)=(1-\lambda)+\lambda x$, $x\in[0,1]$ 的吸引子, $\alpha=-\log_{\lambda}3$. 另外,Peng 和 Wu[61] 也得到了一类线性康托集在某些条件下的豪斯道夫中心测度.

设 $0<\rho\leqslant c<1, 2n(\rho+c)-c=1, K(\rho,2n)$ 为直线上的线性迭代函数系统 $\{S_i\}_{i=1}^{2n}$ 的吸引子,这里 $S_i(x)=\rho x+(i-1)(\rho+c)(i=1,\cdots,2n), n\in\mathbf{N}$. 本章将用比较简单的方法得到 $K(\rho,2n)$ 的豪斯道夫中心测度的精确值.

定理 16.1　$K(\rho,2n)$ 的豪斯道夫中心测度为 $(2n(\rho+c))^{\alpha}$,其中 $\alpha=-\log_{\rho}(2n)$ 是 $K(\rho,2n)$ 的豪斯道夫维数.

注　当 $n=1$ 时,上定理就是 Zhu 和 Zhou[41] 的结果.

2. 背景知识及几个引理

首先我们回忆豪斯道夫中心测度的定义. 设 E 为 $\mathbf{R}^n$ 中的任意子集, $\alpha\geqslant0$ 为一个非负数,对任意的

$\delta>0$,定义

$$C^{\alpha}(E)=\sup\{C_0^{\alpha}(F):F\subset E\}$$

这里 $C_0^{\alpha}(F)=\lim\limits_{\delta\to 0}(\inf\{\sum\limits_{i=1}^{\infty}|B_i|^{\alpha}||B_i|\leqslant\delta,F\subset U_iB_i,$ B_i 是中心在 F 的闭球$\})$. C^{α} 是一个测度,称之为 α 维的豪斯道夫中心测度.

令 α 是满足 $(2n)\rho^{s}=1$ 的唯一实数,即 $\alpha=-\log_{\rho}(2n)$. 注意到我们所考虑的迭代函数系统 $\{S_i\}_{i=1}^{2n}$ 是满足开集条件的. 由文献[62]知,$K(\rho,2n)$ 的豪斯道夫维数为 α,并且它的 α 维的豪斯道夫测度和填充测度都是正有限的. 而豪斯道夫中心测度是介于豪斯道夫测度和填充测度之间的,所以 $K(\lambda,2n)$ 的 α 维的豪斯道夫中心测度也是正有限的.

下文所涉及的测度 μ,都是指与迭代函数系统 $\{S_i\}_{i=1}^{2n}$ 相关的自相似测度,即 $\mu=\sum\limits_{i=1}^{2n}\rho_i^{\alpha}\mu\circ S_i^{-1}$,其中 $\rho_i\neq\rho(i=1,2,\cdots,2n)$.

假设 $K(\rho,2n)$ 是上文所指的自相似集,μ 是相应的自相似测度,α 为 $K(\rho,2n)$ 的豪斯道夫维数. 对任意的闭区间 J,定义 $d(J)=\mu(J)/|J|^{\alpha}$,称之为 μ 的(α,J)-密度. 令

$d_{\max}=\sup\{d(J)|J$ 是中心在 $K(\rho,2n)$ 上满足 $J\subset[0,1]$ 的闭区间$\}$

称 $d_{\max}$ 为 μ 的极大中心密度. 由文献[61]知,$C^{\alpha}(E)=(d_{\max})^{-1}$

注 1 在 $d_{\max}$ 的定义中,条件 $J\subset[0,1]$ 不是本质的. 事实上,区间 $S_i(J)$ 和 J 具有相同的密度. 换言之,如果 J' 是 $S_i([0,1])$ 的子区间,那么

$$d(J')=d(S_i^{-1}(J')$$

因此,在以上定义中,可以去掉条件 $J\subset[0,1]$.

注2　$d([x-r,x+r])$ 是相对于 (x,r) 的连续函数. 因此,一定存在(不一定唯一)中心在 $K(\rho,2n)$ 的闭区间 J,使得 $d(J)=d_{\max}$.

引理16.1[61]　对任意的 $0\leqslant x\leqslant 1,\mu([0,x])\leqslant x^{\alpha}$;同样的,$\mu([1-x,1])\leqslant x^{\alpha}$.

因此,要得到 $K(\rho,2n)$ 的豪斯道夫中心测度值,就归结为计算相应的 $d_{\max}$.

引理16.2　存在 $i\in\{1,2,\cdots,2n\}$ 及 $r_0>0$,使得 $d_{\max}=d([S_i(1)-r_0,S_i(1)+r_0])$.

证　由 $K(\rho,2n)$ 的紧性,存在 $y\in K(\rho,2n)$ 及 $r>0$,使得 $d_{\max}=d([y-r,y+r])$. 再由 $d([x-r,x+r])$ 的连续性,对任意的 $\varepsilon>0$,存在 $n_0\in\mathbf{N}$,使得对任意

$$y'\in S_T([0,1]):=S_{t_1}S_{t_2}\cdots S_{t_{n_0}}([0,1])$$

有

$$d([y'-r,y'+r])\geqslant d_{\max}-\varepsilon$$

记 $S_{T'}=S_{t_1}S_{t_2}\cdots S_{t_{n_0-1}}$ 特别地,取 $y_0=S_{T'}\circ S_{t_{n_0}}(1)\in S_T([0,1])$,则有

$$d([y_0-r,y_0+r])\geqslant d_{\max}-\varepsilon$$

由注1知

$$\begin{aligned}&d([S_{t_{n_0}}(1)-\rho^{-(n_0-1)}r,S_{t_{n_0}}(1)+\rho^{-(n_0-1)}r])\\&=d(S_{T'}^{-1}([y_0-r,y_0+r])\\&=d([y_0-r,y_0+r])\geqslant d_{\max}-\varepsilon\end{aligned}$$

令 $i=t_{n_0},r_0=\rho^{-(n_0-1)}r$,则有

$$d([S_i(1)-r_0,S_i(1)+r_0])\geqslant d_{\max}-\varepsilon$$

由 ε 的任意性知 $d_{\max}=d([S_i(1)-r_0,S_i(1)+r_0])$.

由以上引理知,要计算 $d_{\max}$ 的值,只需要考虑中心

在$\{S_i(1)\}_{i=1}^{2n}$的区间即可. 进一步的,根据$K(\rho,2n)$的结构,经过简单的比较,我们不难看出:在所有中心处在$\{S_i(1)\}_{i=1}^{2n}$的区间中,中心落在$S_n(1)$处的区间对应的μ的(α,J)-密度最大.

记$x_0=S_n(1)$,$I=[0,1]$,$d_{\max}=\dfrac{1}{(2n(\rho+c))^{\alpha}}$,则单位区间$I$经过$\{S_i\}_{i=1}^{2n}$作用一次后所得的集合如下

$$\underset{0}{\overset{S_1(I)}{\bullet\!\!-\!\!-}}\ \ —\ \ —\ \cdots\ —\!\!\underset{x_0}{\bullet}\ \underset{\frac{1}{2}}{\vdots}\ —\ \cdots\ —\ \ —\ \ \underset{1}{\overset{S_{2n}(I)}{-\!\!-\!\!\bullet}}$$

引理 16.3 对任意的$r>0$,有$d([x_0-r,x_0+r])\leqslant d_{\max}$.

为了证明引理 16.3,我们需要以下引理.

引理 16.4[60] 设s,t,p,q是正数,若$s<t,p<q$,则当$\bar{x}<x<1$时,有$(1-x^p)^s>(1-x^q)^t$,其中$\bar{x}\in(0,1)$是$(1-x^p)^s=(1-x^q)t$的唯一解.

引理 16.3 的证明 当$r=n(\rho+c)$时,有$d([x_0-r,x_0+r])=d_{\max}=\dfrac{1}{(2n(\rho+c))^{\alpha}}$. 所以只需要考虑$r<n(\rho+c)$且$[x_0-r,x_0+r]$的两端点中至少有一个与$S_i([0,1])(i=1,2,\cdots,2n)$相交的区间. 因而,按$r$的范围,我们考虑以下五种情况.

(1) 当$r=m(\rho+c)$,$1\leqslant m\leqslant n$时,有

$$\begin{aligned}A_m &=:d([x_0-r,x_0+r])\\&=\frac{\mu([x_0-m(\rho+c),x_0+m(\rho+c)])}{[2m(\rho+c)]^{\alpha}}\\&=\frac{2m\rho^{\alpha}}{[2m(\rho+c)]^{\alpha}}=\frac{2m\cdot\frac{1}{2n}}{[2m(\rho+c)]^{\alpha}}=\frac{m}{n[2m(\rho+c)]^{\alpha}}\end{aligned}$$

因而$\dfrac{A_m}{d_{\max}}=\dfrac{m[2n(\rho+c)]^\alpha}{n[2m(\rho+c)]^\alpha}=\dfrac{m}{n}\left(\dfrac{n}{m}\right)^\alpha=\left(\dfrac{m}{n}\right)^{1-\alpha}\leqslant 1.$

(2)当 $r=m\rho+(m-1)c,1\leqslant m\leqslant n$ 时,有

$$
\begin{aligned}
B_m &=:d([x_0-r,x_0+r])\\
&=\frac{\mu([x_0-m\rho-(m-1)c,x_0+m\rho+(m-1)c])}{(2[m\rho+(m-1)c])^\alpha}\\
&=\frac{(2m-1)\rho^\alpha}{2^\alpha[m\rho+(m-1)c]^\alpha}
\end{aligned}
$$

因而$\dfrac{B_m}{A_m}=\dfrac{(2m-1)[m(\rho+c)]^\alpha}{2m[m\rho+(m-1)c]^\alpha}.$

下面我们将证明$\dfrac{B_m}{A_m}<1$,从而得到 $B_m<d_{\max}$. 这需要用到引理 16. 4.

要证明$\dfrac{B_m}{A_m}<1$,即要证明

$$
\left(1-\frac{1-2n\rho}{m-m\rho}\right)^\alpha>1-\frac{1}{2m}\qquad(16.1)
$$

取 $s=\alpha<1,t=1,x=\dfrac{1-2n\rho}{m-m\rho},p=1,x^q=\dfrac{1}{2m}$,由 $\rho\leqslant\dfrac{1}{4n-1}$及

$$
\frac{1}{2m}=\left(\frac{1-2n\rho}{m-m\rho}\right)^q>\left(\frac{1-2n\cdot\dfrac{1}{4n-1}}{m-m\cdot\dfrac{1}{4n-1}}\right)^q=\left(\frac{1}{2m}\right)^q
$$

知 $q>1=p$,因而满足引理 16. 4 的条件. 易验证,当 $x=\dfrac{1}{2m}$,即 $\rho=\dfrac{1}{4n-1}$时,式(16. 1)成立;而当 $\rho<\dfrac{1}{4n-1}$时,有 $x=\dfrac{1-2n\rho}{m-m\rho}>\dfrac{1}{2m}$,利用引理 16. 4,当$\dfrac{1}{2m}<x<1$,

即 $\rho<\frac{1}{4n-1}$时，式(16.1)成立. 因此，当 $\rho\leqslant\frac{1}{4n-1}$时，式(16.1)成立. 这正是我们所需要的.

(3) 当 $r=mc+(m-1)\rho+x\rho, 1\leqslant m\leqslant n, x\in[0,1]$ 时，有

$$
\begin{aligned}
A_x &=: d([x_0-r,x_0+r]) \\
&=\frac{(2m-1)\rho^\alpha+\mu([S_{n+m}(0),S_{n+m}(0)+x\rho])}{[2(mc+(m-1)\rho+x\rho)]^\alpha} \\
&\leqslant\frac{(2m-1)\frac{1}{2n}+(x\rho)^\alpha}{[2(mc+(m-1)\rho+x\rho)]^\alpha}
\end{aligned}
$$

上面的不等式用到了引理 16.1.

令 $f(x)=\frac{(2m-1)\frac{1}{2n}+(x\rho)^\alpha}{[2(mc+(m-1)\rho+x\rho)]^\alpha}$，则经过简单的计算知，$x\in[0,1]$时，$f'(x)>0$. 又

$$
f(1)=\frac{(2m-1)\frac{1}{2n}}{[2(m\rho+(m-1)c)]^\alpha}=B_m<d_{\max}
$$

因而，当 $x\in[0,1]$时，$A_x\leqslant d_{\max}$

(4) 当 $r=(m-1)(\rho+c)+xp, 1\leqslant m\leqslant n, 0\leqslant x\leqslant 1$ 时

$$
\begin{aligned}
B_x &=: d([x_0-r,x_0+r]) \\
&=\frac{2(m-1)\rho^\alpha+\mu([S_{n-m+1}(1)-x\rho,S_{n-m+1}(1)])}{(2((m-1)(\rho+c)+x\rho))^\alpha} \\
&\leqslant\frac{2(m-1)\frac{1}{2n}+(x\rho)^\alpha}{[2((m-1)(\rho+c)+x\rho)]^\alpha}
\end{aligned}
$$

上面的不等式也用到了引理 16.1.

令 $f(x)=\dfrac{2(m-1)\dfrac{1}{2n}+(x\rho)^{\alpha}}{[2((m-1)(\rho+c)+x\rho)]^{\alpha}}$,同样的,当 $x\in[0,1]$ 时,$f'(x)>0$. 而

$$f(1)=\frac{2(m-1)\dfrac{1}{2n}+\dfrac{1}{2n}}{[2((m-1)(\rho+c)+x\rho)]^{\alpha}}=B_m<d_{\max}$$

因而,当 $x\in[0,1]$ 时,有 $B_x\leqslant d_{\max}$.

(5)当 $m\rho+(m-1)c\leqslant r<mc+(m-1)\rho,1\leqslant m\leqslant n$ 时,很显然有

$$d([x_0-r,x_0+r])<d_{\max}$$

定理16.1的证明　由引理16.2知

$$d_{\max}=\frac{1}{(2n(\rho+c))^{\alpha}}$$

因而

$$C^{\alpha}(K(\rho,2n))=(d_{\max})^{-1}=(2n(\rho+c))^{\alpha}$$

注　若迭代函数系统 $\{S_i\}$ 由奇数个压缩映射构成,而定理16.1的条件不变,则由文献[61]知,对应的吸引子的豪斯道夫中心测度为1.

含参变量康托集的豪斯道夫测度①

第17章

韩山师范学院数学与信息技术系的曾超益和袁德辉两位教授在 2011 年研究了菱形为基本集所构成的广义康托集的豪斯道夫测度问题. 利用菱形几何结构的相关证明方法,获得了此类广义康托集的豪斯道夫测度准确值,推广了曾超益和许绍元等人的已有结果.

1. 引 言

在分形几何的研究中,相似分形的豪斯道夫测度的研究是一个困难的问题,特别对于维数 $S>1$ 的豪斯道夫测度的准确值目前尚未发现有典型的例子,对它的上界估计的理论研究取得了一些进展,文献[63]对 koch 曲线的豪斯道夫上界的研究得到了比较理想的结果;文献[64]研究了康托集的自乘积集的豪斯

① 曾超益,袁德辉. 含参变量 Cantor 集的 Hausdorff 测度[J]. 数学杂志,2011,31(4):729-737.

道夫下界;文献[65,66]分别给出了最佳覆盖和几乎处处覆盖的概念,从理论上研究豪斯道夫测度,但很难得到准确结果. 既使对于维数 $S\leqslant 1$ 的豪斯道夫测度的准确值,康托集、三分康托集是当前研究最具典型的例子,文献[67,68]应用几何结构论证了四分康托集和四分谢尔品斯基地毯的豪斯道夫测度准确值,运用这些方法可以将其推广到 m 分($m\geqslant 4$)康托集的豪斯道夫测度准确值的研究,本章作进一步的推广.

2. 广义康托集的构造

设 E_0 是单位边长的菱形,顶角为

$$2\theta\ \left(\arcsin\frac{1}{\sqrt{1+m}}\leqslant\theta\leqslant\frac{\pi}{4}\right)$$

以菱形的对角线建立直角坐标系(图 17.1). 将 E_0 的每边 $m(\geqslant 4)$等分,E_0 分成 m^2 个边长为$\frac{1}{m}$,顶角为 2θ 的小菱形,按Ⅰ-Ⅳ象限的逆时针方向保留一边落在 E_0 的边上的第 k 个小菱形 $A_1^{(0)},B_1^{(0)},C_1^{(0)},D_1^{(0)}$,将其余的 m^2-4 个小菱形去掉,记 $E_1=A_1^{(0)}\cup B_1^{(0)}\cup C_1^{(0)}\cup D_1^{(0)}$,同时用 $A_1^{(0)},B_1^{(0)},C_1^{(0)},D_1^{(0)}$ 分别表示 E_0 的各边上的第 $k-1$ 个分点;对 E_1 的四个小菱形施行上述同样的方法,得到 16 个边长为$\frac{1}{m^2}$的小菱形 $A_2^{(i_1)}$, $B_2^{(j_1)},C_2^{(l_1)},D_2^{(g_1)},i_1,j_1,l_1,g_1\in\{1,2,3,4\}$,记

$$E_2=\bigcup_{i_1,j_1,l_1,g_1=1}^{4}\left(A_2^{(i_1)}\cup B_2^{(j_1)}\cup C_2^{(l_1)}\cup D_2^{(g_1)}\right),\cdots$$

如此继续下去,得到 4^p 个边长为$\frac{1}{m^p}$的菱形 $A_p^{(i_1i_2\cdots i_{p-1})}$, $B_p^{(j_1j_2\cdots j_{p-1})},C_p^{(l_1l_2\cdots l_{p-1})},D_p^{(g_1g_2\cdots g_{p-1})}$ 记 $E_p=\cup(A^{(i_1i_2\cdots i_{p-1})_p}\cup B_p^{(j_1j_2\cdots j_{p-1})}\cup C_p^{(l_1l_2\cdots l_{p-1})}\cup D_p^{(g_1g_2\cdots g_{p-1})}),i_k,j_k,l_k,g_k\in\{1,$

2,3,4},$k=1,2,\cdots,p-1$,$i_0=j_0=l_0=g_0=0$,于是有 $E_0\supset E_1\supset E_2\supset\cdots\supset E_p\supset\cdots$,我们称

$$E=\bigcap_{p=0}^{\infty}E_p$$

为含参变量 θ 的广义康托集,E 是自相似的,E 的豪斯道夫维数 $S=\log_m 4\leqslant 1$,E_p 所包含的 4^p 个小菱形称为 E 的 p 级复制.

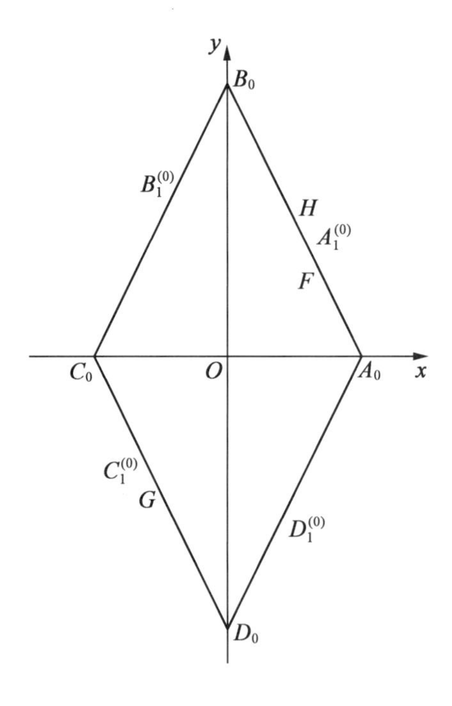

图 17.1

3. 特殊点坐标

为了下面证明的方便,我们给出一些特殊点的坐标.

$$A_1^{(0)}=\left(\frac{m-k+1}{m}\sin\theta,\frac{k-1}{m}\cos\theta\right),C_1^{(0)}=-A_1^{(0)}$$

$$B_1^{(0)}=\left(-\frac{k-1}{m}\sin\theta,\frac{m-k+1}{m}\cos\theta\right),D_1^{(0)}=-B_1^{(0)}$$

$$F=\left(\frac{m-k}{m}\sin\theta,\frac{k-2}{m}\cos\theta\right)$$

$$G=\left(-\frac{m-k}{m}\sin\theta,-\frac{k}{m}\cos\theta\right)$$

$$H=\left(\frac{m-k}{m}\sin\theta,\frac{k}{m}\cos\theta\right)$$

$$A_1=\lim_{p\to\infty}A_p^{(\overbrace{11\cdots1}^{p-1\text{个}})}=\lim_{p\to\infty}\left(\frac{m-k+1}{m}\sin\theta-\frac{k-1}{m^2}\sin\theta-\frac{k-1}{m^3}\sin\theta-\cdots-\frac{k-1}{m^p}\sin\theta,\frac{k-1}{m}\cos\theta+\frac{k-1}{m^2}\cos\theta+\cdots+\frac{k-1}{m^p}\cos\theta\right)$$

$$=\left(\frac{m-k}{m-1}\sin\theta,\frac{k-1}{m-1}\cos\theta\right)$$

$$C_3=\lim_{p\to\infty}C_p^{(\overbrace{33\cdots3}^{p-1\text{个}})}=-A_1=\left(-\frac{m-k}{m-1}\sin\theta,-\frac{k-1}{m-1}\cos\theta\right)$$

同理

$$B_2=\lim_{p\to\infty}B_p^{(\overbrace{22\cdots2}^{p-1\text{个}})}=\left(-\frac{k-1}{m-1}\sin\theta,-\frac{m-k}{m-1}\cos\theta\right)$$

$$D_4=\lim_{p\to\infty}D_p^{(\overbrace{44\cdots4}^{p-1\text{个}})}=-B_2=\left(-\frac{k-1}{m-1}\sin\theta,-\frac{m-k}{m-1}\cos\theta\right)$$

因此，当 $\theta\left(\arcsin\frac{1}{\sqrt{1+m}}\leqslant\theta\leqslant\frac{\pi}{4}\right)$ 时，有

$$|E|=|B_2D_4|=\frac{2}{m-1}\sqrt{(k-1)^2\sin^2\theta+(m-k)^2\cos^2\theta}$$

4. 几个引理

不妨称 $A^{(i_1i_2\cdots i_{p-1})}$ 为 A 类 p 级复制，A 类与 C 类、B 类与 D 类称为相对两类，否则称为相邻两类，$|U|$ 表示

U 的直径.

引理 17.1 如果开集 U 包含 E 的相邻两类的任意两个 p 级复制,则

$$|U|>\frac{m-2}{m(m-1)}\sqrt{(m-1)^2\sin^2\theta+(m-2k+1)^2\cos^2\theta}$$

证 不妨设 U 包含 A 类和 B 类的任意两个 p 级复制 $A_p^{(i_1i_2\cdots i_{p-1})}$, $B_p^{(j_1j_2\cdots j_{p-1})}$,则

$$|U|\geqslant|A^{(i_1i_2\cdots i_{p-1})}\cup B^{(j_1j_2\cdots j_{p-1})}|>|A_2B_1|$$

其中

$$A_2=\lim_{p\to\infty}A_p^{(\underbrace{22\cdots2}_{p-1})}=((1-\frac{k}{m}-\frac{k-1}{m(m-1)})\sin\theta,(\frac{k}{m}-\frac{k-1}{m(m-1)})\cos\theta)$$

$$B_1=\lim_{p\to\infty}B_p^{(\underbrace{11\cdots1}_{p-1})}=((\frac{k-1}{m}-\frac{1}{m}-\frac{k-1}{m(m-1)})\sin\theta,$$

$$(1-\frac{k}{m}+\frac{k-1}{m(m-1)})\cos\theta)$$

所以

$$|U|>|A_2B_1|$$

$$=\frac{m-2}{m(m-1)}\sqrt{(m-1)^2\sin^2\theta+(m-2k+1)^2\cos^2\theta}$$

引理 17.2 如果开集 U 包含 E 的相对两类的任意两个 p 级复制,则

$$|U|>\frac{2(m-2)}{m(m-1)}\sqrt{(m-k)^2\sin^2\theta+(k-1)^2\cos^2\theta}$$

证 当 $\arcsin\frac{1}{\sqrt{1+m}}\leqslant\theta\leqslant\frac{\pi}{4}$时,有

$$\inf\{|A_p^{(i_1i_2\cdots i_{p-1})}\cup C_p^{(l_1l_2\cdots l_{p-1})}|\}$$

$$\leqslant\inf\{|B_p^{(j_1j_2\cdots j_{p-1})}\cup D_p^{(g_1g_2\cdots g_{p-1})}|\}$$

因此,不妨设 U 包含 A 类和 C 类的任意两个 p 级复制 $A_p^{(i_1i_2\cdots i_{p-1})}$, $C_p^{(l_1l_2\cdots l_{p-1})}$,则

$$|U| \geqslant |A^{(i_1 i_2 \cdots i_{p-1})} \cup C^{(l_1 l_2 \cdots l_{p-1})}| > |A_3 C_1|$$

其中

$$A_3 = \lim_{p\to\infty} A_p^{(\underbrace{33\cdots3}_{p-1个})} = \left(\frac{(m-2)(m-k)}{m(m-1)}\sin\theta, \frac{(m-2)(k-1)}{m(m-1)}\cos\theta\right)$$

$$C_1 = \lim_{p\to\infty} C_p^{(\underbrace{11\cdots1}_{p-1个})} = -A_3$$

所以

$$\begin{aligned}&|U| > |A_3 C_1|\\&=\frac{2(m-2)}{m(m-1)}\sqrt{(m-k)^2\sin^2\theta+(k-1)^2\cos^2\theta}\end{aligned}$$

引理17.3　当 $\arcsin\frac{1}{\sqrt{1+m}} \leqslant \theta \leqslant \frac{\pi}{4}, 1 \leqslant k \leqslant \left[\frac{m}{2}\right] \leqslant \frac{m}{2}$ 时,有

$$|GB_1^{(0)}| \geqslant |A_1^{(0)} B_1^{(0)}|, |B_1^{(0)} \cup D_1^{(0)}| \geqslant |A_1^{(0)} \cup B_1^{(0)} \cup C_1^{(0)}|$$

证　经坐标计算得

$$\begin{aligned}&|GB_1^{(0)}|\\&=\frac{1}{m}\sqrt{(m-2k+1)^2\sin^2\theta+(2m-2k+1)^2\cos^2\theta}\end{aligned}$$

$$|A_1^{(0)} B_1^{(0)}| = \frac{1}{m}\sqrt{m^2\sin^2\theta+(m-2k+2)^2\cos^2\theta}$$

令 $\varphi_1(\theta) = |GB_1^{(0)}|^2 - |A_1^{(0)} B_1^{(0)}|^2$,则

$$\begin{aligned}\varphi_1(\theta) = \frac{1}{m^2}(&(m-2k+1)^2\sin^2\theta+(2m-2k+1)^2\cos^2\theta\\&-m^2\sin^2\theta-(m-2k+2)^2\cos^2\theta))\end{aligned}$$

且

$$\varphi'_1(\theta) = \frac{\sin 2\theta}{m^2}(-3m^2+2m+4+4k^2+2km-8k)$$

记 $f_1(k) = -3m^2+2m+4+4k^2-8k$,则 $f'_1(k) = 8(k-1) \geqslant 0$,从而

$$f_1(k)\leqslant f_1\left(\frac{m}{2}\right)=-2(m-1)(m+2)<0$$

即 $\varphi_1(\theta)$ 单调下降,故

$$\varphi_1(\theta)>\varphi_1\left(\frac{\pi}{4}\right)$$
$$=\frac{1}{2m^2}((m-2k+1)^2+(2m-2k+1)^2-m^2-$$
$$(m-2k+2)^2)>0$$

即 $|GB_1^{(0)}|\geqslant|A_1^{(0)}B_1^{(0)}|$.

类似地可以证明 $|B_1^{(0)}\cup D_1^{(0)}|\geqslant|A_1^{(0)}\cup B_1^{(0)}\cup C_1^{(0)}|$.

5. 主要结论

四分康托集和四分谢尔品斯基地毯都具有豪斯道夫维数 $S=1$ 的特点,它们的豪斯道夫测度分别为 $\frac{1}{3}\sqrt{10}$ 和 $\sqrt{2}$,分别等于它们的直径. 对于含参变量 θ 的广义康托集 E 也有相同的结论. 我们先证明:

定理 17.1 若 U_N^p 是平面上包含 E 的 N 个 p 级复制的开集,则

$$|U_N^p|\geqslant\frac{2N^{\frac{1}{s}}}{m^p(m-1)}\sqrt{(k-1)^2\sin^2\theta+(m-k)^2\cos^2\theta}=a_k$$

其中 $S=\log_m 4$, $m\geqslant 4$, $p=1,2,\cdots,1\leqslant N\leqslant 4^p$, $\arcsin\frac{1}{\sqrt{1+m}}\leqslant\theta\leqslant\frac{\pi}{4}$.

证 (1)当 $p=1$ 时,E 有 4 个一级复制 $A_1^{(0)}$,$B_1^{(0)}$,$C_1^{(0)}$,$D_1^{(0)}$.

①当 $N=1$ 时,有

$$|U_1^1|\geqslant|A_1^{(0)}|=\frac{2}{m}\cos\theta$$

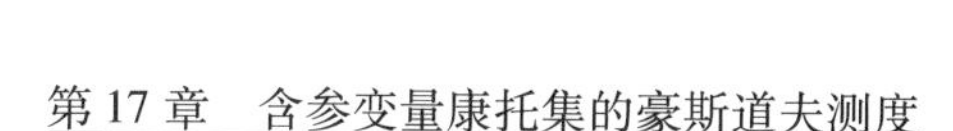

$$a_k^4=\frac{4}{m^2(m-1)^2}((k-1)^2\sin^2\theta+(m-k)^2\cos^2\theta)$$

令 $f_2(k)=|A_1^{(0)}|^2-a_k^2=\frac{4}{m^2}\cos^2\theta-\frac{4}{m^2(m-1)^2}((k-1)^2\sin^2\theta+(m-k)^2\cos^2\theta)$，则

$$f'_2(k)=-\frac{8}{m^2(m-1)^2}((k-m)+(m-1)\sin^2\theta)$$

$$\geqslant-\frac{8}{m^2(m-1)^2}((k-m)+\frac{1}{2}(m-1))>0$$

所以 $f_2(k)\geqslant f_2(1)=0$，即 $N=1$ 时结论成立.

②当 $N=2$ 时，有 $a_k^2=\frac{4m}{m^2(m-1)^2}((k-1)^2\cdot\sin^2\theta+(m-k)^2\cos^2\theta)$

a. 如果 U_2^1 包含 $A_1^{(0)}$ 和 $B_1^{(0)}$，则

$$|U_2^1|\geqslant|A_1^{(0)}\cup B_1^{(0)}|=|A_1^{(0)}B_1^{(0)}|$$

$$=\frac{1}{m}\sqrt{m^2\sin^2\theta+(m-2k+2)^2\cos^2\theta}$$

令 $\varphi_2(\theta)=|A_1^{(0)}\cup B_1^{(0)}|^2-a_k^2$，则

$$\varphi'_2(\theta)=\frac{\sin 2\theta}{m^2(m-1)^2}(m^2(m-1)^2-(m-1)^2(m-2k+2)^2-4m(k-1)^2+4m(m-k)^2)>0$$

所以

$$\varphi_2(\theta)>\varphi_2\leftarrow(\arcsin\frac{1}{\sqrt{1+m}})=\frac{1}{(m+1)m^2(m-1)^2}\cdot(m^2(m-1)^2+(m-1)^2(m-2k+2)^2m-4m(k-1)-4m^2(m-k)^2)$$

令 $f_3(k)=m^2(m-1)^2+(m-1)^2(m-2k+2)^2m-4m(k-1)-4m^2(m-k)^2$，则

$$f'_3(k)=-4m(m^3-m+4)+8k(m^3-3m^2)$$

$$\leqslant -4m(m^3-m+4)+4k(m^3-3m^2)$$
$$=-4m(3m^2-m+4)<0$$

从而 $f_3(k)>f_3\left(\frac{m}{2}\right)=m^2(m-3)>0$，故 $|A_1^{(0)}B_1^{(0)}|>a_k$.

b. 若 U_2^1 包含 $B_1^{(0)}$ 和 $C_1^{(0)}$，则由引理 16.3，有

$$|U_2^1|\geqslant|B_1^{(0)}\cup C_1^{(0)}|=|GB_1^{(0)}|\geqslant|A_1^{(0)}B_1^{(0)}|\geqslant a_k$$

c. 若 U_2^1 包含 $A_1^{(0)}$ 和 $C_1^{(0)}$，则

$$|U_2^1|\geqslant|A_1C_3|=\frac{2}{m-1}\sqrt{(m-k)^2\sin^2\theta+(k-1)^2\cos^2\theta}\cdot$$

$$|A_1C_3|^2-a_k^2=\frac{4(m-1)}{m^2(m-1)^2}(m(m-k)^2\sin(\theta-\alpha)\cdot\sin(\theta+\alpha)+m(k-1)^2\cos(\theta-\alpha)\cdot\cos(\theta+\alpha))$$

其中 $\sin\alpha=\frac{1}{\sqrt{1+m}}$，$\cos\alpha=\frac{\sqrt{m}}{\sqrt{1+m}}$. 从而当 $m\geqslant 4$，$0<\alpha<\theta\leqslant\frac{\pi}{4}$ 时，有 $|A_1C_3|\geqslant a_k$，因此 $N=2$ 时结论成立.

d. 如果 U_2^1 包含 $B_1^{(0)}$ 和 $D_1^{(0)}$，由引理 17.3 容易证明结论成立.

③当 $N=3$ 时，有 $a_k^2=\frac{4\times 9^{\log_4 m}}{m^2(m-1)^2}((k-1)^2\cdot\sin^2\theta+(m-k)^2\cos^2\theta)$. 由引理 17.3 可设 U_3^1 包含 $A_1^{(0)},B_1^{(0)},C_1^{(0)}$，则 $|U_3^1|\geqslant|A_1^{(0)}\cup B_1^{(0)}\cup C_1^{(0)}|\geqslant|GB_1^{(0)}|$. 令 $f_4(k)=|GB_1^{(0)}|^2-a_k^2$，则

$$f'_4(k)=\frac{1}{m^2(m-1)^2}(-8k((m-1)^2+9^{\log_4 m})-$$

$$4m(m-1)^2+8\times 9^{\log_4 m}+(-4m(m-1)^2+8\times 9^{\log_4 m}(m-1))\cos^2\theta)$$

$$\leqslant -\frac{4}{m^2(m-1)^2}(m(m-1)^2+2(m-1)^2+(m(m-1)^2-2(m-1)\times 9^{\log_4 m}\cos^2\theta))$$

$$=-\frac{4}{m^2(m-1)}(m(m-1)+2(m-1)+(m(m-1)-2\times 9^{\log_4 m})\cos^2\theta)<0$$

所以

$$f_4(k)>f_4\left(\frac{m}{2}\right)=((m-1)^2\sin^2\theta+(m-1)^2(m+1)^2\cos^2\theta-9^{\log_4 m}(m-2)^2\sin^2\theta-9^{\log_4 m}m^2\cos^2\theta)\frac{1}{m^2(m-1)^2}=\varphi_3(\theta)$$

$$\varphi'_3(\theta)=\frac{\sin 2\theta}{m^2(m-1)^2}((m-1)^2(1-(m+1)^2)+9^{\log_4 m}(m^2-(m-2)^2))<0$$

从而

$$\varphi_3(\theta)\geqslant\varphi_3\left(\frac{\pi}{4}\right)=\frac{1}{2m^2(m-1)^2}((m-1)^2+(m-1)^2(m+1)^2-9^{\log_4 m}(m-2)^2-9^{\log_4 m}m^2)>0$$

所以当 $N=3$ 时结论成立.

④当 $N=4$ 时,有

$$|U_4^1|\geqslant|A_1^{(0)}\cup B_1^{(0)}\cup C_1^{(0)}\cup D_1^{(0)}|=|D_1^{(0)}B_1^{(0)}|=\frac{2}{m}\sqrt{(k-1)^2\sin^2\theta+(m-k+1)^2\cos^2\theta}$$

且

$$a_k=\frac{2}{m-1}\sqrt{(k-1)^2\sin^2\theta+(m-k)^2\cos^2\theta}$$

则

$$
\begin{aligned}
&|D_1^{(0)}B_1^{(0)}|^2-a_k^2\\
=&\frac{4}{m^2(m-1)^2}(-(2m-1)(k-1)^2+2(k-1)m(m-1)\cos^2\theta)\\
\geqslant&\frac{4}{m^2(m-1)^2}(-(2m-1)(k-1)^2+m(m-1)(k-1))\\
=&\frac{4}{m^2(m-1)^2}(k-1)(m(m-2k+1)+(k-1))\geqslant 0
\end{aligned}
$$

所以当 $N=4$ 时结论成立.

(2)假设 $p=n$ 时结论成立,即若 U_N^n 是包含 N 个 n 级复制的开集,则

$|U_N^n|\geqslant\frac{2N^{\frac{1}{s}}}{m^n(m-1)}\sqrt{(k-1)^2\sin^2\theta+(m-k)^2\cos^2\theta}$,其中 $1\leqslant N\leqslant 4^n$.

下面证明 $p=n+1$ 时结论成立.

①当 $1\leqslant N\leqslant 4^n$ 时,由引理 17.1 和引理 17.2,可设 U_N^{n+1} 是包含同类(A 类)的 N 个 $n+1$ 级复制,由归纳假设,$V=mU_N^{n+1}$ 包含 N 个 $n+1$ 级复制,于是

$$
|V|=|mU_N^{n+1}|\geqslant\frac{2N^{\frac{1}{s}}}{m^n(m-1)}\sqrt{(k-1)^2\sin^2\theta+(m-k)^2\cos^2\theta}
$$

所以

$$
|U_N^{n+1}|\geqslant\frac{2N^{\frac{1}{s}}}{m^{n+1}(m-1)}\sqrt{(k-1)^2\sin^2\theta+(m-k)^2\cos^2\theta}=b_k
$$

②当 $4^n<N\leqslant 4^{n+1}$ 时,如果 U_N^{n+1} 仅包含相邻两类 N 个 $n+1$ 级复制,由引理 17.1 可知

$$
\begin{aligned}
&|U_N^{n+1}|\\
\geqslant&\frac{m-2}{m(m-1)}\sqrt{(m-1)^2\sin^2\theta+(m-2k+1)^2\cos^2\theta}=c_k
\end{aligned}
$$

$$
\begin{aligned}
c_k^2-b_k^2 &= \frac{(m-2)^2}{m^2(m-1)^2}((m-1)^2\sin^2\theta+(m-2k+1)^2\cos^2\theta)- \\
&\quad \frac{4(N^{\log_4 m})^2}{m^{2(n+1)}(m-1)^2}((k-1)^2\sin^2\theta+(m-k)^2\cos^2\theta) \\
&> \frac{(m-2)^2}{m^2(m-1)^2}((m-1)^2\sin^2\theta+(m-2k+1)^2\cos^2\theta)- \\
&\quad \frac{4((4^n)^{\log_4 m})^2}{m^{2(n+1)}(m-1)^2}((k-1)^2\sin^2\theta+(m-k)^2\cos^2\theta) \\
&= \frac{(m-2)^2}{m^2(m-1)^2}((m-1)^2\sin^2\theta+(m-2k+1)^2\cos^2\theta)- \\
&\quad \frac{4}{m^2(m-1)^2}((k-1)^2\sin^2\theta+(m-k)^2\cos^2\theta)
\end{aligned}
$$

令

$$
\begin{aligned}
\varphi_4(\theta) = (m-2)^2((m-1)^2\sin^2\theta+ \\
(m-2k+1)^2\cos^2\theta)- \\
4(k-1)^2\sin^2\theta-4(m-k)^2\cos^2\theta
\end{aligned}
$$

则

$$
\begin{aligned}
\varphi'_4(\theta) = \sin 2\theta((m-2)^2((m-1)^2-(m-2k+1)^2)+ \\
4(m-k)^2-4(k-1)^2)>0
\end{aligned}
$$

故

$$
\begin{aligned}
\varphi_4(\theta) &\geqslant \varphi_4\left(\arcsin\frac{1}{\sqrt{1+m}}\right) \\
&= \frac{1}{1+m}((m-2)^2((m-1)^2+m(m-2k+1)^2)- \\
&\quad 4m(m-k)^2-4(k-1)^2)>0
\end{aligned}
$$

所以 $c_k>b_k$.

如果 U_N^{n+1} 仅包含相邻两类 N 个 $n+1$ 级复制，由引理 17.2 知

$$
|U_N^{n+1}|>\frac{2(m-2)}{m(m-1)}\sqrt{(m-k)^2\sin^2\theta+(k-1)^2\cos^2\theta}=d_k
$$

同理可证 $d_k > b_k$，所以当 $4^n < N \leqslant 4^{n+1}$ 时结论成立.

因此对一切 p，有

$$|U_N^p| \geqslant \frac{2N^{\frac{1}{s}}}{m^p(m-1)}\sqrt{(k-1)^2\sin^2\theta+(m-k)^2\cos^2\theta}$$

定理 17.2　设 $H^S(E)$ 表示含参变量 θ 的 m 分广义康托集 E 的豪斯道夫测度，则

$$H^S(E)=\left(\frac{2}{m-1}\sqrt{(k-1)^2\sin^2\theta+(m-k)^2\cos^2\theta}\right)^s$$

$$s=\log_m 4$$

证　E 是自然覆盖，由 $H^S(E)$ 的定义有

$$H^S(E)\leqslant|E|^s=|B_2D_4|$$

$$=\left(\frac{2}{m-1}\sqrt{(k-1)^2\sin^2\theta+(m-k)^2\cos^2\theta}\right)^s$$

另外，设 $\{U_j\}_{j=1}^{\infty}$ 是 E 的任意开覆盖，由 E 的紧性及有限覆盖定理存在有限个 $U_1,U_2,\cdots,U_b$ 覆盖 E，即 $\bigcup\limits_{j=1}^{b}U_j\supset E$.

于是，对于充分大的自然数 p 使得 E 的任意 p 级复制至少包含于某个 U_j 中，设 U_j 包含 n_j 个 p 级复制，则 $\sum\limits_{j=1}^{b}n_j\geqslant 4^p$，由定理 17.1，得

$$|U_j|^s\geqslant\left(\frac{2n_j^{\frac{1}{s}}}{m^p(m-1)}\sqrt{(k-1)^2\sin^2\theta+(m-k)^2\cos^2\theta}\right)^s$$

$$=\frac{n_j}{(m^p)^s}\left(\frac{2}{m-1}\sqrt{(k-1)^2\sin^2\theta+(m-k)^2\cos^2\theta}\right)^s$$

$$=\frac{n_j}{4^p}\left(\frac{2}{m-1}\sqrt{(k-1)^2\sin^2\theta+(m-k)^2\cos^2\theta}\right)^s$$

所以

$$\sum_{j=1}^{\infty}|U_j|^s \geqslant \sum_{j=1}^{b}|U_j|^s$$
$$\geqslant\left(\frac{2}{m-1}\sqrt{(k-1)^2\sin^2\theta+(m-k)^2\cos^2\theta}\right)^s$$

因此

$$\inf\left(\sum_{j=1}^{\infty}|U_j|^s\right)$$
$$\geqslant\left(\frac{2}{m-1}\sqrt{(k-1)^2\sin^2\theta+(m-k)^2\cos^2\theta}\right)^s$$

所以 $H^s(E)=\left(\frac{2}{m-1}\sqrt{(k-1)^2\sin^2\theta+(m-k)^2\cos^2\theta}\right)^s$.

特别地

(1)当 $\theta=\frac{\pi}{4}$ 时,$H^S(E)=\frac{1}{(m-1)^s}((m-2k+1)^2+(m-1)^2)^{\frac{s}{2}}$;

(2)当 $\theta=\frac{\pi}{4}$,$m=4$,$k=1$,$H^S(E)=\sqrt{2}$;

(3)当 $\theta=\frac{\pi}{4}$,$m=4$,$k=2$,$H^S(E)=\frac{1}{3}\sqrt{10}$.

第三编

豪斯道夫测度
与豪斯道夫维数

从平面几何题中引申出的维数计算谈起[①]

第18章

浙江万里学院数学研究所的奚李峰研究员在1999年构造了一般四边形与正方形的某种双利普希茨映射，从而将四边形中一类分形的维数转化成正方形中对应分形的维数.

1. 问题的提出

一个四边形，将每条边三等分，把对边上的对应三等分点联结，就将四边形分成9块，见图18.1. 试证明：位于中心的小四边形的面积是原四边形的1/9. 证明分两步.

证1 小四边形的四个顶点是所在边的三等分点，见图18.2（可用定比分点的解析几何方法）.

证2 图18.2中的小四边形面积是大四边形面积的1/3，其中小四边形的四

---

① 奚李峰. 从平面几何题中引申出的维数计算[J]. 浙江万里学院学报，1999，12(4)：29-31.

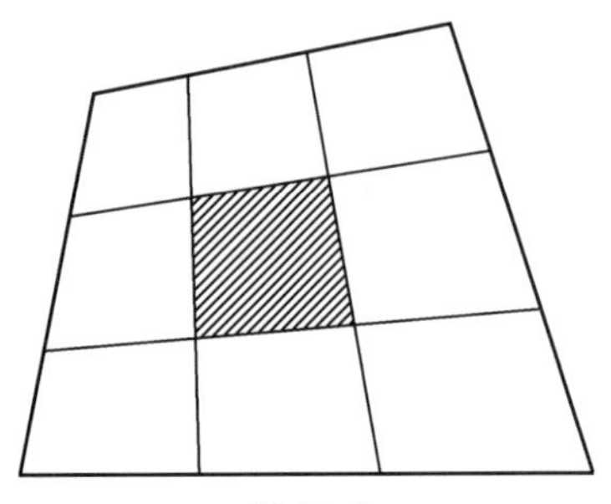

图 18.1

个顶点是所在边的三等分点(这是平面几何的一道习题,提示:用面积的各种性质).于是我们引申出相应的维数问题:图 18.1,去掉中心处的小四边形,剩下 8 块;然后对 8 块中的每一块,取其四边的三等分点,再将其分成 9 块,去掉中心处的一块;无限地重复这过程,得到一个极限集合 F.

问该集合 F 的豪斯道夫维数是多少?

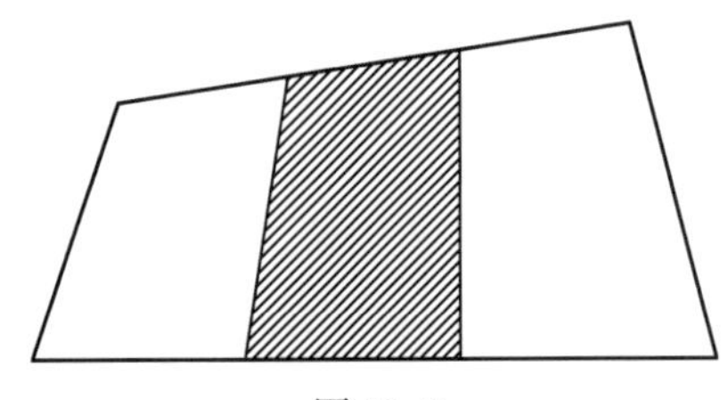

图 18.2

2. 分形几何基础知识的补充

压缩自相似映射:记平面为 $\mathfrak{R}^2$,我们称映射 $S:\mathfrak{R}^2\to\mathfrak{R}^2$ 为压缩自相似映射,如果存在 $0<\rho<1$,使得

$$d(S(x),S(y))=\rho d(x,y),\ \forall\,(x,y)\in\mathfrak{R}^2$$

这里 d 表示平面上的欧氏距离,此处的参数 ρ 称为 S 的压缩比.

开集条件和不变集合的维数:设 $\{S_i\}_{i=1}^{n}$ 是平面上

的压缩自相似映射,其中 S_i 的压缩比是 ρ_i,如果存在平面上的开集 U,使得

(1)$S_i(U)\cap S_j(U)=\varnothing$,对 $i\neq j$;

(2)$S_i(U)\subset U$,对所有 i.

令$\{S_i\}_{i=1}^n$决定的唯一的不变集合为 E,即 E 满足集合 $E=\bigcup\limits_{i=1}^{n}S_i(E)$,则 E 的豪斯道夫维数 s(这是一个实数)由下面指数方程唯一决定

$$\rho_1^s+\rho_2^s+\cdots\rho_n^s=1$$

例子:如果对正方形,那么,极限集合将十分规则.

由开集条件,该集合的豪斯道夫维数是 lg 8/lg 3.验证一下:设 $U=(0,1)\times(0,1)$是正方形的内部.去掉中间的小正方形,考虑其余8个小正方形,将它们从1到8编号,设 x_i 是对应小方块的左下角坐标,令 $S_i(x)=x_i+(1/3)x(i=1,2\cdots 8)$,压缩比是1/3,则 $S_i(U)$正好是对应小正方形的内部,图18.3.

(1)$S_i(U)$互不相交;

(2)$S_i(U)$包含在 U 中.

于是由$\{S_i\}_{i=1}^8$决定的极限集的维数是 s 满足:$8(1/3)^s=1$,即 $s=\lg 8/\lg 3$.

双利普希茨条件:设(X,d)和(Y,D)是度量空间,其中 d,D 表示相应的度量.

我们称映射$f:(X,d)\to((Y,D)$是双利普希茨的,如果常数 $C_1,C_2>0$,使得

$$C_1d(x_1,x_2)\leqslant D(f(x_1),f(x_2))$$
$$\leqslant C_2d(x_1,x_2),\ \forall x_1,x_2\in X$$

若f是双利普希茨的,则对任意 $E\subset X$,E 与 $f(E)$的豪斯道夫维数相等,记为 $\dim_H(E)=\dim_H(f(E))$.

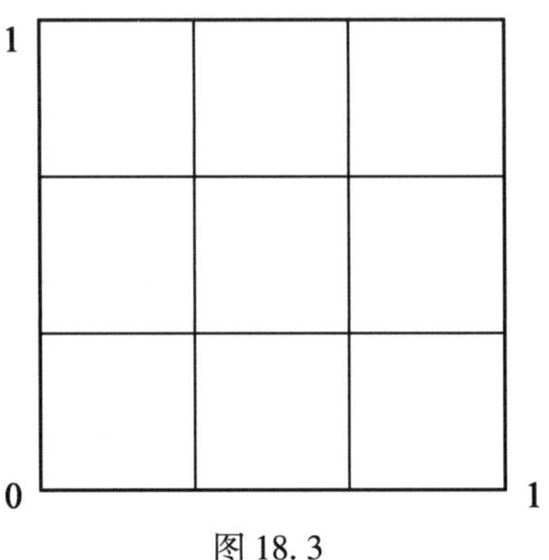

图 18.3

3. 问题的解决

容易有如下直觉:如果存在一个双利普希茨映射,将正方形映成一般四边形,且将由正方形生成极限集合映成由四边形生成的极限集,则由双利普希茨条件,我们知道后者的维数也是 lg 8/lg 3.

定理 18.1　第 1 节中所述集合 F 的豪斯道夫维数是 lg 8/lg 3.

证　我们将构造利普希茨映射,将正方形映成一般四边形,图 18.4.

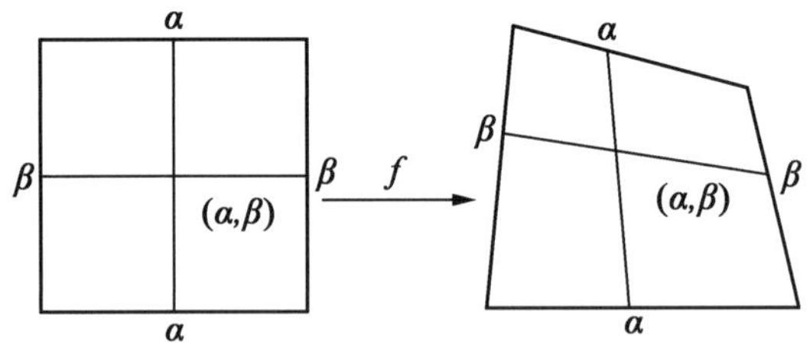

图 18.4

对于$(\alpha,\beta)\in[0,1]\times[0,1]$,如图 18.4 所示,右边的四边形中,上下两边以 α 为比例的两个定比分点

连线称为 α 竖直线段,类似地左右两边以 β 为比例的两个定比分点连线称为 β 水平线段,并将它们的交点记作$[\alpha,\beta]$.

定义$f((\alpha,\beta))=[\alpha,\beta]$,它将正方形映成一般四边形.

我们要证明:(1)f 是双利普希茨映射.

(2)f 将正方形生成的极限集映射成由四边形生成的极限集.

对于(2),经过定比分点的计算,我们得到:$[\alpha,\beta]$是 α 竖直线段的 β 定比分点,$[\alpha,\beta]$是 β 水平线段的 α 定比分点(具体验证留给读者,可以写出每个点的坐标),根据极限集的构造,观察构造的每一步,因此容易看到(2)成立. 对于(1),如图 18.5,对一般四边形,我们将证明:存在常数 $C_1,C_2>0$,使得

$$C_1d((\alpha,\beta),(\alpha',\beta'))\leqslant d([\alpha,\beta],[\alpha',\beta'])\leqslant C_2d((\alpha,\beta),(\alpha',\beta'))$$

为此,我们需要一个几何结论:

如图 18.6,如果 $\exists\theta_0>0$,使得 $\theta\geqslant\theta_0$,那么存在常数 $D=D(\theta_0)$,使得

$$D(a+b)\leqslant c\leqslant a+b$$

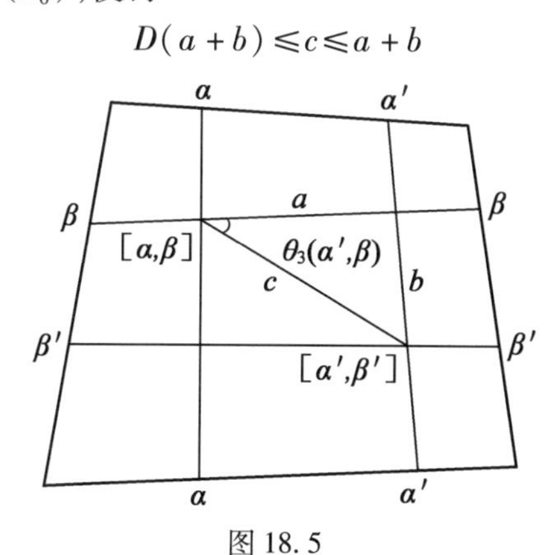

图 18.5

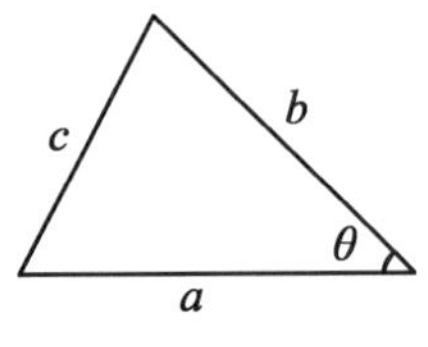

图 18.6

证 由余弦定理可得.

令 $\theta_i(\alpha,\beta)$ 为 α 竖直线与 β 水平线的四个交角，$i=1,2,3,4$. 依象限位置编号. 它们是 (α,β) 的连续函数，都大于 0.

则 $\inf\limits_{\alpha,\beta}\theta_i(\alpha,\beta)$ 是紧集 $[0,1]\times[0,1]$ 上连续函数的下确界，故大于 0.

设这四个下确界的最小值是 $\theta_0>0$.

由于 α 竖直线段的长度是 α 的连续函数，于是存在常数 $\nu_1,\nu_2>0$，使得所有竖直线段的长度界于两常数之间.

对水平线段的长度，也有类似结论，并设常数为 h_1,h_2.

于是如图 18.6，$\alpha=(|\alpha-\alpha'|$ 乘上 β 水平线段的长度)，故 $h_1|\alpha-\alpha'|\leqslant\alpha\leqslant h_2|\alpha-\alpha'|$.

同样，$b=(|\beta-\beta'|$ 乘上 α' 竖直线段的长度)，故 $\nu_1|\beta-\beta'|\leqslant b\leqslant\nu_2|\beta-\beta'|$.

因此，根据上述几何结论，存在常数 D，使得

$$D(a+b)\leqslant d([\alpha,\beta],[\alpha',\beta'])\leqslant a+b$$

于是得到存在常数 $D_1,D_2>0$，使得

$$D_1(|\alpha-\alpha'|+|\beta-\beta'|)\leqslant d([\alpha,\beta],[\alpha',\beta'])\leqslant D_2(|\alpha-\alpha'|+|\beta-\beta'|)$$

在正方形中，对距离也有 $d((\alpha,\beta),(\alpha',\beta'))$.

类似估计，两者结合，得到：

存在常数 $C_1, C_2 > 0$，使得

$$C_1 d((\alpha,\beta),(\alpha',\beta')) \leqslant d([\alpha,\beta],[\alpha',\beta']) \leqslant C_2 d((\alpha,\beta),(\alpha',\beta'))$$

这表明 f 是双利普希茨映射.

第19章 单位立方体内自然覆盖族生成集之豪斯道夫维数及测度问题[①]

武汉大学数学系的李军教授在1991年研究了由集合 $F\subset[0,1]^d$ 之自然覆盖族 $\mathscr{F}$ 计算其豪斯道夫维数及测度之可能性. 首先证明了在一定条件, $\dim_H F=\dim_{\mathscr{F}} F$. 其次,分别考虑自相似集在一般情形,分离自然覆盖族生成情形及等比压缩自相似映射生成情形,由其自然覆盖族,找到各自所相应之覆盖族 $\mathscr{G}$ 使其可用来计算 $\mathscr{H}^s(F)$ ($s=\dim_H F$). 并在本章条件下,对满足开集条件自相似集,讨论了 $\mathscr{H}^s(F)$ 和 $\mathscr{H}^s_{\mathscr{F}}(F)$ 之关系.

1. 引言

本章将从 $\mathbf{R}^d$ 中单位立方体出发,研究由一列覆盖族自然生成集合的豪斯道夫维数及测度有关问题,对测度的算法亦作了有关讨论.

---

① 李军. 单位立方体内自然覆盖族生成集之Hausdorff维数及测度问题[J]. 数学年刊,1991,15(5):578-585.

回忆一下，U 为 $\mathbf{R}^d$ 中非空集，其直径可定义为 $|U| = \sup\{|x-y| \mid x,y \in U, |\cdot|$ 为欧氏距离$\}$. 如果 $\{U_i\}$ 为可数(或有限)个直径不超过 s 的集构成的覆盖 F 的集类，即 $F \subset \bigcup_{i=1}^{\infty} U_i$，且对每一 i 都有 $0 < |U_i| < \varepsilon$，则称 $\{U_i\}$ 为 F 的一个 ε-覆盖. 现设 F 为 $\mathbf{R}^d$ 中任何子集，s 为一非负数，对任何 $\varepsilon > 0$，定义

$$\mathscr{H}^s_\varepsilon(F) = \inf\{\sum_{i=1}^{\infty} |U_i|^s \mid \{U_i\} \text{为} F \text{的} \varepsilon-\text{覆盖}\} \tag{19.1}$$

$$\mathscr{H}^s(F) = \lim_{\varepsilon \to 0} \mathscr{H}^s_\varepsilon(F)$$

$$\dim_H F = \inf\{s \mid \mathscr{H}^s(F) = 0\} = \sup\{s \mid \mathscr{H}^s(F) = \infty\} \tag{19.2}$$

我们称 $\mathscr{H}^s(F)$ 为 F 的 s 维豪斯道夫测度，$\dim_H F$ 为 F 的豪斯道夫维数. 若 $s = \dim_H F$，$0 < \mathscr{H}^s(F) < \infty$，称 F 为 s-集.

一般来说，虽然 Hutchinson[37] 对满足开集条件自相似集合豪斯道夫维数给了一个公式，但对一般集合，由于所用覆盖的任意性，从定义出发对其维数及测度的计算都很困难，而测度计算更困难，且不一定能得到精确表达式. 文[37]将式(19.1)中覆盖族减为开(或闭)凸集覆盖，而不改变测度和维数，(开或闭球覆盖对测度不成立). Peyrière 在[21,71]中使分划族满足一定条件，对任意 F 给出等式 $\dim_{\mathscr{F}} F = \dim_H F$，部分解决了维数计算问题. 本章将给出条件，使对某一类特殊自然覆盖生成集，仅用其自然覆盖族就足够用于维数计算. Peyrière 文中条件强调分划块之间关系，本章仅强调生成元之间关系，同级元之间关系弱于[71]，且不考虑间隙，对一类 F 解决了由分划所不能解决的问题，从而为特定集之豪斯道夫维数计算提供一种简便方法.

文[21]中未考虑豪斯道夫测度问题，本章对此给出了一些结果，找出了自相似集测度计算之最经济覆盖，改进了文[37]中结论，且对其给出上、下界估计. 最后，本章对 $\mathbf{R}^d$ 中满足分离条件等比压缩映射生成自相似集豪斯道夫测度给出一单调序列极限式，其中每项通过有限次运算可得. 应用中我们将在本章条件下给出 Hutchinson 定理的一个简易证明.

2. 维数比较

考虑单位立方体 $I=[0,1]^d\subset\mathbf{R}^d$.

设 $\mathscr{F}_1=\bigcup\limits_{i=1}^{k}\{S_i\}$，其中 $S_i\subset[0,1]^d$ 是 d 维长方体，$1\leqslant i\leqslant k, k\in\mathbf{N}$，且边与坐标轴平行，$\mathscr{L}^d(S_i\cap S_j)=0$，$i\neq j$，$\mathscr{L}^d$ 为 d 维勒贝格测度，记 $S^1=\bigcup\limits_{i=1}^{k}S_i$.

$\mathscr{F}_2=\bigcup\limits_{j=1}^{k}\bigcup\limits_{i=1}^{i_j}\{S_{ji}\}$，$S_{ji}\subset S_j(i=1,2,\cdots,i_j,i_j\geqslant 2)$，且边与坐标轴平行 $\mathscr{L}^d(S_{ji_1}\cap S_{ji_2})=0$，$i_1\neq i_2$. 记 $S^2=\bigcup\limits_{j=1}^{k}\bigcup\limits_{i=1}^{i_j}S_{ji}$.

……

$\mathscr{F}_n=U_{i_1,i_2,\cdots,i_{n-1}}\bigcup\limits_{j=1}^{i}\{S_{i_1i_2\cdots i_{n-1}i}\}$，其中 $i\geqslant 2$ 和 $i_1\cdots i_{n-1}$ 有关. $S_{i_1i_2\cdots i_{n-1}j}\subset S_{i_1\cdots i_{n-1}}$，且边与坐标轴平行，$\mathscr{L}^d(S_{i_1i_2\cdots i_{n-1}j_1}\cap S_{i_1i_2\cdots i_{n-1}j_2})=0$，$j_1\neq j_2$. 记 $S^n=U_{i_1,i_2,\cdots,i_n}\cdot S_{i_1i_2\cdots i_n}$.

由 $\mathscr{F}=\{\mathscr{F}_i\}_{i\geqslant 1}$，可得一图形 $F=\bigcap\limits_{i=1}^{\infty}S^i$，称 F 由自然

覆盖族 $\mathscr{F}$ 生成.

定义 19.1　设 $\alpha \geqslant 0$, $\forall \varepsilon > 0$, 令

$\mathscr{H}^{\alpha}_{\mathscr{F},\varepsilon}(F) = \inf\{\sum(\operatorname{diam} S.)^{\alpha} \mid \{S.\}$ 是由 $\mathscr{F}$ 中元素组成的 $\mathscr{F}$ 之 ε - 覆盖$\}$, 其中 diam 表示集合直径

$$\mathscr{H}^{\alpha}_{\mathscr{F}}(F) = \lim_{\varepsilon \to 0} \mathscr{H}^{\alpha}_{\mathscr{F},\varepsilon}(F)$$

$$\dim_{\mathscr{F}}(F) = \inf\{\alpha, \mathscr{H}^{\alpha}_{\mathscr{F}}(F) = 0\}$$

定理 19.1　$F, \mathscr{F}, S_{i_1 i_2 \cdots i_n}$ 由上, 记 $|S_{i_1 i_2 \cdots i_n}|_m = S_{i_1 i_2 \cdots i_n}$ 最短边长度, $|S_{i_1 i_2 \cdots i_n}|_M = S_{i_1 i_2 \cdots i_n}$ 最长边长度. 若满足条件

(1) $\lim\limits_{n \to \infty} \sup\limits_{i_1, i_2, \cdots, i_n} |S_{i_1 i_2 \cdots i_n}|_M = 0$;

(2) 存在 $C > 0$, 使得 $\forall n > 0$ 有

$$\sup_{i_1, i_2, \cdots, i_n} (|S_{i_1 i_2 \cdots i_{n-1}}|_M / |S_{i_1 i_2 \cdots i_{n-1} i_n}|_m) < C$$

则 $\dim_{\mathscr{F}} F = \dim_H F$.

证　显然, $\dim_H \leqslant \dim_{\mathscr{F}} F$. 故只须证明 $\dim_H F \geqslant \dim_{\mathscr{F}} F$.

固定 n 设 $0 < \varepsilon < \min\limits_{i_1, i_2, \cdots, i_n} |S_{i_1 \cdots i_n}|_m$. 设 $\{G_i\}_{i \in \Lambda}$ 为边和轴平行闭正方体组成的 F 的 ε-覆盖, 即 $\bigcup\limits_{i \in \Lambda} G_i \supset F$, 且 $\operatorname{diam} G_i < \varepsilon$. 不妨设 $G_i \cap F \neq \varnothing$, $\forall i \in \Lambda$.

任选一 G_i, 设 $x \in G_i \cap F$, 则存在 $S. = S_{i_1 i_2 \cdots i_n i_{n+1} \cdots i_{n+k'}} \in \mathscr{F}$, 使得 $S. \ni x$, 且有 $|S.|_m < \operatorname{diam} G_i / \sqrt{d}$. 因此存在 $S_{i_1 i_2 \cdots i_n i_{n+1} \cdots i_{n+k}}$, $k \leqslant k'$, 使得

$$|S_{i_1 i_2 \cdots i_n i_{n+1} \cdots i_{n+k}}|_m \leqslant \operatorname{diam} G_i / \sqrt{d} \leqslant |S_{i_1 i_2 \cdots i_n i_{n+1} \cdots i_{n+k-1}}|_m \tag{19.3}$$

满足式(19.3)且覆盖 $F \cap G_i$ 的互不包含之 $S_{i_1 i_2 \cdots i_{n+k-1}}$ 个数不超过 2^d.

现设 $\dim F < \alpha$, 我们证明对一切 $\beta > 0$, 有 $\dim_{\mathscr{F}} F \leqslant \alpha(1+\beta)$: 由条件(1), 取 n 足够大, 使得

$$2^d C^\alpha \sup_{i_1,i_2,\cdots,i_n} (\operatorname{diam} S_{i_1 i_2 \cdots i_n})^{\alpha\beta} < 1$$

因为 $\mathscr{H}^\alpha(F)=0$,故对任意 $\varepsilon'>0$,存在 F 的闭正方块 ε-覆盖 $\{G_i\}$, $\sum (\operatorname{diam} G_i)^\alpha < \varepsilon'$. 而

$$\begin{aligned}\operatorname{diam} S_{i_1 i_2 \cdots i_n i_{n+1} \cdots i_{n+k-1}} &\leqslant \sqrt{d}\,|S_{i_1 i_2 \cdots i_n i_{n+1} \cdots i_{n+k-1}}|_M \\ &\leqslant \sqrt{d} \cdot C \cdot |S_{i_1 i_2 \cdots i_n i_{n+1} \cdots i_{n+k}}|_m \\ &\leqslant C \cdot \operatorname{diam} G_i < C\varepsilon\end{aligned}$$

故由覆盖 $\{G_i\}_{i\in\Lambda}$ 诱导出 F 的一个 $C\varepsilon$-覆盖 $\{\{S_{i_1 i_2 \cdots i_n i_{n+1} \cdots i_{n+k-1}}\}_{G_i}\}_{i\in\Lambda}$. 对任一 G_i, 对其相伴的 $S_{i_1 i_2 \cdots i_n i_{n+1} \cdots i_{n+k-1}}$ 根据上式,有

$$\begin{aligned}&(\operatorname{diam} S_{i_1 i_2 \cdots i_n i_{n+1} \cdots i_{n+k-1}})^{\alpha(1+\beta)} \\ \leqslant\ & C^\alpha (\operatorname{diam} G_i)^\alpha \cdot (\operatorname{diam} S_{i_1 \cdots i_n i_{n+1} \cdots i_{n+k-1}})^{\alpha\beta} \\ \leqslant\ & C^\alpha (\operatorname{diam} G_i)^\alpha \sup_{i_1,i_2,\cdots,i_n} (\operatorname{diam} S_{i_1 \cdots i_n})^{\alpha\beta}\end{aligned}$$

估计与 G_i 相伴之 $S_{i_1 i_2 \cdots i_n i_{n+1} \cdots i_{n+k-1}}$ 个数有上界,有

$$\begin{aligned}&\sum_{\{G_i\}_{i\in\Lambda}} (\operatorname{diam} S_{i_1 i_2 \cdots i_n i_{n+1} \cdots i_{n+k-1}})^{\alpha(1+\beta)} \\ \leqslant\ & \sum_{i\in\Lambda} 2^d C^\alpha \sup_{i_1,i_2,\cdots,i_n} (\operatorname{diam} S_{i_1 \cdots i_n})^{\alpha\beta} (\operatorname{diam} G_i)^\alpha \\ <\ & \sum_{i\in\Lambda} (\operatorname{diam} G_i)^\alpha < \varepsilon'\end{aligned}$$

从而对任意 $\varepsilon'>0$,均可找到一 $C\varepsilon-\mathscr{F}$覆盖$\{S.\}$,使得$\sum(\operatorname{diam} S.)^{\alpha(1+\beta)} < \varepsilon'$,即 $\mathscr{H}^{\alpha(1+\beta)}_{\mathscr{F},e\varepsilon}(F)=0$. 因而 $\mathscr{H}^{\alpha(1+\beta)}_{\mathscr{F}}(F)=0$. 故有 $\dim_{\mathscr{F}}(F) \leqslant \alpha(1+\beta)$.

因为 β 是任意大于 0 的正数,所以 $\dim_{\mathscr{F}} F \leqslant \dim F$.

下面考虑 $[0,1]$ 中自相似情形. 不妨设 $S_i: x \mapsto c_i x + d_i (i=1,\cdots,m, 0<|c_i|<1)$ 为从$[0,1]$到$[0,1]$内的自相似映射. 分别记:$S_i = S_i[0,1]$,$S_{i_1 i_2} = S_{i_1} \circ S_{i_2}[0,1],\cdots,S_{i_1 i_2 \cdots i_n} = S_{i_1} \circ S_{i_2} \circ \cdots \circ S_{i_n}[0,1]$.

记 $F=\bigcap\limits_{k=1}^{\infty}S^k,S^k=\bigcup\limits_{i_1,i_2,\cdots,i_k=1}^{m}S_{i_1\cdots i_k},\mathscr{F}=\bigcup\limits_{i=1}^{\infty}\{\mathscr{F}_i\}.\ \mathscr{F}_k=\cup\{S_{i_1i_2\cdots i_k}\}$，则 F 为 $[0,1]$ 内自相似集.

推论 19.1　记号如上，我们有 $\dim_{\mathscr{F}}F=\dim_H F$.

证　只须证明 $\{S_i\}_{i=1}^m$ 有重迭情形.

固定 n，仍取 $\varepsilon<\min\{|S_{i_1i_2\cdots i_n}|(i_j=1,\cdots,m,j=1,\cdots,n\}$) 和 $\varepsilon<\min\{\text{dist}(S_{i_1\cdots i_n},S_{i_1'\cdots i_n'})$，若 $\text{dist}(S_{i_1\cdots i_n},S_{i'_1\cdots i'_n})\neq 0\}$，dist 表示集合间距离. 取 $\{G_i\}_{i\in\Lambda}$ 为 F 之 ε－闭区间覆盖，且 $G_i\cap F\neq\varnothing,\forall i\in\Lambda$. 如下考虑：

(1) 若 G_i 包含于某 $S_{i_1\cdots i_n}$ 内. 设 $x\in G_i\cap F$，则存在 $S_{i_1i_2\cdots i_ni_{n+1}\cdots i_{n+k}}\ni x$，使得

$$|S_{i_1i_2\cdots i_ni_{n+1}\cdots i_{n+k}}|<|G_i|<|S_{i_1\cdots i_ni_{n+1}\cdots i_{n+k-1}}| \tag{19.4}$$

其中 $|\cdot|$ 记长度. 若 $G_i\cap(S_{i_1\cdots i_n}\backslash S_{i_1\cdots i_ni_{n+1}\cdots i_{n+k-1}})\cap F=\varnothing$，则上述过程停止. 否则不妨设 $S_{i_1\cdots i_ni_{n+1}\cdots i_{n+k-1}}$ 包含 G_i 的右半部分. 设 $x_1=\inf\{x,x\in G_i\cap F\}$，则在 $x_1+\frac{1}{2}\text{dist}(x_1,S_{i_1i_2\cdots i_ni_{n+1}\cdots i_{n+k-1}})$ 之左侧找一 $x\in G_i\cap F$，又存在 $S_{i'_1\cdots i'_ni'_{n+1}\cdots i'_{n+k'}}\ni x$ 且满足式 (19.4). 若 $S_{i'_1\cdots i'_ni'_{n+1}\cdots i'_{n+k'-1}}$ 覆盖 G_i 右半部分，则用 $S_{i'_1\cdots i'_ni'_{n+1}\cdots i'_{n+k'-1}}$ 取代 $S_{i_1i_2\cdots i_ni_{n+1}\cdots i_{n+k-1}}$，继续上述过程，反之设 $x_2=\sup\{x,x\in G_i\cap F\backslash S_{i_1\cdots i_ni_{n+1}\cdots i_{n+k-1}}\}$ 且从右侧重复上述过程，故有

$$S_{i'_1\cdots i'_ni'_{n+1}\cdots i'_{n+k'-1}}\cup S_{i_1\cdots i_ni_{n+1}\cdots i_{n+k-1}}\supset G_i\cap F$$

或

$$S_{i_1\cdots i_ni_{n+1}\cdots i_{n+k-1}}\supset G_i\cap F$$

其中 $S_{i_1\cdots i_ni_{n+1}\cdots i_{n+k-1}},S_{i'_1\cdots i'_ni'_{n+1}\cdots i'_{n+k'-1}}$ 满足式(19.4).

(2) 若 $G_i\subset S_{i_1\cdots i_n}\cup S_{i'_1\cdots i'_n}$，且 $G_i\not\subset S_{i_1\cdots i_n}$，$G_i\not\subset$

$S_{i'_1\cdots i'_n}$. 对 $G'_i = G_i \cap S_{i_1\cdots i_n}$, $G''_i = G_i \cap S_{i'_1\cdots i'_n}$ 仍同(1)中讨论.

(3) G_i 和某 $S_{i_1 i_2\cdots i_n}$ 相交且不和其他相交时,考虑 $G_i \cap S_{i_1 i_2\cdots i_n}$,同上.

故每个 G_i 最多仅需 4 个 $S_{j_1\cdots j_n j_{j+1}\cdots j_{n+k-1}}$ 就可将其覆盖. 而 $|S_{j_1\cdots j_n j_{n+1}\cdots j_{n+k-1}}|/|S_{j_1\cdots j_n j_{n+1}\cdots j_{n+k}}| < \max \frac{1}{|C_i|} < +\infty$ 显然成立. 由前定理证明知 $\dim_{\mathscr{F}} F \leqslant \dim F$ 成立. 反之显然.

事实上,在 $d \geqslant 2$ 时,考虑 $[0,1]^d$ 上由自相似映射 $\{S_i\}_{i=1}^m$ 生成之自相似集 F,若满足开集条件,仍有 $\dim_{\mathscr{F}} F = \dim_H F$.

3. 测度比较及结果

仍从紧集 $E_0 = [0,1]^d$ 出发,设 $\varphi_i: E_0 \to E_0$, $|\varphi_i(x) - \varphi_i(y)|_{\mathbf{R}^d} = r_i |x-y|_{\mathbf{R}^d}$, $0 < r_i < 0$, $i = 1, \cdots, m$.

记 $I_{j_1\cdots j_n} = \varphi_{j_1} \circ \cdots \circ \varphi_{j_n}(E_0)$, $1 \leqslant j_i \leqslant m$, $\mathscr{F}_n = \{I_{j_1\cdots j_n}\}_{j_1,\cdots,j_n}$. $\mathscr{F} = \{\mathscr{F}_n\}_{n\geqslant 1}$,自相似集 $F = \bigcap_{n\geqslant 1} U_{j_1\cdots j_n} I_{j_1\cdots j_n}$;

记 $\mathscr{G}_n = \{V; V = \bigcup_{i\in\Lambda} I_i, \{I_i\}_{i\in\Lambda} \in 2^{\mathscr{F}_n}\}$, $\mathscr{G} = \bigcup_{n\geqslant 1} \mathscr{G}_n$.

我们以后称 $\mathscr{F}$ 中元素相似块,$\mathscr{G}$ 中元素基本块.

定义 19.2 (1) $\forall \alpha \geqslant 0$, $\mathscr{H}'^{\alpha}_{\mathscr{G}}(F) = \lim_{\varepsilon\to 0} \mathscr{H}'^{\alpha}_{\mathscr{G},\varepsilon}(F) = \lim_{\varepsilon\to 0} \inf\{\sum(\operatorname{diam} V_i)^\alpha, \{V_i\}$ 为 F 之 $\varepsilon-\mathscr{G}$-覆盖$\}$.

(2) $\forall \alpha \geqslant 0$, $\mathscr{H}^{\alpha}_{\mathscr{G}}(F) = \lim_{\varepsilon\to 0} \mathscr{H}^{\alpha}_{\mathscr{G},\varepsilon}(F) = \lim_{\varepsilon\to 0} \inf\{\sum(\operatorname{diam} V_i)^\alpha$, $\{V_i\}$ 为 F 的 $\varepsilon-\mathscr{G}_n$-覆盖, $n \geqslant 1\}$.

定理 19.2 在上述记号下,有

$$\mathscr{H}^{\alpha}(F) = \mathscr{H}'^{\alpha}_{\mathscr{G}}(F) = \mathscr{H}^{\alpha}_{\mathscr{G}}(F)$$

证 显然仅需证明 $\mathscr{H}^{\alpha}_{\mathscr{G}}(F) \leqslant \mathscr{H}^{\alpha}(F)$

设 $\mathscr{O}$ 为 F 的任一有限开覆盖,由[73],对足够大

的 n，$I_{j_1\cdots j_n}$ 一定属于某 O_k，$O_k\in\mathscr{O}$，n 取定，令 $V_i=\bigcup\limits_{I_{j_1\cdots j_n}\subset O_i} I_{j_1\cdots j_n}$，则 $\{V_i\}$ 为 F 的 $\mathscr{G}_n$ 覆盖，且有 $\sum|V_i|^\alpha\leqslant\sum\limits_{O_i\in\mathscr{O}}|O_i|^\alpha$. 若 $\{O_i\}$ 为 ε- 开覆盖，则 $\{V_i\}$ 为 $\mathscr{G}_n-\varepsilon-$覆盖. 故 $\mathscr{H}^\alpha_\varepsilon(F)\geqslant\mathscr{H}^\alpha_{\mathscr{G},s}(F)$，$\alpha\geqslant 0$. 即得结论.

引理 19.1　设 $V\subset\mathbf{R}^d$ 是非空开集，$V\supset\bigcup\limits_{i=1}^m\varphi_i(V)$ 且 $\varphi_i(V)\cap\varphi_j(V)=\varnothing$，$i\neq j$，$\mathscr{L}^d(\overline{V}\setminus\mathring{\overline{V}})=0$，则

(1) $\overline{V}\supset F$；

(2) $\mathscr{L}^d(\varphi_i(\overline{V})\cap\varphi_j(\overline{V}))=0$，$i\neq j$.

证　(1) 可见[37]，(2) 显然.

命题 19.1　记号同定理 19.2. $\mathscr{H}^\alpha_{\mathscr{F}}(F)$ 如定义 19.1. 设 $\varphi_1,\cdots,\varphi_m$ 满足开集条件，则存在常数 $\lambda(r_1,\cdots,r_m,d)>0$，使得

$$\mathscr{H}^\alpha_{\mathscr{F}}(F)\geqslant\mathscr{H}^\alpha(F)\geqslant\lambda\mathscr{H}^\alpha_{\mathscr{F}}(F)\quad(\alpha\geqslant 0)$$

证　不妨设 E_0 即引理中的 $\overline{V}$. 显然只须证明 $\mathscr{H}^\alpha(F)\geqslant\lambda\mathscr{H}^\alpha_{\mathscr{F}}(F)$.

取一 $O\in\mathscr{G}$，$|O|=R$，给定条件 U：$r_{i_1}\cdots r_{i_{n-1}}\geqslant R>r_{i_1}\cdots r_{i_n}$.

考虑集合 $\{I_{j_1\cdots j_n}:I_{j_1\cdots j_n}\cap O\cap F\neq\varnothing,|I_{j_1\cdots j_n}|<R\}$. 总可找到 N 个这样的 I^i 满足条件 U，且 $\cup I^i\supset O\cap F$. 因为 $\sum\limits_{i=1}^N|I^i|^\alpha\leqslant NR^\alpha=N\cdot|O|^\alpha$，故有

$$|O|^\alpha\geqslant\frac{1}{N}\sum_{i=1}^N|I^i|^\alpha\tag{19.5}$$

以 O 中任一点为圆心，以 $2R$ 为半径作一球 B，则 $\cup I^i\subset B$. 有

$$\mathscr{L}^d(B) \geqslant \mathscr{L}^d(\bigcup_{i=1}^{N} I^i) = \sum_{i=1}^{N} \mathscr{L}^d I^i \geqslant N\{(\min r_i)R\}^d$$

即

$$c \cdot (2R)^d \geqslant N \cdot R^d(\min r_i)^d \quad (c \text{ 为 } d \text{ 维球体积系数}) \tag{19.6}$$

取 $\lambda = 2^{-d}c^{-1}(\min r_i)^d$,由(19.5)和(19.6)两式有

$$|O|^\alpha \geqslant \lambda \sum |I_i|^\alpha$$

故对任一 F 之 $\varepsilon - \mathscr{G}_n$ - 覆盖 $\{O_i\}(n \geqslant 1)$,存在 $\varepsilon - \mathscr{F}$- 覆盖 $\{I^i\}$,使得 $\sum |O_i|^\alpha \geqslant \lambda \sum |I^i|^\alpha$. 从而 $\mathscr{H}^\alpha_{\mathscr{G}}(F) \geqslant \lambda \mathscr{H}^\alpha_{\mathscr{F}}(F)$,由定理 19.2 有 $\mathscr{H}^\alpha(F) \geqslant \lambda \mathscr{H}^\alpha_{\mathscr{F}}(F)$.

在分离情形,即存在非空开集 $V \subset \mathbf{R}^d$, $V \supset \bigcup_{i=1}^{m} \varphi_i(V)$,且 $\varphi_i(\overline{V}) \cap \varphi_j(\overline{V}) = \varnothing, i \neq j$. 我们可进一步减少覆盖族.

定义 19.3 $J_n^\alpha(F) = \inf_{j \geqslant n}\{\sum_{i=1}^{k} |V_i|^\alpha, \{V_i\}_{i=1}^{k}$ 为 F 之 $\mathscr{G}_j$ 覆盖,且 $V_i \subset$ 某 $S \in \mathscr{F}_n, i = 1, \cdots, k\}$, $\alpha \geqslant 0$.

$J_n^\alpha(F)$ 随 n 递增,记 $J^\alpha(F) = \lim_{n \to \infty} J_n^\alpha(F)$.

定理 19.3 记号如上,仍设 $\overline{V} = E$,则有

$$\mathscr{H}^\alpha(F) = J^\alpha(F)$$

证 固定 n_0,取 $\varepsilon < n_0$ 代相似块之间隔最小值. 任取 F 之 $\varepsilon - \mathscr{G}_n$ - 覆盖 $\mathscr{P}(n \geqslant n_0)$,则该基本块覆盖一定从属于 $J_{n_0}^\alpha(F)$ 构造中覆盖,故

$$\sum_{I \in \mathscr{P}} |I|^\alpha \geqslant J_{n_0}^\alpha(F)$$

从而 $\mathscr{H}^\alpha_{\mathscr{G},\varepsilon}(F) \geqslant J_{n_0}^\alpha(F)$. 令 $n \to \infty$,则 $\varepsilon \to 0$,故 $\mathscr{H}^\alpha_{\mathscr{G}}(F) \geqslant J^\alpha(F)$. 由定理 19.2 知 $\mathscr{H}^\alpha(F) \geqslant J^\alpha(F)$.

反方向，$\forall n$，存在 $\varepsilon(n)$ 最小，使决定 $J_n^\alpha(F)$ 式中所有 $j\geqslant n$ 代基本块覆盖均为 $\varepsilon(n)$-覆盖，则有 $\mathscr{H}_{\varepsilon(n)}^\alpha(F)\leqslant J_n^\alpha(F)$. 而 $n\to\infty$ 时，$\varepsilon(n)\to 0$. 故 $\mathscr{H}^\alpha(F)\leqslant J^\alpha(F)$.

在定理19.3的条件下，我们可对等比压缩生成的 F 的豪斯道夫测度计算进行约化.

定理19.4　设 $\varphi_1,\cdots,\varphi_m$ 的共同压缩比为 $\lambda<1$，则在分离条件下，有 $\mathscr{H}^s(F)=\lim\limits_{n\to\infty}\mathscr{L}_n^s(F)$，其中 $s=-\lg m/\lg\lambda$. $\mathscr{L}_j^s(F)=\min\left\{\sum\limits_{i=1}^k|V_i|^s;\{V_i\}_{i=1}^k 为 F 的 \mathscr{G}_j 覆盖\right\}$

证　固定 n. 记

$$\mathscr{L}'^s_j(F)=\min\left\{\sum_{i=1}^k|V_i|^s,\{V_i\}_{i=1}^k 为 F 的 \mathscr{G}_j 覆盖,\right.$$
$$\left.且 V_i\subset 某 n 代相似块\right\}\quad (j\geqslant n)$$

则
$$\mathscr{L}'^s_n(F)=m^n(\lambda^n)^s=1=\mathscr{L}_0^s(F)$$
$$\mathscr{L}'^s_{n+1}(F)=m^n[(\lambda^n)^s\cdot\mathscr{L}_1^s(F)]=\mathscr{L}_1^s(F)$$
$$\cdots$$
$$\mathscr{L}'^s_{2n-1}(F)=m^n[(\lambda^n)^s\mathscr{L}_{n-1}^s(F)]=\mathscr{L}_{n-1}^s(F)$$
$$\mathscr{L}'^s_{2n}(F)=m^n[(\lambda^n)^s\mathscr{L}_n^s(F)]=\mathscr{L}_n^s(F)$$
$$\cdots$$

故
$$J_n^s(F)=\inf_{j\geqslant n}\mathscr{L}'^s_j(F)=\inf_{n>0}\mathscr{L}_n^s(F)=J_0^s(F)$$

由定理19.3得
$$\mathscr{H}^s(F)=\lim_{n\to\infty}\min_{0\leqslant j\leqslant n}\mathscr{L}_j^s(F)=\lim_{n\to\infty}\mathscr{L}_n^s(F)$$

4. 应用及例

以下我们将给出上述定理的一些应用并给出一反例.

例19.1　利用定理19.1计算齐次康托集的豪斯

道夫维数.

将$[0,1]$区间分成 m 个等间距之闭区间,左、右端点分别和$[0,1]$端点重合,得 $\mathscr{F}_1=\{I_i\}_{i=1}^n$, $|I_i|=\lambda<1/m$. 然后对每个 I_i 作一样的比例分割,依次类推,得 $\mathscr{F}=\bigcup_{n=1}^{\infty}\mathscr{F}_n$, $\mathscr{F}_n=\{I_{i_1\cdots i_n}\}_{i_1,\cdots,i_n=1}^m$, $|I_{i_1\cdots i_n}|=\lambda^n$.

$F=\bigcap_{n=1}^{\infty}\bigcup_{i_1\cdots i_n}I_{i_1\cdots i_n}$称为一致康托集.

设$\{S_i\}_{i\in\Lambda}$为 F 之 $\varepsilon-\mathscr{F}$覆盖. 因每个 S_i 相对于紧集 F 是开集,故存在 $S_1,S_2,\cdots,S_k$ 为 F 的有限覆盖,又因 $S_i\in\mathscr{F}$,可挑选使得 $S_1,S_2,\cdots,S_k$ 互不相交. 取 n 足够大使所有 $S_i\notin\mathscr{F}_n$, $i=1,\cdots,k$. 而

$$\begin{aligned}\sum_{i=1}^{k}|S_i|^{-\lg m/\lg\lambda}&=\sum_{i=1}^{k}(\lambda^{n_{\varepsilon i}})^{-\lg m/\lg\lambda}\\&=\Big(\sum_{i=1}^{k}m^{n-n_i}\Big)m^{-n}\quad(S_i\in\mathscr{F}_{n,i})\end{aligned}$$

因 m^{n-n_i} 表示 S_i 分裂成 $\mathscr{F}_n$ 中元个数,有 $\sum_{i=1}^{k}m^{n-n_i}=m^n$,即 $\sum_{i=1}^{k}|S_i|^{-\lg m/\lg\lambda}=1$. 依定义 $\mathscr{H}_{\mathscr{F}}^{-\lg m/\lg\lambda}(F)=1$. 由定理 19.1 知 $\dim F=\dim_{\mathscr{F}}F=-\lg m/\lg\lambda$.

例 19.2　设 F 为由自相似映射 $\varphi_1,\cdots,\varphi_m$ 生成的自相似集,自相似系数 $c_1,\cdots,c_m$,且 α 满足 $\sum_{i=1}^{m}|c_i|^{\alpha}=1$.

若$\{\varphi_i\}_{i=1}^m$满足引理 19.1 的条件,由 $\overline{V}$ 出发构造 F 的自然覆盖族 $\mathscr{F}$ 计算 $\mathscr{F}_{\mathscr{F}}^{\alpha}(F)$:设$\{S_i\}_{i=1}^k$为 F 任一 $\mathscr{F}$ 覆盖,则由前条件可挑选子覆盖$\{S'_i\}_{i=1}^{k'}$,各元互不重叠. 又 $I_{i_1\cdots i_n}\subset S'_i$,则 $I_{i_1\cdots i_{n-1}j}\subset S'_i(j=1,\cdots,m)$. 故

$$\sum_{i=1}^{k}|S'_i|^\alpha=\cdots=|V|^\alpha \quad (\text{因}\ |I_{i_1\cdots i_{n-1}}|^\alpha=\sum_{j=1}^{m}|I_{i_1\cdots i_{n-1}j}|^\alpha)$$

由定义有 $\mathscr{H}_{\mathscr{F}}^{\alpha}(F)=|V|^\alpha$. 从命题19.1知存在 $\lambda>0$，使得 $\lambda|V|^\alpha\leqslant\mathscr{H}^\alpha(F)\leqslant|V|^\alpha$. 故 $\dim F=\alpha$ 且 F 为 α - 集. 从而在本章条件下，我们很简便地得到 Hutchinson 定理。

例 19.3　利用定理19.4方法严格证明[0,1]区间上标准康托集的豪斯道夫测度为1.

当 $n=1,2$ 时，可求得 $J_1^s(F)=J_2^s(F)=1$，$s=\lg 2/\lg 3$. 当 $n\geqslant3$ 时，仅需考虑跨越 $K_{I_{12},I_{31}}$ 之 n 阶基本块覆盖($K_{A,B}$ 指 A,B 之间隔部分). 故可作归纳证明.

设当 $n=k$ 时，$J_k^s(F)=1$.

则当 $n=k+1$ 时，仅需证明(1) $\{\operatorname{diam}\bigcup_{i=1}^{p}a_i-\frac{4}{3}|a_{i_0}|\}^s\geqslant\sum_{i=1}^{p}|a_i|^s-|a_{i_0}|^s$ 和(2) $\{\operatorname{diam}\bigcup_{i=1}^{p}a_i-\frac{2}{3}|a_{i_0}|\}^s\geqslant\sum_{i=1}^{p}|a_i|^s-\frac{1}{2}|a_{i_0}|^s$，其中 $a_i(i=1,\cdots,p)$ 为从左至右排列的不间断的 k 阶相似块，$a_{i_0}\in\{a_i\}_{i=1}^{p}$. 取 k 足够大，由假设

$$\begin{aligned}\{\operatorname{diam}\bigcup_{i=1}^{p}a_i-\frac{4}{3}|a_{i_0}|\}^s&\geqslant|\operatorname{diam}\bigcup_{i=1}^{p}a_i|^s\cdot(1-\frac{4}{3}\frac{|a_{i_0}|}{\operatorname{diam}\bigcup_{i=1}^{p}a_i})^s\\&\geqslant(\sum_{i=1}^{p}|a_i|^s)\cdot\left(1-\frac{4}{3}\frac{|a_{i_0}|}{\operatorname{diam}\bigcup_{i=1}^{p}a_i}\right)\\&\geqslant\sum_{i=1}^{p}|a_i|^s-\frac{4}{3}\frac{|a_{i_0}|\sum_{i=1}^{p}|a_i|^s}{\operatorname{diam}\bigcup_{i=1}^{p}a_i}\end{aligned}$$

易得$\frac{4}{3}\frac{|a_{i_0}|\cdot\sum\limits_{i=1}^{p}|a_i|^s}{\operatorname{diam}\bigcup\limits_{i=1}^{p}a_i}\leqslant|a_{i_0}|^s$,故(1)成立.(2)同(1).

由(1)(2)可找一固定常数K,当$k<K$时,直接验证,$k\geqslant K$时用上面的归纳法.最后有$J_k^s(F)=1,\forall k$,即$\mathscr{H}^{\lg 2/\lg 3}(F)=1$.

例 19.4 $\mathscr{F}$为自相似集F之自然覆盖族,但$\mathscr{H}_{\mathscr{F}}^{\alpha}(F)$不一定等于$\mathscr{H}^{\alpha}(F)$,其中$\alpha=\dim_H F$.

考虑$[0,1]$区间上由自相似映射

$$s_1:[0,1]\to\left[s,s+\frac{1}{3}\right],x\mapsto s+\frac{x}{3}$$

和

$$s_2:[0,1]\to\left[\frac{2}{3}-t,1-t\right],x\mapsto\frac{2}{3}-t+\frac{x}{3}$$

生成之自相似集F,则$\mathscr{F}=\bigcup\limits_{i=1}^{\infty}\{S_{i_1}\circ S_{i_2}\circ\cdots\circ S_{i_n}[0,1]\}_{i_1,\cdots,i_n=1}^{2}$.设$s+t<1/3$,则$S_1,S_2$满足开集条件.由上面结论$\dim_H F=\lg 2/\lg 3$且$\mathscr{H}_{\mathscr{F}}^{\dim_H F}=1$.

但我们易证F为S_1,S_2在$\left[\frac{3}{2}s,1-\frac{3}{2}t\right]$上限制$S'_1,S'_2$产生的$\left[\frac{3}{2}s,1-\frac{3}{2}t\right]$上标准康托三分集.故由例19.3,$\mathscr{H}^{\lg 2/\lg 3}(F)=\left(1-\frac{3}{2}t-\frac{3}{2}s\right)^{\lg 2/\lg 3}=(\operatorname{diam}F)^{\dim_H F}$.

显然当$\operatorname{diam}F\neq 1$时

$$\mathscr{H}_{\mathscr{F}}^{\dim_H F}(F)=1>\mathscr{H}^{\dim_H F}(F)$$

$\mathbf{R}^n$ 上分形集的多重维数①

第20章

南京大学数学系的江惠坤教授于1991年推广了豪斯道夫测度和维数的概念,引入了被称作多重维测度和多重维数的概念.证明了关于多重维测度Frostman定理,构造了一个例子说明存在一类点集,其豪斯道夫测度是0或$+\infty$,但其多重维测度是一个正数,并说明了多重维数除第一个分量的正数外,其他分量可以取到任何实数.

1.引言

自勒贝格开始,人们利用勒贝格测度去计算$\mathbf{R}^n$中具有整数维数子空间的一般子集的"大小".然而,存在大量象康托集那样的不规则集,它们的勒贝格测度或为零或为无穷.怎样去区别并计算这类"高度不规则"集的"大小"或"维数"呢?在1919年,豪斯道夫[74]提出了如下分数维测度和分数维数的概念.

---

① 江惠坤.$\mathbf{R}^n$上分形集的多重维数[J].数学年刊,1991,16(1):106-112.

设 U 是 $\mathbf{R}^n$ 中的非空子集. 定义 U 的直径为 $|U| = \sup\{|x-y|: x, y \in U\}$. 若 $E \subset \bigcup_i U_i$ 且对每个 i,有 $0 < |U_i| \leqslant \delta$,则称 $\{U_i\}$ 是 E 的一个 δ - 覆盖.

设 E 是 $\mathbf{R}^n$ 的子集,s 为正数. 对于 $\delta > 0$,定义

$$\mathbf{H}_\delta^s(E) = \inf\left\{\sum_{i=1}^{\infty} |U_i|^s \mid \{U_i\} \text{ 是 } E \text{ 的 } \delta - \text{覆盖}\right\} \tag{20.1}$$

和

$$\mathbf{H}^s(E) = \lim_{\delta \to 0} \mathbf{H}_\delta^s(E) = \sup_{\delta > 0} \mathbf{H}_\delta^s(E) \tag{20.2}$$

容易看出 $\mathbf{H}^s$ 是一个距离外测度. $\mathbf{H}^s$ 在 $\mathbf{H}^s$ - 可测集的 σ - 域上的限制称为豪斯道夫 s - 维测度(或称为分数 s - 维测度). E 的豪斯道夫维数(或分数维数) $\dim_H E$ 定义为

$$\dim_H(E) = \sup\{s \mid \mathbf{H}^s(E) = +\infty\} = \inf\{s \mid \mathbf{H}^s(E) = 0\} \tag{20.3}$$

对于标准康托集 F(含于$[0,1]$),按豪斯道夫的定义有

$$\dim_H(F) = \frac{\ln 2}{\ln 3} \quad \text{和} \quad \mathbf{H}^{\dim_H(F)}(F) = 1$$

设 n 为正整数,$\mathbf{L}^n$ 表示 n 维勒贝格外测度. 显然,在 $\mathbf{R}^1$ 上,$\mathbf{L}^1$ 与 $\mathbf{H}^1$ 的定义一致. 当 $n > 1$ 时,在 $\mathbf{R}^n$ 上的外测度 $\mathbf{L}^n$ 与 $\mathbf{H}^n$ 也是有联系的,事实上,它们仅相差一个常数倍. 准确地说,若 $E \subset \mathbf{R}^n$,则 $\mathbf{L}^n(E) = c_n \mathbf{H}^n(E)$,其中 $c_n = \pi^{\frac{n}{2}} / 2^n \left(\frac{n}{2}\right)!$ (见[39, Th1. 12]). 所以看到,豪斯道夫测度和维数基本是勒贝格测度和拓扑维数的推广. 豪斯道夫测度可以描述 $\mathbf{R}^n$ 中一类“高度不规则”子集的“大小”. 而豪斯道夫维数可以表

示这类子集的局部稠密度，粗略地说，具有较高维数的集合在它几乎所有点处含有多得多的点.

许多数学家，如 A. S. Besicovitch，B. B. Mandelbrot，K. J. Falconer，J. E. Hutchinson 和 M. F. Barnsley，利用豪斯道夫测度和维数的概念在“不规则”集的理论和应用的研究方面做了许多重要的工作（见[39,75－81]）.

然而，还存在大量“更不规则”的集合，它们的豪斯道夫测度或为 0 或为无穷. 怎样的测度可以描述这类集合的“大小”？怎样的维数可以表示它们的局部稠密度？为了解决这两个问题，本章引入了多重维测度和多重维数的概念，这是豪斯道夫测度和维数的概念的推广. 更有趣的是，多重维数除第一个非零分量必须是正数外，其余分量可以取到任何实数. 最后，我们构造了一个例子来说明多重维测度和多重维数的实用性.

2. 多重维测度和多重维数

我们在后文中继续使用用过的符号，但还需要另外一些符号.

令 $\alpha=(\alpha_0,\alpha_1,\cdots,\alpha_k)$，其中 $k\in P=\{0,1,2,\cdots\}$，分量 $\alpha_i\in(-\infty,+\infty)(i=0,1,2,\cdots,k)$，但是 α 的分量中最多只有一个可以取到 $+\infty$ 或 $-\infty$，且当这种情况发生时，α 中后面的分量均取 0. 对固定的 $k\in P$，所有这些 α 所成的集合记为 Φ_k，记

$$|\alpha|=|\alpha_0|+|\alpha_1|+\cdots+|\alpha_k|$$

对正数 r，记

$$r_{1n}=(r,|\ln r|^{-1},\cdots,\underbrace{|\ln|\cdots|\ln r|\cdots||^{-1}}_{k\text{重}})$$

其中要求右边有意义. 再令

$$r_{1n}^{\alpha}=r^{\alpha_0}|\ln r|^{-\alpha_1}|\ln|\ln r||^{-\alpha_2}\cdots|\ln|\cdots|\ln r|\cdots||^{-\alpha_k} \tag{20.4}$$

这里约定:若 α 有一个分量是 $+\infty$,则 $r_{1n}^{\alpha}=0$;若 α 有一个分量是 $-\infty$,则 $r_{1n}^{\alpha}=+\infty$.

现设 E 为 $\mathbf{R}^n$ 的子集,$\alpha\in\Phi_k$,定义

$$\mathbf{M}_{\delta}^{\alpha}(E)=\inf\{\sum_{i=1}^{\infty}|U_i|_{1n}^{\alpha}|\{U_i\}\text{ 是 }E\text{ 的 }\delta-\text{覆盖}\} \tag{20.5}$$

和

$$\mathbf{M}^{\alpha}(E)=\lim_{\delta\to 0}\mathbf{M}_{\delta}^{\alpha}(E)=\sup_{\delta>0}\mathbf{M}_{\delta}^{\alpha}(E) \tag{20.6}$$

容易知道 $\mathbf{M}^{\alpha}$ 是一个外测度,也是一个距离外测度,即若 $\mathbf{R}^n$ 的两个子集是分离的,即若

$$d(E,F)=\inf\{|x-y||x\in E,y\in F\}>0$$

则
$$\mathbf{M}^{\alpha}(E\cup F)=\mathbf{M}^{\alpha}(E)+\mathbf{M}^{\alpha}(F)$$

定义 20.1 $\mathbf{M}^{\alpha}$ 在 $\mathbf{M}^{\alpha}$ - 可测集(包含了博雷尔集)所成的 σ - 域上的限制称为多重维测度,准确地说为 α - 维测度.

注意到,由于任一集合可含在一个具有同样直径的凸集内,所以若在式(20.5)的下确界中将 E 的任意集合的覆盖改为凸集覆盖,则可得到 $\mathbf{M}^{\alpha}$ 的等价定义.

我们对 Φ_k 赋以如下的序:若 $\alpha,\beta\in\Phi_k$,$\alpha=(\alpha_0,\alpha_1,\cdots,\alpha_k)$,$\beta=(\beta_0,\beta_1,\cdots,\beta_k)$,则

$$\alpha=\beta\Leftrightarrow\alpha_0=\beta_0,\alpha_1=\beta_1,\cdots,\alpha_k=\beta_k$$

$$\alpha>\beta\Leftrightarrow\alpha_0=\beta_0,\cdots,\alpha_{i-1}=\beta_{i-1},\alpha_i>\beta_i\quad(0\leqslant i\leqslant k)$$

于是显然有,对任一 $E\subset\mathbf{R}^n$,当 α 在 Φ_k 中增加时,$\mathbf{M}^{\alpha}(E)$是不增的.

定义 20.2 对任何 $E\subset\mathbf{R}^n$,定义 E 的多重维数为

$$\dim E=((\dim E)_0,\cdots,(\dim E)_k)\in\Phi_k \tag{20.7}$$

其中

$$(\dim E)_0=\sup\{\alpha_0\mid\alpha=(\alpha_0,0,\cdots,0),\mathbf{M}^\alpha(E)=+\infty\}$$
$$=\inf\{\alpha_0\mid\alpha=(\alpha_0,0\cdots,0),\mathbf{M}^\alpha(E)=0\}$$
$$(\dim E)_1=\sup\{\alpha_1\mid\alpha=((\dim E)_0,\alpha_1,0,\cdots,0),\mathbf{M}^\alpha(E)=+\infty\}$$
$$=\inf\{\alpha_1\mid\alpha=((\dim E)_0,\alpha_1,0,\cdots,0),\mathbf{M}^\alpha(E)=0\}$$
……
$$(\dim E)_k=\sup\{\alpha_k\mid\alpha=((\dim E)_0,\cdots,(\dim E)_{k-1},\alpha_k),\mathbf{M}^\alpha(E)=+\infty\}$$
$$=\inf\{\alpha_k\mid\alpha=((\dim E)_0,\cdots,(\dim E)_{k-1},\alpha_k),\mathbf{M}^\alpha(E)=0\}$$

并且,若有$(\dim E)_i=+\infty$或$(-\infty)$$(0\leqslant i<k)$,则规定$(\dim E)_{i+1}=\cdots=(\dim E)_k=0$.

定义 20.3　设 $\alpha\in\Phi_k$,$E\subset\mathbf{R}^n$ 是 $\mathbf{M}^\alpha$ 可测的,若 $0<\mathbf{M}^\alpha(E)<+\infty$,则称 E 是 α - 集.

显然,α - 集的多重维数是 α,并且有,若 $\alpha<\beta\in\Phi_k$,则 $\mathbf{M}^\beta(E)=0$;若 $\alpha>\beta\in\Phi_k$,则 $\mathbf{M}^\beta(E)=+\infty$.

将多重维测度、多重维数与豪斯道夫测度、豪斯道夫维数进行比较,有下列关系.

(1)若 $\alpha\in\Phi_0$,如 $\alpha=(\alpha_0)\cong\alpha_0$,则对任何 $E\subset\mathbf{R}^n$,有 $\mathbf{M}^\alpha(E)=\mathbf{H}^\alpha(E)$且 $\dim E\cong\dim_H E$. 反之,若 E 是 α_0 - 集,则对任何 $k\in P$,存在唯一的 $\alpha=(\alpha_0,0,\cdots,0)\in\Phi_k$,使得 E 是 α - 集.

(2)存在 $\alpha=(\alpha_0,\alpha_1,\cdots,\alpha_k)\in\Phi_k$ 和 $E_1,E_2\subset\mathbf{R}^n$,使得 E_1,E_2 都是 α - 集,但

$$\mathbf{H}^{\alpha_0}(E_1)=0,\mathbf{H}^{\alpha_0}(E_2)=+\infty$$

从而 E_1,E_2 都不是 α_0 - 集. 进一步,对任意 $0<\alpha_0<n$ 和

$(\alpha_1,\cdots,\alpha_k)\in\mathbf{R}^k$,我们能找到 $E\subset\mathbf{R}^n$ 使 E 是 α-集,所以 $\dim E=\alpha$,但是 $\dim_H E=\alpha_0$(见第3节中的例子).

(3)若 $\alpha>\beta,\alpha,\beta\in\Phi_k$,$\alpha$ 维的集合比 β 维的集合具有更高的局部稠密度.

从(1),(2),(3)可以看到多重维数概念确实是豪斯道夫维数概念的推广. 进一步利用多重维测度可以有效地研究一大类其豪斯道夫维数是 α_0,但豪斯道夫 α_0-测度为0或$+\infty$的 α-集.

为了构造例子去解释上面的(2),要建立下面的定理. 现假设正数 r_0 充分小使得对 $0<r\leqslant r_0$,r_{1n}^{α} 有意义,譬如

$$|\ln r_0|\geqslant\ln|\ln r_0|\geqslant\cdots\geqslant\ln|\cdots|\ln r_0|\cdots|>\mathrm{e} \tag{20.8}$$

且

$$-\frac{1}{2}<\frac{1}{2}\ln n/\ln r_0\leqslant 0 \tag{20.8$'$}$$

定理 20.1 设 $\alpha\in\Phi_k$,E 是 $\mathbf{R}^n$ 的紧子集,则 $\mathbf{M}^{\alpha}(E)>0$的一个充要条件是存在一个质量集中在 E 上的概率测度 μ 使得

$$\mu(B)\leqslant A|B|_{\ln}^{\alpha} \tag{20.9}$$

对一切 $\mathbf{R}^n$ 中满足$|B|\leqslant r_0 n^{-\frac{1}{2}}$的球 B 成立,其中 A 是常数.

证 充分性. 对 E 的任一 δ-覆盖$\{U_i\}_{i=1}^{\infty}$存在 E 的 2δ-覆盖$\{B_i\}_{i=1}^{\infty}$,其中 B_i 均是球且 $B_i\supset U_i$,$|B_i|=2|U_i|(i=1,2,\cdots)$. 于是当 δ 充分小时,有

$$\begin{aligned}\sum_i|U_i|_{\ln}^{\alpha}&=\sum_i\left(\frac{1}{2}2|U_i|\right)_{\ln}^{\alpha}\\&\geqslant\left(\frac{1}{2}\right)^{|\alpha|}\sum_i|B_i|_{\ln}^{\alpha}\geqslant\left(\frac{1}{2}\right)^{|\alpha|}\frac{1}{A}\mu(E)\end{aligned}$$

令 $\delta \to 0$,即得 $\mathbf{M}^{\alpha}(E)>0$.

必要性. 设 $\mathbf{M}^{\alpha}(E)>0$. 对给定的满足 $0<\varepsilon \leqslant r_0$ 的 ε,设 $\{B_i\}_1^{\infty}$ 是由球组成的 E 的 r_0 - 覆盖,注意到或者 $\sup\{|B_i|:i=1,2,\cdots\} \leqslant \varepsilon$,或者 $\sup\{|B_i|:i=1,2,\cdots\}>\varepsilon$,有

$$\sum_i |B_i|_{1n}^{\alpha} \geqslant \min\{\mathbf{M}_{\varepsilon}^{\alpha}(E),(\varepsilon)_{1n}^{\alpha}\} = \gamma$$

当 ε 充分小时有 $\gamma>0$,所以存在 $\gamma>0$ 使得对 E 的任意 r_0 - 球覆盖,不等式

$$\sum_i |B_i|_{1n}^{\alpha} \geqslant \gamma \tag{20.10}$$

成立. 显然式(20.10)对二进方体组成的 E 的 r_0 - 覆盖 $\{c_i\}_l^{\infty}$ 也成立. 二进方体具有如下形式

$$[2^{-m}m_1,2^{-m}(m_1+1)) \times [2^{-m}m_2,2^{-m}(m_2+1)) \times \cdots \times [2^{-m}m_n,2^{-m}(m_x+1)) \tag{20.11}$$

其中 $m_1,\cdots,m_n$ 都是整数,m 是非负整数且满足$2^{-m}n^{\frac{1}{2}}<r_0$. 式(20.11)中的每个二进方体称为 m 级方体.

现用 m 级方体覆盖 E,其中与 E 相交的每 m 级方体给予一致分布质量$(2^{-m}n^{\frac{1}{2}})_{\ln}^{\alpha}$,其余地方为 0,这样得到 $\mathbf{R}^n$ 上的一个测度,记为 μ_m^m.

对 $m-1$ 级方体,这样考虑:若一个 $m-1$ 级方体的质量小于或等于$(2^{-(m-1)}n^{\frac{1}{2}})_{\ln}^{\alpha}$,则在该方体上保持原来的测度 μ_m^m;反之,在 μ_m^m 上乘以一个小于 1 的常数使得该方体具有质量$(2^{-(m-1)}n^{\frac{1}{2}})_{ln}^{\alpha}$. 这样得到一个测度 μ_{m-1}^m,它对一切 $m-1$ 级方体有定义. 归纳地,对 $p \geqslant 1$,由 μ_{m-p}^m 定义 $\mathbf{R}^n$ 上的测度 μ_{m-p-1}^m,使得它在每个 $m-p-1$级方体 C 上满足

$$\mu_{m-p-1}^m = \lambda(C)\mu_{m-p}^m$$

其中 $\lambda(C)=\min\{1,(2^{-(m-p-1)}n^{\frac{1}{2}})_{\ln}^{\alpha}/\mu_{m-p}^{m}(C)\}$.

注意到我们限制了 $m-p$ 级方体的直径最大不超过 r_0，记这种最大的方体为 m_0 级方体. 此外，当 p 充分大时，μ_{m-p}^{m} 与 p 无关. 记 $\mu_{m-p}^{m}=\mu^{m}$. 已经看到，对任何 $m-p$ 级方体 $C(m_0\leqslant m-p\leqslant m)$，有 $\mu^{m}(C)\leqslant(2^{-(m-p)}n^{\frac{1}{2}})_{\ln}^{\alpha}$. 进一步，$E$ 中的任一点必含于某个二进方体 C 使得

$$\mu^{m}(C)=|C|_{\ln}^{\alpha} \tag{20.12}$$

于是，对 E 中的每一点，必存在包含该点且满足式(20.12)的最大的二进方体. 这样，据式(20.10)的变形，存在 E 的一个互斥二进方体的覆盖满足

$$\|\mu^{m}\|=\sum_{j}\mu^{m}(C_j)=\sum_{j}|C_j|_{\ln}^{\alpha}\geqslant\gamma$$

令 $\tilde{\mu}^{m}=\mu^{m}/\|\mu^{m}\|$，则 $\tilde{\mu}^{m}(\mathbf{R}^{n})=1$，$\tilde{\mu}^{m}$ 集中在 E 的某个邻域上且对所有 $m-p$ 级方体 C 成立

$$\tilde{\mu}^{m}(C)\leqslant\gamma^{-1}|C|_{\ln}^{\alpha}$$

于是，存在$\{\tilde{\mu}^{m}\}$的子序列$\{\tilde{\mu}^{m_l}\}$使得 $\tilde{\mu}^{m_l}$ 弱收敛于一个测度 μ，μ 是集中在 E 上的概率测度且对所有 p 级方体 $C_p(p\geqslant m_0)$ 有 $\mu(C_p)\leqslant|C_p|_{\ln}^{\alpha}$.

最后，设 B 是球，其半径 $l<r_0n^{-\frac{1}{2}}$，$2^{-m}\leqslant l<2^{-m+1}$，易知 B 必被 2^{2n} 个 m 级方体所覆盖. 于是

$$\begin{aligned}\mu(B)&\leqslant 2^{2n}\gamma^{-1}(2^{-m}n^{\frac{1}{2}})_{\ln}^{\alpha}\\&=2^{2n}\gamma^{-1}\left(l\cdot\frac{2^{-m}n^{\frac{1}{2}}}{l}\right)_{\ln}^{\alpha}=2^{2m}\gamma^{-1}|B|_{\ln}^{\alpha}\cdot\beta\end{aligned} \tag{20.13}$$

其中记 $s=2^{-m}n^{\frac{1}{2}}/l$ 和

$$\beta=s^{\alpha_0}\left|1+\frac{\ln s}{\ln l}\right|^{-\alpha_1}\cdot$$
$$\left|1+\frac{\ln\left(1+\frac{\ln s}{\ln l}\right)}{\ln|\ln l|}\right|^{-\alpha_s}\cdots\left|1+\frac{\ln(1+\cdots)}{\ln|\cdots|\ln l|\cdots|}\right|^{-\alpha_k}$$

注意到 $2^{-m}\leqslant l<2^{-m+1}$ 蕴含 $\frac{1}{2}n^{1/2}<s\leqslant n^{\frac{1}{2}}$，于是

$$\frac{\frac{1}{2}\ln n}{\ln l}\leqslant\frac{\ln s}{\ln l}<\frac{-\ln 2+\frac{1}{2}\ln n}{\ln l}$$

由(20. 8)和(20. 8)′两式得 $-\frac{1}{2}<\frac{\ln s}{\ln l}<1$，再由式(20. 8)和不等式

$$\frac{x}{1+x}<\ln(1+x)<x\quad(x>-1)$$

可导出

$$\frac{1}{2}<1+\frac{\ln s}{\ln l}<2,\frac{1}{2}<1+\frac{\ln\left(1+\frac{\ln s}{\ln l}\right)}{\ln|\ln l|}<2,\cdots$$
$$\frac{1}{2}<1+\frac{\ln(1+\cdots)}{\ln|\cdots|\ln l|\cdots|}<2$$

因此有

$$\beta<2^{|\alpha|}n^{\frac{\alpha_0}{2}}\tag{20. 14}$$

记 $A=2^{2n+|\alpha|}n^{\frac{\alpha_0}{2}}\gamma^{-1}$，由式(20. 13)和式(20. 14)即得(20. 9).

3. 例子

自然要问，给定 $\alpha\in\Phi_k$ 是否存在 $\mathbf{R}^n$ 的子集 E 使得 $\dim E=\alpha$? 如果 α 的第一个非零分量在 $(0,n)$ 中，则回答是肯定的.

为了简单起见，设 $\alpha(s,t)$，$0<s<1$，$-\infty<t<$

$+\infty$，去构造$[0,1]$中的子集 E 使得 $0<\mathbf{M}^{\alpha}(E)<\infty$，于是 $\dim E=\alpha$

设 m,p 是两个整数且满足 $m>2^{\frac{|t|}{1-s}}$和 $p>m^{\frac{1-s}{s}}\cdot 2^{\frac{|t|}{s}}$，并设 E_0 是$[0,1]$中的闭子区间满足$\frac{\ln(pm)}{|\ln|E_0||}<\frac{1}{2}$. 于是对满足 $0<b\leqslant|E_0|$的任一常数 b，方程

$$x^s|\ln x|^{-t}=\frac{1}{m}b^s|\ln b|^{-t}$$

在$\left(\frac{b}{pm},\frac{b}{m}\right)$中必有解. 现在用归纳法来定义一个集列 $E_0\supset E_1\supset E_2\supset\cdots$，其中每个集是一些闭区间的有限并，通过 E_j 的每个区间 I 来指定 $E_{j+1}\cap I$. 如果 I 是 E_j 的一个区间，令 $J_1,J_2,\cdots,J_m$ 依次为 I 中具有等长度等空隙的闭子区间，使得 J_1 的左端点与 I 的左端点、J_m 的右端点与 I 的右端点一致. 它们的长度由方程

$$|J_i|^s|\ln|J_i||^{-t}=\frac{1}{m}|I|^s|\ln|I||^{-t}\tag{20.15}$$

的一个解$|J_i|$给出. 由此可得

$$\frac{|I|}{pm}<|J_i|<\frac{|I|}{m}\quad(1\leqslant i\leqslant m)\tag{20.16}$$

和

$$m|J_i|+(m-1)d=|I|\quad(1\leqslant i\leqslant m)\tag{20.17}$$

其中 d 是$\{J_i\}_1^m$ 中相邻两个区间之间空隙的长度. 从式(20.17)和(20.16)可得到

$$0<d=\frac{|I|-m|J_i|}{m-1}\leqslant\frac{(p-1)|I|}{p(m-1)}\tag{20.18}$$

要求 $E_{j+1}\cap I=\bigcup_{i=1}^{m}J_i$ 就定义了 E_{j+1}. 注意到 m 是固定的，所以 E_j 的区间都是等长度的. 构成 E_j 的区间记作

$J_1^j, J_2^j, \cdots, J_{m^j}^j$. 于是有

$$J_1^{j-1} = \bigcup_{i=1}^{m} J_i^j, J_2^{j-1} = \bigcup_{i=m+1}^{m^2} J_i^j, \cdots, J_{m^{j-1}}^{j-1} = \bigcup_{i=m^j-m+1}^{m^j} J_i^j$$

显然,$E = \bigcap_{j=0}^{\infty} E_j$ 是 E_0 中无处稠密的完全集.

定理 20.2　$\dim E = \alpha = (s,t)$,进一步有 $0 < \mathbf{M}^{\alpha}(E) \leqslant |E_0|^s |\ln|E_0||^{-t}$.

证　因为 E 可被构成 E_j 的等长度的 m^j 个区间 $J_1^j, J_2^j, \cdots, J_{m^j}^j$所覆盖,所以有

$$\mathbf{M}_{m^{-j}}^{\alpha}(E) \leqslant \sum_{i=1}^{m^j} |J_i^j|^s |\ln|J_i^j||^{-t} = \sum_{i=1}^{m^{j-1}} |J_j^{j-1}|^s |\ln|J_i^{j-1}||^{-t}$$
$$= \cdots = |E_0|^s |\ln|E_0||^{-t}$$

令 $j \to +\infty$,得 $\mathbf{M}^{\alpha}(E) \leqslant |E_0|^s |\ln|E_0||^{-t}$.

为证 $\mathbf{M}^{\alpha}(E) > 0$,要构造一个满足式(20.9)且集中在 E 上的概率测度 μ.

对每个 $j \in \mathbf{N}$,定义集中在 E_j 上的概率测度 μ^j 使得:对 E_j 的每个构成区间 J_i,有

$$\mu^j(J_i) = |J_i|^s |\ln|J_i||^{-t} / |E_0|^s |\ln|E_0||^{-t} \tag{20.19}$$

据 $E_j(j=0,1,2,\cdots)$ 的构造,对任何 $l(0 \leqslant l \leqslant j)$,$\mu^l(J) = \mu^j(J)$ 对 E_l 的每个构成区间 J 成立. 于是,当 $j \to +\infty$ 时,μ^j 收敛于一个集中在 E 上的概率测度 μ. 进而,对任意 $j \geqslant 0$,有

$$\mu(J) = \mu^j(J) \tag{20.20}$$

对 E_j 的每个构成区间 J 成立.

构造 E 所用到的区间,即所有 E_j 的构成区间,称为网区间. 设 C 是[0,1]中的一个区间满足

$$\left| \frac{\ln(pm)}{\ln|C|} \right| \leqslant \frac{1}{2} \tag{20.21}$$

如果含于 E_j 的一个网区间 J 是含于 C 的最大网区间之一，则 $C\subset I'\cup I''\cup\{I'$与$I''$之间空隙$\}$，这里 I' 和 I'' 是含于 E_{j-1} 但不含于 E_j 的网区间，由式(20.16)和式(20.18)得

$$\frac{|I|}{pm}\leqslant|C|\leqslant 2|I|+d\leqslant 2P|I| \tag{20.22}$$

这里 I 是含于 E_{j-1} 但不含于 E_j 的网区间，d 是 I' 与 I'' 之间空隙的长度. 由于式(20.21)蕴含 $pm|C|<1$，所以有

$$|\ln(pm)+\ln|C||\leqslant|\ln|I||\leqslant|\ln|C|-\ln(2p)| \tag{20.23}$$

再由式(20.21)得

$$\left|\frac{\ln|I|}{\ln|C|}\right|^{-1}\leqslant\max\left\{\left|1-\frac{\ln(2p)}{\ln|C|}\right|^{-t},\left|1+\frac{\ln(pm)}{\ln|C|}\right|^{-t}\right\}\leqslant 2^{|t|} \tag{20.24}$$

由(20.20)(20.22)和(20.24)三式直接导出

$$\begin{aligned}\mu(C)\leqslant 2\mu(I)&=2|E_0|^{-s}|\ln|E_0||^{t}|I|_{\ln}^{\alpha}\\&=2|E_0|^{-s}|\ln|E_0||^{t}\left|\frac{|I|}{|C|}\cdot|C|\right|_{\ln}^{\alpha}\\&=2|E_0|^{-s}|\ln|E_0||^{t}\left(\frac{|I|}{|C|}\right)^{s}\left|\frac{\ln|I|}{\ln|C|}\right|^{-t}|C|_{\ln}^{\alpha}\\&\leqslant A|C|_{\ln}^{\alpha}\end{aligned} \tag{20.25}$$

这里 $A=2|E_0|^{-s}|\ln|E_0||^{t}(pm)^{s}2^{|t|}$ 是常数. 最后，应用定理 20.1 即得 $\mathbf{M}^{\alpha}(E)>0$. 定理证毕.

分式布朗运动与豪斯道夫维数①

第21章

设紧集 $E \subset \mathbf{R}^N, F \subset \mathbf{R}^d$,武汉大学的肖益民教授于 1991 年研究了交集 $X^{-1}(F) \cap E$的豪斯道夫维数,得到了 dim $(X^{-1}(F) \cap E)$ 的上界及 $X^{-1}(F) \cap E$ 关于 F 的一致维数下界.

设 $X(t) = (X_1(t), \cdots, X_d(t))(t \in \mathbf{R}^N)$ 是 d 维分式布朗(Brown)运动, $X(0) = 0, E|X(t) - X(s)|^2 = d|t-s|^{2\alpha}$ $(0<\alpha<1), E \subset \mathbf{R}^N \setminus \{0\}, F \subset \mathbf{R}^d$ 是紧集,在[87]中,Testard 研究了

$$X^{-1}(F) \cap E = \varnothing \quad \text{a. s.}$$

的充分条件和必要条件. 在[89]中,肖益民教授曾研究了一般的分量不独立的 (N,d) 高斯场的极性与逆象. 本章对于分式布朗运动研究 $X^{-1}(F) \cap E$ 的豪斯道夫维数.

① 肖益民. 分式 Brwon 运动与 Hausdorff 维数[J]. 数学杂志,1991,11(2):233-236.

在 $\mathbf{R}^N\times\mathbf{R}^d$ 上定义度量 $d_\alpha((s,x),(t,y))=\max(|s-t|^\alpha,|x-y|)$对于$\mathbf{R}^N\times\mathbf{R}^d$ 中的紧集 A,在度量 d_α 之下,我们可以定义 β 维豪斯道夫测度,记为 $H_\alpha^\beta(A)$,及豪斯道夫维数,称为 A 的指数为 α 的不对称维数. 记为 $\dim_\alpha A$ 具体细节可参阅[86][87].

引理 21.1[87] 对 $\varepsilon>0$,存在常数 $C(\varepsilon)>0,r_0>0$ 使得:$\forall x\in\mathbf{R}^N,|x|\geqslant\varepsilon,\forall r,0\leqslant r<r_0,\forall y\in\mathbf{R}^d$,有

$$P(X(B(x,r^{\frac{1}{\alpha}}))\cap B(y,r)\neq\varnothing)$$
$$\leqslant C(\varepsilon)r^d(\lg\frac{1}{r})^{\frac{N}{2\alpha}}$$

其中 $B(x,r^{\frac{1}{\alpha}})$是 $\mathbf{R}^N$ 中以 x 为心,$r^{\frac{1}{\alpha}}$为半径的球.

利用引理 21.1,我们得到:

定理 21.1 $\dim(X^{-1}(F)\cap E)$
$$\leqslant\max[0,\alpha(\dim_\alpha(E\times F)-d)]\quad\text{a. s.}$$

证 若 $\dim_\alpha(E\times F)<d$,则由文[87]定理 2.1.1 知

$$X^{-1}(F)\cap E=\varnothing\quad\text{a. s.}$$

设 $\dim_\alpha(E\times F)\geqslant d$,对 $\forall\gamma>\alpha(\dim_\alpha(E\times F)-d)$,存在一列球 $I_n\times J_n=B(x_n,r_n^{\frac{1}{\alpha}})\times B(y_n,r_n)$使得 $r_n<r_0$,及

$$E\times F\subset\overline{\lim_{n\to\infty}}(I_n\times J_n)\tag{21.1}$$

$$\sum_{n=1}^{\infty}r_n^{\frac{\gamma}{\alpha}+d}<\infty\tag{21.2}$$

则
$$X^{-1}(F)\cap E\subset\overline{\lim_{n\to\infty}}(X^{-1}(J_n)\cap I_n)$$

记 $\Gamma=\{n,X^{-1}(J_n)\cap I_n\neq\varnothing\}$,则对 $\forall\gamma'>\gamma$,由引理 21.1 得

$$E[\sum_{n\in\Gamma}(r_n^{\frac{1}{\alpha}})^{\gamma'}]=\sum_{n=1}^{\infty}r_n^{\frac{\gamma'}{\alpha}}P(X^{-1}(J_n)\cap I_n\neq\varnothing)$$

$$\leqslant C\sum_{n=1}^{\infty} r_n^{\frac{\gamma'}{\alpha}} \cdot r_n^d\left(\lg\frac{1}{r_n}\right)^{\frac{N}{2\alpha}} \leqslant C\sum_{n=1}^{\infty} r_n^{\frac{\gamma}{\alpha}+d} < \infty$$

这便证得　　$\dim(X^{-1}(F)\cap E)$

$$\leqslant \max[0,\alpha(\dim_\alpha(E\times F)-d]\quad \text{a. s.}$$

在文献[87]中，Testard 证明了：$\forall\varepsilon>0$，成立

$$P\{\dim(X^{-1}(F)\cap E)\geqslant \alpha(\dim_\alpha(E\times F)-d)-\varepsilon\}>0 \tag{21.3}$$

定理 21.1 与式(21.3)结合起来，包含了 Kaufman(文[84])关于布朗运动的结果.

当 $N>\alpha d$ 时，为了研究与文[88]中定理 4 相应的问题，我们需要考虑 $X^{-1}(F)\cap E$ 关于 F 的一致维数问题.

我们知道[85]，若 $\dim E>\alpha d$，则 $X(t)\,(t\in E)$ 的局部时 $\varphi(E,x)$ 关于 x 连续，开集 $G=\{x\in\mathbf{R}^d,\ \varphi(E,x)>0\}$ 不空.

定理 21.2　设 E 是 $\mathbf{R}^N$ 中紧集，$\dim E>\alpha d$，则 a. s.

$$\dim(X^{-1}(F)\cap E)\geqslant \dim E-\alpha d+\alpha\dim F$$

对任意闭集 $F\subset G$ 成立.

证　为了方便起见，设 $E\subset[0,1]^N$，取 $\gamma:0<\gamma<1,(1+3\gamma)\alpha d<\dim E$，则在 E 上存在有限测度 μ 使得

$$\sup_{s\in\mathbf{R}^N}\int\frac{\mu(\mathrm{d}t)}{|t-s|^{\dim E-\gamma^\alpha d}}<\infty \tag{21.4}$$

对任意偶数 k 及直径充分小的立方体 $J\subset[0,1]^N$，由文[85]中的结果得

$E[(\varphi(J,x)-\varphi(J,y))^k]$

$$= (2\pi)^{-kd}\int_{J^k}\prod_{j=1}^{k}\mu(\mathrm{d}t_j)\int_{\mathbf{R}^{dk}}\hat{P}_k(\bar{t},\bar{u})\prod_{j=1}^{k}(\mathrm{e}^{-i<u_1,x>}-\mathrm{e}^{-i<u_j,y>})\mathrm{d}\bar{u}$$

$$\leqslant C\mid x-y\mid^{k\gamma}M_{k\gamma}(J)$$

其中，$\bar{t}=(t_1,\cdots,t_k)\in\mathbf{R}^{Nk}$，$\bar{u}=(u_1,\cdots,u_k)\in\mathbf{R}^{dk}$

$$\hat{P}_k(\bar{t},\bar{u}) = \exp\left(-\frac{1}{2}\mathrm{var}\sum_{j=1}^{k}\langle u_j,X(t_j)\rangle\right)$$

$$M_{k,\gamma}(J) = \int_{J^k}\prod_{j=1}^{k}\mu(\mathrm{d}t_j)\int_{\mathbf{R}^{dk}}\hat{P}_k(\bar{t},\bar{u})\prod_{j=1}^{k}\mid u_j\mid\gamma\mathrm{d}\bar{u}$$

$$\leqslant C\int_{J^k}\frac{\prod_{j=1}^{t}\mu(dt_j)}{\prod_{j=1}^{k}\mid t_j-t_{j-1}\mid^{(1+2\gamma)\alpha d}}$$

最后这一不等式由文[85] 中式 (7.10) 得到. 因为由式(21.4) 得

$$\sup_{s\in J}\int_J\frac{\mu(\mathrm{d}t)}{\mid t-s\mid^{(1+2\gamma)\alpha d}}$$

$$\leqslant(\mathrm{diam}\ J)^{\dim E-(1+3\gamma)\alpha d}\sup_{s\in J}\int_J\frac{\mu(\mathrm{d}t)}{\mid t-s\mid^{\dim E-\gamma\alpha d}}$$

$$\leqslant C(\mathrm{diam}\ J)^{\dim E-(1+3\gamma)\alpha d}$$

所以 $$M_{k\gamma}(J)\leqslant C(\mathrm{diam}\ J)^{[\dim E-(1+3\gamma)\alpha d]}\tag{21.5}$$

仿照文[82]定理 27.1 可以证明，对于 $\forall\varepsilon>0$，有

$$\max\varphi(J,x)\leqslant C(\mathrm{diam}\ J)^{\dim E-\alpha d-\varepsilon}$$

现设闭集 $F\subset\{x\in\mathbf{R}^d,\varphi(E,x)>0\}$. 若 $\dim F=0$，取 $\gamma=0$，否则取 $0<\gamma<\dim F$，在两种情况下，F 上都存在概率测度 σ，使得对任意可测集 $B\subset\mathbf{R}^d$，有

$$\sigma(B)\leqslant C(\mathrm{diam}\ B)^{\gamma}\tag{21.6}$$

在 E 上定义随机测度 λ 如下

$$\lambda(B) = \int\varphi(B,x)\sigma(\mathrm{d}x),\ \forall B\in\mathscr{B}([0,1]^N)$$

显然,λ 支撑在 $X^{-1}(F)\cap E$ 上,$\lambda(E)>0$. 因为 $X(t)$ a. s. 满足任意小于 a 阶的一致赫尔德(Hölder)条件,所以 $\forall\varepsilon>0$,有

$$\operatorname{diam} X(J)\leqslant C(\operatorname{diam} J)^{\alpha-s}\tag{21.7}$$

于是由(21.5)(21.6)(21.7)三式得

$$\begin{aligned}\lambda(J)&\leqslant\max_x\varphi(J,x)\sigma(X(J))))\\&\leqslant\max_x\varphi(J,x)(\operatorname{dim} X(J))^{\gamma}\\&\leqslant C(\operatorname{diam} J)^{\operatorname{dim} E-\alpha d+\alpha\gamma-s(1+\gamma)}\end{aligned}$$

这便证明了 a. s.

$$\operatorname{dim} X^{-1}(F)\cap E\geqslant\operatorname{dim} E-\alpha d+\alpha\gamma-\varepsilon(1+\gamma)$$

由 γ,ε 任意性知 a. s. 对 $\forall F\subset G$,均有

$$\operatorname{dim} X^{-1}(F)\cap E\geqslant\operatorname{dim} E-\alpha d+\alpha\operatorname{dim} F$$

集合 $E\subset\mathbf{R}^N$ 称为自相似集,若存在 $\lambda>1,U\in SO(N)$ 使 $\lambda UE=E$. 结合定理21.2及文[83]第18章定理3,得到

推论1　若 $E\subset\mathbf{R}^N$ 是自相似集,$\operatorname{dim} X(E)>\alpha d$,则 a. s.

$$\operatorname{dim} X^{-1}(F)\cap E\geqslant\operatorname{dim} E-\alpha d+\alpha\operatorname{dim} F$$

对 $\forall$ 闭集 $F\subset\mathbf{R}^d$ 成立.

由定理21.2,我们还证明了文[83]第280页问题5的下界问题.

推论2　设 E 是 $\mathbf{R}^N$ 中紧集,$\operatorname{dim} E>\alpha d$,则存在随机开集 $G,P(G\neq\varnothing)=1$,使得

$$x\in G\Rightarrow\operatorname{dim} X^{-1}(x)\cap E\geqslant\operatorname{dim} E-\alpha d$$

第22章 关于自相似集的一个维数定理①

武汉大学数学系的吴敏教授在1995年对严格自相似集，提出了一个比“开集”条件更弱的“可解”条件，并且证明：在可解条件下，自相似集的豪斯道夫维数及Bouligand维数与其相似维数一致.

自相似集是一类非常重要的Fractal集(见Falconer[19]，Hutchinson[90])，它可以通过下述方式生成：设 $S=\{S_1,S_2,\cdots,S_m\}$ 为一族 $\mathbf{R}^d$ 上的相似压缩，即对任意的 $x,y\in\mathbf{R}^d$，$|S_i(x)-S_i(y)|=c_i|x-y|$，其中 $0<c_i<1(1\leqslant i\leqslant m)$. 设 V 为一开集，满足 $S_i(V)\subset V(1\leqslant i\leqslant m)$，令 $S_{i_1i_2\cdots i_n}=S_{i_1}\circ S_{i_2}\circ\cdots\circ S_{i_n}$，$S_{i_j}\in S$，$S^n(\overline{V})=\bigcup_{i_1,\cdots,i_n=1}^{m}S_{i_1i_2\cdots i_n}(\overline{V})$，则 $F=\bigcap_{n\geqslant 1}S^n(\overline{V})$ 为经典意义下的自相似集. 许多典型的Fractal集，如康托集、平面布朗曲线、von Koch

① 吴敏. 关于自相似集的一个维数定理[J]. 数学学报，1995，38(3)：318-328.

曲线、谢尔品斯基垫均可由这种方式生成. 若存在一非空有界开集 V, $S_i(V)\subset V$, 对任何 $i\neq j$, 有 $S_i(V)\cap S_j(V)=\varnothing$, 则称 $\{S_i\}$ 满足"开集"条件(此时, F 的 n 级近似 $S^n(\overline{V})$ 的 m^n 个构造集 $S_{i_1\cdots i_n}(\overline{V})$ $(1\leqslant i_j\leqslant m)$ 之间至多有弱重叠), J. E. Hutchinson[90] 利用质量分布原理证明: 若 $\{S_i\}$ 满足"开集"条件, 则 F 的豪斯道夫维数和 Bouligand 维数均为 D_s, 其中 D_s 为 F 的相似维数, 即 $\sum_{i=1}^{m} c_i^{D_s}=1$. 但"开集"条件不满足的 Fractal 集大量出现在理论及实际问题中, 而迄今尚无这方面确定的结果. 本章提出一个比"开集"条件更弱的"可解"条件, 即

$$\varliminf_{k\to\infty}[m_d(c_0^{-k}F)^{\varepsilon}/m^k]>0$$

其中 $c_0=\max\{c_i\mid 1\leqslant i\leqslant m\}$, m_d 是 $\mathbf{R}^d$ 上的勒贝格测度, A^{ε} 为 A 的 ε - 平行体, 即 $A^{\varepsilon}=\{x\mid |x-y|\leqslant\varepsilon, y\in A\}$, $A\subset\mathbf{R}^d$. 并且证明: 若 $\{S_i\}$ 满足"可解"条件, 则 F 的豪斯道夫维数和 Bouligand 维数与其相似维数一致.

1. 基本概念

这里我们假设读者已熟知豪斯道夫测度和维数及 Bouligand 维数的基本结果, 我们用 $\dim_H$ 表示豪斯道夫维数, 用 $\overline{\dim}_B$ 表示 Bouligand上下维数, $\dim_B$ 表示 Bouligand 维数, 有关 $\dim_H$, $\overline{\dim}_B$, $\dim_B$ 的详细讨论可参见 Falconer[19].

设 D 是 $\mathbf{R}^d$ 的闭子集, $S:D\to D$, 若 $\exists c(0<c<1)$ 使 $|S(x)-S(y)|=c|x-y|$, $\forall x,y\in D$, 则称 S 为相似压缩映射, c 为 S 的相似压缩比.

设 $S=\{S_1,S_2,\cdots,S_m\}$ 是 $\mathbf{R}^d$ 上一族相似压缩映射,若 $F\subset D$,满足 $F=\bigcup_{i=1}^{m}S_i(F)$,则称 F 对 S 不变或 F 为 S 的不变集. 又称相似压缩映射族下的不变集为自相似集. 这样的不变集通常都是分形. 利用豪斯道夫度量的压缩映射定理,可以证明:存在唯一非空紧集 $F\subset\mathbf{R}^d$,使

$$F=\bigcup_{i=1}^{m}S_i(F) \tag{22.1}$$

(见 Hutchinson[90]). 若 E 是任意非空紧集,使 $S_i(E)\subset E(1\leqslant i\leqslant m)$,则

$$F=\bigcap_{n\geqslant 1}S^n(E) \tag{22.2}$$

其中 $S(E)=\bigcup_{i=1}^{m}S_i(E)$, $S^k(E)=S(S^{k-1}(E))=\bigcup_{i_1,\cdots,i_k=1}^{m}S_{i_1i_2\cdots i_k}(E)$.

若存在非空有界开集 V,使得 $\bigcup_{i=1}^{m}S_i(V)\subset V$,并且 $\forall i\neq j, S_i(V)\cap S_j(V)=\varnothing$,则称 $\{S_i\}$ 满足开集条件. 若在 F 的上述构造中,取 $E=\overline{V}$,则 $S^n(E)$ 的构造集 $S_{i_1\cdots i_n}(E)(1\leqslant i_j\leqslant m)$ 之间至多有弱重叠. Hutchinson (见 Moran[91])利用质量分布原理证明:若相似压缩映射族 $\{S_i\}$ 满足"开集"条件,则它的豪斯道夫维数及 Bouligand 维数为 s,其中

$$\sum_{i=1}^{m}c_i^s=1 \tag{22.3}$$

例如,设 $S_1,S_2:\mathbf{R}\to\mathbf{R}$, $S_1(x)=\frac{1}{3}x$, $S_2(x)=\frac{1}{3}x+\frac{2}{3}$,取 $V=(0,1)$,由上述方式得到的不变集 F 是通常

的三分康托集. 显然$\{S_i\}$满足开集条件. 若取$E=\overline{V}$,则$S^n(E)$为康托集构造中第n步得到的2^n个长度为3^{-n}的基本区间组成的集. 并且

$$\dim_H F=\dim_B F=s$$

其中$2\cdot 3^{-s}=1$,即$s=\lg 2/\lg 3$.

若$\{S_i\}$不满足"开集"条件,满足式(22.2)的唯一的非空不变紧集F仍然存在,但由于$\{S_i(V)\}$之间产生了重叠,质量分布原理难以使用,$\dim F$的确定变得更加困难. 一般来讲,此时, $\dim_H F\leqslant s$.

2. 自相似集的一个维数定理

设$c_0=\max\{c_i\mid 1\leqslant i\leqslant m\}<1$,有

$$\begin{aligned}\alpha_0&=\sup\{\alpha\mid \exists\varepsilon>0,\varliminf_{k\to\infty}[m_d(c_0^{-k}F)^{\varepsilon}/m^{k\alpha}]=\infty\}\\&=\inf\{\alpha\mid \exists\varepsilon>0,\varliminf_{k\to\infty}[m_d(c_0^{-k}F)^{\varepsilon}/m^{k\alpha}]=0\}\end{aligned}\tag{22.4}$$

$$\begin{aligned}\beta_0&=\sup\{\beta\mid \exists\varepsilon>0,\varlimsup_{k\to\infty}[m_d(c_0^{-k}F)^{\varepsilon}/m^{k}\beta]=\infty\}\\&=\inf\{\beta\mid \exists\varepsilon>0,\varlimsup_{k\to\infty}[m_d(c_0^{-k}F)^{\varepsilon}/m^{k\beta}]=0\}\end{aligned}\tag{22.5}$$

其中m_d是$\mathbf{R}^d$中的勒贝格测度,$A^{\varepsilon}=\{x\mid |x-y|\leqslant\varepsilon, y\in A\}$,$A\subset D\subset\mathbf{R}^d$.

注1　容易验证关系式

$$\forall A\subset D,p^d\cdot m_d(A^{\varepsilon/p})\geqslant m_d(A^{\varepsilon})\geqslant m_d(A^{\varepsilon/p})$$

其中$p^d>1$是仅与d有关的常数. 因此,若$\exists\varepsilon_0>0$,使式(22.4)和(22.5)成立,则$\forall\varepsilon>0$,式(22.4)和(22.5)成立.

引理22.1　设$S_i(x)=c_ix+\lambda_i(i=1,2,\cdots,m,0<$

$c_i<1$)是 $\mathbf{R}^d$ 上一族相似压缩映射，$F=\bigcup\limits_{i=1}^{m}S_i(F)$，则 $F=\bigcup\limits_{i_1\cdots i_k=1}S_{i_1\cdots i_k}(F)$ 中任一 $S_{i_1\cdots i_k}(F)(1\leqslant i_j\leqslant m)$ 是一自相似集，若记 $A=S_{i_1\cdots i_k}(F)$，$A=\bigcup\limits_{i=1}^{m}\psi_i(A)$，$\psi_i$ 的压缩比仍为 $c_i(1\leqslant i\leqslant m)$.

证 仅对 $d=1,k=2$ 证明.

不妨设 $F\subset[0,1]$，则 $\forall i_1,i_2=1,2,\cdots,m$，$A=S_{i_1}\circ S_{i_2}(F)=[\lambda_{i_2}c_{i_1}+\lambda_{i_1},c_{i_1}\lambda_{i_2}+c_{i_1}c_{i_2}+\lambda_{i_1}]\cap F$，又 $S_{i_1}\circ S_{i_2}(F)=S_{i_1}\circ S_{i_2}(\bigcup\limits_{i=1}^{m}S_i(F))=\bigcup\limits_{i=1}^{m}S_{i_1i_2i}(F)$ 记 $\psi_i(S_{i_1i_2}(F))=S_{i_1i_2i}(F)=[c_{i_1}c_{i_2}\lambda_i+c_{i_1}\lambda_{i_2}+\lambda_{i_1},c_{i_1}c_{i_2}c_i+c_{i_1}c_{i_2}\lambda_i+c_{i_1}\lambda_{i_2}+\lambda_{i_1}]\cap F$，令 $\psi_i(x)=a_ix+b_i$，于是

$$\psi_i(S_{i_1i_2}(F))=[a_i\lambda_{i_2}c_{i_1}+a_i\lambda_{i_1}+b_i,\ a_ic_{i_1}\lambda_{i_2}+a_ic_{i_1}c_{i_2}+a_i\lambda_{i_1}+b_i]\cap F$$

从而

$$a_i\lambda_{i_2}c_{i_1}+a_i\lambda_{i_1}+b_i=c_{i_1}c_{i_2}\lambda_i+c_{i_1}\lambda_{i_2}+\lambda_{i_1}$$

$$a_ic_{i_1}\lambda_{i_2}+a_ic_{i_1}c_{i_2}+a_i\lambda_{i_1}+b_i=c_{i_1}c_{i_2}\lambda_i+c_{i_1}c_{i_2}c_i+c_{i_1}\lambda_{i_2}+\lambda_{i_1}$$

故 $a_i=c_i$

$$b_i=c_{i_1}c_{i_2}\lambda_i+c_{i_1}\lambda_{i_2}+\lambda_{i_1}-c_i\lambda_{i_1}-c_{i_1}c_i\lambda_{i_2}\quad(1\leqslant i\leqslant m)$$

$$A=S_{i_1i_2}(F)=\bigcup_{i=1}^{m}\psi_i(A)$$

引理 22.2 对任一正整数 N_0，以及 $\forall i_1,i_2,\cdots,i_{N_0}=1,2,\cdots,m$，设

$$\overline{\alpha}_0=\sup\{\alpha\mid\exists\varepsilon>0,\underline{\lim}_{k\to\infty}[m_d(c_0^{-k}S_{i_1\cdots i_{N_0}}(F))^{\varepsilon}/m^{k\alpha}]=\infty\}$$

$$=\inf\{\alpha\mid\exists\varepsilon>0,\underline{\lim}_{k\to\infty}[m_d(c_0^{-k}S_{i_1\cdots i_{N_0}}(F))^{\varepsilon}/m^{k\alpha}]=0\}$$

则 $\overline{\alpha}_0=\alpha_0$.

证　由 A^{ε} 的定义，容易验证：$(cA)^{\varepsilon}=cA^{\varepsilon/c}$，$(A+c)^{\varepsilon}=A^{\varepsilon}+c$，其中 c 为常数，$cA=\{cy\mid y\in A\}$，$c+A=\{y+c\mid y\in A\}$. 从而

$$(c_{i_1}\cdots c_{i_{N_0}})^{d}\cdot m_d(c_0^{-k}F)^{\varepsilon/c_{i_1}\cdots c_{i_{N_0}}}=m_d(c_0^{-k}S_{i_1\cdots i_{N_0}}(F))^{\varepsilon}$$

其中 $c_{i_1}\cdots c_{i_{N_0}}$ 是 $S_{i_1\cdots i_{N_0}}$ 的压缩比，$\forall\alpha<\alpha_0$，由式(22.4)，$\underline{\lim}_{k\to\infty}[m_d(c_0^{-k}F)^{\varepsilon}/m^{k\alpha}]=\infty$，由注1，有

$$\underline{\lim}_{k\to\infty}[m_d(c_0^{-k}F)^{\varepsilon/c_{i_1}\cdots c_{i_{N_0}}}/m^{k\alpha}]=\infty$$

从而 $\underline{\lim}_{k\to\infty}[m_d(c_0^{-k}S_{i_1\cdots i_{N_0}}(F))^{\varepsilon}/m^{k\alpha}]=\infty$. 又 $\forall\alpha>\alpha_0$，由式(22.4)，有 $\underline{\lim}_{k\to\infty}[m_d(c_0^{-k}F)^{\varepsilon}/m^{k\alpha}]=0$，由注1，有 $\underline{\lim}_{k\to\infty}[m_d(c_0^{-k}F)^{\varepsilon/c_{i_1}\cdots c_{i_{N_0}}}/m^{k\alpha}]=0$，从而

$$\underline{\lim}_{k\to\infty}[m_d(c_0^{-k}S_{i_1\cdots i_{N_0}}(F))^{\varepsilon}/m^{k\alpha}]=0$$

故 $\alpha_0=\overline{\alpha}_0$.

命题 22.1　设 $\{S_1,\cdots,S_m\}$ 是 $\mathbf{R}^d$ 上的一族相似压缩映射，F 为它的自相似集，$\sum_{i=1}^{m}c_i^{s}=1$，c_i 为 $S_i(1\leqslant i\leqslant m)$ 的压缩比，则 $\dim_H F\geqslant\alpha_0 s$.

证　$F=\bigcup_{i=1}^{m}S_i(F)=\bigcup_{i=1}^{m}S_i(\bigcup_{j=1}^{m}S_j(F))=\bigcup_{i,j=1}^{m}S_i\circ S_j(F)=\cdots=\bigcup_{i_1,\cdots,i_k=1}^{m}S_{i_1}\circ\cdots\circ S_{i_k}(F)$. 设 $r=\operatorname{diam}F$（$\operatorname{diam}F$ 为 F 的直径），选球

$$B(x_{i_1\cdots i_k},r)\supset c_0^{-k}S_{i_1\cdots i_k}(F)$$

$$\bigcup_{i_1,\cdots,i_k=1}^{m}B(x_{i_1\cdots i_k},r)\supset\bigcup_{i_1,\cdots,i_k=1}^{m}c_0^{-k}S_{i_1\cdots i_k}(F)$$

于是

$$\bigcup_{i_1,\cdots,i_k=1}^{m}B(x_{i_1\cdots i_k},r+\varepsilon)\supset\Big(\bigcup_{i_1,\cdots,i_k=1}^{m}c_0^{-k}S_{i_1\cdots i_k}(F)\Big)^{\varepsilon}\quad(22.6)$$

从$\{B(x_{i_1\cdots i_k},r+\varepsilon);i_j=1,2,\cdots,m,j=1,2,\cdots,k\}$中选出$J_k$个球$B(x_{i_{j1}\cdots i_{jk}},r+\varepsilon)$使

(1)$(j_1,\cdots,j_k)\neq(j'_1,\cdots,j'_k)$,$d(x_{i_{j1}\cdots i_{jk}},x_{i_{j'1}\cdots i_{j'k}})>3(r+\varepsilon)$.

(2)若$(j''_1,\cdots,j''_k)\notin\{(j_1,\cdots,j_k)\mid(i_{j_1},\cdots,i_{j_k})\in\bigcup_{J_k}(i_1,\cdots,i_k),i_j\in\{1,2,\cdots,m\}\}\xlongequal{记}Q$,则$\exists(j_1^0\cdots j_k^0)\in Q$,$d(x_{i_{j''_1}\cdots i_{j''_k}},x_{i_{j_1^0}\cdots i_{j_k^0}})\leqslant 3(r+\varepsilon)$.

由(2)及式(22.6),有

$$\begin{aligned}\bigcup_{J_k}B(x_{i_{j1}\cdots i_{jk}},4(r+\varepsilon))&\supset\bigcup_{i_1\cdots i_k=1}^{m}B(x_{i_1\cdots i_k},r+\varepsilon)\\&\supset(\bigcup_{i_1,\cdots,i_k=1}^{m}c_0^{-k}S_{i_1\cdots i_k}(F))^{\varepsilon}\end{aligned}$$

于是

$$J_k\cdot m_dB(0,4(r+\varepsilon))\geqslant m_d(\bigcup_{i_1\cdots i_k=1}^{m}c_0^{-k}S_{i_1\cdots i_k}(F))^{\varepsilon}\tag{22.7}$$

由$\sum_{i=1}^{m}c_i^s=1$,知$mc_0^s\geqslant1$,$\forall p<s$有$c_0^s<c_0^p$,于是$c_0^p\cdot m>1$,$\forall 0<\alpha<\alpha_0$,$c_0^{p\alpha}\cdot m^{\alpha}>1$,有

$$\begin{aligned}&J_k\cdot m_d(B(0,4(r+\varepsilon)))\cdot c_0^{p\alpha k}\\\geqslant&(m_d(c_0^{-k}F)^{\varepsilon}/m^{k\alpha})\cdot m^{k\alpha}\cdot c_0^{pk\alpha}\end{aligned}$$

由式(22.4)得

$$\varliminf_{k\to\infty}(m_d(c_0^{-k}F)^{\varepsilon}/m^{k\alpha})=\infty\tag{22.8}$$

从而,$\exists N_0$,$\forall k\geqslant N_0$,$c_0^{\alpha kp}\cdot J_k\geqslant1$.

设$\{U_i\}$是F的任何$c_0^{N_0}(r+\varepsilon)$-开球覆盖,由于F是紧集,$\exists n\ni\bigcup_{i=1}^{n}U_i\supset F$.

$$\sum_{i\geqslant1}|U_i|^{p\alpha}=\sum_{i\geqslant1}|c_0^{-N_0}U_i|^{p\alpha}\cdot c_0^{N_0p\alpha}$$

又$\{c_0^{N_0}U_i\}$是$c_0^{-N_0}F$的$(r+\varepsilon)$-覆盖，而$c_0^{-N_0}F=\bigcup_{i_1,\cdots,i_{N_0}=1}^{m}c_0^{-N_0}S_{i_1\cdots i_{N_0}}(F)$，所以$\{c_0^{-N_0}U_i\}$是$\bigcup_{i_1,\cdots,i_k=1}^{m}c_0^{-N_0}S_{i_1\cdots i_{N_0}}(F)$的$(r+\varepsilon)$-覆盖，从$m^{N_0}$个相似集$c_0^{-N_0}S_{i_1\cdots i_{N_0}}(F)(i_j=1,2,\cdots,m)$中选出$J_{N_0}$个相似集$\{c_0^{-N_0}S_{i_{j_1}\cdots i_{j_{N_0}}}(F);(i_{j_1},\cdots,i_{j_{N_0}})\in\bigcup_{J_{N_0}}(i_1\cdots i_{N_0}),i_j=1,2,\cdots,m\}$，其中$c_0^{-N_0}S_{i_{j_1}\cdots i_{j_{N_0}}}(F)\subset B(x_{i_{j_1}\cdots i_{j_{N_0}}},r+\varepsilon)$，用$V_{i_{j_1}\cdots i_{j_{N_0}}}$表示$\{c_0^{-N_0}U_i\}$中$c_0^{-N_0}S_{i_{j_1}\cdots i_{j_{N_0}}}(F)$的覆盖族. 由条件(1)，若$(j_1\cdots j_{N_0})\neq(j'_1\cdots j'_{N_0})$，则$V_{i_{j_1}\cdots i_{j_{N_0}}}$中的元与$V_{i_{j'_1}\cdots i_{j'_{N_0}}}$中的元互不相交，于是

$$\begin{aligned}\sum_{i\geqslant1}|U_i|^{p\alpha}&=\sum|c_0^{-N_0}U_i|^{p\alpha}\cdot c_0^{N_0p\alpha}\\&\geqslant c_0^{N_0p\alpha}\Big(\sum_{J_{N_0}c_0^{-N_0}}\ \sum_{U_i\in V_{i_{j_1}\cdots i_{j_{N_0}}}}|c_0^{-N_0}U_i|^{p\alpha}\Big)\end{aligned}\tag{22.9}$$

选择$(j_1^0\cdots j_{N_0}^0)$使$\sum_{c_0^{-N_0}U_i\in V_{i_{j_1^0}\cdots i_{j_{N_0}^0}}}|c_0^{-N_0}U_i|^{p\alpha}$是$J_{N_0}$个和中最小的，于是

$$\sum_{i\geqslant1}|U_i|^{p\alpha}\geqslant c_0^{N_0p\alpha}\cdot J_{N_0}\sum_{c_0^{-N_0}U_i\in V_{i_{j_1^0}\cdots i_{j_{N_0}^0}}}|c_0^{-N_0}U_i|^{p\alpha}$$

又由式(22.8)得

$$\sum_{i\geqslant1}|U_i|^{p\alpha}\geqslant\sum_{c_0^{-N_0}U_i\in V_{i_{j_1^0}\cdots i_{j_{N_0}^0}}}|c_0^{-N_0}U_i|^{p\alpha}\tag{22.10}$$

若$\max\{|c_0^{-N_0}U_i|,c_0^{-N_0}U_i\in V_{i_{j_1^0}\cdots i_{j_{N_0}^0}}\}\geqslant c_1^{N_0}(r+\varepsilon)$，其中$c_1=\min\{c_i,1\leqslant i\leqslant m\}$，由式(22.10)得

$$\sum_{i\geqslant 1} | U_i |^{p\alpha} \geqslant c_1^{N_0 p\alpha}(r+\varepsilon)^{p\alpha} > 0 \quad (22.11)$$

否则,因为$\{c_0^{-N_0}U_i\}_{c_0^{-N_0}U_i \in V_{i_{j_1^0}\cdots i_{j_{N_0}^0}}}$是$c_0^{-N_0}\cdot S_{i_{j_1^0}\cdots i_{j_{N_0}^0}}(F)$的$(r+\varepsilon)$-覆盖,由引理22.1,$c_0^{-N_0}S_{i_{j_1^0}\cdots i_{j_{N_0}^0}}(F)$是一自相似集,且相似比仍为$c_i(1\leqslant i\leqslant m)$,我们可以重复上述过程,$\{c_0^{-2N_0}U_i\}_{c_0^{-N_0}U_i \in V_{i_{j_1^0}\cdots i_{j_{N_0}^0}}}$是$c_0^{-2N_0}S_{i_{j_1^0}\cdots i_{j_{N_0}^0}}(F)$的$c_0^{-N_0}(r+\varepsilon)$-覆盖

$$C_0^{-2N_0}S_{i_{j_1^0}\cdots i_{j_{N_0}^0}}(F) = \bigcup_{i_1,\cdots,i_{N_0}=1}^{m} C_0^{-2N_0}S_{i_{j_1^0}\cdots i_{j_{N_0}^0}}i\cdots i_{N_0}(F)$$

以m^{N_0}个相似集$c_0^{-2N_0}S_{i_{j_1^0}\cdots i_{j_{N_0}^0}i_1\cdots i_{N_0}}(F)(1\leqslant i_j\leqslant m)$中选出$J_{N_0}$个相似集

$$\{c_0^{-2N_0}S_{i_{j_1^0}\cdots i_{j_{N_0}^0},i_{j_1}\cdots i_{j_{N_0}}}(F);(i_{j_1^0}\cdots i_{j_{N_0}^0}i_{j_1}\cdots i_{j_{N_0}}) \in \bigcup_{J_{N_0}}(i_{j_1^0}\cdots i_{j_{N_0}^0}\cdot i_1\cdots i_{N_0}),i_j \in \{1,2,\cdots,m\}\}$$

其中$c_0^{-2N_0}S_{i_{j_1^0}\cdots i_{j_{N_0}^0}}i_{j_1,\cdots,i_{j_{n_0}}}(F)\subset B(x_{i_{j_1^0}\cdots i_{j_{N_0}^0}\cdot i_{j_1}\cdots i_{j_{N_0}}};r+\varepsilon)$,用$V_{i_{j_1^0}\cdots i_{j_{N_0}^0}i_{j_1}\cdots i_{j_{N_0}}}$表示$\{c_0^{-2N_0}U_i\}$中$c_0^{-2N_0}S_{i_{j_1^0}\cdots i_{j_{N_0}^0}i_{j_1}\cdots i_{j_{N_0}}}(F)$的覆盖族,由条件(1),若$i_{j_1^0}\cdots i_{j_{N_0}^0}i_{j_1}\cdots i_{j_{N_0}})\neq(i_{j_1^0}\cdots i_{j_{N_0}^0}i'_{j_1}\cdots i'_{j_{N_0}})$,则$V_{i_{j_1^0}\cdots i_{j_{N_0}^0}i_{j_1}\cdots i_{j_{N_0}}}$中的元与$V_{i_{j_1^0}\cdots i_{j_{N_0}^0}i_{j'_1}\cdots i_{j'_{N_0}}}$中的元互不相交,于是

$$\sum_{c_0^{-N_0}U_i \in V_{i_{j_1^0}\cdots i_{j_{N_0}^0}}} | c_0^{-N_0}U_i|^{p\alpha} = c_0^{N_0 p\alpha}\sum_{c_0^{-N_0}U_i \in V_{i_{j_1^0}\cdots i_{j_{N_0}^0}}} | c_0^{-2N_0}U_i|^{p\alpha}$$

$$\geqslant c_0^{N_0 p\alpha}\Big(\sum_{J_{N_0}}\sum_{c_0^{-2N_0}U_i \in V_{i_{j_1^0}\cdots i_{j_{N_0}^0}i_{j_1}\cdots i_{j_{N_0}}}} | c_0^{-2N_0}U_i|^{p\alpha}\Big)$$

选择$(i_{j_1^0}\cdots i_{j_{N_0}^0}i_{j_{N_0+1}^0}\cdots i_{j_{2N_0}^0})$使$\sum_{c_0^{-2N_0}U_i \in V_{i_{j_1^0}\cdots i_{j_{2N_0}^0}}} | c_0^{-2N_0}U_i|^{p\alpha}$是$J_{N_0}$个和中最小的,由引理22.1及式(22.8)的推导,

有

$$\sum_{c_0^{-N_0}U_i \in V_{i_{j_1^0}\cdots i_{j_{N_0}^0}}} |c_0^{-N_0}U_i|^{p\alpha} \geqslant c_0^{N_0 p\alpha} \cdot J_{N_0} \sum_{c_0^{-2N_0}U_i \in V_{i_{j_1^0}\cdots i_{j_{2N_0}^0}}} |c_0^{-2N_0}U_i|^{p\alpha}$$

$$\geqslant \sum_{c_0^{-2N_0}U_i \in V_{i_{j_1^0}\cdots i_{j_{2N_0}^0}}} |c_0^{-2N_0}U_i|^{p\alpha}$$

若 $\max\{|c_0^{-2N_0}U_i| \mid c_0^{-2N_0}U_i \in V_{i_{j_1^0}\cdots i_{j_{2N_0}^0}}\} \geqslant c_1^{N_0}(r+\varepsilon)$，则

$$\sum_{c_0^{-2N_0}U_i \in V_{i_{j_1^0}\cdots i_{j_{2N_0}^0}}} |c_0^{-2N_0}U_i|^{p\alpha} \geqslant c_1^{N_0 p\alpha}(r+\varepsilon)^{p\alpha} > 0$$

否则，注意到

$$c_0^{-lN_0}S_{i_{j_1^0}\cdots i_{j_{(l-1)N_0}^0}}(F) = \bigcup_{i_1,\cdots,i_{N_0}=1}^{m} c_0^{-lN_0}S_{i_{j_1^0}\cdots i_{j_{(l-1)N_0}^0} i_{j_1}\cdots i_{j_{N_0}}}(F)$$

可重复上述过程，用 $V_{i_{j_1^0}\cdots i_{j_{lN_0}^0}}$ 表示 $\{c_0^{-lN_0}U_i\}$ 中 $c_0^{-lN_0}S_{i_{j_1^0}\cdots i_{j_{lN_0}^0}}$ 的覆盖族，又 $S_i(1 \leqslant i \leqslant m)$ 是压缩映射，$\{U_i\}$ 是有限族，故一定存在 l，使

$$\max\{|c_0^{-lN_0}U_i| \mid c_0^{-lN_0}U_i \in V_{i_{j_1^0}\cdots i_{j_{lN_0}^0}}\} \geqslant c_1^{N_0}(r+\varepsilon)$$

由此得到

$$\sum_{i\geqslant 1}|U_i|^{p\alpha} \geqslant \sum_{c_0^{-N_0}U_i \in V_{i_{j_1^0}\cdots i_{j_{N_0}^0}}} |c_0^{-N_0}U_i|^{p\alpha} \geqslant \sum_{c_0^{-2N_0}U_i \in V_{i_{j_1^0}\cdots i_{j_{2N_0}^0}}} |c_0^{-2N_0}U_i|^{p\alpha}$$

$$\geqslant \cdots \geqslant \sum_{c_0^{-lN_0}U_i \in V_{i_{j_1^0}\cdots i_{j_{lN_0}^0}}} |c_0^{-lN_0}U_i|^{p\alpha} \geqslant c_1^{N_0 p\alpha}(r+\varepsilon)^{p\alpha} > 0$$

结合式(22.11)，对 F 的任何 $c_0^{N_0}(r+\varepsilon)$ - 开球覆盖 $\{U_i\}$，我们有

$$\sum_{i\geqslant 1}|U_i|^{p\alpha} \geqslant c_1^{N_0 p\alpha}(r+\varepsilon)^{p\alpha} > 0$$

从而 $\dim_H F \geqslant p\alpha$，由 $p < s$ 的任意性，得 $\dim_H F \geqslant s\alpha$，又由 $\alpha < \alpha_0$ 的任意性，有

$$\dim_H F \geqslant \alpha_0 s$$

命题 22.2　假设同命题 22.1，若 $c_i = c_0, i = 1, 2, \cdots, m$，则 $\overline{\dim}_B \leqslant \beta_0 s$.

证　由 Falconer[19] 中 ch 9 命题 9.6 知，$\overline{\dim}_B \leqslant s$. 若 $\beta_0 \geqslant 1$，当然 $\overline{\dim}_B F \leqslant \beta_0 s$. 若 $\beta_0 < 1$，$\forall \beta_0 < \beta < 1$，由式(22.5)，$\exists \varepsilon > 0$，使

$$\overline{\lim_{k\to\infty}}(m_d(c_0^{-k}F)^{\varepsilon}/m^{k\beta}) = 0 \tag{22.12}$$

设 $\{\varepsilon_n\}_{n\geqslant 1}$ 是正数序列，并且 $\lim\limits_{n\to\infty}(\lg \varepsilon_{n+1}/\lg \varepsilon_n) = 1$，由 Falconer[19] 中命题 3.2，若 $A \subset \mathbf{R}^d$，则

$$\overline{\dim}_B A = \lim_{n\to\infty}(d - \lg m_d(A^{\varepsilon_n})/\lg \varepsilon_n)$$

取 $\varepsilon_n = c_0^n \cdot \varepsilon \downarrow 0$，由式(22.12)及简单计算得，对充分大的 n，有

$$m_d(F)^{\varepsilon_n} = m_d(c_0^n c_0^{-n} F)^{\varepsilon_n} = c_0^{nd} m_d(c_0^{-n}F)^{\varepsilon_n/c_0^n} \leqslant c_0^{nd} \cdot m^{n\beta}$$

于是

$$\begin{aligned}
&\overline{\lim_{n\to\infty}}(d - \lg m_d(F)^{\varepsilon_n}/\lg \varepsilon_n) \\
&\leqslant d - \underline{\lim_{n\to\infty}}(\lg c_0^{nd} + \lg m^{n\beta})/(\lg c_0^n + \lg \varepsilon) \\
&= -\beta(\lg m/\lg c_0)
\end{aligned}$$

又 $\sum\limits_{i=1}^{m} c_i^s = \sum\limits_{i=1}^{m} c_0^s = mc_0^s = 1$，于是

$$\overline{\lim_{n\to\infty}}(d - \lg m_d(F)^{\varepsilon_n}/\lg \varepsilon_n) \leqslant \beta s$$

又由 $\beta > \beta_0$ 的任意性，知 $\overline{\dim}_B F \leqslant \beta_0^s$

定理 22.1　在命题 22.1 的假设下，有

(1) $\alpha_0 s \leqslant \dim_H F \leqslant \underline{\dim}_B F \leqslant \overline{\dim}_B F \leqslant s$.

(2) 又若 $c_i = c_0 (1 \leqslant i \leqslant m)$，则

$$\alpha_0 s \leqslant \dim_H F \leqslant \underline{\dim}_B F \leqslant \overline{\dim}_B F \leqslant \beta_0 s$$

推论　在命题22.1的假设下，若 $c_i = c_0(1 \leqslant i \leqslant m)$，并且 $\exists \varepsilon > 0$，使

$$0 < \underline{\lim}_{k\to\infty}(m_d(c_0^{-k}F)^{\varepsilon}/m^{k\alpha}) = \overline{\lim}_{k\to\infty}(m_d(c_0^{-k}F)^{\varepsilon}/m^{k\alpha}) < \infty$$

则 $\dim_H F = \dim_B F = \alpha s$.

定义22.1　若 $\exists \varepsilon > 0$，使

$$\underline{\lim}_{k\to\infty}(m_d(c_0^{-k}F)^{\varepsilon}/m^{k}) > 0 \tag{22.13}$$

则称 $\{S_i\}$ 满足可解条件.

又因为 $\overline{\lim}_{k\to\infty}(m_d(c_0^{-k}F)^{\varepsilon}/m^{k\alpha}) < \infty$ 总满足，所以在 $\{S_i\}$ 满足可解条件下，有 $\alpha_0 = \beta_0 = 1$，从而有：

推论　在定理22.1的假设下，若 $\{S_i\}$ 满足可解条件，则 $\dim_H F = \dim_B F = s$.

3. 可解条件的若干讨论及例

命题22.3　在命题22.1的假设下，对任何 D 上的紧集 E，若 $S_i(E) \subset E(1 \leqslant i \leqslant m)$，$S(E) = \bigcup_{i=1}^{m} S_i(E)$，$F = \bigcap_{n\geqslant 1} S^n(E)$，则

$$\underline{\lim}_{k\to\infty}(m_d(c_0^{-k}F)^{\varepsilon}/m^{k}) > 0$$

$$\Leftrightarrow \underline{\lim}_{k\to\infty}(m_d(c_0^{-k}\bigcup_{i_1\cdots i_k=1}^{m} S_{i_1\cdots i_k}(E))^{\varepsilon}/m^{k}) > 0$$

证　充分性. 由 $F = \bigcap_{n\geqslant 1} S^n(E) \subset S(E) \subset E$，有

$$(c_0^{-k}F)^{\varepsilon} = (\bigcup_{i_1\cdots i_k=1}^{m} c_0^{-k}S_{i_1\cdots i_k}(F))^{\varepsilon} \subset (\bigcup_{i_1\cdots i_k=1}^{m} c_0^{-k}S_{i_1\cdots i_k}(E))^{\varepsilon}$$

于是

$$\underline{\lim}_{k\to\infty}(m_d(c_0^{-k}\bigcup_{i_1\cdots i_k=1}^{m} S_{i_1\cdots i_k}(E))^{\varepsilon}/m^{k}) \geqslant \underline{\lim}_{k\to\infty}(m_d(c_0^{-k}F)^{\varepsilon}/m^{k}) > 0$$

必要性. 因为 $d(c_0^{-k}F, c_0^{-k}S^k(E)) \leqslant c_0^{-k} \cdot c_0^k d(E,F) = d(E,F)$，于是 $\forall \varepsilon > 0$，$(c_0^{-k}F)^{\varepsilon + d(E,F)} \supset (c_0^{-k}S^k(E))^{\varepsilon}$ 而 $S^k(E) = S(S^{k-1}(E)) = \bigcap_{i=1}^{m} S_i(S^{k-1}(E)) = \cdots = \bigcup_{i_1\cdots i_k=1}^{m} S_{i_1\cdots i_k}(E)$，所以

$$(c_0^{-k}F)^{\varepsilon + d(E,F)} \supset (\bigcup_{i_1\cdots i_k=1}^{m} c_0^{-k} S_{i_1\cdots i_k}(E))^{\varepsilon}$$

从而

$$\begin{aligned}&\varliminf_{k\to\infty}(m_d(c_0^{-k}F)^{\varepsilon + d(E,F)}/m^k)\\ \geqslant &\varliminf_{k\to\infty}(m_d(c_0^{-k}\bigcup_{i_1\cdots i_k=1}^{m} S_{i_1\cdots i_k}(E))^{\varepsilon}/m^k) > 0\end{aligned}$$

又由注 1，有 $\varliminf_{k\to\infty}(m_d(c_0^{-k}F)^{\varepsilon}/m_k) > 0$.

命题 22.4 在命题 22.1 的假设下，若 $\{S_i\}$ 满足开集条件，则 $\{S_i\}$ 满足可解条件.

证 因为 $\{S_i\}$ 满足开集条件，存在非空有界开集 V，使 $\bigcup_{i=1}^{m} S_i(V) \subset V$，$\forall i \neq j$，$S_i(V) \cap S_j(V) = \varnothing$，取 $E = \overline{V}$，所以 $S_{i_1\cdots i_k}(E) \cap S_{j_1\cdots j_k}(E) \subset \partial S_{i_1\cdots i_k}(E) \cap \partial S_{j_1\cdots j_k}(E)$. 对适当小的 $\varepsilon > 0$，有

$$\begin{aligned}&m_d(c_0^{-k}\bigcup_{i_1,\cdots,i_k=1}^{m} S_{i_1\cdots i_k}(E))^{\varepsilon}\\ =&\sum^{m^k} m_d(c_0^{-k}S_{i_1\cdots i_k}(E))^{\varepsilon} -\\ &\sum^{J_k} m_d((c_0^{-k}S_{i_1\cdots i_k}(E))^{\varepsilon} \cap (c_0^{-k}S_{j_1\cdots j_k}(E))^{\varepsilon})\\ =&\sum^{m^k} m_d(\partial c_0^{-k}S_{i_1\cdots i_k}(E))^{\varepsilon} +\\ &\sum^{m^k} m_d((c_0^{-k}S_{i_1\cdots i_k}(E))^{\varepsilon}\backslash(\partial c_0^{-k}S_{i_1\cdots i_k}(E))^{\varepsilon}) -\\ &\sum^{J_k} m_d((c_0^{-k}S_{i_1\cdots i_k}(E))^{\varepsilon} \cap (c_0^{-k}S_{j_1\cdots j_k}(E))^{\varepsilon})\end{aligned}$$

其中 J_k 表示 m^k 个集 $S_{i_1\cdots i_k}(E)(1\leqslant i_j\leqslant m)$ 中两两相交的次数,又 $\exists 0<c<1$,使

$$\sum^{J_k} m_d((c_0^{-k}S_{i_1\cdots i_k}(E))^{\varepsilon}\cap(c_0^{-k}S_{j_1\cdots j_k}(E))^{\varepsilon})$$

$$=c\sum^{m^k} m_d(\partial S_{i_1\cdots i_k}(E))^{\varepsilon}$$

对适当小的 $\varepsilon>0$,$m_d((c_0^{-k}S_{i_1\cdots i_k}(E))^{\varepsilon}\backslash(\partial c_0^{-k}S_{i_1\cdots i_k}(E))^{\varepsilon})\geqslant 0$,于是

$$m_d(c_0^{-k}\bigcup_{i_1\cdots i_k=1}^{m}S_{i_1\cdots i_k}(E))^{\varepsilon}$$

$$\geqslant(1-c)\sum^{m^k} m_d(\partial c_0^{-k}S_{i_1\cdots i_k}(E))^{\varepsilon}+$$

$$(1-c)\sum^{m^k}(m_d(c_0^{-k}S_{i_1\cdots i_k}(E))^{\varepsilon}\backslash(\partial c_0^{-k}S_{i_1\cdots i_k}(E))^{\varepsilon})$$

$$=(1-c)\sum^{m^k} m_d(c_0^{-k}S_{i_1\cdots i_k}(E))^{\varepsilon}$$

又 $(A\cup B)^{\varepsilon}=A^{\varepsilon}\cup B^{\varepsilon}$,$A,B\subset D$,于是

$$m_d(\bigcup_{i_1\cdots i_k=1}^{m}c_0^{-k}S_{i_1\cdots i_k}(E))^{\varepsilon}=m_d(\bigcup_{i_1\cdots i_k=1}^{m}(c_0^{-k}S_{i_1\cdots i_k}(E))^{\varepsilon})$$

$$\leqslant\sum^{m^k} m_d(c_0^{-k}S_{i_1\cdots i_k}(E))^{\varepsilon}$$

即

$$(1-c)\sum^{m^k} m_d(c_0^{-k}S_{i_1\cdots i_k}(E))^{\varepsilon}\leqslant m_d(\bigcup_{i_1\cdots i_k=1}^{m}c_0^{-k}S_{i_1\cdots i_k}(E))^{\varepsilon}$$

$$\leqslant\sum^{m^k} m_d(c_0^{-k}S_{i_1\cdots i_k}(E))^{\varepsilon}$$

因此,$\exists a,b>0$,使

$$a\leqslant\varliminf_{k\to\infty}(m_d(\bigcup_{i_1\cdots i_k=1}^{m}c_0^{-k}S_{i_1\cdots i_k}(E))^{\varepsilon}/m^k)\leqslant b$$

又由命题 22.3 知 $\{S_i\}$ 满足可解条件.

注 2　命题 22.4 的逆不真. 见例 22.3。

命题 22.5 $\underline{\lim}_{k\to\infty}(m_d(c_0^{-k}F)^\varepsilon/m^k)>0$

$$\Rightarrow \underline{\lim}_{k\to\infty}\frac{1}{k}(\lg m_d(c_0^{-k}F)^\varepsilon/m^k)=\lg m$$

证 $m_d(c_0^{-k}F)^\varepsilon=m_d(c_0^{-k}\bigcup_{i_1\cdots i_k=1}^{m}S_{i_1\cdots i_k}(F))^\varepsilon=m_d(\bigcup_{i_1\cdots i_k}^{m}(c_0^{-k}S_{i_1\cdots i_k}(F))^\varepsilon)\leqslant\sum^{m^k}m_d(c_0^{-k}S_{i_1\cdots i_k}(F))^\varepsilon$，所以 $\overline{\lim_{k\to\infty}}(m_d(c_0^{-k}F)^\varepsilon/m^k)\leqslant\overline{\lim_{k\to\infty}}(\sum^{m^k}m_d(c_0^{-k}S_{i_1\cdots i_k}(F))^\varepsilon)<\infty$，又 $\underline{\lim}_{k\to\infty}(m_d(c_0^{-k}F)^\varepsilon/m^k)>0$，所以，$\exists a,b>0$，使对充分大的 k，有 $a<m_d(c_0^{-k}F)^\varepsilon/m^k<b$，$\lg a<\lg m_d(c_0^{-k}F)^\varepsilon-k\lg m<b$，故 $\underline{\lim}_{k\to\infty}(\frac{1}{k}\lg m_d(c_0^{-k}F)^\varepsilon/m^k)=\lg m$.

命题 22.6 在命题 22.4 的假设下，若 $\dim_H F=\dim_B F=s$，则(1)，任给非空紧集 E，若 $S_i(E)\subset E(1\leqslant i\leqslant m)$，有 $\forall i\neq j,i,j\in\{1,2,\cdots,m\}$，$S_i(E)\not\subset S_j(E)(S_i(E)\not\subseteq S_j(E),S_i(E)\neq S_j(E))$；(2) 在 S 中找不到一个真子集 T，使 T 满足可解条件，且

$$F=\bigcup_{t\in T}t(F)$$

证 (1)否则，令

$$I_i=\#\{j\mid S_i(E)\subset S_j(E),i<j,j=1,2,\cdots,m\}\quad(i=1,2,\cdots,m)$$

记 $h=\sum_{i=1}^{m}I_i\leqslant m$，$n=\max\{i\mid I_i>0\}$，$n<h$，对 $S=\{S_1,\cdots S_m\}$ 的编号作适当调整，使 $i\in\{1,2,\cdots,I_1\}$，$S_i(E)\subseteq S_1(E)$，$i\in\{I_1+1,\cdots,I_1+I_2\}$，$S_i(E)\subseteq S_{I_1+1}(E)$；$i\in\{I_1+I_2+1,\cdots,I_1+I_2+I_3\}$，$S_i(E)\subseteq$

$S_{I_1+I_2+1}(E)$；…；$i\in\{I_1+\cdots+I_{n-1}+1,\cdots,I_1+\cdots+I_n\}$，$S_i(E)\subseteq S_{I_1\cdots+I_{n-1}+1}(E)$. 令 $T_1=S_1,T_2=S_{I_1+1},\cdots,T_n=S_{I_1+\cdots+I_{n-1}+1},T_{n+1}=S_{n+1}\cdots T_{m+n-h}=S_m$（若 $m=h$，$T_{n+1}=\cdots=T_{m+n-h}=\varnothing$）. 显然 $S(E)=\bigcup_{i=1}^{m}S_i(E)=\bigcup_{i=1}^{m+n-h}T_i(E)\xlongequal{\text{记}}T(E),\cdots,S^n(E)=T^n(E)$，于是 $F=\bigcap_{n\geqslant1}S^n(E)=\bigcap_{n\geqslant1}T^n(E)$ 即 $F=\bigcup_{i=1}^{m+n-h}T_i(F)$ 故

$$\dim_H F\leqslant t$$

其中 $c_1^t+c_{I_1+1}^t+\cdots+c_{I_1+\cdots+I_n+1}^t+c_{h+1}^t+\cdots+c_m^t=1$，又 $\bigcup_{i=1}^{m}c_i^s=1,m+n-h<m$，故 $t<s$ 矛盾.

(2) 否则，设 $T=\{S_{i_1}\cdots S_{i_k}\},S_{i_j}\in S,k<m$. T满足可解条件，且 $F=\bigcup_{j=1}^{k}S_{i_j}(F)$，由定义22.1推论，$\dim_H F=t$，其中 $\sum_{j=1}^{k}c_{i_j}^t=1$. 又 $\bigcup_{i=1}^{m}c_i^s=1,k<m$，故$t<s$ 矛盾.

在命题22.1的假设下，我们的一个猜想是

$$\dim_H F=\dim_B F=s\Leftrightarrow\varliminf_{k\to\infty}[m_d(c_0^{-k}F)^{\varepsilon}/m^k]>0$$

例22.1 设 $S_1(x)=\frac{1}{3}x,S_2(x)=\frac{1}{3}x,S_3(x)=\frac{1}{3}x+\frac{2}{3},E=[0,1],F=\bigcap_{n\geqslant1}S^n(E),S(E)=\bigcup_{i=1}^{3}S_i(E),\cdots,S^k(E)=S(S^{k-1}(E))$，于是 $F=\bigcup_{i=1}^{3}S_i(F)$，当 $\alpha=\lg 2/\lg 3$ 时，$\varliminf_{k\to\infty}(m_1(3^{-k}F)^{\varepsilon}/3^{k\alpha})=\lim_{k\to\infty}(2^k(2\varepsilon+1)/3^{k\alpha})>0$.

由定理22.1的推论知 $\dim_H F=\dim_B F=\lg 2/\lg 3$.

例 22.2 设 $S_1(x)=\frac{1}{3}x, S_2(x)=\frac{1}{3}x+\frac{1}{9}$, $S_3(x)=\frac{x}{3}+\frac{2}{3}, E=[0,1], F=\bigcap_{n\geq 1}S^n(E), S(E)=\bigcup_{i=1}^{3}S_i(E),\cdots, S^k(E)=S(S^{k-1}(E))$, 于是 $F=\bigcup_{i=1}^{3}S_i(F)$, 当 $\alpha=\lg(1+\sqrt{2})/\lg 3$ 时, 由于 $m_d(c_0^{-k}F)^{\varepsilon}\geq(3^k-3^{k-2}\cdot 2b_1-3^{k-3}\cdot 2b_2-3^{k-4}\cdot 2b_3-\cdots-3\cdot 2b_{k-2}-2b_{k-1})(1+2\varepsilon)$, 其中 $a_n=a_{n-1}+4b_{n-1}, b_n=a_{n-1}, n\geq 2, a_1=b_1=1$, 并且 $b_n\leq((1+\sqrt{17})/2)^{n-1}$, $\forall n\geq 2$, 从而

$$\varliminf_{k\to\infty}[m_d(c_0^{-k}F)^{\varepsilon}/3^{k\alpha}]$$

$$\geq\varliminf_{k\to\infty}\left(8\left(\frac{1+\sqrt{17}}{2}\right)^k/(1+\sqrt{2})^k(1+\sqrt{17})(5-2\sqrt{17})\right)>0$$

由定理 22.1 的推论知

$$\dim_H F=\dim_B F=\lg(1+\sqrt{2})/\lg 3$$

例 22.3 设 $\frac{1}{3}$ 的三进无穷表示为: $\frac{1}{3}=\sum_{n=2}^{\infty}2/3^n$, 因为 $\sum_{n=1}^{\infty}a_n/3^n, a_n=0,2$ 收敛, $\forall\varepsilon>0$, $\exists N_{\varepsilon}\ni\sum_{N+1}^{\infty}a_n/3^n<\varepsilon$. 取

$$\alpha=\sum_{n=2}^{N}2/3^n+\sum_{N+1}^{\infty}a_n/3^n, a_n=0,2,$$

至少有一 $n_0>N+1$, 使 $a_{n_0}=0$. 设

$$S_1(x)=\frac{1}{3}x$$

$$S_2(x)=\frac{1}{3}x+\alpha$$

$$S_3(x)=\frac{1}{3}x+\frac{2}{3}$$

对任何非空有界开集 $V\supset(0,1)$,有

$$S_1(V)=[0,\frac{1}{3}]\cap V$$

$$S_2(V)=[\alpha,\frac{1}{3}+\alpha]\cap V$$

$$S_1(V)\cap S_2(V)=\left[0,\frac{1}{3}\right]\cap[\alpha,\frac{1}{3}+\alpha]\cap V$$

$$\supseteq\left[0,\frac{1}{3}\right]\cap[\alpha,\frac{1}{3}+\alpha]\neq\varnothing$$

所以,$\{S_i\}$ 不满足开集条件.

取 $E=[0,1]$,$F=\bigcap\limits_{n\geqslant 1}S^n(E)$,$S(E)=\bigcup\limits_{i=1}^{3}S_i(E)$,$\cdots$,$S^n(E)=S(S^{n-1}(E))$,于是 $F=\bigcup\limits_{i=1}^{3}S_i(F)$. 对 $\varepsilon>0$,有

$$m_1(c_0^{-k}\bigcup_{i_1\cdots i_k=1}^{3}S_{i_1\cdots i_k}(E))^{\varepsilon}$$

$$\geqslant 3^k\left(\frac{1}{3^k}+2\varepsilon\right)-3^{k-1}((\frac{1}{3}-\alpha)+2\varepsilon)$$

$$\varliminf_{k\to\infty}(m_d(c_0^{-k}\bigcup_{i_1\cdots i_k=1}^{3}S_{i_1\cdots i_k}(E))^{\varepsilon}/3^k)\geqslant\lim_{k\to\infty}\left(\frac{1}{3^k}+\varepsilon\right)>0$$

故 $\{S_i\}$ 满足可解条件. 由定义 22.1 的推论知 $\dim_H F=\dim_B F=s$,其中 $3\cdot 3^{-s}=1$,即 $s=1$.

用文[92]给出的方法,也可计算得:$\dim_H F=1$.

分形插值函数图像的豪斯道夫维数[①]

第 23 章

北京师范大学数学系的邓冠铁教授在 1999 年给出了插值点为$\{(\frac{i}{m},y_i)\mid i=0,1,2,\cdots,m\}$的分形插值函数图像的豪斯道夫维数的下界估计.

设 m 是一个大于 1 的整数,设 $c\in(0,1)$,给定一组实数$\{y_0,y_1,\cdots,y_m\}$,其中 $y_0=y_m=0$. 设仿射变换系

$$S_i\begin{pmatrix}x\\y\end{pmatrix}=T_i\begin{pmatrix}x\\y\end{pmatrix}+\begin{pmatrix}\frac{i}{m}\\y_i\end{pmatrix}$$

$$(x,y\in\mathbf{R},i=0,1,2,\cdots,m-1)$$

满足

$$S_i\begin{pmatrix}0\\0\end{pmatrix}=\begin{pmatrix}\frac{i}{m}\\y_i\end{pmatrix},\quad S_i\begin{pmatrix}1\\0\end{pmatrix}=\begin{pmatrix}\frac{i+1}{m}\\y_{i+1}\end{pmatrix}$$

$$(i=0,1,2,\cdots,m-1)$$

① 邓冠铁. 分形插值函数图像的 Hausdorff 维数[J]. 数学学报,1999,42(1):35-40.

其中

$$T_i=\begin{pmatrix}\frac{1}{m} & 0\\ a_i & c\end{pmatrix}\quad(i=0,1,2,\cdots,m-1)$$

从而 $a_i=y_{i+1}-y_i(0\leqslant i\leqslant m-1)$. 令 $f_0(x)\equiv 0$. 归纳定义 $f_n(x):[0,1]\to\mathbf{R}$ 如下

$$S_i\begin{pmatrix}x\\ f_n(x)\end{pmatrix}=\begin{pmatrix}\frac{i+x}{m}\\ f_{n+1}\left(\frac{i+x}{m}\right)\end{pmatrix}$$

$$(i=0,1,2,\cdots,m-1;x\in[0,1])$$

则 $f_n(x)$ 在 $[0,1]$ 上连续,满足

$$f_n\left(\frac{i}{m}\right)=y_i\quad(n\geqslant 1,0\leqslant i\leqslant m)$$

$$f_n\left((0.i_1i_2\cdots i_n)_m+\frac{x}{m^n}\right)=d(i_1,\cdots,i_n)x+e(i_1,\cdots,i_n)$$

$$(0\leqslant x\leqslant 1;i_1,i_2,\cdots,i_n\in\{0,1,2,\cdots,m-1\})\tag{23.1}$$

其中 $(0.i_1\cdots i_n)_m$ 表示 m 进制小数.

$$d(i_1,\cdots,i_n)=m^{1-m}a_{i_1}+m^{2-m}ca_{i_2}+\cdots+c^{n-1}a_{i_n}\tag{23.2}$$

$$e(i_1,\cdots,i_n)=i_nd(i_1,\cdots,i_{n-1})m^{-1}+e(i_1,\cdots,i_{n-1})\tag{23.3}$$

$$e(i_1)=y_{i_1}$$

从而,对 $x\in[0,1]$,有

$$|f_{n+1}(x)-f_n(x)|\leqslant 3A_1c^n$$

其中 $A_1=\max\{|y_0|,|y_1|,\cdots,|y_m|\}$,故函数列 $\{f_n(x)\}$ 在 $[0,1]$ 上一致收敛于一连续函数 $f(x)$,并且

此函数满足

$$f\left(\frac{i}{m}\right)=y_i;\ |f(x)-f_n(x)|\leqslant 3A_1c^n(1-c)^{-1} \tag{23.4}$$

$$S_i\begin{pmatrix} x \\ f(x) \end{pmatrix}=\begin{pmatrix} \dfrac{x+i}{m} \\ f\left(\dfrac{x+i}{m}\right) \end{pmatrix}\quad (i=0,1,\cdots,m-1,x\in[0,1]) \tag{23.5}$$

从而

$$G(f,[0,1])=\bigcup_{i=0}^{m-1}S_i(G(f,[0,1])) \tag{23.6}$$

其中 $G(f,I)=\{(x,f(x))\,|\,x\in I\}$ 表示函数 f 在 I 上的图像. Barnsley[93]已经证明在平面中存在一个与欧氏度量等价的度量 d,并且仿射变换系 $\{S_i\,|\,0\leqslant i\leqslant m-1\}$ 关于度量 d 是压缩映射系. 并且存在唯一非空紧集 G,使得

$$G=\bigcup_{i=0}^{m-1}S_i(G)$$

这样的 G 称为仿射变换系 $\{S_i\,|\,0\leqslant i\leqslant m-1\}$ 的吸引子,满足式(23.4)和(23.6)的连续函数,称为分形插值函数.

对于 $G=G(f,[0,1])$, Barnsley[93]已经证明:当 $mc>1$时,G 的盒子维数是 $2+(\lg c)(\lg m)^{-1}$,由于盒子维数不小于豪斯道夫维数[19],故估计 G 的豪斯道夫维数 $\dim_H G$ 的下界就显得特别有意义,但至今为止,仍没有见到这方面的结果,本章的目的就是给出 G 的豪斯道夫维数的下界,持别给出魏尔斯特拉斯函数图像的豪斯道夫下界估计,后一结果改进和推广了孙道椿等人的结果[94].

定理 23.1　设 $m+3$ 个实数 $y_0,y_1,\cdots,y_m,c,q$ 满足

$$y_0=y_m=0,0<q\leqslant 1,0<m^{-1}<c<1,mc>1+\alpha(q\beta)^{-1} \tag{23.7}$$

$$\max\{|y_2-y_0|,|y_3-y_1|,\cdots,|y_m-y_{m-2}|,|y_1-y_{m-1}|\}\leqslant 2(1-q)\alpha(cm)^{-1} \tag{23.8}$$

其中

$$\alpha=\max\{|y_{i+1}-y_i|:0\leqslant i\leqslant m-1\}$$
$$\beta=\min\{|y_{i+1}-y_i||0\leqslant i\leqslant m-1\}$$

则满足式(23.4)和(23.5)分形插值函数 f 在 $[0,1]$ 上的图像 $G(f,[0,1])$ 的豪斯道夫维数 $\dim_H G(f,[0,1])$ 满足

$$2+\frac{\lg c}{\lg m}\geqslant \dim_H G(f,[0,1])\geqslant 1+\left[1+\frac{\lg c}{\lg m}\right]\frac{\lg(Nm^{-1})}{\lg c} \tag{23.9}$$

其中 $N=\min\{N_1,m\}$，N_1 是不小于

$$\alpha(cm)^2(q\beta cm-q\beta-\alpha)^{-1} \tag{23.10}$$

的最小正整数.

注 1　由于 $\dim_H G(f,[0,1])\geqslant 1$ 故证明中可设 $N=N_1<m$.

注 2　当 m 为正偶数，$0<c<1$，并且 $cm>2$，$y_{2i}=0$；$y_{2i+1}=1(0\leqslant i\leqslant \frac{m}{2}-1)$. $y_m=0$，此时 $\alpha=\beta=1$，可取 $q=1$，N_1 是不小于 $(cm)^2(cm-2)^{-1}$ 的最小整数，满足式(23.4)和(23.5)的分形插值函数 f 一定是如下的魏尔斯特拉斯函数

$$f(x)=\sum_{n=0}^{+\infty}c^n g(m^{n+1}x) \tag{23.11}$$

其中 $g(x)$ 是以 1 为周期,在 $[0,1]$ 上等于 $1-|2x-1|$ 的连续函数,故我们有如下推论:

推论 由式(23.11)定义的魏尔斯特拉斯函数 $f(x)$ 的图像 $G(f,[0,1])$ 的豪斯道夫维数 $\dim_H G(f,[0,1])$ 满足式(23.9),其中 $N=\min\{N_1,m\}$, N_1 是不小于 $(cm)^2(cm-2)^{-1}$ 的最小正整数, $cm>2$, $0<c<1$.

在推论中,由于 $N\leqslant 1+(cm)^2(cm-2)^{-1}$. 故由于 $m>2$ 为偶正整数, $m\geqslant 4$, 当 $c=m^{s-2}$, $m^{s-1}>4\left(2>s>1+\frac{\lg 4}{\lg m}\right)$ 时,有

$$s\geqslant \dim_H G(f,[0,1])\geqslant s-\left[\frac{s-1}{2-s}\right]\frac{4}{m^{s-1}\lg m}$$

故本章中给出了[94]中常数 C 可取为 $4\left(\frac{s-1}{2-s}\right)$(当 $s\in\left(1+\frac{\lg 4}{\lg m},2\right)$, $m\geqslant 4$ 为偶数),从而改进和推广了[94]中的一些结果.

在证明之前,先给出一些记号:设 I 为一区间, $|I|$ 表示区间 I 的长度, $O(I)$ 为 I 的中点, I 的左端点记为 $\inf I$, 右端点记为 $\sup I$, 设 $\{i_1,i_2,\cdots,i_n\}\subset M$, 其中 $M=\{0,1,2,\cdots,m-1\}$, 记 $I(i_1,\cdots,i_n)=[(0.i_1\cdots i_n)_m,(0.i_1\cdots i_{n-1}(1+i_n))_m]$ 为 m 进制区间, $\operatorname{sign} x$ 表示 x 的符号函数, $[x]$ 表示 x 的整数部分, $\#E$ 表示有限集 E 中元素的个数.

定理的证明 由式(23.7),知由(23.2)定义的 $d(i_1,\cdots,i_n)$ 满足

$$\frac{\alpha c^n m}{mc-1}<|d(i_1,\cdots,i_n)|<c^{n-1}\left(\beta-\frac{\alpha}{mc-1}\right)$$

从而由式(23.7)和(23.8)知

$$(f_{n+1}(O(I(i_1,\cdots,i_n(i+1))))-$$
$$f_{n+1}(O(I(i_1,\cdots,i_ni))))\operatorname{sign} d(i_1,\cdots,i_n)$$
$$=\left|\frac{1}{m}d(i_1,\cdots,i_n)+\frac{1}{2}c^n(y_{i+2}-y_i)\right|>\frac{c^{n-1}}{m}\left(q-\frac{\alpha}{cm-1}\right)$$

将$f_{n+1}(O(I(i_1,\cdots,i_ni)))(i=0,1,2,\cdots,m-1)$从小到大重新排列，并记相应的区间为$I^1(0),\cdots,I^1(m-1)$，则当$p,p+N_1\in\{0,1,\cdots,m-1\}=M$时

$$\inf f_{n+1}(I^1(p+N_1))-\sup f_{n+1}(I^1(p))$$
$$>N_1\frac{c^{n-1}}{m}\left(q-\frac{\alpha}{cm-1}\right)-\frac{1}{2}(|f_{n+1}(I^1(p))|+$$
$$|f_{n+1}(I^1(p+N))|)$$
$$\geqslant\frac{c^{n-1}}{m}\left(q-\frac{\alpha}{cm-1}\right)\left(N_1-\frac{(cm)^2}{q\beta cm-q_1}\right)\geqslant 0$$

$\forall b\in\mathbf{R},p_1\in M,p_1<N$，令

$$A(i_1,\cdots,i_n,p_1)=\{I^1(p_1+kN_1)\mid k=0,1,2,\cdots,k_1\}$$

其中

$$k_1=[(m-p_1-1)N^{-1}]$$

线段$[0,1]\times\{b\}$至多与

$$\{G(f_{n+1},I)\mid I\in A(i_1,\cdots,i_n,p_1)\}$$

中一个图形相交，从而

$$^{\#}\{i:([0,1]\times\{b\})\cap G(f_{n+1},I(i_1,\cdots,i_n,i))\neq\varnothing\}\leqslant N$$

将区间簇$E(i_1,\cdots,i_n,p_1)=\{I(i,\cdots,i_{n+2})\subset I:I\in A(i_1,\cdots,i_n,p_1)\}$按函数$f_{n+2}(x)$在这些区间中点的值大小重新排列，并重新记为

$$E(i_1,\cdots,i_n,p_1)=\{I^2(0),I^2(1),\cdots,I^2(k_1m+k_1-1)\}$$

如果$I^2(p),I^2(p+1)$包含在$A(i_1,\cdots,i_n,p_1)$中同一个区间$I^1(p_1+kN)$中，则同理有

$$f_{n+2}(O(I^2(p+1)))-f_{n+2}(O(I^2(p)))$$

$$> \frac{c^n}{m}\left(q - \frac{\alpha}{cm-1}\right) \geqslant 0$$

如果

$$I^2(p+1) = I(i_1, \cdots, i_n, i'_{n+1}, j) \subset I^1(p_1 + (k+1)N)$$

$$I^2(p) = I(i_1, \cdots, i_n, i_{n+1}, i) \subset I^1(p_1 + kN)$$

并且 $i, j \in \{0, m-1\}$ 时，则

$$f_{n+2}(O(I^2(p+1)))$$

$$\geqslant \inf f_{n+1}(I^1(p_1 + (k+1)N)) +$$

$$\frac{1}{2m}|d(i_1, i_2, \cdots, i_n, i'_{n+1})| + c^{n+1}(2^{-1}a_j + y_j)$$

$$> f_{n+1}(O(I^2(p))) + \frac{1}{2m}(|d(i_1, \cdots, i_n, i'_{n+1})| +$$

$$|d(i_1, \cdots, i_n, i_{n+1})|) + c^{n+1}\left(\frac{1}{2}(a_j - a_i) + y_j - y_i\right)$$

$$\geqslant f_{n+1}(O(I^2(p))) + \frac{c^n}{m}\left(\beta - \frac{\alpha}{cm-1}\right) +$$

$$\frac{1}{2}c^{n+1}(y_{j+1} + y_j - y_{i+1} - y_i)$$

当 $i, j \in \{0, m-1\}$ 时，由条件(23.8)知

$$f_{n+1}(O(I^2(p+1))) - f_{n+2}(O(I^2(p)))$$

$$> \frac{c^n}{m}\left(q\beta - \frac{\alpha}{cm-1}\right) \geqslant 0$$

从而当 $p, p+N \in \{0, 1, 2, \cdots, k_1 m + k_1 - 1\}$ 时，(不妨设 $N = N_1 < m$，见注 1)同理有

$$\inf f_{n+2}(I^2(p+N)) - \sup f_{n+2}(I^2(p)) > 0$$

$\forall p_2 \in \{0, 1, 2, \cdots, N-1\}$，令

$$A(i_1, \cdots, i_n, p_1, p_2) = \{I^2(p_2 + kN) : k = 0, 1, 2, \cdots, k_2\}$$

其中 $k_2 = [(k_1 - 1 + k_1 m - p_2)N^{-1}]$，则 $\forall b \in \mathbf{R}$，线段 $[0,1] \times \{b\}$ 至多与 $\{G(f_{n+2}, I) : I \in A(i_1, \cdots, i_n, p_1,$

$p_2)\}$ 中一个图形相交，故

$$^{\#}\{(i_{n+1},i_{n+2}):([0,1]\times\{b\})\cap G(f_{n+2},I(i_1,\cdots,i_{n+1},i_{n+2}))\neq\varnothing\}\leqslant N^2$$

继续下去，归纳法可以证明，$\forall b\in\mathbf{R}, l=1,2,\cdots$，有

$$^{\#}\{(i_{n+1},\cdots,i_{n+l}):([0,1]\times\{b\})\cap G(f_{n+l},I(i_1,\cdots,i_{n+l}))\neq\varnothing\}\leqslant N^l$$

$\forall\varepsilon\in(0,1), \forall\alpha\in[0,1-\varepsilon], \forall b\in\mathbf{R}$. 设

$$m^{-n-1}<\varepsilon\leqslant m^{-n}, m^{-n-1}<c^{n+l}\leqslant m^{-n}, a\in I(i_1,\cdots,i_n)$$

$$P(a,b,\varepsilon)=\{x:(x,f(x))\in([a,a+\varepsilon]\times[b,b+\varepsilon])\cap G(f,[0,1])\}$$

则 $P(a,b,\varepsilon)\subset\bigcap\limits_{i'_n=i_n}^{1+i_n}I(i_1,\cdots,i_{n-1},i'_n)$，$x\in P(a,b,\varepsilon)$ 有

$$|f_{n+l}(x)-b|\leqslant\varepsilon+\frac{3A_1}{1-c}c^{n+l}\leqslant\left(1+\frac{3A_1}{1-c}\right)m^{-n}=A_2m^{-n}$$

由于 $f_{n+l}(x)$ 在 $I(i_1,\cdots,i_{n+l})$ 上的振幅为

$$|f_{n+l}(I(i_1,\cdots,i_{n+l}))|$$

$$=|d(i_1,\cdots,i_{n+l})|\geqslant c^{n+l-1}\left(\beta-\frac{\alpha}{mc-1}\right)\geqslant m^{-n}\delta_0$$

其中 $\delta_0=(mc)^{-1}(\beta-(cm-1)^{-1})>0$，则当 $x\in P(a,b,\varepsilon)\cap I(i_1,\cdots,i_{n+l})$ 时，有

$$T\cap G(f_{n+l},I(i_1,\cdots,i_{n+l}))\neq\varnothing$$

其中 $T=T(b,n)$ 是 $2(2+[(A_2+1)\delta_0^{-1}])+1$ 个线段

$$[0,1]\times\{b+p\delta_0m^{-n}\},$$

$$p=0,\pm1,\cdots,\pm[2+(A_2+1)\delta_0^{-1}]$$

之并集，从而 $P(a,b,\varepsilon)$ 包含在区间簇

$$\varphi=\{I:T\cap G(f_{n+l},I)\neq\varnothing, I=I(i_1,\cdots,i_{n+l})\subset[a,a+\varepsilon]\}$$

之并集中，而 φ 至多有 $(2m(2+[(A_2+1)\delta_0^{-1}])+m)N^l$ 个区间，每个区间长为 m^{-n-l} 从而 $P(a,b,\varepsilon)$ 的勒贝格

测度 $m(P(a,b,\varepsilon))$ 满足

$$m(P(a,b,\varepsilon)) \leqslant A_3 N^l m^{-n-l}$$

$$\leqslant A_3\left(\frac{N}{m}\right)^{(-\frac{\lg m}{\lg c}-1)n} m^{-n} \leqslant A_3 m^{-ns} \leqslant A_3 m^s \varepsilon^s$$

其中

$$A_3 = 2m(3+(A_2+1)\delta_0)+m$$

$$s = 1+(1+(\lg c)^{-1}\lg m)(\lg m)^{-1}\lg(m^{-1}N)$$

由文[81]中 Frostman 引理,知式(23.9)下界不等式成立.

推论的证明 当 $i\in\{0,1,\cdots,m-1\}$,$x\in[0,1]$ 时,有

$$f\left[\frac{i}{m}+\frac{x}{m}\right] = (-1)^i x+\frac{1}{2}(1-(-1)^i)+cf(x)$$

故当取 $y_i=\frac{1}{2}(1-(-1)^i)$,$a_i=(-1)^i(i=0,1,\cdots,m)$ 时,式(23.4)和(23.5)均成立,故由式(23.11)定义的魏尔斯特拉斯函数是分形插值函数,再由注 2 知它的图像 $G(f,[0,1])$ 的豪斯道夫维数 $\dim_H G(f,[0,1])$ 满足式(23.9).

自相似集的豪斯道夫测度与连续性[①]

第24章

中山大学数学与计算科学学院的罗俊教授和中山大学岭南学院的周作领教授在2003年证明了对集合 $F\subset\mathbf{R}^n$，以 $\dim F$ 和 $H^{\dim F}(F)$ 分别表示 F 的豪斯道夫维数和 $\dim F$ 维豪斯道夫测度. 设 $T=T(f_1,\cdots,f_m)$ 为 $\mathbf{R}^n$ 中的自相似集，即由相似压缩组成的迭代函数系统 $\{f_1,\cdots,f_m\}$ 的吸引子. 假如 $f_i(T)\cap f_j(T)=\varnothing$ $(i\neq j)$，对任意 $\varepsilon>0$，存在 $\delta>0$，若 $D=D(g_1,\cdots,g_m)$ 为 $\mathbf{R}^n$ 中的自相似集并且

$$\sup\{\|f_k(x)-g_k(x)\|\mid\|x\|\leqslant 1,1\leqslant k\leqslant m\}<\delta$$

则 $|H^{\dim T}(T)-H^{\dim D}(D)|<\varepsilon$.

1. 引言

以 $\|x-y\|$ 表示欧氏空间 $\mathbf{R}^n$ 中两点 x,y 之间的距离，以

$$\|U\|=\sup\{\|x-y\|\mid x,y\in U\}$$

① 罗俊，周作领. 自相似集的 Hausdorff 测度与连续性[J]. 数学学报，2003，46(3)：457-462.

表示集合 $U\subset\mathbf{R}^n$ 的直径. 设 $F\subset\mathbf{R}^n$，对 $s\geqslant 0,\delta>0$，令 $H^s_\delta(F)=\inf\{\sum_i\|U_i\|^s\mid F\subset(\bigcup_i U_i),\|U_i\|<\delta\}$，则 $H^s(F)=\lim\limits_{\delta\to 0}H^s_\delta(F)$ 称作集合 F 的 s 维豪斯道夫测度，$\dim F=\inf\{s\mid H^s(F)=0\}=\sup\{s\mid H^s(F)=\infty\}$ 称作 F 的豪斯道夫维数. 有时，我们将集合 F 的 $\dim F$ 维豪斯道夫测度简称为 F 的“豪斯道夫测度”. 容易验证，$H^s(\cdot)$ 是 $\mathbf{R}^n$ 上的度量外测度，从而是博雷尔测度[19]. 通常，豪斯道夫维数可以看成对集合大小或不规则程度的某种量度，而豪斯道夫维数的定义与探讨均涉及豪斯道夫测度. 然而，除去满足开集条件的自相似集等特殊的集合之外，计算和估计分形的豪斯道夫维数是非常困难的问题，而计算分形的豪斯道夫测度尤其如此. 实际上，除去线段上的例子和一些平凡的情形，即使满足开集条件的自相似集，其豪斯道夫测度的准确值也难以得到. 到目前为止，除去平凡情形，豪斯道夫维数大于 1 的自相似集的豪斯道夫测度准确值问题没有一个得以解决. 比如，对 $0<a\leqslant\frac{1}{2}$，定义 $\mathbf{R}^2$ 上的四个相似压缩如下

$$f_{a,1}(x)=ax,f_{a,2}(x)=ax+\begin{pmatrix}1-a\\0\end{pmatrix}$$

$$f_{a,3}(x)=ax+\begin{pmatrix}1-a\\1-a\end{pmatrix},f_{a,4}(x)=ax+\begin{pmatrix}0\\1-a\end{pmatrix}$$

则 $\{f_{a,k}:1\leqslant k\leqslant 4\}$ 的吸引子 T_a 称作广义谢尔品斯基地毯，它的豪斯道夫维数 $\dim T_a=\frac{\ln 4}{-\ln a}$. 当 $\dim T_a\leqslant 1$ $(a\leqslant\frac{1}{4})$ 时，T_a 的 $\left(\frac{\ln 4}{-\ln a}\text{维}\right)$ 豪斯道夫测度等于 $2^{\frac{\ln 2}{-\ln a}}$，因而连续依赖于参数 a[95,96]；当 $\dim T_a=2(a=\frac{1}{2})$ 时，

$T_a=[0,1]\times[0,1]$，其豪斯道夫测度等于$\frac{4}{\pi}$；当 $1<\dim T_a<2(\frac{1}{4}<a<\frac{1}{2})$时，$T_a$ 的豪斯道夫测度准确值目前尚未得到. 一个自然的问题是，当$\frac{1}{4}<a\leqslant\frac{1}{2}$时，自相似集 T_a 的豪斯道夫测度是否也依赖于参数 a? 这留给读者思考.

本章考虑 $\mathbf{R}^n$ 中自相似集 $T=T(f_1,\cdots,f_m)$，假如 T 满足强分离条件，即 $f_i(T)\cap f_j(T)=\varnothing(i\neq j)$. 那么，对每一 $\varepsilon>0$，必存在 $\delta>0$，若 $D=D(g_1,\cdots,g_m)\subset\mathbf{R}^n$ 为自相似集且 $\sup\{\|f_k(x)-g_k(x)\|\mid\|x\|\leqslant1,1\leqslant k\leqslant m\}<\delta$，则 T 的豪斯道夫测度与 D 的豪斯道夫测度相差不超过 ε. 也就是说，当 g_k 充分靠近$f_k(1\leqslant k\leqslant m)$时，$D$ 与 T 的豪斯道夫测度也充分接近.

2. 概念与基本结论

自相似集　对任意 $U,V\subset\mathbf{R}^n$，以

$$\|U-V\|=\inf\{\|x-y\|\mid x\in U,y\in V\}$$

表示两集合之间的距离. 设 f 为 $\mathbf{R}^n$ 上的连续映射，若存在常数 $c\in(0,1)$，使得 $\|f(x)-f(y)\|\leqslant c\|x-y\|$ 对所有 $x,y\in\mathbf{R}^n$ 成立，则称 f 为 $\mathbf{R}^n$ 上的压缩映射；若 $\|f(x)-f(y)\|=c\|x-y\|$ 对所有 $x,y\in\mathbf{R}^n$ 成立，则称 f 为 $\mathbf{R}^n$ 上的相似压缩，c 称作 f 的相似比. 若 $f_1,\cdots,f_m(m\geqslant2)$ 为 $\mathbf{R}^n$ 上的压缩映射，则它们组成一个迭代函数系统$\{f_1,\cdots,f_m\}$；此时，必存在 $\mathbf{R}^n$ 中唯一的非空紧集 $T=T(f_1,\cdots,f_m)$满足 $T=\bigcup_k f_k(T)$（见文[97]）. 这里，集合 T 称作$\{f_1,\cdots,f_m\}$的吸引子；若 $f_1,\cdots,f_m$ 都是相似压缩，则 T 称作由它们生成的自相似集. 若存在非空开集

V,使得 $f_i(V)\cap f_j(V)=\varnothing(i\neq j)$ 且 $[\bigcup_k f_k(V)]\subset V$,则称 $f_1,\cdots,f_m$ 或自相似集 $T(f_1,\cdots,f_m)$ 满足开集条件. 设 $T=T(f_1,\cdots,f_m)$ 为满足开集条件的自相似集,f_k 的相似比为 c_k,则 T 的豪斯道夫维数是满足 $\sum_k c_k^s=1$ 的唯一正数 s,T 的(s 维)豪斯道夫测度是正有限的,并且存在唯一的概率测度 μ_T,使得

$$\mu_T(B)=\sum_k c_k^{\dim T}\mu_T\circ f_k^{-1}(B)$$

对所有博雷尔集 $B\subset\mathbf{R}^n$ 都成立(见文[27]). 我们将 μT 称作支撑在 T 上的自然质量分布. 对于满足开集条件的自相似集 T 和其上自然质量分布 μ_T,下述结论成立:

(1) 对于任意博雷尔集 $B\subset\mathbf{R}^n$, 必有 $\mu_T(B)=\dfrac{H^{\dim T}(B\cap T)}{H^{\dim T}(T)}$, $\|B\|^{\dim T}\geqslant H^{\dim T}(B\cap T)$;

(2) $H^{\dim T}(T)=\inf\{\sum_i\|U_i\|^{\dim T}:T\subset\bigcup_i U_i\}$;

(3) $H^{\dim T}(T)=\inf\{\sum_i\|U_i\|^{\dim T}:T\subset\bigcup_i U_i\}$,其中 U_i 为开集;

(4) $H^{\dim T}(T)=\inf\{\sum_i\|U_i\|^{\dim T}:T\subset\bigcup_i U_i\}$,其中 U_i 为闭集.

由此,可以推出下述引理.

引理 24.1　设 $T\subset\mathbf{R}^n$ 为满足开集条件的自相似集,μT 为其上自然质量分布,则 T 的豪斯道夫测度等于 $\beta(T)=\inf\{\dfrac{\|V\|^{\dim T}}{\mu_T(V)}\}$,其中 V 取遍满足 $\mu_T(V)>0$ 的闭集.

若自相似集 $T=T(f_1,\cdots,f_m)\subset\mathbf{R}^n$ 满足强分离条

件,令 $\alpha(T)=\inf\left\{\frac{\|V\|^{\dim T}}{\mu_T(V)}\right\}$,其中 V 取遍满足 $\mu_T(V)>0$ 和 $\|V\|\geqslant\min\{\rho(f_i(T),f_j(T)):i\neq j\}$ 的闭集. 对闭集 V,若 $\mu_T(V)>0$ 且 $\|V\|<\min\{\rho(f_i(T),f_j(T)):i\neq j\}$,令 k 为最大的正整数,使得存在 $i_1,\cdots,i_k\in\{1,\cdots,m\}$,满足 $(V\cap T)\subset f_{i_1}\circ\cdots\circ f_{i_k}(T)$. 令 $g=f_{i_1}\circ\cdots\circ f_{i_k}$,则

$$\frac{\|V\cap T\|^{\dim T}}{\mu_T(V)}=$$

$$\frac{(c_{i_1}\cdots c_{i_k})^{-\dim T}\|V\cap T\|^{\dim T}}{(c_{i_1}\cdots c_{i_k})^{-\dim T}\mu_T(V)}=$$

$$\frac{\|g^{-1}(V\cap T)\|^{\dim T}}{\mu_T(g^{-1}(V\cap T))}$$

其中 c_{i_j} 为 f_{i_j} $(1\leqslant j\leqslant m)$ 的压缩比. 由于 $\|g^{-1}(V\cap T)\|\geqslant\min\{\rho(f_i(T),f_j(T)):i\neq j\}$,利用引理 24.1 可得下述引理 24.2.

引理 24.2　若 T 为满足强分离条件的自相似集,则 T 的豪斯道夫测度等于 $\alpha(T)$.

关于一致上半连续　设 (X,d) 为度量空间,对 $r>0$,$x\in X$,以 $V(x,r)$ 表示 X 中以 x 为圆心,r 为半径的开球. 设 $f:X\to Y$ 为从 (X,d) 到度量空间 (Y,ρ) 的映射,若对于任意 $\varepsilon>0$,必然存在 $\delta>0$,使得任意 $x\in M$,$f(V(x,\delta))\subset V(f(x),\varepsilon)$,则称 f 在 X 上一致连续.

定义 24.1　设 $f:X\to\mathbf{R}$ 为度量空间 (X,d) 上的函数,若对于任意 $\varepsilon>0$,必存在 $\delta>0$,使得任意 $x\in X$,$f(V(x,\delta))\subset(f(x)-\varepsilon,+\infty)$,则称 f 在 X 上一致上半连续;若对于任意 $\varepsilon>0$,必存在 $\delta>0$,使得任意 $x\in X$,$f(V(x,\delta))\subset(-\infty,f(x)+\varepsilon)$,则称 f 在 X 上一致下半

连续.

定理 24.1　一致下半连续性与一致连续性等价，同样，一致上半连续性与一致连续性等价. $\{x_n\},\{y_n\}\subset M$，使得 $d(x_n,y_n)<\frac{1}{n}$ 且 $f(x_n)<f(y_n)-\varepsilon$. 对上述 $\varepsilon>0$，选取 $\delta>0$，使得 $f(B(x,\delta))\subset(-\infty,f(x)+\varepsilon)$ 对所有 $x\in M$ 都成立，那么，对于一切整数 $k>\frac{1}{\delta}$，都有 $y_k\in B(x_k,\delta)$ 和 $f(y_k)>f(x_k)+\varepsilon$. 矛盾. 证毕.

3. 豪斯道夫测度的连续性

记 Ω 为 $\mathbf{R}^n$ 中所有非空紧子集的集合，$\rho:\Omega\times\Omega\to\mathbf{R}$ 为其上豪斯道夫度量. 以下恒设 $T=T(f_1,\cdots,f_m)$ 为满足强分离条件的自相似集，$\omega=\frac{1}{4}\min\{\|f_i(T)-f_j(T)\|\mid i\neq j\}$，$X=\{z\in\mathbf{R}^n\mid\|\{z\}-T\|\leqslant\omega\}$，其中，对每个相似压缩 f_k，存在 $n\times n$ 阶正交矩阵 $\boldsymbol{A}_k$，点 $a_k\in\mathbf{R}^n$ 和常数 $p_k\in(0,1)$ 满足 $f_k(x)=p_k\boldsymbol{A}_k(x)+a_k$.

由豪斯道夫测度和维数在相似映射下的变化特征，我们不妨假定 $|X|=1$ 且原点在 X 中.

选取常数 $r>0$，使得

(1) $[p_k-\tau,p_k+\tau]\subset(0,1)$ 对 $1\leqslant k\leqslant n$ 均成立；

(2) 对任意相似压缩 $g_k(x)(1\leqslant k\leqslant n)$，若

$$\max_{1\leqslant k\leqslant n}\sup\{\|f_k(x)-g_k(x)\|\mid\|x\|\leqslant 1\}\leqslant\tau$$

则 $[\cup g_k(X)]\subset X$ 且 $\min\{\|g_i(X)-g_j(X)\|\mid i\neq j\}\geqslant\omega$.

恒记 Φ 为一切形如 $\{g_1,\cdots,g_m\}$ 的迭代函数系统的集合，其中，每个 g_k 均为相似压缩. 对任意 $\{g_k\},\{h_k\}\in\Phi$，令 $\phi(\{g_k\},\{h_k\})=\max\limits_{1\leqslant k\leqslant n}\sup\{\|f_k(x)-g_k(x)\|\mid$

$\|x\| \leqslant 1\}$,则 ϕ 为 Φ 上的一个度量. 可以验证,对于任意迭代函数系统 $\{g_k | 1 \leqslant k \leqslant m\} \in \Phi$,其吸引子必然是满足强分离条件的自相似集. 由此,可以得到下述引理 24.3.

引理 24.3　设自相似集 D,E 分别为迭代函数系统 $\{g_k | 1 \leqslant k \leqslant m\}$, $\{h_k | 1 \leqslant k \leqslant m\} \in \Phi$ 的吸引子,那么,对任意正数 ε,存在 $\delta > 0$,使得当 $\phi(\{g_k\},\{h_k\}) \leqslant \delta$ 时,$|\dim D - \dim E| < \varepsilon$. 即,当迭代函数系统 $\{g_1,\cdots,g_m\}$, $\{h_1,\cdots,h_m\} \in \Phi$ 在度量 ϕ 下充分接近,它们的吸引子的豪斯道夫维数也充分接近.

引理 24.4　设迭代函数系统 $\{g_k | 1 \leqslant k \leqslant m\}$, $\{h_k | 1 \leqslant k \leqslant m\} \in \Phi$,概率测度 μ_D, μ_E 分别为它们的吸引子 D,E 上的自然质量分布. 那么,对所有正数 ε, δ,存在正数 δ_1,使得对任意闭集 $Y \subset X$ 及其 δ-邻域 $Y_\delta = \{z | \|\{z\} - Y\| \leqslant \delta\}$,不等式 $\mu_D(Y_\delta) \geqslant \mu_E(Y) - \varepsilon$ 总成立.

证　选取正整数 N,使得对任一迭代函数系统 $\{g_k\} \in \Phi$ 和任一正整数序列 $k_1,\cdots,k_N \in \{1,\cdots,m\}$,都有 $\|g_{k_1} \circ \cdots \circ g_{k_N}(X)\| < \frac{1}{2}\delta$. 对 $\delta > 0$,任意取定 $\delta_2 \in (0, \frac{1}{6}\delta(1-p))$,其中 $p = \max\{p_k + \tau | 1 \leqslant k \leqslant m\}$,那么,当 $\phi(\{g_k\},\{h_k\}) < \delta_2$ 时,$\rho(g_k(Y), h_k(Y)) < \frac{1}{2}(1-p)\delta$ 对任一紧致子集 $Y \subset X$ 和 $1 \leqslant k \leqslant m$ 都成立. 从而,对任意 $j > 0$ 和 $k_1,k_2,\cdots,k_j \in \{1,\cdots,m\}$,下式总成立

$$\rho(g_{k_j} \circ \cdots \circ g_{k_1}(X), h_{k_j} \circ \cdots \circ h_{k_1}(x)) < \frac{\delta}{2}$$

假如 μ_D, μ_E 分别为 $\{g_k | 1 \leqslant k \leqslant m\}$, $\{h_k | 1 \leqslant k \leqslant m\}$ 的吸引子 D,E 上的自然质量分布,那么,由引理 24.3,对 $\varepsilon >$

0,可选取 $\delta_1 \in (0,\delta_2)$,使得当 $\phi(\{g_k\},\{h_k\}) < \delta_1$ 时,$|\mu_D[g_{k_N}\circ\cdots\circ g_{k_1}(X)] - \mu_E[h_{k_N}\circ\cdots\circ h_{k_1}(X)]| < m^{-N}\varepsilon$ 对所有有限序列 $k_1,\cdots,k_N \in \{1,\cdots,m\}$ 都成立. 于是,对任一闭集 $Y \subset X$,有

$$\mu_E(Y)$$
$$\leqslant \sum \{\mu_E[h_{k_N}\circ\cdots\circ h_{k_1}(X)] \mid h_{k_N}\circ\cdots\circ h_{k_1}(X) \cap Y \neq \varnothing\}$$

因 $\{h_{k_N}\circ\cdots\circ h_{k_1}(X) \mid h_{k_N}\circ\cdots\circ h_{k_1}(X) \cap Y \neq \varnothing\}$ 中所有元素之并集包含于集合 Y 的 $\frac{\delta}{2}$ - 邻域,故 $\{g_{k_N}\circ\cdots\circ g_{k_1}(X) \mid h_{k_N}\circ\cdots\circ h_{k_1}(X) \cap Y \neq \varnothing\}$ 中所有元素之并集必然包含于 Y 的 δ - 邻域 Y_δ,从而 $\mu_D(Y_\delta) \geqslant \mu_E(Y) - \varepsilon$. 类似的讨论可得 $\mu_E(Y_\delta) \geqslant \mu_D(Y) - \varepsilon$. 证毕.

定理 24.2 对任一迭代函数系统 $\{g_k\} \in \Phi$ 的吸引子 D,令 $H(\{g_k\}) = H^{\dim D}(D)$,则 $H:(\Phi,\phi) \to \mathbf{R}$ 是一致上半连续映射,从而是一致连续映射.

证 记 λ 为 Φ 中所有迭代函数系统的吸引子的豪斯道夫维数之下确界,并取定 $\eta = \frac{1}{2}\omega^n < 1$. 对任一 $\varepsilon \in (0,\eta)$,选取 $\delta_1 \in (0,\frac{1}{6}\varepsilon\eta^2)$,使得

(1) 对任意 $y,z \in [\omega,1]$ 和 $s,t \in [\lambda,n]$,当 $|y-z| < 2\delta_1$, $|s-t| < \delta_1$ 时,$|y^s - z^t| < \frac{1}{6}\eta\varepsilon$;

(2) 对任意 $y \in [\eta,1]$ 和 $z \in [\omega^n,1]$,$\frac{z}{y-\delta_1} < \frac{z}{y} + \frac{1}{3}\varepsilon$ 总成立.

由引理 24.3,可选取 $\delta_2 \in (0,\delta_1)$,使得对任意迭代函数系统 $\{g_k \mid 1 \leqslant k \leqslant m\}$,$\{h_k \mid 1 \leqslant k \leqslant m\} \in \Phi$ 及其

吸引子 D,E，当 $\phi(\{g_k\},\{h_k\})<\delta_2$ 时，$|\dim D-\dim E|<\delta_1$.

由引理 24.4，可选取 $\delta\in(0,\delta_2)$，使得对任意迭代函数系统 $\{g_k|1\leqslant k\leqslant m\},\{h_k|1\leqslant k\leqslant m\}\in\Phi$ 及其吸引子 D,E 上的自然质量分布 μ_D,μ_E，当 $\phi(\{g_k\},\{h_k\})\leqslant\delta$ 时，不等式 $\mu_D(U)\geqslant\mu_E(V)-\delta_1$ 对任意闭集 $V\subset X$ 及其 δ_2－邻域 U 都成立.

对前述 $\varepsilon>0$，取闭集 V，使 $\|V\|\geqslant\omega$ 且

$$\frac{1}{\mu_E(V)}\|V\|^{\dim E}<H^{\dim E}(E)+\frac{1}{3}\varepsilon$$

此时 $\mu_E(V)>\frac{1}{2}\omega^{\dim E}\geqslant\eta$，于是

$$\begin{aligned}H^{\dim D}(D)&\leqslant\frac{1}{\mu_D(U)}\|U\|^{\dim D}\\&<\frac{1}{\mu_E(V)-\delta_1}\|V\|^{\dim E}+\frac{1}{3}\varepsilon\\&<\frac{1}{\mu_E(V)}\|V\|^{\dim E}+\frac{2}{3}\varepsilon<H^{\dim E}(E)+\varepsilon\end{aligned}$$

其中，第二个不等号之成立是由(1)和 $\mu_E(V)-\delta_1>\frac{1}{2}\eta$ 得到，第三个不等号之成立是由(2)得到.

综上所述，我们对任一 $\varepsilon>0$，可找到 $\delta>0$，使得对任意 $\{g_k|1\leqslant k\leqslant m\},\{h_k|1\leqslant k\leqslant m\}\in\Phi$ 及其吸引子 D,E，当 $\phi(\{g_k\},\{h_k\})<\delta$ 时，$H^{\dim D}(D)<H^{\dim E}(E)+\varepsilon$. 因此，由 ε 的任意性，映射 $H:(\Phi,\phi)\to\mathbf{R}$ 是一致上半连续的. 证毕.

4. 广义谢尔品斯基地毯

对 $a\in(0,\frac{1}{2}]$ 以及任意 $x\in\mathbf{R}^2$，设映射 $f_{a,k}(x)$

$(1\leqslant k\leqslant 4)$如前文所定义，$T_a$ 为迭代函数系统$\{f_{a,k}\}$的吸引子，即压缩比为 a 的广义谢尔品斯基地毯. 令 $H(a)$为 T_a 的 $\dim T_a$ 维豪斯道夫测度，则由定理 24.2，映射 $H:(0,\frac{1}{2}]\to\mathbf{R}$ 在开区间$(0,\frac{1}{2})$内连续. 这一节将讨论映射 H 在$\frac{1}{2}$处的连续性.

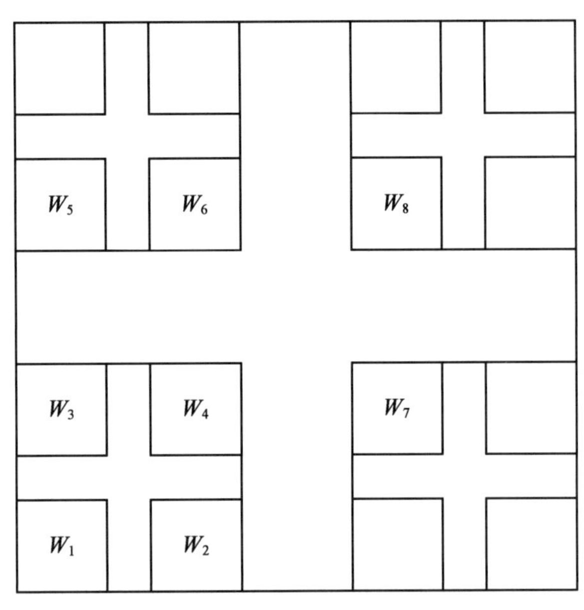

图 24.1　Δ_2 中 8 个小正方形的示意图

设$\{N_k \mid k\geqslant 1\}\subset\mathbf{R}^n$ 为非空紧子集序列，则该序列的上极限$\overline{\lim\limits_{k\to\infty}}N_k$ 和下极限$\underline{\lim\limits_{k\to\infty}}N_k$ 定义如下. 点 x 属于$\overline{\lim}\,N_k$ 当且仅当任一包含 x 的开集 V 均与除有限个 N_k 外的其余所有紧子集 N_k 相交，点 x 属于$\underline{\lim}\,N_k$ 当且仅当任一包含 x 的开集 V 均与无限个 N_k 相交. 若一紧子

集的上极限和下极限相等，则称该序列收敛，此时上极限和下极限通称为极限，记为 $\lim N_k$. 注意，$\lim N_k$ 可能是空集.

我们已经知道，欧氏空间中任一非空紧子集序列必有收敛子序列[98]. 此外，不难验证，若一收敛的非空紧子集序列包含于一有界集合中，则其极限为非空紧子集，并且该序列在豪斯道夫度量 ρ 下收敛到这一极限.

对任意 $a\in(0,\frac{1}{2}]$，记 $\Delta_{a,0}=\{[0,1]\times[0,1]\}$；对 $k\geqslant1$，令 $\Delta_k=\{T_{a,i_1}\circ\cdots\circ T_{a,i_k}([0,1]\times[0,1])\mid i_1,\cdots,i_k\in\{1,2,3,4\}\}$. 易见，$\Delta_k$ 中元素为 4^k 个边长为 a^k 的小正方形. 以下恒设 $s(a)=\dim T_a$，μ_a 为 T_a 上的自然质量分布.

引理 24.5　设 $a\in(0,\frac{1}{2}]$，闭集 $V\subset[0,1]\times[0,1]$. 若 $\|V\|<a^2$，则存在闭集 $U\subset[0,1]\times[0,1]$，使得 $\|U\|>\|V\|$，且

$$\frac{1}{\mu_a(U)}\|U\|^{s(a)}\leqslant\frac{1}{\mu_a(V)}\|V\|^{s(a)}$$

证　不妨假定 V 与 $\Delta_{a,1}$ 中至少两个小正方形相交. 记 $W_i(1\leqslant i\leqslant8)$ 为 $\Delta_{a,2}$ 中的小正方形，如图 24.1 所示. 假定 V 与小正方形 $Q_1,\cdots,Q_j(2\leqslant j\leqslant4)$ 相交，那么，这 j 个小正方形或者在 $\{W_3,W_4,W_5,W_6\}$ 中，或者在 $\{W_4,W_6,W_7,W_8\}$ 中.

选取平面上的 8 个平移映射 $h_k(1\leqslant k\leqslant8)$，其中 $h_k(W_{k+2})=W_k(1\leqslant k\leqslant4)$，$h_5(W_4)=W_1$，$h_6(W_7)=W_2$，$h_7(W_6)=W_3$ 且 $h_8(W_8)=W_4$.

映射 $g:(\cup_3^6 W_k)\to(\cup_1^4 W_k)$ 定义如下：当 $x\in W_{k+2}$ $(1\leqslant k\leqslant 4)$，$g(x)=h_k(x)$. 映射 $h:(W_4\cup W_6\cup W_7\cup W_8)\to(\cup_1^4 W_k)$ 定义如下：当 $x\in W_4$，$h(x)=h_5(x)$；当 $x\in W_7$，$h(x)=h_6(x)$；当 $x\in W_6$，$h(x)=h_7(x)$；当 $x\in W_8$，$h(x)=h_8(x)$.

若 $\{Q_1,\cdots,Q_j\}$ 在 $\{W_3,W_4,W_5,W_6\}$ 中，令 $V_1=g(V\cap T_a)$；若 $\{Q_1,\cdots,Q_j\}$ 在 $\{W_4,W_6,W_7,W_8\}$ 中，令 $V_1=h(V\cap T_a)$. 令 $U=f_{a,1}^{-1}(V_1)$，则 $\|U\|>\|V\|$ 且 $\frac{1}{\mu_a(U)}\|U\|^{s(a)}\leqslant\frac{1}{\mu_a(V)}\|V\|^{s(a)}$. 证毕.

引理 24.6 对任意 $a\in\left[\frac{1}{4},\frac{1}{2}\right]$，$H(a)=\inf\left\{\frac{1}{\mu_a(V)}\|V\|^{s(a)}\right\}$，其中 V 取遍 $[0,1]\times[0,1]$ 中满足 $\mu_a(V)>0$ 和 $\|V\|\geqslant a^2$ 的闭集.

证 只需验证，对任意闭集 $V\subset[0,1]\times[0,1]$，若 $\mu_a(V)>0$ 且 $\|V\|<a^2$，则存在闭集 $U\subset[0,1]\times[0,1]$，使得 $\|U\|\geqslant a^2$ 且

$$\frac{1}{\mu_a(U)}\|U\|^{s(a)}\leqslant\frac{1}{\mu_a(V)}\|V\|^{s(a)}$$

假定有一闭集 $V\subset[0,1]\times[0,1]$ 满足 $\mu_a(V)>0$ 和 $\|V\|<a^2$，并且对任意闭集 $U\subset[0,1]\times[0,1]$，若 $\|U\|\geqslant a^2$，则 $\frac{1}{\mu_a(U)}\|U\|^{s(a)}>\frac{1}{\mu_a(V)}\|V\|^{s(a)}$. 令

$$\gamma=\sup\{\alpha\in(0,a^2):存在闭集\ U,使得\ \|U\|=\alpha$$
$$且\frac{1}{\mu_a(U)}\|U\|^{s(a)}\leqslant\frac{1}{\mu_a(V)}\|V\|^{s(a)}\}$$

选取直径单调增加的闭子集序列 $U_k\subset[0,1]\times[0,1]$，使得 $\lim\limits_{k\to\infty}\|U_k\|=\gamma$ 且

$$\frac{1}{\mu_a(U_k)}\|U_k\|^{s(a)}\leqslant\frac{1}{\mu_a(V)}\|V\|^{s(a)}$$

不妨假设非空紧子集序列$\{U_k\}$收敛到极限集U,则$\frac{1}{\mu_a(U)}\|U\|^{s(a)}\leqslant\frac{1}{\mu_a(V)}\|V\|^{s(a)}$. 若$\gamma=a^2$,则$\|U\|=\gamma=a^2$,与反证假设矛盾;若$\gamma<a^2$,由引理24.5,存在闭集$W\subset[0,1]\times[0,1]$,使得$\|W\|>\|U\|=\gamma$且

$$\begin{aligned}\frac{1}{\mu_a(W)}\|W\|^{s(a)}&\leqslant\frac{1}{\mu_a(U)}\|U\|^{s(a)}\\&\leqslant\frac{1}{\mu_a(V)}\|V\|^{s(a)}\end{aligned}$$

矛盾. 证毕.

由引理24.6不难得到下述定理:

定理24.3　映射$H:(0,\frac{1}{2}]\to\mathbf{R}$连续.

一类广义谢尔品斯基海绵的豪斯道夫测度[①]

第25章

中山大学的周作领，湖北大学的吴敏和武汉测绘科技大学的赵燕芬三位教授于2001年讨论了一类豪斯道夫测度小于或等于1的广义谢尔品斯基海绵，完全确定了它们的豪斯道夫测度.

设 $m\in\mathbf{N}^*$，$m\geqslant 3$，实数 λ 满足 $0<\lambda\leqslant 2^{-m}$. 记 $E_0^m\subset\mathbf{R}^m$ 为 m 维单位正方体. 易见 E_0^m 有 2^m 个顶点. 在 E_0^m 上挖去除位于其顶点处边长为 λ 的 2^m 个小 m 维正方体(其中位于顶点处的 m 个面与 E_0^m 的相应面重合)外的其余部分，得到的集合的闭包记为 $E_1^m(\lambda)$；对 $E_1^m(\lambda)$ 中的每一个小正方体重复上述过程，得到 2^{2m} 个边长为 λ^2 的小 m 维正方体组成的集合，将其闭包记为 $E_2^m(\lambda)$；无限重复上述过程得到

① 周作领，吴敏，赵燕芬. 一类广义 Sierpinski 海绵的 Hausdorff 测度[J]. 数学年刊，2000，22(1)：57-64.

$$E_0^m \supset E_1^m(\lambda) \supset E_2^m(\lambda) \supset \cdots \supset E_n^m(\lambda) \supset \cdots$$

非空集合

$$S^m(\lambda) = \bigcap_{n=0}^{\infty} E_n^m(\lambda)$$

称为广义谢尔品斯基海绵(当 $m=2, \lambda=\frac{1}{4}$ 时,$S^m(\lambda)$ 为谢尔品斯基地毯,参见文[99]).

$S^m(\lambda)$是由 2^m 个压缩比为 λ 的压缩函数生成的自相似集且满足开集条件,因此 $S^m(\lambda)$的豪斯道夫维数 $s(\lambda) = \dim_H S^m(\lambda)$ 等于它的自相似维数,由方程 $2^m \cdot \lambda^{s(\lambda)} = 1$ 确定,即 $s(\lambda) = \frac{\lg 2^m}{-\lg \lambda}$(见文[19]). 下面用 $H^{s(\lambda)}(S^m(\lambda))$表示 $S^m(\lambda)$的 $s(\lambda)$维豪斯道夫测度. 本章的主要结果是:

定理 25.1　$H^{s(\lambda)}(S^m(\lambda)) = (\sqrt{m})^{s(\lambda)}$, $\forall m \geqslant 3$, $0 < \lambda \leqslant 2^{-m}$.

1. 记号和若干引理

在 $\mathbf{R}^m$ 上建立直角坐标系,以 E_0^m 的一个顶点为原点,以过此顶点的 m 条边为坐标轴. 由原点出发的对角线的方向为 $\boldsymbol{e} = (1,1,\cdots,1)$,其长度为 $|\boldsymbol{e}| = \sqrt{m}$. 易知 E_0^m 有 2^{m-1}条对角线,称过原点的对角线为 E_0^m 的主对角线,记为 L_m^0.

设 $n \geqslant 0$. 易见 $E_n^m(\lambda)$由 2^{mn}个边长为 λ^n 的 m 维正方体组成,这些正方体称为 $E_n^m(\lambda)$的基本正方体,记作$\square_n(\lambda)$. 每一个$\square_n(\lambda)$中均有 2^{m-1}条对角线,其中有且仅有一条与 E_0^m 的主对角线平行,记为 L_m^n.

由 E_0^m 的 2^m 个顶点所组成的集合记为 A,A 可表示为 $A = \{(x_1, x_2, \cdots, x_m) \mid x_i = 0 \text{ 或 } 1, 1 \leqslant i \leqslant m\}$,将 A

分成 $m+1$ 类,$A=\bigcup_{k=0}^{m}A_k$,其中

$$A_k=\{(x_1,x_2,\cdots,x_m)\in A\mid k=\#\{i:x_i=1\}\}$$

显然对任意 k,A_k 所含顶点的个数为 C_m^k.

令 π 为从 E_0^m 到其主对角线 L_m^0 的垂直投影,即

$$\pi:E_0^m\to L_m^0$$

$$\boldsymbol{x}=(x_1,x_2,\cdots,x_m)\to\boldsymbol{r}=(r,r,\cdots,r)$$

使得

$$(\boldsymbol{x}-\boldsymbol{r})\cdot\boldsymbol{e}=0 \tag{25.1}$$

$\forall\boldsymbol{x},\boldsymbol{x}'\in A_k$,记 $\pi(\boldsymbol{x})=\boldsymbol{r},\pi(\boldsymbol{x}')=\boldsymbol{r}$,由式(25.1)有 $r=\frac{1}{m}\sum_{i=1}^{m}x_i,r'=\frac{1}{m}\sum_{i=1}^{m}x'_i$,由 A_k 的定义知,$\sum_{i=1}^{m}x_i=\sum_{i=1}^{m}x'_i$,于是 $\pi(\boldsymbol{x})=\pi(\boldsymbol{x}')$. 由此得到

引理 25.1 E_0^m 的同一类顶点在映射 π 作用下的象点重合.

设 $\boldsymbol{x}=(x_1,x_2,\cdots,x_m)\in A$,$\square_1(\lambda)$为包含此顶点 $\boldsymbol{x}$ 的 $E_1^m(\lambda)$的基本正方体,易见$\square_1(\lambda)$的 2^m 个顶点$(y_1,y_2,\cdots,y_m)$满足

$$y_i=\begin{cases}1\text{ 或 }1-\lambda & (x_i=1)\\0\text{ 或 }\lambda & (x_i=0)\end{cases}$$

并且过$\square_1(\lambda)$的两个顶点分别满足

$$y_i=\begin{cases}1-\lambda & (x_i=1)\\0 & (x_i=0)\end{cases}$$

$$y_i=\begin{cases}1 & (x_i=1)\\\lambda & (x_i=0)\end{cases}$$

由此可得

引理 25.2 $\forall\boldsymbol{x},\boldsymbol{x}'\in A_k\,(0\leqslant k\leqslant m)$,若 $\boldsymbol{x}\in$

$\square_1(\lambda),\boldsymbol{x}'\in\square'_1(\lambda)$,则 $\boldsymbol{\pi}(\square_1(\lambda))=\boldsymbol{\pi}(\square'_1(\lambda))$ 并且 $\boldsymbol{\pi}(\square_1(\lambda))$ 在线段$[0,\sqrt{m}]$上为闭区间 $\left[\frac{k}{m}(1-\lambda)\sqrt{m},\frac{k}{m}(1-\lambda)\sqrt{m}+\lambda\sqrt{m}\right]$,这里 $k=0,1,\cdots,m.$

利用 $S^m(\lambda)$的自相似结构,可以对每一个$\square_n(\lambda)$重复上面的计算,从而看到,将 $S^m(\lambda)$垂直投影到 L_m^0 上,得到线段$[0,\sqrt{m}]$上的一个分形 $F(\lambda)$,其等价定义如下:

在 $F_0=[0,\sqrt{m}]$上定义 $m+1$ 个压缩比为 λ 的压缩函数 S_i 即

$$S_i(x)=\lambda x+\frac{i}{m}\sqrt{m}(1-\lambda)\quad(i=0,1,\cdots,m)$$

$\{S_i\}$在 F_0 上生成的自相似集即为 $F(\lambda)$,即

$$F(\lambda)=\bigcup_{i=0}^{m}S_i(F(\lambda))=\bigcap_{k=0}^{\infty}\bigcup_{i_1,\cdots,i_k=0}^{m}S_{i_1\cdots i_k}(F_0)$$

这里 $S_{i_1\cdots i_k}=S_{i_1}\circ S_{i_2}\circ\cdots\circ S_{i_k}$,即函数的复合,记

$$F_k(\lambda)=\bigcup_{i_1,\cdots,i_k=0}^{m}S_{i_1\cdots i_k}(F_0)$$

设 $k\geqslant 0$,显然 $F_k(\lambda)$是由$(m+1)^k$ 个长度为 $\lambda^k\sqrt{m}$的不相交的线段组成,每一个这样的线段称作 $F_k(\lambda)$的基本线段,记作 $I_k(\lambda)$. 而且,$F_0-F_k(\lambda)$由 m 个长为$\frac{\sqrt{m}}{m}(1-(m+1)\lambda)$的开区间,$m(m+1)$个长为$\frac{\sqrt{m}}{m}\lambda(1-(m+1)\lambda)$的开区间,$\cdots$,$m(m+1)^k$ 个长为$\frac{\sqrt{m}}{m}\lambda^k(1-(m+1)\lambda)$的开区间的并组成,这些开区间分别称作 F_0 的1阶,2阶,$\cdots$,k 阶挖去区间. 显然 S_i

$(i=0,1,2,\cdots,m)$把第 k 阶挖去区间映成第 $k+1$ 阶挖去区间.

在 F_0 上定义分布函数 μ,满足

$$\begin{cases}\mu(F_0)=(\sqrt{m})^{s(\lambda)}\\ \mu(F_0-F(\lambda))=0\\ \mu(S_{ii_1\cdots i_k}(F_0))=\dfrac{C_m^i}{2^m}\mu(S_{i_1\cdots i_k}(F_0))\end{cases}$$

其中 $0\leqslant i,i_k\leqslant m,k\geqslant 1$. 易见 μ 是 F_0 上的一个测度,支撑为 $F(\lambda)$,限制 μ 在 $F(\lambda)$ 上是其上的一个质量分布.

引理 25.3 对任意

$$l\in F_0-F_1(\lambda)$$
$$=\bigcup_{j=1}^{m}\left(\frac{j-1}{m}\sqrt{m}(1-\lambda)+\sqrt{m}\lambda,\frac{j}{m}\sqrt{m}(1-\lambda)\right)$$

有 $\mu(S_{i_1\cdots i_k}[0,l])\geqslant\lambda^k\cdot c\cdot l,0\leqslant i_1,i_2,\cdots,i_k\leqslant m,k\geqslant 0$,其中 $c=\dfrac{1}{1-\lambda}\cdot\dfrac{(\sqrt{m})^{1+s(\lambda)}}{2^m}$.

证 当 $k=0$ 时,因为 $l\in F_0-F_1(\lambda)$,故存在整数 $j(1\leqslant j\leqslant m)$,使得

$$l\in\left(\frac{j-1}{m}\sqrt{m}(1-\lambda)+\sqrt{m}\lambda,\frac{j}{m}\sqrt{m}(1-\lambda)\right)$$

$$\begin{aligned}\mu([0,l])&=\sum_{i=0}^{j-1}\mu\left(\left[\frac{i}{m}\sqrt{m}(1-\lambda),\frac{i}{m}\sqrt{m}(1-\lambda)+\sqrt{m}\lambda\right]\right)\\&=\sum_{i=0}^{j-1}\mu(S_i(F_0))=\sum_{i=0}^{j-1}C_m^i\cdot\frac{1}{2^m}\cdot(\sqrt{m})^{s(\lambda)}\\&\geqslant j\cdot\frac{1}{2^m}\cdot(\sqrt{m})^{s(\lambda)}\\&=\frac{1}{1-\lambda}\cdot\frac{1}{2^m}\cdot(\sqrt{m})^{1+s(\lambda)}\cdot\frac{j}{m}\sqrt{m}(1-\lambda)\geqslant c\cdot l\end{aligned}$$

即 $k=0$ 时成立. 下设对 $k\geqslant 1$ 已成立,往证对 $k+1$ 也成立.

$$\begin{aligned}\mu(S_{i_1\cdots i_{k+1}}[0,l]) &= \sum_{i=0}^{j-1}\mu(S_{i_1\cdots i_{k+1}}\circ S_i(F_0))\\ &= \sum_{i=0}^{j-1}\frac{C_m^{i_1}}{2^m}\mu(S_{i_2\cdots i_{k+1}}\circ S_i(F_0))\\ &\geqslant \frac{1}{2^m}\mu(S_{i_2\cdots i_{k+1}}[0,l])\geqslant \frac{1}{2^m}\cdot\lambda^k\cdot c\cdot l\\ &\geqslant \lambda^{k+1}\cdot c\cdot l\end{aligned}$$

由数学归纳法知,对任意 $k\geqslant 0$,结论成立.

引理 25.4　设 $k\geqslant 0$,$I_k(\lambda)$ 是 $F_k(\lambda)$ 中的一个基本线段,且实数(点)r_k 包含在 $I_k(\lambda)$ 所包含的 m 个 $k+1$阶挖去区间的并内,记 $I_k(\lambda)$ 的左端点为 l_k,则有 $\mu([l_k,r_k])\geqslant c\cdot(r_k-l_k)$,其中 c 同引理25.3.

证　根据分形 $F(\lambda)$ 的自相似结构,易见存在 $0\leqslant l\leqslant\sqrt{m}$,$l\in F_0-F_1(k)$ 和 $0\leqslant i_1,i_2,\cdots,i_k\leqslant m$,使得 $S_{i_1\cdots i_k}([0,l])=[l_k,r_k]$. 于是 $r_k-l_k=\lambda^k\cdot l$. 由引理25.3得

$$\begin{aligned}\mu([l_k,r_k]) &=\mu[S_{i_1\cdots i_k}([0,l])]\\ &\geqslant\lambda^k\cdot c\cdot l=c\cdot(r_k-l_k)\end{aligned}$$

引理 25.5　$\mu([0,l])\geqslant c\cdot l,0\leqslant l\leqslant\sqrt{m}$. 其中 c 同引理25.3.

证　先归纳证明对任意 k 和 $l\in F_0-F_k(\lambda)$ 结论成立. 当 $k=1$ 时,据引理25.3知结论成立. 假设 $k\geqslant 2$ 且当 $l\in F_0-F_i(\lambda)(i\leqslant k)$ 时结论成立. 下设 $l\in F_0-F_{k+1}(\lambda)$,由于 $F_{k+1}(\lambda)\subset F_k(\lambda)$,故有

$$F_0-F_{k+1}(\lambda)=(F_0-F_k(\lambda))\cup(F_k(\lambda)-F_{k+1}(\lambda))$$

若 $l\in F_0-F_k(\lambda)$,由归纳假设知结论成立. 若 $l\in$

$F_k(\lambda)-F_{k+1}(\lambda)$，$l$ 必在 $F_k(\lambda)$ 的某个基本线段 $I_k(\lambda)$ 上，且在 $I_k(\lambda)$ 所包含的 m 个 $(k+1)$ 阶挖去区间的并内. 记 $I_k(\lambda)$ 的左端点为 l_k，则有

$$\mu([0,l])=\mu([0,l_k])+\mu([l_k,l])$$

因为 l_k 是一个 k 阶挖去区间的右端点，据归纳假设和 μ 的连续性有 $\mu([0,l_k])\geqslant c\cdot l_k$. 又由引理 25.4 得

$$\mu([l_k,l])\geqslant c\cdot(l-l_k)$$

因此

$$\mu([0,l])=\mu([0,l_k])+\mu([l_k,l])\geqslant c\cdot l$$

归纳步骤完成.

显然，每一个 $l\in[0,\sqrt{m}]$ 都是挖去区间的点的极限点，因此，根据 μ 的连续性，上述结论对每一个 l 都成立.

2. 主要定理的证明

根据 $S^m(\lambda)$ 的自相似结构，易见在每一个 $\square_n(\lambda)$ 上均可生成一个与 $S^m(\lambda)$ 的相似比为 λ^n 的几何相似集合，记作 $\lambda^n-S^m(\lambda)$，由豪斯道夫测度的齐次性质有

$$H^{s(\lambda)}(\lambda^n-S^m(\lambda))=\lambda^{ns(\lambda)}H^{s(\lambda)}(S^m(\lambda))$$

在 E_0^m 上定义分布函数 ω，使得

$$\begin{cases}\omega(E_0^m)=(\sqrt{m})^{s(\lambda)}\\ \omega(\square_n(\lambda))=\dfrac{1}{2^{mn}}(\sqrt{m})^{s(\lambda)}\\ \omega(E_0^m-S^m(\lambda))=0\end{cases}$$

易见 ω 是 E_0^m 上的一个测度，其支撑是 $S^m(\lambda)$，ω 限制在 $S^m(\lambda)$ 上是其上的一个质量分布.

在 E_0^m 的主对角线 L_m^0 上取点（向量）$\boldsymbol{r}=(r,r,\cdots,$

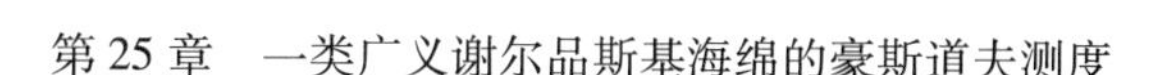

$r)(0\leqslant r\leqslant 1)$，过此点作与 L_m^0 垂直的 $(m-1)$ 维超平面 $G_{r\sqrt{m}}$（它与原点的距离为 $r\sqrt{m}$）. $G_{r\sqrt{m}}$ 与 m 个坐标平面构成一个 m 维多面体，记作 $PG_{r\sqrt{m}}$.

引理25.6　$\omega(PG_{r\sqrt{m}})\geqslant c\cdot r\sqrt{m}(0\leqslant r\leqslant 1)$. 其中 c 意义同引理25.3.

证　把 F_0 看成 E_0^m 的主对角线 L_m^0，则 ω 在 F_0 上诱导一个测度，F_0 的博雷尔子集的测度等于这个子集在垂直投影 π 下原象的 ω - 测度. 容易看出，ω 诱导的这个测度恰好就是 μ，于是

$$\begin{aligned}\omega(PG_{r\sqrt{m}})\geqslant c\cdot r\sqrt{m}\\ &\Leftrightarrow\mu([0,r\sqrt{m}])\\ &\geqslant c\cdot r\sqrt{m}\quad(0\leqslant r\leqslant 1)\end{aligned}$$

由引理25.5知结论成立.

注　若把原点换成 E_0^m 的其他顶点，则可以得到另外 2^m-1 种对称形式，引理25.6对他们依然成立.

引理25.7　设 $m\geqslant 3$ 为整数，则

$$(2^m-2)\sqrt{2i-1}\geqslant(\mathrm{C}_m^0+\mathrm{C}_m^1+\cdots+\mathrm{C}_m^{i-1}+\mathrm{C}_{m-1}^{i-1})\sqrt{m}$$

其中，当 m 为偶数时，$1\leqslant i\leqslant\frac{m}{2}$，当 m 为奇数时，$1\leqslant i\leqslant\frac{m-1}{2}$.

证　设 $f(i)=\dfrac{\sqrt{2i-1}}{\mathrm{C}_m^0+\mathrm{C}_m^1+\cdots+\mathrm{C}_m^{i-1}+\mathrm{C}_{m-1}^{i-1}}$，先证明 $f(i)$ 是关于 i 的减函数. 因为

$$\begin{aligned}2\mathrm{C}_{m-1}^i-\mathrm{C}_m^i&=\frac{2(m-1)!}{i!\ (m-1-i)!}-\frac{m!}{i!\ (m-i)!}\\&=\frac{(m-1)!\ [2(m-i)-m]}{i!\ (m-i)!}\end{aligned}$$

注意到当 $i\leqslant\frac{m}{2}$ 或 $i\leqslant\frac{m-1}{2}$ 时，有 $2(m-i)-m\geqslant0$，即 $2C_{m-1}^{i}\geqslant C_{m}^{i}$，且有 $C_{m}^{i-1}\leqslant C_{m}^{i}$，$C_{m-1}^{i-1}\leqslant C_{m-1}^{i}$（见文[100]），由此得

$$C_{m}^{0}+C_{m}^{1}+\cdots+C_{m}^{i-1}+C_{m}^{i}\leqslant2iC_{m-1}^{i}$$

$$C_{m}^{0}+C_{m}^{1}+\cdots+C_{m}^{i-1}+C_{m}^{i}+C_{m-1}^{i}\leqslant(2i+1)C_{m-1}^{i}$$

即

$$\frac{2C_{m-1}^{i}}{C_{m}^{0}+C_{m}^{1}+\cdots+C_{m}^{i-1}+C_{m}^{i}+C_{m-1}^{i}}\geqslant\frac{2}{2i+1}$$

于是

$$1-\frac{2C_{m-1}^{i}}{C_{m}^{0}+C_{m}^{1}+\cdots+C_{m}^{i-1}+C_{m}^{i}+C_{m-1}^{i}}$$

$$\leqslant1-\frac{2}{2i+1}\leqslant\sqrt{\frac{2i-1}{2i+1}}$$

$$\frac{C_{m}^{0}+C_{m}^{1}+\cdots+C_{m}^{i-1}+C_{m-1}^{i-1}}{C_{m}^{0}+C_{m}^{1}+\cdots+C_{m}^{i-1}+C_{m}^{i}+C_{m-1}^{i}}\leqslant\frac{\sqrt{2i-1}}{\sqrt{2i+1}}$$

此即

$$\frac{\sqrt{2i-1}}{C_{m}^{0}+C_{m}^{1}+\cdots+C_{m}^{i-1}+C_{m-1}^{i-1}}\geqslant\frac{\sqrt{2i+1}}{C_{m}^{0}+C_{m}^{1}+\cdots+C_{m}^{i-1}+C_{m}^{i}+C_{m-1}^{i}}$$

故 $f(i)\geqslant f(i+1)$. 于是，当 m 为偶数时，$f(i)\geqslant f\left(\frac{m}{2}\right)=\frac{\sqrt{m-1}}{2^{m-1}}$. 设 $g(x)=(2^{x}-2)\sqrt{x-1}-2^{x-1}\sqrt{x}$ $(x\geqslant3)$，因为

$$g'(x)=2^{x}\cdot\ln2\cdot\sqrt{x-1}+(2^{x}-2)\cdot\frac{1}{2\sqrt{x-1}}-$$

$$2^{x-1}\cdot\ln2\cdot\sqrt{x}-2^{x-1}\cdot\frac{1}{2\sqrt{x}}$$

$$=2^{x-1}\cdot\ln2\cdot[2\sqrt{x-1}-\sqrt{x}]+$$

$$(2^{x-1}-1)\cdot\frac{1}{\sqrt{x-1}}-2^{x-2}\cdot\frac{1}{\sqrt{x}}$$

$$\geqslant 0$$

故 $g(x)\geqslant g(3)=(2^3-2)\sqrt{3-1}-2^{3-1}\sqrt{3}$,令 $x=m$,则有 $g(m)=(2^m-2)\sqrt{m-1}-2^{m-1}\sqrt{m}\geqslant 0$,即

$$\frac{\sqrt{m-1}}{2^{m-1}}\geqslant\frac{\sqrt{m}}{2^m-2}$$

从而

$$f(i)=\frac{\sqrt{2i-1}}{C_m^0+C_m^1+\cdots+C_m^{i-1}+C_{m-1}^{i-1}}\geqslant\frac{\sqrt{m}}{2^m-2}$$

$$(2^m-2)\sqrt{2i-1}\geqslant(C_m^0+C_m^1+\cdots+C_m^{i-1}+C_{m-1}^{i-1})\sqrt{m}$$

$$\left(1\leqslant i\leqslant\frac{m}{2}\right)$$

当 m 是奇数时

$$f(i)\geqslant f\left(\frac{m-1}{2}\right)=\frac{\sqrt{m-2}}{C_m^0+C_m^1+\cdots+C_m^{\frac{m-1}{2}-1}+C_{m-1}^{\frac{m-1}{2}-1}}$$

容易验证 $C_{m-1}^{\frac{m-1}{2}-1}\leqslant C_m^{\frac{m-1}{2}-1}-1$,从而有

$$f(i)\geqslant f\left(\frac{m-1}{2}\right)\geqslant\frac{\sqrt{m-2}}{C_m^0+C_m^1+\cdots+C_m^{\frac{m-1}{2}-1}+C_m^{\frac{m-1}{2}-1}-1}$$

当 $m\geqslant 3$ 时,有 $2\sqrt{m-2}\geqslant\sqrt{m}$,故 $\frac{\sqrt{m-2}}{2^{m-1}-1}\geqslant\frac{\sqrt{m}}{2^m-2}$,即

$$f(i)\geqslant f\left(\frac{m-1}{2}\right)\geqslant\frac{\sqrt{m}}{2^m-2}$$

从而有

$$(2^m-2)\sqrt{2i-1}\geqslant(C_m^0+C_m^1+\cdots+C_m^{i-1}+C_{m-1}^{i-1})\sqrt{m}$$

$$\left(1\leqslant i\leqslant\frac{m-1}{2}\right)$$

综上所述结论成立.

引理 25.8 设 $m\geqslant 3$ 为整数,则

$$(2^m-2)\sqrt{2i}\geqslant(\mathrm{C}_m^0+\mathrm{C}_m^1+\cdots+\mathrm{C}_m^{i-1}+\mathrm{C}_m^i)\sqrt{m}$$

其中当 m 为偶数时,$1\leqslant i\leqslant\frac{m}{2}-1$,当 m 为奇数时,$1\leqslant i\leqslant\frac{m-1}{2}$.

证 同引理 25.7 的证明类似的方法,由 $\mathrm{C}_m^{i+1}\geqslant\mathrm{C}_m^i$ 和 $\mathrm{C}_m^{i+1}\geqslant\mathrm{C}_m^0+\mathrm{C}_m^1$,可以证明

$$h(i)=\frac{\sqrt{2i}}{\mathrm{C}_m^0+\mathrm{C}_m^1+\cdots+\mathrm{C}_m^i}$$

是关于 i 的减函数. 于是,当 m 为偶数,即当 $1\leqslant i\leqslant\frac{m}{2}-1$时,有

$$\begin{aligned}h(i)\geqslant h\left(\frac{m}{2}-1\right)&=\frac{\sqrt{m-2}}{\mathrm{C}_m^0+\mathrm{C}_m^1+\cdots+\mathrm{C}_m^{\frac{m}{2}-1}}\\&\geqslant\frac{\sqrt{m-2}}{\mathrm{C}_m^0+\mathrm{C}_m^1+\cdots+\mathrm{C}_m^{\frac{m}{2}-1}+\mathrm{C}_{m-1}^{\frac{m}{2}-1}-1}\\&=\frac{\sqrt{m-2}}{2^{m-1}-1}=\frac{2\sqrt{m-2}}{2^m-2}\geqslant\frac{\sqrt{m}}{2^m-2}\end{aligned}$$

即

$$\frac{\sqrt{2i}}{\mathrm{C}_m^0+\mathrm{C}_m^1+\cdots+\mathrm{C}_m^i}\geqslant\frac{\sqrt{m}}{2^m-2}$$

当 m 为奇数,即 $1\leqslant i\leqslant\frac{m-1}{2}$时

$$\begin{aligned}h(i)\geqslant h\left(\frac{m-1}{2}\right)&=\frac{\sqrt{m-1}}{\mathrm{C}_m^0+\mathrm{C}_m^1+\cdots+\mathrm{C}_m^{\frac{m-1}{2}}}\\&=\frac{\sqrt{m-1}}{2^{m-1}}\geqslant\frac{\sqrt{m}}{2^m-2}\end{aligned}$$

即

$$\frac{\sqrt{2i}}{\mathrm{C}_m^0+\mathrm{C}_m^1+\cdots+\mathrm{C}_m^i}\geqslant\frac{\sqrt{m}}{2^m-2}$$

综上所述结论成立.

引理 25.9　设可测集 $V\subset\mathbf{R}^m$,则 $\omega(V)\leqslant|V|^{s(\lambda)}$. 这里 $|V|$ 表示 V 的直径.

证　不妨对 $\lambda=\frac{1}{2^m}$ 的情形证明结论成立. 对 $\lambda<\frac{1}{2^m}$ 的情形可类似地证明.

当 $\lambda=\frac{1}{2^m}$ 时,$s(\lambda)=1$,$c=\frac{m}{2^m-1}$,下面将 $E_k^m(\lambda)$,$\square_n(\lambda)$ 和 $S^m(\lambda)$ 分别简记为 E_k^m,$\square_n$ 和 S^m($k=0,1,2,\cdots;n=1,2,\cdots$).

(1)设 $V\supset E_0^m$. 显然 $\omega(V)=\sqrt{m}$,且 $|V|\geqslant\sqrt{m}$,故结论成立.

(2)设 V 完全包含 E_1^m 的一个基本正方体,而与另外的 2^m-1 个不相交,则有 $\omega(V)=\frac{\sqrt{m}}{2^m}$,且 $|V|\geqslant\frac{\sqrt{m}}{2^m}$,故结论成立.

(3)设 V 与 E_1^m 的 2^m 个基本正方体都相交. 分别作 E_0^m 的 2^{m-1} 条对角线垂直且与 V 相切的 2^m 个平面,记为 $G_{r_i\sqrt{m}}$. 将 $G_{r_i\sqrt{m}}$ 与 m 个坐标平面构成的 m 维多面体记为 $PG_{r_i\sqrt{m}}$,记从 E_0^m 的第 i 个顶点到与过该点的对角线垂直的平面 $G_{r_i\sqrt{m}}$ 的距离为 $r_i\sqrt{m}$($0\leqslant r_i\leqslant\frac{1}{2^m}$,$i=1,2,\cdots,2^m$). 为方便起见,将与第 j 条对角线垂直的两个平面分别记为 $G_{r_j\sqrt{m}}$ 和 $G_{r_{2m+1-j}\sqrt{m}}$($j=1,2,\cdots,2^{m-1}$),

则有

$$|V| \geqslant \sqrt{m} - r_j\sqrt{m} - r_{2^m+1-j}\sqrt{m} \quad (j=1,2,\cdots,2^{m-1})$$

从而有

$$|V| \geqslant \sqrt{m} - \frac{1}{2^{m-1}}\sum_{i=1}^{2^m} r_i\sqrt{m}$$

注意到

$$\begin{aligned}\omega(V) &\leqslant \sqrt{m} - \sum_{i=1}^{2^m}\omega(PG_{r_i\sqrt{m}} \cap S^m) \\ &\leqslant \sqrt{m} - \frac{m}{2^m-1}\sum_{i=1}^{2^m} r_i\sqrt{m}\end{aligned}$$

由 $m \geqslant 3$ 知,结论成立.

(4) 设 V 与 E_1^m 的 2^m-1 个基本正方体相交,同(3)的作法和记法有

$$|V| \geqslant \sqrt{m} - \frac{1}{2^{m-1}-1}\sum_{i=2}^{2^m} r_i\sqrt{m}$$

$$\begin{aligned}\omega(V) &\leqslant (2^m-1)\frac{\sqrt{m}}{2^m} - \sum_{i=1}^{2^m-1}\omega(PG_{r_i\sqrt{m}} \cap S^m) \\ &\leqslant (2^m-1)\frac{\sqrt{m}}{2^m} - \frac{m}{2^m-1}\sum_{i=1}^{2^m-1} r_i\sqrt{m}\end{aligned}$$

容易得到 $|V| - \omega(V) \geqslant 0$,因此结论成立.

下面设 V 与 E_1^m 中的 n 个基本正方体相交,$2 \leqslant n \leqslant 2^m-2$,将 n 分为以下几种情形证明结论成立.

(5) 当 $C_m^0 + C_m^1 + \cdots + C_m^{\frac{m}{2}-1} + C_{m-1}^{\frac{m}{2}-1} + 1 \leqslant n \leqslant 2^m-2$ (m 为偶数) 或 $C_m^0 + C_m^1 + \cdots + C_m^{\frac{m}{2}-1} + 1 \leqslant n \leqslant 2^m-2$ (m 为奇数) 时,由于 $n \geqslant 2^{m-1}+1$,根据抽屉原理,至少有一条对角线两端的基本正方体与 V 相交,从而有

$$|V| \geqslant \left(1 - \frac{1}{2^m} - \frac{1}{2^m}\right)\sqrt{m} = \left(1 - \frac{2}{2^m}\right)\sqrt{m}$$

$$\omega(V) \leqslant n \cdot \frac{\sqrt{m}}{2^m} \leqslant \frac{2^m-2}{2^m}\sqrt{m}$$

显然结论成立.

(6) 当 $C_m^0 + C_m^1 + \cdots + C_m^{i-1} + 1 \leqslant n \leqslant C_m^0 + C_m^1 + \cdots + C_m^{i-1} + C_{m-1}^{i-1}$ 时(若 m 为偶数,则 $1 \leqslant i \leqslant \frac{m}{2}$;若 m 为奇数,则 $1 \leqslant i \leqslant \frac{m-1}{2}$),有

$$|V| \geqslant \sqrt{2i-1}\left(1-\frac{1}{2^m}-\frac{1}{2^m}\right) = \frac{2^m-2}{2^m}\sqrt{2i-1}$$

$$\omega(V) \leqslant n \cdot \frac{\sqrt{m}}{2^m} \leqslant (C_m^0 + C_m^1 + \cdots + C_m^{i-1} + C_{m-1}^{i-1})\frac{\sqrt{m}}{2^m}$$

由引理25.7知,结论成立.

(7) 当 $C_m^0 + C_m^1 + \cdots + C_m^{i-1} + C_{m-1}^{i-1} + 1 \leqslant n \leqslant C_m^0 + C_m^1 + \cdots + C_m^i$ 时(若 m 为偶数,则 $1 \leqslant i \leqslant \frac{m}{2}-1$;若 m 为奇数,则 $1 \leqslant i \leqslant \frac{m-1}{2}$),有

$$|V| \geqslant \sqrt{2i}\left(1-\frac{1}{2^m}-\frac{1}{2^m}\right) = \frac{2^m-2}{2^m}\sqrt{2i}$$

$$\omega(V) \leqslant n \cdot \frac{\sqrt{m}}{2^m} \leqslant (C_m^0 + C_m^1 + \cdots + C_m^i)\frac{\sqrt{m}}{2^m}$$

由引理25.8知,结论成立.

(8)设 V 仅与 E_1^m 中的一个基本正方体相交.若 V 与 $\square_1$ 中的2个,3个,…,2^m 个 $\square_2$ 相交,则重复上述证明可得结论成立.若 V 仅与一个 $\square_2$ 相交,有两种情形,它或仅与一个 $\square_3$ 相交或与一个以上的 $\square_3$ 相交,若是后者,重复上述证明可得结论成立;若是前者,考虑它与 $\square_4$ 的相交情形.归纳地易见仅有一种情形需

要证明,即 V 仅与一个$\square_n$ 相交,$\forall n\geqslant 0$. 显然此时 $V\cap S^m$ 退化成一点,$\omega(V)=0$,结论成立.

最后,若 V 包含在某一个基本正方体$\square_k(k>0)$内,在$\square_k$ 上重复上述过程,并利用引理 25.6 的相应形式,亦可证明结论成立.

定理 25.1 的证明 由 $S^m(\lambda)$的自相似结构知

$$H^{s(\lambda)}(S^m(\lambda))\leqslant|S^m(\lambda)|^{s(\lambda)}=(\sqrt{m})^{s(\lambda)}$$

另外,由质量分布原理(见文[19])和引理 25.9 知

$$H^{s(\lambda)}(S^m(\lambda))\geqslant\omega(S^m(\lambda))=(\sqrt{m})^{s(\lambda)}$$

因此

$$H^{s(\lambda)}(S^m(\lambda))=(\sqrt{m})^{s(\lambda)}$$

注 当 $m=1$ 时,显然有 $H^{s(\lambda)}(S^1(\lambda))=1$. 联合主要定理和文[99]及[100]的结果,可以得到对任意 $m\geqslant 1$,$H^{s(\lambda)}(S^m(\lambda))=(\sqrt{m})^{s(\lambda)}$.

Engel 连分数中一个例外集的豪斯道夫维数[①]

第 26 章

华中农业大学理学院的胡学海教授在2010年研究了Engel连分数展式中部分商以某种速度增长的集合的豪斯道夫维数.利用自然覆盖和质量分布原理,得到了集合 $B(\alpha)=\{x\in(0,1):\lim\limits_{n\to\infty}\frac{\lg b_{n+1}(x)}{\lg b_n(x)}=\alpha\}$ 的豪斯道夫维数是 $\frac{1}{\alpha}$ 的结果.

1. 引言

众所周知,[0,1)区间中任一个无理数 x 都可以由高斯变换 $T:[0,1]\to[0,1]$ 得

$$T(0):=0,T(x):=\frac{1}{x}(\bmod 1),x\in(0,1] \tag{26.1}$$

导出唯一的连分数展式

$$x=\cfrac{1}{a_1(x)+\cfrac{1}{a_2(x)+\ddots}}$$

① 胡学海. Engel 连分数中一个例外集的 Hausdorff 维数[J]. 数学杂志,2010,30(3):516-520.

其中 $a_1(x)=[1/x], a_n(x)=a_1(T^{n-1}(x)), \forall n\geqslant 1$ 称为 x 连分数展式的部分商. 类似上述的经典连分数展开式, 2002 年, Y. Hartono, C. Kraaikamp 和 F. Schweiger[101]引入了一种新的变换 $S:[0,1]\to[0,1]$, 有

$$S(0):=0, S(x):=\frac{1}{\left[\frac{1}{x}\right]}\left(\frac{1}{x}-\left[\frac{1}{x}\right]\right)\quad (x\neq 0) \tag{25.2}$$

于是区间[0,1)中任一无理数都可以展成

$$x=\cfrac{1}{b_1(x)+\cfrac{b_1(x)}{b_2(x)+\cfrac{b_2(x)}{b_3(x)+\ddots}}}\quad (b_1(x)\leqslant b_2(x)\leqslant\cdots) \tag{25.3}$$

这里 $b_1(x)=[1/x], b_n(x)=b_1(S^{n-1}(x)), \forall n\geqslant 1$ 称为 x 的 Engel 连分数展式的部分商.

Y. Hartono, C. Kraaikamp 和 F. Schweiger[101]研究了关于这种新连分数展式的变换 S 的遍历性质. 他们证明了 S 没有与勒贝格测度等价的有限不变测度,但可以找到无穷多个 σ - 有限的不变测度. 并且 S 关于 λ 是遍历的(这里 λ 表示勒贝格测度). C. Kraaikamp 和 J. Wu[102]研究了部分商序列 $\{b_n(x):n\geqslant 1\}$ 的度量性质.

引理 26.1[102] 对 λ 几乎处处的 $x\in(0,1)$,有

$$\lim_{n\to\infty} b_n(x)^{\frac{1}{n}}=\mathrm{e}$$

并且他们计算了那些度量性质不成立的点组成的集合的豪斯道夫维数.

引理 26.2[102]　对 $\alpha\geqslant 1$, $\dim_H A(\alpha)=\dim_H\{x\in(0,1):\lim\limits_{n\to\infty} b_n(x)^{\frac{1}{n}}=\alpha\}=1$.

由引理26.1,我们知道 $\lim\limits_{n\to\infty}\dfrac{\lg b_{n+1}(x)}{\lg b_n(x)}=1$ 对 λ 几乎处处的 $x\in(0,1)$ 成立. 自然的,对 $\alpha>1$,考虑下述集合: $B(\alpha)=\{x\in(0,1):\lim\limits_{n\to\infty}\dfrac{\lg b_{n+1}(x)}{\lg b_n(x)}=\alpha\}$. 在本章中我们计算 $B(\alpha)$ 的豪斯道夫维数,得到以下结论:

定理 26.1　$\dim_H B(\alpha)=\dfrac{1}{\alpha}$.

2. 预备知识

在这一节中,我们列出一些关于 Engel 连分数展式的基本性质.

对任意的 $x\in(0,1)$, 定义 $P_0(x):=0$, $Q_0(x):=1$,对于 $n\geqslant 2$,有

$$P_n(x)=b_n(x)P_{n-1}(x)+b_{n-1}(x)P_{n-2}(x)\quad(n\geqslant 2)$$

$$Q_n(x)=b_n(x)Q_{n-1}(x)+b_{n-1}(x)Q_{n-2}(x)\quad(n\geqslant 2)$$

Y. Hartono, C. Kraaikamp 和 F. Schweiger[101] 给出了下面两个基本的性质.

引理 26.3[101]　对于任意的 $x\in(0,1)$,有

$$\lim_{n\to\infty}\frac{P_n(x)}{Q_n(x)}=x$$

定义 26.1　对任意的 $b_1,b_2,\cdots,b_n\in\mathbf{N}$,满足 $b_1\leqslant b_2\leqslant\cdots\leqslant b_n$,定义 n 阶柱集

$$\begin{aligned}&I(b_1,b_2,\cdots,b_n)\\&=\{x\in(0,1)\mid b_1(x)=b_1,b_2(x)=b_2,\cdots,b_n(x)=b_n\}\end{aligned}$$

引理 26.4[101]　$|I(b_1,b_2,\cdots,b_n)|=\dfrac{\prod\limits_{j=1}^{n-1}b_j}{Q_n(Q_n+Q_{n-1})}$

3. 定理的证明

在本节中,我们来证明结果.

上界 在证明上界的过程中,我们需要一个引理.这个引理表明改变有限个 Engel 连分数展式部分商不改变原集合的豪斯道夫维数. 经典连分数展式相应的结果见 I. J. Good[103].

引理 26.5 设 $d_1,d_2,\cdots,d_n$ 是 n 个给定的正整数. S 是$(0,1]$区间的一个博雷尔子集,对任意的$x\in S$,如果 $x=\cfrac{1}{b_1+\cfrac{1}{b_2+\ddots}}$,令

$$x'=\cfrac{1}{d_1+\ddots+\cfrac{1}{d_n+\cfrac{1}{b_1+\cfrac{1}{b_2+\ddots}}}}$$

定义 $S'=\{x':x\in S\}$,则 $\dim_H S=\dim_H S'$.

证 $x'=\cfrac{1}{d_1+\ddots+\cfrac{1}{d_n+x}}=\dfrac{P_n+xd_nP_{n-1}}{Q_n+xd_nQ_{n-1}}$,这里$\dfrac{P_m}{Q_m}$是$\cfrac{1}{d_1+\ddots+\cfrac{1}{d_n}}$的 m 阶收敛因子. 对任意的 $x_1,x_2\in S$,则

$$|x'_1-x'_2|=\left|\frac{P_n+x_1d_nP_{n-1}}{Q_n+x_1d_nQ_{n-1}}-\frac{P_n+x_2d_nP_{n-1}}{Q_n+x_2d_nQ_{n-1}}\right|$$

注意到$\dfrac{|x'_1-x'_2|}{|x_1-x_2|}=\dfrac{d_1d_2\cdots d_n}{|(Q_n+x_1d_nQ_{n-1})(Q_n+x_2d_nQ_{n-1})|}$,那么

$$\frac{d_1d_2\cdots d_n}{(Q_n+d_nQ_{n-1})^2}<\frac{|x'_1-x'_2|}{|x_1-x_2|}<\frac{d_1d_2\cdots d_n}{Q_n^2}$$

由上述估计式和豪斯道夫维数的性质知 $\dim_H S = \dim_H S'$.

引理 26.6　$\dim_H B(\alpha) \leqslant \dfrac{1}{\alpha}$.

证　$B(\alpha) = \left\{x \in (0,1): \lim\limits_{n\to\infty} \dfrac{\lg b_{n+1}(x)}{\lg b_n(x)} = \alpha\right\}$，于是对 $x \in B(\alpha)$，有 $\forall \varepsilon > 0$，$\exists N \in \mathbf{N}$，使得 $b_n(x)^{\alpha-\varepsilon} \leqslant b_{n+1}(x) \leqslant b_n(x)^{\alpha+\varepsilon}$，$\forall n \geqslant N$. 构造

$$
\begin{aligned}
B_\varepsilon(\alpha) &= \bigcup_{N=1}^{\infty} B_\varepsilon(N,\alpha) \\
&= \bigcup_{N=1}^{\infty} \{x \in (0,1): b_n(x)^{\alpha-\varepsilon} \\
&\qquad \leqslant b_{n+1}(x) \leqslant b_n(x)^{\alpha+\varepsilon}, \forall n \geqslant N\}
\end{aligned}
$$

显然 $B(\alpha) \subset B_\varepsilon(\alpha)$ 对任意的 $\varepsilon > 0$ 都成立. 由引理 26.5 知，$\dim_H B_\varepsilon(N,\alpha) = \dim_H B_\varepsilon(1,\alpha)$，$\forall N \geqslant 1$，有 $\dim_H B(\alpha) \leqslant \sup_{N\geqslant 1} \dim_H B_\varepsilon(N,\alpha) = \dim_H B_\varepsilon(1,\alpha)$. 下面来估计 $\dim_H B_\varepsilon(1,\alpha)$ 的上界.

定义 $D_n = \{(\sigma_1, \cdots, \sigma_n) \in \mathbf{N}^n: \sigma_n^{\alpha-\varepsilon} \leqslant \sigma_{n+1} \leqslant \sigma_n^{\alpha+\varepsilon}, \forall n \geqslant 1\}$，$D = \bigcup\limits_{n=0}^{\infty} D_n$. 对任意的 $n \geqslant 1$，$\sigma = (\sigma_1, \cdots, \sigma_n) \in D_n$，定义 $J_\sigma = cl\ I(\sigma_1, \cdots, \sigma_n)$. 注意到

$$
\begin{aligned}
B_\varepsilon(1,\alpha) &= \{x \in (0,1) \mid b_n(x)^{\alpha-\varepsilon} \leqslant \\
&\qquad b_{n+1}(x) \leqslant b_n(x)^{\alpha+\varepsilon}, \forall n \geqslant 1\} \\
&= \bigcap_{n=1}^{\infty} \bigcup_{\sigma \in D_n} J_\sigma
\end{aligned}
$$

所以有

$$
\begin{aligned}
\mathscr{H}^{\frac{1}{\alpha}}(B_\varepsilon(1,\alpha)) &\leqslant \liminf_{n\to\infty} \sum_{\sigma \in D_n} |J_\sigma|^{\frac{1}{\alpha}} \\
&\leqslant \liminf_{n\to\infty} \sum_{\sigma \in D_n} \frac{1}{(\sigma_1, \cdots, \sigma_{n-1})^{\frac{1}{\alpha}} \sigma_n^{\frac{2}{\alpha}}}
\end{aligned}
$$

$$\leqslant \liminf_{n\to\infty} \sum_{\sigma_1,\cdots,\sigma_{n-1}\in D_{n-1}} \frac{1}{(\sigma_1,\cdots,\sigma_{n-1})^{\frac{1}{\alpha}}} \sum_{\sigma_n} \sigma_n^{\frac{2}{\alpha}}$$

$$\leqslant \liminf_{n\to\infty} \sum_{\sigma_1,\cdots,\sigma_{n-1}\in D_{n-1}} \frac{\sigma_{n-1}^{2\varepsilon}-1}{(\sigma_1,\cdots,\sigma_{n-2})^{\frac{1}{\alpha}}\sigma_{n-1}^{\frac{3}{\alpha}}}$$

$$\leqslant \liminf_{n\to\infty} \sum_{\sigma_1} \frac{1}{\sigma_1^{\frac{n+1}{\alpha}}}((\sigma_1^{(\alpha+\varepsilon)(2\varepsilon)^{n-1}}-1)\cdots(\sigma_1^{2\varepsilon}-1))$$

我们看到当 $\varepsilon\to 0$ 时,有 $\mathscr{H}^{\frac{1}{\alpha}}(B_{\varepsilon}(1,\alpha))<\infty$,即是 $\dim_H B(\alpha)\leqslant\frac{1}{\alpha}$.

下界 为了得到下界,我们需要用到下列的质量分布原理,见文献[104]中的性质 2.3。

引理 26.7 设 $E\subset(0,1]$是一个博雷尔集,μ 是一个测度满足 $\mu(E)>0$. 如果对于任意的 $x\in E$,有

$$\liminf_{r\to 0}\frac{\lg\mu(B(x,r))}{\lg r}\geqslant s$$

那么有 $\dim_H E\geqslant s$.

为了得到 $\dim_H B(\alpha)$的下界,我们构造一个 $B(\alpha)$的子集

$$E_m(\alpha)=\{x\in(0,1)\mid b_n(x)^{\alpha}\leqslant b_{n+1}(x)\leqslant mb_n(x)^{\alpha},\ \forall n\geqslant 1\}$$

显然有 $E_m(\alpha)\subset B(\alpha)$对任意的 $m\geqslant 2$ 都成立. 下面我们来得到 $\dim_H E_m(\alpha)$的下界.

引理 26.8 对于足够大的 m,有 $\dim_H E_m(\alpha)\geqslant\frac{1}{\alpha}$.

证 定义 $\mathscr{F}_n=\{(\sigma_1,\cdots,\sigma_n)\in\mathbf{N}^n\mid\sigma_n^{\alpha}\leqslant\sigma_{n+1}\leqslant m\sigma_n^{\alpha},\ \forall n\geqslant 1\}$,$\mathscr{F}=\bigcup_{n=0}^{\infty}\mathscr{F}_n$.

对任意的 $n\geqslant 1$,$\sigma=(\sigma_1,\cdots\sigma_n)\in\mathscr{F}_n$,定义 $J_{\sigma}=cl\,I(\sigma_1,\cdots,\sigma_n)$. 由引理 26.4,我们知道 $|J_{\sigma}|=$

$\dfrac{\prod_{j=1}^{n-1}\sigma_j}{Q_n(Q_n+Q_{n-1})}$. 那么即有 $\dfrac{\prod_{j=1}^{n-1}\sigma_j}{2Q_n^2}\leqslant|J_\sigma|\leqslant\dfrac{\prod_{j=1}^{n-1}\sigma_j}{Q_n^2}$. 由 Q_n 的递推关系式有

$$\frac{1}{2^{2n+1}\sigma_1\sigma_2\cdots\sigma_{n-1}\sigma_n^2}\leqslant|J_\sigma|\leqslant\frac{1}{\sigma_1\sigma_2\cdots\sigma_{n-1}\sigma_n^2}$$

那么对于任意的 $\sigma\in\mathscr{F}_n$, 有 $2^{-2n-1}m^{-\frac{2\alpha n-\alpha n-1-\alpha 2-n\alpha-n}{(\alpha-1)2}}\cdot\sigma_1^{-\frac{1-\alpha n}{1-\alpha}-\alpha n-1}\leqslant|J_\sigma|\leqslant\sigma_1^{-\frac{1-\alpha n}{1-\alpha}-\alpha n-1}$ 定义一个支撑在 $E_m(\alpha)$ 上的概率测度 μ 如下:对任意的 $n\geqslant0$ 和 $\sigma\in\mathscr{F}_n$, 有

$$\mu(J_\sigma)=\frac{1}{\#\mathscr{F}_n}\quad(\#\mathscr{F}_0=1)$$

由 $\mathscr{F}_n$ 的定义很容易看到 $c^{-n}m^{\frac{n(n-1)}{2}}\sigma_1^{\frac{\alpha-2\alpha n}{1-\alpha}}\leqslant\#\mathscr{F}_n\leqslant c^n m^{\frac{n(n-1)}{2}}\sigma_1^{\frac{\alpha-2\alpha n}{1-\alpha}}$, 这里 c 是一个只依赖于 n 的正常数.

下面证明对任意的 $x\in E_m(\alpha)$, 有

$$\liminf_{r\to0}\frac{\lg\mu(B(x,r))}{\lg r}\geqslant\frac{1}{\alpha}$$

$\forall x\in E_m(\alpha)$, 存在一列正整数 $\sigma_1(x),\sigma_2(x),\cdots,\sigma_n(x),\cdots$, 使得

$$x\in I(\sigma_1(x),\sigma_2(x),\cdots,\sigma_n(x)),\ \forall n\geqslant1$$

记 $t=\sigma_1(x)$, 对于给定的 $r>0$, 一定存在一个整数 n 使得 $t^{-\frac{1-\alpha n}{1-\alpha}}\leqslant r\leqslant t^{-\frac{1-\alpha n-1}{1-\alpha}}$, 由式(26.3)知 $B(x,r)$ 至多只与 $2^{2n+1}m^{\frac{2\alpha n-\alpha n-1-\alpha 2-n\alpha-n}{(\alpha-1)2}}t^{2\alpha n-1}$ 个 n 阶柱集相交, 于是有

$$\liminf_{r\to0}\frac{\lg\mu(B(x,r))}{\lg r}$$

$$\geqslant\liminf_{n\to\infty}\frac{\lg 2^{2n+1}m^{\frac{2\alpha n-\alpha n-1-\alpha 2-n\alpha-n}{(\alpha-1)2}}t^{2\alpha n-1}c^n m^{\frac{n(n-1)}{2}}t^{\frac{\alpha-2\alpha n}{1-\alpha}}}{\lg t^{-\frac{1-\alpha n-1}{1-\alpha}}}=\frac{1}{\alpha}$$

由引理 26.7，我们知道 $\dim_H B(\alpha)\geqslant\dim_H E_m(\alpha)\geqslant\frac{1}{\alpha}$.

定理 26.1 的证明 定义 $\mathscr{F}_n=\{(\sigma_1,\cdots,\sigma_n)\in\mathbf{N}^n\mid\sigma_n^\alpha\leqslant\sigma_{n+1}\leqslant m\sigma_n^\alpha,\forall n\geqslant1\}$，$\mathscr{F}=\bigcup_{n=0}^{\infty}\mathscr{F}_n$. $\forall n\geqslant1$，$\sigma=(\sigma_1,\cdots,\sigma_n)\in\mathscr{F}_n$，定义 $J_\sigma=\bigcup_{\sigma_n^\alpha\leqslant\sigma_{n+1}\leqslant m\sigma_n^\alpha} cl\, I(\sigma_1,\cdots,\sigma_n,\sigma_{n+1})$. 由 Q_n 的递推式及引理 26.6 中同样的估计方法可得

$$\frac{m-1}{m}\frac{1}{2^{2n+1}\sigma_1\sigma_2\cdots\sigma_{n-1}\sigma_n^{2+\alpha}}\leqslant|J_\sigma|\leqslant\frac{m-1}{m}\frac{1}{\sigma_1\sigma_2\cdots\sigma_{n-1}\sigma_n^{2+\alpha}}$$

那么对于任意的 $\sigma\in\mathscr{F}_n$，有

$$2^{-2n-1}m^{-\frac{3\alpha^n-2\alpha^{n-1}-\alpha^2-n\alpha-n}{(\alpha-1)^2}}\sigma_1^{-\frac{1-\alpha^{n+1}}{1-\alpha}-\alpha^{n-2}}\leqslant|J_\sigma|\leqslant\sigma_1^{-\frac{1-\alpha^{n+1}}{1-\alpha}-\alpha^{n-2}}$$

定义一个支撑在 $E_m(\alpha)$ 上的概率测度 μ 如下：对任意的 $n\geqslant0$ 和 $\sigma\in\mathscr{F}_n$，有

$$\mu(J_\sigma)=\frac{1}{\#\mathscr{F}_n}\quad(\#\mathscr{F}_0=1)$$

由 $\mathscr{F}_n$ 的定义很容易看到

$$c^{-n}m^{\frac{n(n-1)}{2}}\sigma_1^{\frac{\alpha-\alpha^n}{1-\alpha}}\leqslant\#\mathscr{F}_n\leqslant c^n m^{\frac{n(n-1)}{2}}\sigma_1^{\frac{\alpha-\alpha^n}{1-\alpha}}$$

这里 c 是一个只依赖于 n 的正常数.

下面证明对任意的 $x\in E_m(\alpha)$，有

$$\liminf_{r\to0}\frac{\lg\mu(B(x,r))}{\lg r}\geqslant\frac{1}{\alpha}$$

$\forall x\in E_m(\alpha)$，存在一列正整数 $\sigma_1(x),\sigma_2(x),\cdots,\sigma_n(x),\cdots$，使得

$$x\in I(\sigma_1(x),\sigma_2(x),\cdots,\sigma_n(x)),\forall n\geqslant1$$

记 $\sigma_*=\sigma_1(x)$，对于给定的 $r>0$，一定存在一个整数 n 使得 $\sigma_*^{-\frac{1-\alpha^n}{1-\alpha}}\leqslant r\leqslant\sigma_*^{-\frac{1-\alpha^{n-1}}{1-\alpha}}$. 容易知道 $B(x,r)$ 至多只与 $2^{2n-1}m^{\frac{3\alpha^{n-1}-2\alpha^{n-2}-\alpha^2-(n-1)\alpha-n+1}{(\alpha-1)^2}}\sigma_*^{\frac{\alpha^n-\alpha^{n-2}}{\alpha-1}}$ 个 $n-1$ 阶柱集相

交,有

$$\liminf_{r\to 0}\frac{\lg \mu(B(x,r))}{\lg r}$$

$$\geqslant \liminf_{n\to\infty}\frac{\lg 2^{2n-1} m^{\frac{3\alpha^{n-1}-2\alpha^{n-2}-\alpha^2-(n-1)\alpha-n+1}{(\alpha-1)^2}} \sigma_*^{\frac{\alpha^n-\alpha^{n-2}}{\alpha-1}} c^n m^{\frac{n(n-1)}{2}} \sigma_*^{\frac{\alpha^n-\alpha}{1-\alpha}}}{\lg \sigma_*^{-\frac{1-\alpha^n}{1-\alpha}}}$$

$$=\frac{1}{\alpha}$$

由引理 26.7 我们知道 $\dim_H B(\alpha)\geqslant \dim_H E_m(\alpha)\geqslant \dfrac{1}{\alpha}$.

LM 局部集的豪斯道夫维数[①]

第 27 章

中南财经政法大学统计与数学学院的王怡教授在 2013 年研究了 LM 局部集的几何性质. 利用符号空间上 Moran 集的维数性质,给出了任意 $x \in [0,1]$ 所对应 LM 局部集的豪斯道夫维数,证明了 LM 局部集豪斯道夫维数大于 0 的点构成的集合的豪斯道夫维数为 1.

1. 引言

设 N 是大于或等于 2 的整数,对任意 $x \in [0,1]$,它的一个 N 进制展式可以写为 $x = \sum_{n\geqslant 1} N^{-n}x_n$,其中 $x_n = 0,1,\cdots,N-1$. 称

$$Z(x) = \left\{k \mid \sum_{n=1}^{k} x_n = k\left[\frac{N}{2}\right], x_{k+1} \neq \frac{N-1}{2}\right\} = \{d_1(x), d_2(x), \cdots\}$$

为 x 的平衡点集,这里 $d_1(x) < d_2(x)\cdots$,记号$[x]$表示不超过实数 x 的最大整数. 为方便起见,约定 $d_0 = d_0(x) = 0$,并且

① 王怡. LM 局部集的 Hausdorff 维数[J]. 数学杂志,2013,33(6):1127-1132.

当$\#Z(x)=k$时,也约定$d_{k+1}=\infty$. 当$d_k=d_k(x)\in Z(x)$时,称$B_k(x)=x_{d_{k-1}+1}x_{d_{k-1}+2}\cdots x_{d_k}$为$x$的第$k$个平衡块.

定义 27.1　设$x,x'\in[0,1]$. 如果存在N进制展式$x=\sum_{n\geqslant 1}N^{-n}x_n$, $x'=\sum_{n\geqslant 1}N^{-n}x'_n$使得$x$和$x'$具有相同的平衡点集,并且对于任意$k\geqslant 1$,平衡块$B_k(x)$, $B_k(x')$(如果存在的话)满足:或者$B_k(x)=B_k(x')$,或者$x_n+x'_n=N-1$, $d_{k-1}<n\leqslant d_k$,则称x和x'是等价的,记作$x\sim x'$.

对于这个等价关系,人们关心的是下面的集合——称之为 LM 局部集的几何性质

$$L(x)=\{x':x\sim x'\}$$

主要是求其豪斯道夫维数和豪斯道夫测度. 这个问题源于 Takagi[105] 函数

$$T(x)=\sum_{n=0}^{\infty}\frac{\|2^n x\|}{2^n}$$

这里$\|x\|=\min\{|x-n|\mid n\in\mathbf{Z}\}$表示离最近整数的距离. Takagi 函数有着丰富的研究背景[106-112],它在不同领域都有重要应用. 众所周知,$T(x)$图像的豪斯道夫维数为 1,相应的豪斯道夫测度为无穷大,但是水平集$L_y=\{x\mid T(x)=y\}$的结构却很复杂,它依赖于纵坐标y的选择:它可能为可数集(有限或无穷)或不可数集[108]. 为了刻画水平集,Lagaras 和 Maddock[19] 利用二进制展式按上述等价关系定义了局部水平集$L(x)$. 称$L(x)$为局部水平集的原因是若x与x'等价,则$T(x)=T(x')$,即局部水平集是对水平集的再次等价分类,这从另一方面来刻画水平集的结构.

当$Z(x)$为有限集时,容易验证$L(x)$是一个有限

集,而当 $Z(x)$ 为无穷集时,对应局部水平集的豪斯道夫维数和测度却很难确定. 当 $Z(x)$ 满足除有限项外是一个无穷长的等差数列时,文献[112]利用自相似集的维数公式给出了相应的部分水平集的豪斯道夫维数:$\dim_H L(x)=\frac{1}{d}$,其中 d 为 $Z(x)$ 的公差,其他情形尚无明晰结论. 本章考虑 N 进制展式所对应的 LM 局部集,这是文献[112]的局部水平集推广. 我们借助符号空间上的 Moran 集,对任意 $x\in[0,1]$ 给出其对应 LM 局部类 $L(x)$ 的豪斯道夫维数,这也确定了 Takagi 函数所有局部水平集的豪斯道夫维数.

2. 符号空间及其上的 Moran 集

设 $\sum^k=\{0,1,\cdots,N-1\}^k$ 为全体长为 k 的词,$\sum^{\mathbf{N}}=\{0,1,\cdots,N-1\}^{\mathbf{N}}$ 为全体无穷词,其中无穷词简记为 $\sigma=(\sigma_n)$. 在 $\sum^{\mathbf{N}}$ 上定义度量 $d((\sigma_n),(\tau_n))=N^{-\inf\{n:\sigma_n\neq\tau_n\}}$,则 $\sum^{\mathbf{N}}$ 为紧度量空间. 设 $\sigma=\sigma_1\cdots\sigma_k$ 为有限词,称 $[\sigma]=\{\tau=(\tau_n)\in\sum^{\mathbf{N}}\mid\tau_n=\sigma_n,1\leqslant n\leqslant k\}$ 为由 σ 决定的柱集. 令 $\pi:\sum^{\mathbf{N}}\to[0,1]$ 为自然投射,即 $\pi((\sigma_n))=\sum_{n\geqslant1}N^{-n}\sigma_n$.

设 $\sigma=\sigma_1\sigma_2\cdots\sigma_k\in\sum^k$,定义 $\overline{\sigma}=(N-\sigma_1)\cdot(N-\sigma_2)\cdots(N-\sigma_k)$. 如果 $\sigma,\tau\in\sum^k$ 满足 $\sigma=\tau$ 或 $\sigma=\overline{\tau}$,则称 σ 和 τ 是等价的,记作 $\sigma\sim_f\tau$.

设 $\sigma=(\sigma_n)\in\sum^{\mathbf{N}}$,记

$$Z(\sigma)=\left\{k\mid\sum_{n=1}^{k}\sigma_n=k\left[\frac{N}{2}\right],\sigma_{k+1}\neq\frac{N-1}{2}\right\}=\{d_1(\sigma),d_2(\sigma),\cdots\}$$

并称 $B_k(\sigma)=\sigma_{d_{k-1}+1}\sigma_{d_{k-1}+2}\cdots\sigma_{d_k}$ 为 σ 的第 k 个平衡块. 对于 $\sigma=(\sigma_n),\tau=(\tau_n)\in\sum^{\mathbf{N}}$, 若 $Z(\sigma)=Z(\tau)$, 并且对应平衡块 $B_k(\sigma)$ 和 $B_k(\tau)$ 是等价的, 则称 σ 和 τ 是等价的, 记作 $\sigma\sim_i\tau$. 显然无穷词的等价关系 $\sim_i$ 可由有限词的等价关系 $\sim_f$ 诱导出来. 定义 $L(\sigma)=\{\tau\mid\sigma\sim_i\tau\}$.

本章将多次应用下面的引理, 它的详细证明可以参看文[19,102,113].

引理 27.1　设 $E\subset[0,1]$, 则

$$\dim_H E=\dim\pi^{-1}(E)$$

推论　设 $x\in[0,1]$, $\sigma\in\sum^{\mathbf{N}}$ 满足 $\pi(\sigma)=x$, 则 $\dim_H L(x)=\dim_H L(\sigma)$.

证　若 x 有两种 N 进制展式, 则对每种展式都有 $Z(x)$ 是一个有限集, 故 $L(x)$ 的豪斯道夫维数为 0, 此时对任一 $\sigma\in\pi^{-1}(\{x\})$, 显然有 $\dim_H L(\sigma)=0$. 若 x 仅有一种 N 进制展式, 则 $\pi^{-1}(x)=\sigma$, 此时亦有 $\pi^{-1}(L(x))=L(\sigma)$. 由引理 27.1 知结论成立.

设 $\{n_k\geqslant 2\}_{k\geqslant 1}$ 为一列正整数. 记 $\Omega^k=\{i_1\cdots i_k\mid 1\leqslant i_j\leqslant n_j,1\leqslant j\leqslant k\}$. 约定 $\Omega^0=\{\phi\}$. 记 $\Omega^*=\bigcup_{k\geqslant 0}\Omega^k$. 设 $\mathbf{i}=i_1i_2\cdots i_k\in\Omega^k$, $\mathbf{j}=j_1\cdots j_n\in\Omega^n$, $\mathbf{i}*\mathbf{j}=i_1i_2\cdots i_kj_1j_2\cdots j_n$ 表示词的连接. 设 $\{c_k$: 存在自然数 $n\geqslant 1$ 使得 $c_k=N^{-n}\}_{k\geqslant 1}$ 为一列正实数. 记 $J=J_\phi=\sum^{\mathbf{N}}$. J 的子集族 $F=\{J_i\mid\mathbf{i}\in\Omega^*\}$ 称为具有齐次 Moran 结构, 如果它满足:

(1) 对任意 $\mathbf{i}\in\Omega^*$, $J_{\mathbf{i}}$ 与 J 相似.

(2) 对任意 $k\geqslant 0$, $\mathbf{i}\in\Omega^k$, $J_{\mathbf{i}*1},\cdots,J_{\mathbf{i}*n_{k+1}}$ 为 $J_{\mathbf{i}}$ 的子

集,并且当 $i\neq j$ 时,$J_{\mathbf{i}*i}\cap J_{\mathbf{i}*j}=\varnothing$.

(3)对任意 $k\geqslant 1$,$\mathbf{i}\in\Omega^{k-1}$ 及 $1\leqslant j\leqslant n_k$ 有 $\frac{|J_{\mathbf{i}*j}|}{|J_{\mathbf{i}}|}=c_k$,其中 $|E|$ 表示集 E 的直径.

令 $E_k=\bigcup\limits_{\mathbf{i}\in\Omega^k}J_{\mathbf{i}}$ 及 $E=\bigcap\limits_{k\geqslant 0}E_k$,则 E 为非空紧集. $E=E(F,\{n_k\},\{c_k\})$ 称为满足($\{n_k\},\{c_k\}$)的齐次 Moran 集. 相应的 Moran 集族记为 $M(\{n_k\},\{c_k\})$.

引理 27.2 设 $E\in M(\{n_k\},\{c_k\})$ 为齐次 Moran 集,ε_k 为诸 k 阶基本元间的最小距离,δ_k 为第 k 阶基本元的直径. 若存在 $M>0$ 使得对任意 $k\geqslant 0$ 和任意 $\mathbf{i}\in\Omega^k$,有

$$\delta_k\leqslant M\varepsilon_{k+1}\tag{27.1}$$

则

$$\dim_H E=\liminf_{k\to\infty}\frac{\lg n_1\cdots n_k}{-\lg c_1\cdots c_k}$$

证 本引理的证明可参考文献[114]中关于齐次 Moran 集维数的证明,为了行文的完整性,这里给出详细证明. 记 $s_k=\frac{\lg n_1\cdots n_k}{-\lg c_1\cdots c_k}$. 对于上界,注意对任意的 $k\in\mathbf{N}$,k 阶基本元集合 $\{J_{\mathbf{i}}\}_{\mathbf{i}\in\Omega^k}$ 是 E 的一个自然覆盖. 设 $t>s_*:=\liminf\limits_{k\to\infty}s_k$,则对足够小的 $\varepsilon>0$,存在单调递增的正整数序列 $\{k_i\}$,使得 $t>s_{k_i}+\varepsilon$. 由齐次 Moran 集的构造(3),对任意 $\mathbf{i}=i_1\cdots i_k\in\Omega^k$,$|J_{\mathbf{i}}|=c_1c_2\cdots c_k:=c_{\mathbf{i}}$. 从而有

$$\sum_{\mathbf{i}\in\Omega^{k_i}}|J_\sigma|^t<\sum_{\mathbf{i}\in\Omega^{k_i}}c_{\mathbf{i}}^{s_{k_i}+\varepsilon}=n_1\cdots n_{k_i}(c_1\cdots c_{k_i})^{s_{k_i}+\varepsilon}=(c_1\cdots c_{k_i})^{\varepsilon}$$

由于 $\max\{|J_{\mathbf{i}}|\,|\,\mathbf{i}\in\Omega^k\}=c_1c_2\cdots c_k\to 0(k\to\infty)$,所以 $H^t(E)\leqslant\lim\limits_{i\to\infty}\sum\limits_{\sigma\in\Omega^{k_i}}|J_{\mathbf{i}}|^t=0$,因此 $\dim_H E\leqslant t$,即得

$\dim_H E \leqslant s_*$.

对于下界，不妨设 $s_* > 0$，从而对任意 $0 < \alpha < s_*$，存在 $k_0 \in \mathbf{N}$，使得对任意 $k \geqslant k_0$ 均有

$$n_1 \cdots n_k \delta_k^{\alpha} > 1 \tag{27.2}$$

设集 U 是任意满足 $|U| < \delta_{k_0}$ 的集合，取 $k \geqslant k_0$ 为满足 $\delta_{k+1} \leqslant |U| < \delta_k$ 的唯一正整数. 设 μ 为 E 上的自然细分测度，即对任意 $\mathbf{i} \in \Omega^k$，有 $\mu(J_{\mathbf{i}}) = (n_1 n_i \cdots n_k)^{-1}$. 若 $|U| \leqslant \varepsilon_{k+1}$，则 U 最多与一个 $k+1$ 阶基本元相交，于是 $\mu(U) \leqslant (n_1 \cdots n_{k+1})^{-1} = \delta_{k+1}^{\alpha} \leqslant |U|^{\alpha}$；若 $|U| > \varepsilon_{k+1}$，则由事实 $\varepsilon_k > \delta_k$ 可知 U 至多与一个 k 阶基本元相交，故 $\mu(U) \leqslant (n_1 \cdots n_k)^{-1}$. 注意到式(27.1)，式(27.2)和条件 $|U| \geqslant \varepsilon_{k+1}$，所以有 $\mu(U) \leqslant \delta_k^{\alpha} \leqslant MN^{\alpha}(\varepsilon_{k+1})^{\alpha} \leqslant MN^{\alpha}|U|^{\alpha}$. 再注意到 MN^{α} 是与 $|U|$ 无关的常数，因此由质量分布原理得 $\dim_H E \geqslant s_*$. 综上，结论成立.

3. 主要结论及其证明

因为当 x 有两种 N 进制展式时，对任意一种展式均有 $Z(x)$ 为有限集，它导致 $L(x)$ 为有限集，从而 $\dim_H L(x) = 0$. 因此本节总假定 x 只有一种 N 进制展式.

定理 27.1　设 $x \in [0,1]$，$Z(x)$ 为其平衡点集. 则

(1) 若 $Z(x)$ 是有限集，则 $\# L(x) \leqslant 2^{\# Z(x)}$；

(2) 若 $Z(x) = \{d_1, d_2, \cdots\}$ 为无穷集，则 $\dim_H L(x) = \dfrac{\lg 2}{\lg N} \liminf\limits_{k\to\infty} \dfrac{k}{d_k}$.

证　(1) 若 $\# Z(x) = a < \infty$，则与 x 等价的元素不超过 2^a 个，从而 $\# L(\sigma) \leqslant 2^a$.

(2) 设 $\sigma \in \Sigma^{\mathrm{N}}$ 满足 $\pi(\sigma) = x$. 由推论，只需证

$\dim_H L(\sigma)=\dfrac{\lg 2}{\lg N}\liminf\limits_{k\to\infty}\dfrac{k}{d_k}$. 假设 $Z(\sigma)$ 为无穷集 $\{d_1,d_2,\cdots\}$，于是 $\sigma=B_1B_2\cdots$，其中 B_k 为第 k 个平衡块，则 $L(\sigma)=\{B_1'B_2'\cdots \mid B_k'\sim_f B_k, k\geqslant 1\}$. 令 $l_k=d_k-d_{k-1}$. 设 $\mathbf{i}=i_1i_2\cdots i_k\in\{0,1\}^k:=\Omega^k$，令 $J_{\mathbf{i}}=\{[B_1'B_2'\cdots B_k'] \mid B_n'=B_n$，若 $i_n=0$，$B_n'=\overline{B_n}$；若 $i_n=1,1\leqslant n\leqslant k\}$.

容易验证 $F=\{J_{\mathbf{i}}:\mathbf{i}\in\Omega^*\}$ 满足齐次 Moran 结构的条件，这里 $n_k\equiv 2$，$c_k=N^{-l_k}$. 因此

$$L(\sigma)=\bigcap_{k\geqslant 0}\bigcup_{\mathbf{i}\in\Omega^k}J_{\mathbf{i}}$$

是齐次 Moran 集 $E(F,\{n_k\},\{c_k\})$. 注意到对任意 $\mathbf{i}\in\Omega^k$，$|J_{\mathbf{i}}|=N^{-(l_1+l_2+\cdots+l_k)}=N^{-d_k}$，而 $J_{\mathbf{i}}$ 中含有两个 $k+1$ 阶基本元，其距离恰为 $J_{\mathbf{i}}$ 的直径. 于是 $\delta_k=\varepsilon_{k+1}=N^{-d_k}$，故由引理 27.2 知其维数为

$$\dim_H L(\sigma)=\liminf_{k\to\infty}\frac{k\lg 2}{\sum_{i=1}^{k}l_i\lg N}=\frac{\lg 2}{\lg N}\liminf_{k\to\infty}\frac{k}{d_k}$$

设 σ 为有限词，记号 σ^n 表示 n 个 σ 的连接，即 $\sigma^n=\sigma*\sigma*\cdots*\sigma$.

定理 27.2 设 $x\in[0,1]$，则 $0\leqslant\dim_H L(x)\leqslant\dfrac{\lg 2}{2\lg N}$. 进一步，对任一 $s\in\left[0,\dfrac{\lg 2}{2\lg N}\right]$，存在 $x\in[0,1]$，使得 $\dim_H L(x)=s$.

证 由推论知，只需证明 $0\leqslant\dim_H L(\sigma)\leqslant\dfrac{\lg 2}{2\lg N}$，并且对任一 $s\in\left[0,\dfrac{\lg 2}{2\lg N}\right]$，存在 $\sigma\in\Sigma^{\mathbf{N}}$，使得 $\dim_H L(\sigma)=s$. 设 $\sigma\in\Sigma^{\mathbf{N}}$. 当 $Z(\sigma)$ 为有限集时，$L(\sigma)$ 为有限集，从而 $\dim_H L(\sigma)=0$. 当 $Z(\sigma)$ 为无穷集时，不妨设其为 $\{d_1,d_2,\cdots\}$. 因为每个平衡块的长度至少为 2，

所以 $2k\leqslant d_k$，从而由定理 27.1 知，等价类 $L(\sigma)$ 的豪斯道夫维数不超过 $\frac{\lg 2}{2\lg N}$. 因此对所有无穷词而言，它对应的等价类的豪斯道夫维数介于 0 和 $\frac{\lg 2}{2\lg N}$ 之间.

上述证明也说明，存在无穷词 σ，使得对应的等价类 $L(\sigma)$ 的豪斯道夫维数为 0.

下面假设 $s>0$. 由有理数在实数中稠密的事实可知，存在单调上升数列 $\{s_n=p_n/q_n\}$，$2\leqslant p_n,q_n\in\mathbf{N}^*$，使得 $\frac{\lg 2}{\lg N}s_n\to s\ (n\to\infty)$. 取快速上升序列 k_n，使得 $\lim\limits_{n\to\infty}\frac{\sum\limits_{i=1}^{n}p_ik_i}{k_{n+1}}=0$. 令 $B_n=(01)^{2p_n-1}0^{q_n-2p_n+1}1^{q_n-2p_n+1}$，$\sigma=B_1^{k_1}B_2^{k_2}\cdots B_n^{k_n}\cdots$，则由定理 27.1 可知

$$\dim_H L(\sigma)=\frac{\lg 2}{\lg N}\liminf_{n\to\infty}\frac{\sum\limits_{i=1}^{n}k_ip_i}{\sum\limits_{i=1}^{n}k_iq_i}=\frac{\lg 2}{\lg N}\lim_{n\to\infty}\frac{p_n}{q_n}=s$$

即结论的后一部分也成立.

引理 27.3　设 $m\geqslant 1$ 为整数，C_m 为以下不定方程的整数解的个数

$$\begin{cases}x_1+x_2+\cdots+x_{mN}=m\left[\frac{N}{2}\right]\\x_n\in\{0,1,\cdots,N-1\},0\leqslant n\leqslant mN\end{cases}\tag{27.3}$$

则 $C_m\geqslant\frac{(mN)!}{(m!)^N}$.

证　依次选定 m 个 x_n，使之取值为 $0,1,\cdots,N-1$，则这些选定的整数 x_n 满足题设方程(27.3)的

条件,从而为$(x_1,x_2,\cdots,x_{mN})$为方程(27.3)的解. 注意到这样的选法共有

$$\frac{(mN)!}{m!\ (mN-m)!}\cdot\frac{(mN-m)!}{m!\ (mN-2m)!}\cdots\frac{(2m)!}{m!\ m!}=\frac{(mN)!}{(m!)^N}$$

所以 $C_m\geqslant\frac{(mN)!}{(m!)^N}$.

定理 27.3 (1)在勒贝格测度意义下,对几乎所有的 $x\in[0,1]$,有 $Z(x)$是无穷集.

(2)设 $E=\{x\mid \dim_H L(x)>0\}$,则 $\dim_H E=1$.

证 (1)设 $x\in[0,1]$ 的 N 进制展式为 $x=\sum_{n\geqslant 1}N^{-n}x_n$. 现在考虑由 x 所诱导的简单随机游走. 从点 $s_0=0$ 出发,当 N 是偶数时,第 k 步走 $2x_k+1-2N$ 个整点,即第 k 步落于点

$$s_k=s_0+\sum_{n=1}^{k}(2x_n+1-2N)$$

当 N 为奇数时,第 k 步走 $x_k-\frac{N-1}{2}$ 个整点,即第 k 步落于点

$$s_k=s_0+\sum_{n=1}^{k}\left(x_n-\frac{N-1}{2}\right)$$

于是$[0,1]$上的勒贝格测度对应于简单随机游走的概率,其中每步游走的概率相同. 因为以上定义的一维随机游走是常返的,即以概率 1 无限次返回原点. 从而以概率 1 平衡点集 $Z(x)$ 是无穷集,于是对于几乎所有的 x,$Z(x)$ 为无穷集.

(2)由于 $E\subset\mathbf{R}$,所以只需证明 $\dim_H E\geqslant 1$. 选择充分大的 m,令

$$X=\{\sigma=\sigma_1\sigma_2\cdots\sigma_{mN}\mid(\sigma_1,\sigma_2,\cdots,\sigma_{mN})\text{为方程(27.3)的解}\}$$

则$\#X=C_m\geqslant\frac{(mN)!}{(m!)^N}$. 记

$$E_m=\{\sigma=b_1b_2\cdots\mid b_k\in X,k\geqslant 1\}$$

于是 E_m 是齐次 Moran 集，其中 $n_k\equiv C_m, c_k\equiv N^{-mN}$. 注意到 k 阶基本元的直径为 $\delta_k=N^{-mkN}$，而 $k+1$ 阶基本元最小间距 ε_{k+1} 不小于 δ_{k+1}，从而 $\delta_k\leqslant N^{mN}\varepsilon_{k+1}$. 由引理 27.2 和 C_m 的下界估计知

$$\begin{aligned}\dim_H E_m&=\liminf_{k\to\infty}\frac{\lg n_1n_2\cdots n_k}{-\lg c_1c_2\cdots c_k}\\&\geqslant\liminf_{k\to\infty}\frac{k(\lg(mN)!-\lg(m!)^N)}{-k\lg N^{-mN}}\\&=\frac{\lg(mN)!-N\lg m!}{mN\lg N}\\&\approx\frac{\frac{1}{2}\lg m+(mN+\frac{1}{2})\lg N-\frac{N}{2}\lg m-(N-1)\lg\sqrt{2\pi}}{mN\lg N}\end{aligned}$$

最后约等于号成立是因为 Stirling 公式 $n!\approx\sqrt{2\pi}n^{n+\frac{1}{2}}\mathrm{e}^{-n}$. 因为对所有 m，有 $\pi(E_m)\subset E$，故

$$\begin{aligned}\dim_H E&\geqslant\lim_{m\to\infty}\frac{\frac{1}{2}\lg m+(mN+\frac{1}{2})\lg N-\frac{N}{2}\lg m-(N-1)\lg\sqrt{2\pi}}{mN\lg N}\\&=1\end{aligned}$$

第四编

数学各分支中的豪斯道夫维数

分式布朗运动的重点与豪斯道夫维数[①]

第28章

设 $X(t)(t\in \mathbf{R}^N)$ 是 d 维分式布朗运动,武汉大学的肖益民教授在1989年研究了 $X(t)$ 的 k 重点集的豪斯道夫维数.证明了:若 $P_1,\cdots,P_k$ 是 $\mathbf{R}^N$ 中内部不空的紧集

$$P=\prod_{i=1}^{k}P_i$$

$$L_k(P)=\{x\in \mathbf{R}^d\mid 存在(t_1,\cdots,t_k)\in P 使 X(t_1)=\cdots=X(t_k)=x\}$$

则当 $N\leqslant \alpha d, Nk>(k-1)\alpha d$ 时

$$P\left\{\dim L_k(P)=\frac{Nk}{\alpha}-(k-1)d\right\}>0$$

当 $N>\alpha d$ 时

$$P\{\dim L_k(P)=d\}>0$$

当 $N\leqslant \alpha d$ 时,对 $\mathbf{R}^N\setminus\{0\}$ 中互不相交的紧集 $E_1,\cdots,E_k$ 得到了 $\dim(X(E_1)\cap\cdots\cap$

① 分式Brown运动的重点与Hausdorff维数[J].数学年刊,1989,12(5):612-618.

$X(E_k))$的一个上界和 $\dim(X(E_1)\cap X(E_2))$的下界，从而当 $k=2$ 时，证明了 Testard 猜想.

1. 引言及主要结果

设 $X(t)=(X_1(t),\cdots,X_d(t))(t\in\mathbf{R}^N)$是 d 维高斯向量场，$EX(t)\equiv 0$，$X_1,\cdots,X_d$ 独立同分布，且

$$E|X(t)-X(s)|^2=d|t-s|^{2\alpha}\quad(0<\alpha<1)\tag{28.1}$$

其中|·|表示通常的欧几里得(Euelid)距离. 这样的高斯场称为$(N,d,2\alpha)$过程或 d 维分式布朗运动[117,ch,18]. 当 $\alpha=\frac{1}{2}$，$d=1$ 时，$X(t)(t\in\mathbf{R}^N)$就是 Lévy 引进的 N 变量布朗运动.

把 $x\in\mathbf{R}^d$ 称为 $X(t)(t\in\mathbf{R}^N)$的一个 k 重点，若存在互不相同的 $t_1,t_2,\cdots t_k\in\mathbf{R}^N$，使得

$$X(t_1)=X(t_2)=\cdots=X(t_k)=x$$

记$M_k(\mathbf{R}^N)=\{(t_1,\cdots,t_k)\in\mathbf{R}^{Nk},X(t_1)=\cdots=X(t_k)\}$

$$L_k(\mathbf{R}^d)=\{x\in\mathbf{R}^d,x\text{ 是 }X(t),t\in\mathbf{R}^N\text{ 的 }k\text{ 重点}\}$$

Kono[118]和 Goldman[116]研究了 $X(t)$的重点问题，证明了：

(1)若 $Nk<(k-1)\alpha d$，则 $X(t)$ a. s. 没有 k 重点.

(2)若 $Nk>(k-1)\alpha d$，则 $X(t)$ a. s. 有 k 重点.

当 $Nk=(k-1)\alpha d$ 时，问题仍未解决. 在文[124]中，Weber 利用 Marcus[119]的方法研究了$\{X(t),t\in\mathbf{R}^N\}$的 k 重点的原象的豪斯道夫维数. 设 $P_1,\cdots,P_k$ 是 $\mathbf{R}^k$ 中内部不空的紧集，令

$$P=\prod_{i=1}^{k}P_i$$

$$M_k(P)=\{(t_1,\cdots,t_k)\in P,X(t_1)=\cdots=X(t_k)\}$$

他证明了:若 $Nk>(k-1)\alpha d$,则

$$P\{\dim M_k(P)=Nk-(k-1)\alpha d\}>0 \quad (28.2)$$

$$\dim M_k(\mathbf{R}^N)=Nk-(k-1)\alpha d \text{ a. s.} \quad (28.3)$$

设 $E_1,\cdots,E_k$ 是 $\mathbf{R}^N\setminus\{0\}$ 中互不相交的紧集,Testard[123]研究了

$$P(X(E_1)\cap\cdots\cap X(E_k)\neq\varnothing)>0$$

的充要条件. 他还得到了 $\dim(X(E_1)\cap\cdots\cap X(E_k))$ 的一个上界,并对下界有如下猜想:对 $\forall s>0$ 有

$$P\Big(\dim(X(E_1)\cap\cdots\cap X(E_k))$$

$$\geqslant\inf\Big(d,\frac{\dim(E_1\times\cdots\times E_k)}{\alpha}-(k-1)d\Big)-\varepsilon\Big)>0$$

(28.4)

本章研究分式布朗运动的重点集 L_k 的维数. 当 $N=1,\alpha=\dfrac{1}{2}$时,定理 28.1 重新给出了泰勒(Taylor)[122]和 Frisdedt[115]关于布朗运动的重点集的豪斯道夫维数. 定理 28.1 和定理 28.2 说明当 $E_1,\cdots,E_k$ 的内部不空时 Testard 猜想式(28.4)成立. 在定理 28.3 和定理 28.4 中,我们得到了 $X(t)$ 当 t 限制在 $\mathbf{R}^N$ 中紧集(内部可能为空集)上时重点的豪斯道夫维数的上界及下界,并且在 $k=2,N\leqslant\alpha d$ 时,证明了 Testard 猜想成立.

下面设 $P_1,\cdots,P_k$ 是 $\mathbf{R}^N$ 中内部不空且互不相交的紧集,$P=\prod\limits_{i=1}^{k}P_i$.

定理 28.1　设 $X(t)(t\in\mathbf{R}^N)$ 是 d 维分式布朗运动,$N\leqslant\alpha d,Nk>(k-1)\alpha d$,则

$$P\left\{\dim L_k(P)=\frac{Nk}{\alpha}-(k-1)d\right\}>0 \quad (28.5)$$

$$\dim L_k(\mathbf{R}^d)=\frac{Nk}{\alpha}-(k-1)d \quad \text{a. s.} \quad (28.6)$$

定理 28.2 若 $N>\alpha d$,则对任意自然数 $k\geqslant 2$,有

$$P\{\dim L_k(P)=d\}>0 \quad (28.7)$$

$$\dim L_k(\mathbf{R}^d)=d \quad \text{a. s.} \quad (28.8)$$

注 当 $N>\alpha d$ 时,对每个 $x\in\mathbf{R}^d$,$\dim X^{-1}(x)=N-\alpha d$(见文[117]),因此式(28.8)是显然的.

设 $E_1,\cdots,E_k$ 是 $\mathbf{R}^N\setminus\{0\}$ 中互不相交的紧集,内部可能为空集,$E=\prod_{i=1}^{R}E_i$.

定理 28.3 若 $\dim(E_1\times E_2\times\cdots\times E_k)>(k-1)\cdot\alpha d$,则

$$\dim M_k(E)\leqslant\dim(E_1\times\cdots\times E_k)-(k-1)\alpha d \text{ a. s.} \quad (28.9)$$

当 $k=2$ 时,对 $\forall\varepsilon>0$ 有

$$P\{\dim M_2(E)\geqslant\dim(E_1\times E_2)-\alpha d-s\}>0 \quad (28.10)$$

注 若 $\dim(E_1\times\cdots\times E_k)<(k-1)\alpha d$,则$M_k(E)=\varnothing$a. s.[123].

定理 28.4 若 $N\leqslant\alpha d$, $\dim(E_1\times\cdots\times E_k)>(k-1)\cdot\alpha d$,则

$$\dim(X(E_1)\cap\cdots\cap X(E_k))\leqslant\frac{\dim(E_1\times\cdots\times E_k)}{\alpha}-(k-1)d \quad (28.11)$$

当 $k=2$ 时,对 $\forall\varepsilon>0$,有

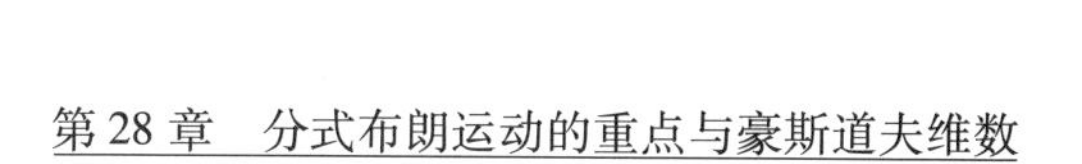

$$P\left\{\dim(X(E_1)\cap X(E_2))\geqslant\frac{\dim(E_1\times E_2)}{\alpha}-d-\varepsilon\right\}>0 \tag{28.12}$$

注　(1) Testard[123] 证明了式(28.11). 我们的证明方法与他的方法不同.

(2) 当 $N>\alpha d$ 时,与定理 28.4 相应的问题没有解决.

2. 定理的证明

为了证明上述定理,需要下面一些引理. 对 $n=1,2,\cdots,k=(k_1,\cdots,k_N)\in\mathbf{R}^N,k_i\in\{1,2,3,\cdots,2^N\}$

令　$I_{nk}=\{t\in[0,1]^N,(k_i-1)2^{-n}\leqslant t^i\leqslant k_i 2^{-n},i=1,2,\cdots,N\}$

引理 28.1　设 $N\leqslant\alpha d,0<\alpha-\varepsilon<\beta<\alpha$,则 a. s. 当 n 充分大时,对 $\mathbf{R}^d$ 中任意一个半径为 $2^{-n\beta}$ 的球 B, $X^{-1}(B)$ 至多与 2^{nsd} 个 I_{nk} 相交.

引理 28.2　设函数 $f:[0,1]^N\to\mathbf{R}^d$ 满足任意小于 α 阶的一致赫尔德条件,且 f 具有有界局部时,则对于任意闭集 $E\subset[0,1]^N$,有

$$\frac{1}{\alpha}\dim E+d-\frac{N}{\alpha}\leqslant\dim f(E)\leqslant\frac{1}{\alpha}\dim E \tag{28.13}$$

式(28.13)右边的不等式成立并不要求 f 具有有界局部[117]. 文[120]中给出了式(28.13)左边不等式的证明.

引理 28.3[123]　设 $\{\mu_\varepsilon\}_{\varepsilon\in(0,1]}$ 是紧集 E 上的一族正随机测度,μ_ε 的能量积分

$$I_\gamma(\mu_\varepsilon)=\iint_{E\times E}\frac{\mathrm{d}\mu_\varepsilon(t)\mathrm{d}\mu_\varepsilon(s)}{|t-s|^\gamma}<\infty$$

若存在正常数 C_1, C_2 使得

$$E\|\mu_\varepsilon\| \geqslant C_1, E\|\mu_\varepsilon\|^2 \leqslant C_2 \tag{28.14}$$

其中 $\|\mu_\varepsilon\| = \mu_\varepsilon(E)$，则事件"$\{\mu_\varepsilon\}$ 中存在子序列 $\{\mu_{\delta n}\}$ 收敛到 E 上的正测度 μ_0，且 $I_\gamma(\mu_0) < \infty$"的概率不小于$\dfrac{C_1^2}{2C_2}$.

根据分式布朗运动的不变性[117]，不妨设 $P_1, \cdots, P_k$ 都是$[0,1]^N$ 中内部不空的紧集. 下面总设 C 为常数，每次不一定相同.

定理 28.1 的证明：我们只证明式(28.5)，式(28.6)可由式(28.5)及 Weber[124] 的证明得到. 设 S_k 是 $M_k(P)$ 在 P_1 上的投影

$S_k = \{t_1 \in P_1 \mid \exists t_i \in P, i = 2, \cdots, k$ 使$(t_1, \cdots, t_k) \in M_k\}$

则 S_k 是$[0,1]^N$ 中的闭集，$X(S_k) = L_k(P)$. 对 $\forall \varepsilon > 0$，$X(t)$ a. s. 满足$(\alpha - s)$阶的一致赫尔德条件，由式(28.13)知 a. s. 有

$$\dim X(S_k) \leqslant \frac{1}{\alpha}\dim S_k \leqslant \frac{1}{\alpha}\dim M_k(P)$$

由式(28.2)知

$$\dim L_k(P) \leqslant \frac{Nk}{\alpha} - (k-1)d \quad \text{a. s.} \tag{28.15}$$

记 $l = \dfrac{Nk}{\alpha} - (k-1)d$，定义

$$Z(t) = (X(t_1), \cdots, X(t_k)), t = (t_1, \cdots, t_k) \in P \tag{28.16}$$

则
$$Z^{-1}(\widetilde{L}_k) = M_k(P)$$

其中
$$\widetilde{L}_k = \{(\underbrace{x, \cdots, x}_{k\text{个}}), x \in L_k(P)\}$$

若存在 $\eta>0$,使

$$\dim L_k(P)<l-\eta$$

则对 $\forall\delta>0$,存在充分大的 n 及一列半径不大于 2^{-n} 的球$\{B_i\}$,使

$$L_k(P)\subset\bigcup_i B_i$$

且

$$\sum_i(\operatorname{diam}B_i)^{l-\eta}<\delta \tag{28.17}$$

取 ε,β 如引理 28.1$\left(s<\dfrac{\beta\eta}{2kd}\right)$,定义 n_i 满足

$$2^{-(n_i+1)\beta}\leqslant\operatorname{diam}B_i\leqslant 2^{-n_i\beta} \tag{28.18}$$

令 $\overline{B}_i$ 是与 B_i 同心,半径为 $2^{-n_i\beta}$的球,则$\{\overline{B}_i\}$是 $L_k(P)$ 的一个覆盖. 由引理 28.1 得

$$\begin{aligned}M_k(P)&\subset\bigcup_i Z^{-1}(\overline{B}_i^k)\\&\subset\bigcup_i\left\{至多\ 2^{n\varepsilon dk}\ 个立方体\prod_{l=1}^{k}I_{n_ik^l}\ 的并\right\}\end{aligned} \tag{28.19}$$

将式(28.19)右端的小立方体记为 C_{ij},则由式(28.17)和(28.18),当 n 充分大时

$$\begin{aligned}&\sum_i\sum_j(\operatorname{diam}C_{ij})^{\beta(l-\frac{\eta}{2})}\\\leqslant{}&C\sum_i 2^{n_i\varepsilon kd}(2^{-n_i})^{\beta(l-\frac{\eta}{2})}\\={}&C\sum_i 2^{n_i(d\varepsilon k-\frac{\beta\eta}{2})}(2^{-n_i})^{\beta(l-\eta)}\\\leqslant{}&C\sum_i(\operatorname{diam}B_i)^{l-\eta}<\delta\end{aligned}$$

因此　$\dim M_k(P)\leqslant\beta\left(l-\dfrac{\eta}{2}\right)<\alpha\left(l-\dfrac{\eta}{2}\right)$

于是我们证明了对 $\forall\eta>0$,有

$$P\{\dim L_k(P) \geqslant l - \eta\}$$
$$\geqslant P\left\{\dim M_k(P) \geqslant \alpha\left(l - \frac{\eta}{2}\right)\right\} \tag{28.20}$$

令 $$\eta_n = \frac{1}{n}, A_n = \left\{\dim L_k(P) \geqslant l - \frac{1}{n}\right\}$$

则 $\{A_n\}$ 单调下降趋于事件 $\{\dim L_k(P) \geqslant l\}$. 由式(28.20)和(28.2),令 $n \to \infty$ 得

$$P\{\dim L_k(P) \geqslant l\} > 0$$

结合式(28.15)便知式(28.5)成立.

定理 28.2 的证明:我们只证明式(28.7). 因为 $L_k(P) \subset \mathbf{R}^d$,所以显然有

$$\dim L_k(P) \leqslant d \quad \text{a. s.} \tag{28.21}$$

为了证明 $\dim L_k(P)$ 的下界,只须证明

$$\dim L_k(P) \geqslant \frac{1}{\alpha}\dim M_k(P) - \frac{kN}{\alpha} + kd$$

定义 $Z(t)\ (t \in P)$ 如式(28.16),它是 $\mathbf{R}^{Nk} \to \mathbf{R}^{dk}$ 高斯场,且对 $\forall \varepsilon > 0$,$Z(t)$ a. s. 满足 $\alpha - s$ 阶的一致赫尔德条件,由引理 28.2 只须证明 $Z(t)\ (t \in P)$ 具有有界局部时,对任意 $B \in \mathscr{B}(\mathbf{R}^{dk})$,$Z(t)\ (t \in P)$ 在 B 中的逗留时间为

$$\Phi(\omega, B) = \lambda\{t \in P, Z(t, \omega) \in B\}$$

其中 λ 表示勒贝格测度. 根据 Pitt[121] 的结果,当 $N > \alpha d$ 时,对任意内部不空的紧集 J,$X(t)\ (t \in J)$ 具有连续局部时 $\alpha(J, x)$,因此对 $\forall B = \prod_{i=1}^{k} B_i, B_i \in \mathscr{B}(\mathbf{R}^d)$,有

$$\Phi(\omega, B) = \lambda\{t \in P, X(t_i) \in B_i, i = 1, 2, \cdots, k\}$$
$$= \prod_{i=1}^{k} \lambda\{t_i \in P_i, X(t_i) \in B_i\}$$

$$= \prod_{i=1}^{k} \int_{B_i} \alpha(P_i, x_i) \mathrm{d}x_i$$

$$= \int_B \prod_{i=1}^{k} \alpha(P_i, x_i) \mathrm{d}x_1 \cdots \mathrm{d}x_k \qquad (28.22)$$

由测度扩张定理知式(28.22)对 $\forall B \in \mathscr{B}(\mathbf{R}^{dk})$ 都成立. 因此 $Z(t)(t \in P)$ 有连续局部时 $\prod_{i=1}^{k} \alpha(P_i, x_i)$. 显然当 $|x|$ 充分大时, $\alpha(P_i, x) \equiv 0 (i = 1, \cdots, k)$, 从而 $Z(t)(t \in P)$ 具有有界局部时, 由引理 28.2 得

$$\frac{1}{\alpha} \dim M_k(P) + kd - \frac{kN}{\alpha} \leqslant \dim Z(M_k(P))$$

$$= \dim L_k(P)$$

结合式(28.2)及(28.21)便得到式(28.7). 定理 28.2 证完.

定理 28.3 的证明: 定义

$$Y(t) = (X(t_1) - X(t_i), 2 \leqslant i \leqslant k)$$

$$t = (t_1, \cdots, t_k) \in \prod_{i=1}^{k} E_i$$

则 $$M_k(E) = \left\{t \in \prod_{i=1}^{k} E_i, Y(t) = 0\right\}$$

显然对 $\forall \varepsilon > 0$, $Y(t)$ a. s. 满足 $\alpha - s$ 阶的一致赫尔德条件, 即存在常数 K 及正随机变量 $\delta(\omega)$, $\delta(\omega) > 0$ a. s. 使得当 $|s - t| < \delta$ 时

$$|Y(t) - Y(s)| < K|t - s|^{\alpha - s} \qquad (28.23)$$

对 $\forall \gamma > \dim(E_1 \times \cdots \times E_k) - (k-1)\alpha d$, 取 $\varepsilon > 0$, 使

$$\gamma > \dim(E_1 \times \cdots \times E_k) - (k-1)(\alpha - \varepsilon) d$$

则对 $\forall$ 自然数 $n > 0$, 存在 $E_1 \times \cdots \times E_k$ 的一列半径不大于 2^{-n} 的球 $\{B_{nj}\}$, 使得

$$E_1 \times E_2 \times \cdots \times E_k \subset \bigcup_j B_{nj}$$

$$\varliminf_{n\to\infty} \sum_j (\operatorname{diam} B_{nj})^{\gamma+(k-1)(\alpha-\varepsilon)d} < +\infty \quad (28.24)$$

记 B_{nj} 的球心为 u_{nj}，我们可要求 $u_{nj} \in E_1 \times \cdots \times E_k$，令

$$B_{nj}(0) = \begin{cases} B_{nj}, 若 0 \in Y(B_{nj}) \\ \varnothing, 其他 \end{cases}$$

则 $\{B_{nj}(0)\}$ 是 $M_k(E)$ 的一个覆盖，由式(28.23)，当 n 充分大时，$0 \in Y(B_{nj})$ 蕴含

$$|Y(u_{nj})| \leqslant K(\operatorname{diam} B_{nj})^{\alpha-\varepsilon}$$

因此

$$\sum_j (\operatorname{diam} B_{nj}(0))^{\gamma} \leqslant \sum_{j\in\Gamma_n} (\operatorname{diam} B_{nj})^{\gamma} \quad (28.25)$$

其中 $\Gamma_n = \{j: |Y(u_{nj})| \leqslant K(\operatorname{diam} B_{nj})^{\alpha-\varepsilon}\}$

于是由法图引理及式(28.23)(28.24)(28.25)得

$$\begin{aligned} & E[\varliminf_{n\to\infty} \sum_j (\operatorname{diam} B_{nj}(0))^{\gamma}] \\ \leqslant & \varliminf_{n\to\infty} E[\sum_{j\in\Gamma_n} (\operatorname{diam} B_{nj})^{\gamma}] \\ = & \varliminf_{n\to\infty} \sum_j (\operatorname{diam} B_{nj})^{\gamma} P\{|Y(u_{nj})| < K(\operatorname{diam} B_{nj})^{\alpha-\varepsilon}\} \\ \leqslant & C \varliminf_{n\to\infty} \sum_j (\operatorname{diam} B_{nj})^{\gamma+(k-1)(\alpha-\varepsilon)d} < +\infty \end{aligned}$$

从而

$$\varliminf_{n\to\infty} \sum_j (\operatorname{diam} B_{nj}(0))^{\gamma} < +\infty \quad \text{a. s.} \quad (28.26)$$

这便证得式(28.19).

为了证明式(28.10)，只需证明对 $\forall \nu < \dim(E_1 \times E_2) - \alpha d$，在 $M_2(E)$ 上存在正随机测度 μ，使得

$$\iint_{(E_1\times E_2)^2} \frac{\mathrm{d}\mu(t)\,\mathrm{d}\mu(s)}{|t-s|^{\nu}} < +\infty \tag{28.27}$$

因为$\nu+\alpha d<\dim(E_1\times E_2)$，所以存在$E_1\times E_2$上的正测度$\sigma$，使得

$$\iint_{(E_1\times E_2)^2} \frac{\mathrm{d}\sigma(t)\,\mathrm{d}\sigma(s)}{|t-s|^{\nu+\alpha d}} < +\infty \tag{28.28}$$

对$\forall\varepsilon>0$，定义$E_1\times E_2$上的随机测度如下

$$\begin{aligned}\mathrm{d}\mu_{\varepsilon}(t) &= \left(\frac{2\pi}{\varepsilon}\right)^{\frac{d}{2}}\exp\left(-\frac{|X(t_1)-X(t_2)|^2}{2\varepsilon}\right)\mathrm{d}\sigma(t)\\ &= \int_{\mathbf{R}^d}\exp\left(-\frac{\varepsilon}{2}|\xi|^2\right)\exp(i\xi(X(t_1)-\\ &\quad X(t_2)))\,\mathrm{d}\xi\,\mathrm{d}\sigma(t)\end{aligned}$$

若当$\varepsilon\to0$时，$\{\mu_{\varepsilon}\}$有子列弱收敛到某一测度μ，则μ是支撑在$M_2(E)$上的测度，由引理28.3，只需证明存在$C_1>0$，$C_2>0$，使得

$$E\|\mu_{\varepsilon}\|\geqslant C_1,E(\|\mu_{\delta}\|^2)\leqslant C_2$$

及$E(I_{\nu}(\mu_{\varepsilon}))<+\infty$. 由于证明方法与文[123]中的方法类似，这里就不赘述了.

根据定理28.3，利用定理28.1的证明方法可以证明定理28.4，现从略.

谢尔品斯基地毯上布朗运动 k 重时的豪斯道夫维数①

第29章

设 $k\geqslant 2$ 是正整数,$\{X(t),t\geqslant 0\}$ 是谢尔品斯基地毯 G 上的布朗运动,武汉大学的吴军教授在1994年研究了 $\{X(t),t\geqslant 0\}$ k 重时的豪斯道夫维数,证明了:$\forall x\in G$,有

$$\dim M_k=k-(k-1)\frac{d_s}{2}\quad P^x\text{ a. s.}$$

其中 $M_k=\{(t_1,t_2,\cdots,t_k)\in\mathbf{R}^k:t_1,t_2,\cdots,t_k$ 互不相同,使得 $X(t_1)=X(t_2)=\cdots=X(t_k)\}$,$d_s=\dfrac{2\lg 3}{\lg 5}$.

1. 引言

状态空间为一个分形的随机过程的研究是近几年概率论中的一个新课题,Barlow 和 Perkins[125,126] 研究了谢尔品斯基地毯上布朗运动的概率属性,这是一个点常返的对称扩散过程. 周先银[131] 和文[130]

① 吴军. Sierpinski gasket 上 Brown 运动 k 重时的 Hausdorff 维数[J]. 数学年刊,1994,17(3):353-360.

考虑了$\{X(t),t\geqslant 0\}$的几何性质,分别研究了其水平集的豪斯道夫测度和逆象集的一致豪斯道夫维数,本章则得到了 k 重时集的豪斯道夫维数.

记 $e_0=(0,0),e_1=\left(\frac{1}{2},\frac{\sqrt{3}}{2}\right),e_2=(1,0),\forall n\in N,s=(s_1,s_2,\cdots,s_n)\in\{0,1,2\}^n$. 令 $a_s=\sum_{k=1}^{n}2^{-k}e_{s_k}$, $F_s=\{a_s+r_1e_1+r_2e_2:0\leqslant r_1,r_2,r_1+r_2\leqslant 2^{-n}\},G_n=\{F_s:s\in\{0,1,2\}^n\},G=\bigcap_{n\in\mathbf{N}}\bigcup_{s\in\{0,1,2\}^n}F_s$,称 G 为谢尔品斯基地毯. G 的豪斯道夫维数 $d_f=\frac{\lg 3}{\lg 2},\nu=\frac{\lg 2}{\lg 5},d_s=\frac{2\lg 3}{\lg 5}$. u 为 G 上豪斯道夫 s^{d_f} 测度的规范化,即 $u(G)=1$. 由文[19]chapter 9 知,$\forall s\in\{0,1,2\}^n$, $u(F_s)=3^{-n}$ 且存在常数 $c>0$,对于任意博雷尔集 $B\subset G$. $u(B)\leqslant c(\operatorname{diam} B)^{d_f}$,其中 $\operatorname{diam} B$ 表示 B 的直径.

本章以下恒用$\{X(t),t\geqslant 0\}$表示谢尔品斯基地毯 G 上的布朗运动,其构造及基本性质见文[125,126], $\forall d\geqslant 1$,在不致引起混淆的情况下,均用$|\cdot|$表示 $\mathbf{R}^d$ 中的欧氏范数,约定 $k\geqslant 2$ 为一固定正整数.

2. 几个引理

引理 29.1[126]　存在函数 $p(t,x,y),(t,x,y)\in(0,+\infty)\times G\times G$ 使得

(1) $p(t,x,y)$ 为$\{X(t),t\geqslant 0\}$关于 u 的转移密度, i.e. $\forall t>0,f\in C_b(G),x\in G$,有

$$P_tf(x)=\int_G f(y)p(t,x,y)u(\mathrm{d}y)$$

(2) $(t,x,y)\to p(t,x,y)$ 为三元连续函数.

(3) $\forall(t,x,y)\in(0,+\infty)\times G\times G,p(t,x,y)=$

$p(t,y,x)$.

(4) 存在正常数 c_1,c_2,c_3,c_4 使得 $\forall(t,x,y)\in(0,+\infty)\times G\times G$,有

$$c_1 t^{-\frac{d_s}{2}}\exp(-c_2(|x-y|t^{-\nu})^{\frac{1}{1-\nu}})\leqslant p(t,x,y)$$
$$\leqslant c_3 t^{-\frac{d_s}{2}}\exp(-c_4(|x-y|t^{-\nu})^{\frac{1}{1-\nu}})$$

引 理 29.2 $\sup_{x\in G}\left(\int_G p^k(t,x,y)u(\mathrm{d}y)\right)^{\frac{1}{k}}\leqslant c_5 t^{-\frac{k-1}{k}\frac{d_s}{2}}$, $\forall t>0$,其中

$$c_5=\left(c\cdot c_3^k\left(1+\sum_{n=0}^{\infty}\exp(-c_4 k 2^{\frac{n}{1-\nu}})(2^{n+1})^{d_f}\right)\right)^{\frac{1}{k}}$$

证 由引理29.1,得

$$\int_G p^k(t,x,y)u(\mathrm{d}y)$$
$$\leqslant\int_G c_3^k t^{-\frac{kd_s}{2}}\exp(-c_4 k(|x-y|t^{-\nu})^{\frac{1}{1-\nu}})u(\mathrm{d}y)$$
$$\leqslant\int_{\{y\in G:|y-x|\leqslant t^{\nu}\}} c_3^k t^{-\frac{kd_s}{2}}u(\mathrm{d}y)+$$
$$\sum_{n=0}^{\infty}\int_{\{y\in G:2^n t^{\nu}<|y-x|\leqslant 2^{n+1}t^{\nu}\}} c_3^k t^{-\frac{kd_s}{2}}\cdot$$
$$\exp(-c_4 k(|x-y|t^{-\nu})^{\frac{1}{1-\nu}})u(\mathrm{d}y)$$
$$\leqslant c\cdot c_3^k t^{-\frac{(k-1)d_s}{2}}+\sum_{n=0}^{\infty}c\cdot c_3^k t^{-\frac{(k-1)d_s}{2}}\exp(-c_4 k 2^{\frac{n}{1-\nu}})(2^{n+1})^{d_f}$$
$$=c_5^k t^{-\frac{(k-1)}{2}d_s}$$

因此

$$\sup_{x\in G}\left(\int_G p^k(t,x,y)u(\mathrm{d}y)\right)^{\frac{1}{k}}\leqslant c_5 t^{-\frac{k-1}{k}\frac{d_s}{2}}$$

3. k 重时的豪斯道夫维数

设 $I_i=[a_i,b_i]\,(i=1,2,3,\cdots,k)$ 为 $(0,+\infty)$ 中

互不相交的闭区间，不失一般性，不妨设 $a_1 < b_1 < a_2 < b_2 < \cdots < a_k < b_k$，$I = I_1 \times I_2 \times \cdots \times I_k$，定义

$$M_k(I) = \{(t_1, t_2, \cdots, t_k) \in I,\ X(t_1) = X(t_2) = \cdots = X(t_k)\}$$

$$M_k = \{(t_1, t_2, \cdots, t_k) \in \mathbf{R}^k : t_1, t_2, \cdots, t_k \text{ 互不相同使得 } X(t_1) = X(t_2) = \cdots = X(t_k)\}$$

定理 29.1　(1) $\forall x \in G$，有

$$P^x\left(\dim M_k(I) \leqslant k - (k-1)\frac{d_s}{2}\right) = 1 \qquad (29.1)$$

(2) 存在 $a > 0$，$\forall x \in G$，$\forall \delta > 0$，有

$$P^x\left(\dim M_k(I) \geqslant k - (k-1)\frac{d_s}{2} - \delta\right) \geqslant a \qquad (29.2)$$

证　$\forall t = (t_1, t_2, \cdots, t_k) \in I$，定义

$$\begin{aligned} Z(t) &= Z(t_1, t_2, \cdots, t_k) \\ &= (X(t_2) - X(t_1), \cdots, X(t_k) - X(t_1)) \end{aligned}$$

因为 $\forall \varepsilon > 0$，$\{X(t), t \geqslant 0\}$ P^x a. s. 是 $\nu - \varepsilon$ 阶赫尔德连续的，所以 $Z(t)$ 亦是 P^x a. s. $\nu - \varepsilon$ 阶赫尔德连续的，即存在 $M > 0$ 及正随机变量 $\delta(\omega)$ 使得 $\forall s, t \in I$，若 $|s - t| < \delta(\omega)$，有

$$|Z(s) - Z(t)| \leqslant M|t - s|^{\nu - \varepsilon} \qquad (29.3)$$

$\forall \lambda > k - (k-1)\frac{d_s}{2}$，取 $\varepsilon > 0$ 使得 $\lambda > k - (k-1)\cdot(\nu - \varepsilon)d_f$，则存在 $\mathbf{R}^k$ 中开球列 $\{B_{n,j} = B(a_{n,j}, r_{n,j}), j \geqslant 1, n \geqslant 1\}$，使得对于任意 n，有

$$I \subset \bigcup_{j \leqslant 1}^{\infty} B_{n,j}, r_{n,j} \leqslant 2^{-n}, a_{n,j} \in I, 1 \leqslant j < +\infty$$

且 $\{B_{n,j} : j \geqslant 1, n \geqslant 1\}$，满足

$$\varliminf_{n\to\infty}\sum_j (2r_{n,j})^{\lambda+(k-1)(\nu-\varepsilon)d_f} < +\infty$$

其中 $B(a,r)$ 表示中心为 a,半径为 r 的开球.

令

$$B_{n,j}(O)=\begin{cases}B_{n,j},若 O\in Z(B_{n,j})\triangleq\{Z(t),t\in B_{n,j}\cap I\}\\ \varnothing,其他\end{cases}$$

则 $\{B_{n,j}(O),j\geqslant 1\}$ 为 $M_k(I)$ 的一个覆盖,由式(29.3),当 n 充分大时,有

$$O\in Z(B_{n,j})\Rightarrow|Z(a_{n,j})|\leqslant M(2r_{n,j})^{\nu-\varepsilon}$$

因此

$$\sum_j(\operatorname{diam}B_{n,j}(O))^{\lambda}\leqslant\sum_{j\in\Gamma_n}(2r_{n,j})^{\lambda}$$

其中 $\Gamma_n=\{j\,|\,|Z(a_{n,j})|\leqslant M(2r_{n,j})^{\nu-\varepsilon}\}$,所以

$$\varliminf_{n\to\infty}\sum_j\operatorname{diam}B_{n,j}(O)\leqslant\varliminf_{n\to\infty}\sum_{j\in\Gamma_n}(2r_{n,j})^{\lambda}$$

由法图引理及引理 29.1,有

$$\begin{aligned}&E^x[\varliminf_{n\to\infty}\sum_j(\operatorname{diam}B_{n,j}(O))^{\lambda}]\\&\leqslant\varliminf_{n\to\infty}E^x[\sum_{j\in\Gamma_n}(2r_{n,j})^{\lambda}]\\&=\varliminf_{n\to\infty}\sum_j(2r_{n,j})^{\lambda}P^x\{|Z(a_{n,j})|\leqslant M(2r_{n,j})^{\nu-\varepsilon}\}\end{aligned}$$

而

$$\begin{aligned}&P^x\{|Z(a_{n,j})|\leqslant M(2r_{n,j})^{\nu-\varepsilon}\}\\&=\int_G\cdots\int_G P(a_{n,j,1},x,x_1)\prod_{i=2}^{k}P(a_{n,j,i}-a_{n,j,i-1},x_{i-1},x_i)\cdot\\&\quad\prod_{i=2}^{k}I_{\{|x_i-x_1|\leqslant M(2r_{n,j})^{\nu-\varepsilon}\}}u(\mathrm{d}x_1)\cdots u(\mathrm{d}x_k)\\&\leqslant[c_3\alpha^{-\frac{d_s}{2}}]^k c^{k-1}[M(2r_{n,j})^{\nu-\varepsilon}]^{d_f(k-1)}\end{aligned}$$

其中 $a_{n,j}=(a_{n,j,1},\cdots,a_{n,j,k})$,$\alpha=\min\{a_1,a_{j+1}-b_j,j=1,2,\cdots,k-1\}>0$,所以

$$E^x\left[\varliminf_{n\to\infty}\sum_j(\operatorname{diam} B_{n,j}(O))^\lambda\right]$$

$$\leqslant \varliminf_{n\to\infty}(c_3\alpha^{-\frac{d_s}{2}})^k c^{k-1}M^{d_f(k-1)}(2r_{n,j})^{\lambda+(k-1)d_f(\nu-\varepsilon)} < +\infty$$

由 λ 的任意性知式(29.1)成立.

下面证明式(29.2)，$\forall s=(s_1,s_2,\cdots,s_k)\in I$，定义

$$Y_n(s,\omega)=2^{n(k-1)d_f}\int_{\prod_{j=1}^k[a_j,s_j]}\prod_{j=2}^k I_{\{|X(t_j)-X(t_1)|<2^{-n}\}}\mathrm{d}_{t_1}\cdots\mathrm{d}_{t_k}$$

则 $\forall x\in G$，有

$$E^xY_n(s,\omega)Y_m(s,\omega)$$

$$=(2^{n+m})^{(k-1)d_f}\int_{\prod_{j=1}^k[a_j,s_j]}\int_{\prod_{j=1}^k[a_j,s_j]}P^x\{|X(t_j)-X(t_1)|<2^{-n},$$

$$|X(r_j)-X(r_1)|<2^{-m},j=2,3,\cdots,k\}\mathrm{d}t_1\mathrm{d}t_2\cdots\mathrm{d}t_k\mathrm{d}r_1\cdots\mathrm{d}r_k$$

$\forall(t_1,t_2,\cdots,t_k)\in\prod_{j=1}^k[a_j,s_j]$，$(r_1,r_2,\cdots,r_k)\in\prod_{j=1}^k[a_j,s_j]$，$t_i\neq r_i(i=1,2,\cdots,k)$，不失一般性，可以假定 $t_i<r_i(i=1,2,\cdots,k)$，则由引理29.1，有

$$(2^{m+n})^{(k-1)d_f}P^x\{|X(t_j)-X(t_1)|<2^{-n},|X(r_j)-X(r_1)|<2^{-m},j=2,\cdots,k\}$$

$$=(2^{m+n})^{(k-1)d_f}\int_G\cdots\int_G p(t_1,x,x_1)p(r_1-t_1,x_1,y_1)\cdot$$

$$p(t_2-r_1,y_1,x_2)\cdots p(t_k-r_{k-1},y_{k-1},x_k)p(r_k-t_k,x_k,y_k)\cdot$$

$$\prod_{i=2}^k I_{\{|x_j-x_1|<2^{-n}\}}I_{\{|y_j-y_1|<2^{-n}\}}u(\mathrm{d}x_1)\cdots u(\mathrm{d}y_k)$$

$$\leqslant(2^{m+n})^{(k-1)d_f}M_\alpha^k\int_G\cdots\int_G\prod_{j=1}^k p(r_j-t_j,x_j,y_j)\cdot$$

$$\prod_{j=2}^k I_{\{|x_j-x_1|<2^{-n}\}}I_{\{|y_j-y_1|<2^{-m}\}}\cdot$$

$$u(\mathrm{d}x_1)\cdots u(\mathrm{d}x_k)u(\mathrm{d}y_1)\cdots u(\mathrm{d}y_k) \qquad (29.4)$$

其中 $M_\alpha \triangleq \sup\limits_{t\geqslant\alpha}\sup\limits_{x,y\in G} p(t,x,y) \leqslant c_3\alpha^{-\frac{d_s}{2}} < +\infty$. 由推广的赫尔德不等式

$$\int_G\cdots\int_G \prod_{j=1}^k p(r_j - t_j, x_j, y_j)\cdot$$
$$\prod_{i=2}^k I_{\{|x_i-x_1|<2^{-n}\}} I_{\{|y_i-y_1|<2^{-m}\}} u(\mathrm{d}x_1)\cdots u(\mathrm{d}y_k)$$
$$\leqslant \prod_{j=1}^k \Big[\int_G\cdots\int_G p^k(r_j - t_j, x_j, y_j)\cdot$$
$$\prod_{i=2}^k I_{\{|x_i-x_1|<2^{-n}\}} I_{\{|y_i-y_1|<2^{-m}\}} u(\mathrm{d}x_1)\cdots u(\mathrm{d}y_k)\Big]^{\frac{1}{k}}$$

由引理 29.2, 当 $j = 1$ 时, 有

$$\int_G\cdots\int_G p^k(r_1 - t_1, x_1, y_1)\cdot$$
$$\prod_{i=2}^k I_{\{|x_i-x_1|<2^{-n}\}} I_{\{|y_i-y_1|<2^{-m}\}} u(\mathrm{d}x_1)\cdots u(\mathrm{d}y_k)$$
$$\leqslant c^{2(k-1)}2^{-(m+n)(k-1)d_f}\sup_{x_1\in G}\int_G p^k(r_1 - t_1, x_1, y_1)u(\mathrm{d}y_1)$$
$$\leqslant c^{2(k-1)}c_5^k 2^{-(m+n)(k-1)d_f}|r_1 - t_1|^{-(k-1)\frac{d_s}{2}}$$

对 $\forall 2\leqslant j\leqslant k$, 有

$$\int_G\cdots\int_G p^k(r_j - t_j, x_j, y_j)\cdot$$
$$\prod_{i=2}^k I_{\{|x_i-x_1|<2^{-n}\}} I_{\{|y_i-y_1|<2^{-m}\}} u(\mathrm{d}x_1)\cdots u(\mathrm{d}y_k)$$
$$\leqslant \int_G\cdots\int_G p^k(r_j - t_j, x_j, y_j)\cdot$$
$$\prod_{\substack{i=1\\ i\neq j}}^k I_{\{|x_i-x_j|<2\cdot 2^{-n}\}} I_{\{|y_i-y_j|<2\cdot 2^{-m}\}} u(\mathrm{d}x_1)\cdots u(\mathrm{d}y_k)$$
$$\leqslant c^{2(k-1)}2^{2(k-1)d_f}c_5^k 2^{-(m+n)(k-1)d_f}|r_j - t_j|^{-(k-1)\frac{d_s}{2}}$$

故

$$式(29.4)右边 \leqslant c_6 M_\alpha^k \prod_{j=1}^{k} | r_j - t_j |^{-\frac{k-1}{k}\frac{d_s}{2}} \tag{29.6}$$

其中 $c_6 = c^{2(k-1)} c_5^k 2^{\frac{(k-1)^2}{k}2d_f}$，由控制收敛定理，有

$$\lim_{\substack{n\to\infty \\ m\to\infty}} E^x [Y_n(s,\omega) Y_m(s,\omega)]$$

$$= 2^{(k-1)} \int_{\prod_{j=1}^{k}[a_j,s_j]} \int_{\prod_{j=1}^{k}[a_j,s_j]} r(t_1,t_2,\cdots,t_k,r_1,r_2,\cdots,r_k,z,y) \cdot u(dz)u(dy)dt_1,\cdots,dt_k dr_1\cdots dr_k \tag{29.7}$$

其中，若 $t_j < r_j, 1 \leqslant j \leqslant l, t_j > r_j, l < j \leqslant k$，则

$$r(t_1,t_2,\cdots,t_k,r_1,r_2,\cdots,r_k,z,y)$$

$$= p(t_1,x,z) \prod_{j=1}^{l-1} [p(r_j - t_j,z,y) p(t_{j+1} - r_j,z,y)] \cdot \prod_{j=l+1}^{k} [p(t_j - r_j,z,y) p(r_{j+1} - t_j,z,y)] p(r_l - t_l,z,y) p(r_{l+1} - r_l,y,y) p(t_k - r_k,z,y)$$

因此

$$\lim_{\substack{m\to\infty \\ n\to\infty}} E^x [Y_n(s,\omega) - Y_m(s,\omega)]^2 = 0 \tag{29.8}$$

由博雷尔 - Cantelli 引理，存在 $\{ Y_n(s,\omega), n \geqslant 1 \}$ 的子序列 $\{ Y_{n_m}(s,\omega), m \geqslant 1 \}$ 使得 P^x a. s.

$$\lim_{m\to\infty} Y_{n_m}(s,\omega) 存在 \tag{29.9}$$

记 $Y(s,\omega) = \lim_{m\to\infty} Y_{n_m}(s,\omega)$. 令

$$L = \{ s = (s_1,s_2,\cdots,s_k) \in \prod_{j=1}^{k} [a_j,b_j], s_1,s_2,\cdots,s_k 为有理数 \} \cup \{ (b_1,b_2,\cdots,b_k) \}$$

由式(29.8)和(29.9)知存在 $\{ n_m, m \geqslant 1 \}$ 的子序列，

不妨就设为$\{n_m, m \geqslant 1\}$使得$\lim\limits_{m\to\infty} Y_{n_m}(s,\omega) = Y(s,\omega)$，对 $\forall s \in L$ 且

$$\sum_{m=1}^{\infty} E^x[Y_{n_m}(b_1,\cdots,b_k,\omega) - Y(b_1,b_2,\cdots,b_k,\omega)]^2 < +\infty \tag{29.10}$$

对 $\forall t = (t_1,t_2,\cdots,t_k) \in \prod\limits_{j=1}^{k}[a_j,b_j]$，定义$M(t,\omega) = \inf\{Y(s,\omega) \mid s \in L, s \geqslant t\}$，其中$s \geqslant t$当且仅当$s_i \geqslant t_i$，$1 \leqslant i \leqslant k$.

由$\{X(t), t \geqslant 0\}$ 样本轨道的连续性，由函数$M(\cdot,\omega)$在I上产生的勒贝格－斯笛尔几斯(Stieltjes)测度，不妨仍记为$M(\cdot,\omega)$，支撑在$Z^{-1}(O)$上，由$Y_{n_m}(\cdot,\omega)$在I上产生的勒贝格－斯笛尔几斯测度，仍记为$Y_{n,m}(\cdot,\omega)$弱收敛于$M(\cdot,\omega)$.

令$A = \{\omega \mid M(b_1,b_2,\cdots,b_k,\omega) > 0\}$，由于

$$\begin{aligned} & E^x Y_n(b_1,b_2,\cdots,b_k,\omega) \\ & = 2^{n(k-1)d_f}\int_{\prod_{j=1}^{k}[a_j,b_j]}\int_G\cdots\int_G p(t_1,x,x_1)\prod_{j=2}^{k}p(t_j-t_{j-1},x_{j-1},x_j)\cdot \\ & \quad \prod_{j=2}^{k} I_{\{|x_j-x_1|<2^{-n}\}}u(\mathrm{d}x_1)\cdots u(\mathrm{d}x_k)\mathrm{d}t_1\cdots\mathrm{d}t_k \\ & \leqslant c^{k-1}M_\alpha^k \end{aligned}$$

由控制收敛定理及引理 29.1 得

$$\begin{aligned} & E^x M(b_1,b_2,\cdots,b_k,\omega) \\ & = \int_{\prod_{j=1}^{k}[a_j,b_j]}\int_G p(t_1,x,y)\prod_{j=2}^{k}p(t_j-t_{j-1},y,y)u(\mathrm{d}y)\mathrm{d}t_1\cdots\mathrm{d}t_k \\ & \geqslant \int_{\prod_{j=1}^{k}[a_j,b_j]} c_1^{k-1}\prod_{j=2}^{k}|t_j-t_{j-1}|^{-\frac{d_s}{2}}\mathrm{d}t_1\cdots\mathrm{d}t_k \end{aligned}$$

$$\geqslant c_1^{k-1}\prod_{j=2}^{k}(b_j-a_{j-1})^{-\frac{d_s}{2}}\prod_{j=1}^{k}(b_j-a_j)\triangleq c_7>0$$

(29.11)

由(29.7)(29.8)两式知

$$E^x M^2(b_1,b_2,\cdots,b_k,\omega)$$

$$=2^{(k-1)}\int_{\prod_{j=1}^{k}[a_j,b_j]}\int_{\prod_{j=1}^{k}[a_j,b_j]}r(t_1,t_2,\cdots,t_k,r_1,r_2,\cdots,r_k,z,y)\cdot$$

$$u(\mathrm{d}y)u(\mathrm{d}z)\mathrm{d}t_1\cdots\mathrm{d}t_k\mathrm{d}r_1\cdots\mathrm{d}r_k$$

$$\leqslant 2^{k-1}c_3^{2k-1}\beta^{-\frac{k-1}{2}d_s}\prod_{j=1}^{k}\int_{a_j}^{b_j}\int_{a_j}^{b_j}|t_j-r_j|^{-\frac{d_s}{2}}\mathrm{d}t_j\mathrm{d}r_j\triangleq c_8>0$$

(29.12)

其中$\beta=\min(a_{j+1}-b_j,j=1,2,\cdots,k-1)$. 显然$c_7,c_8$仅仅依赖于$I$中各区间之间的间隔,以及各区间的长度而与各区间端点的位置无关. 令$a=\frac{1}{4}\frac{c_7^2}{c_8}$,则$\forall x\in G$,有

$$P^x(A)=P^x\{M(b_1,b_2,\cdots,b_k,\omega)>0\}$$

$$\geqslant P^x\{M(b_1,b_2,\cdots,b_k,\omega)>\frac{1}{2}E^xM(b_1,b_2,\cdots,b_k,\omega)\}$$

$$\geqslant\frac{1}{4}\frac{(E^xM(b_1,b_2,\cdots,b_k,\omega))^2}{E^xM^2(b_1,b_2,\cdots,b_k,\omega)}$$

$$\geqslant\frac{1}{4}\frac{c_7^2}{c_8}=a \qquad (29.13)$$

由单调收敛定理和控制收敛定理,$\forall\lambda<k-(k-1)\cdot\frac{d_s}{2}$, $\forall x\in G$,有

$$E^x\int_I\int_I\frac{M(\mathrm{d}s,\omega)M(\mathrm{d}t,\omega)}{|s-t|^{\lambda}}$$

$$= \lim_{l\to\infty} E^x \int_I\int_I (|s-t|^{-\lambda} \wedge l) M(\mathrm{d}s,\omega) M(\mathrm{d}t,\omega)$$

$$= \lim_{l\to\infty}\lim_{m\to\infty} E^x \int_I\int_I \left(\frac{1}{|s-t|^{\lambda}} \wedge l\right) Y_{n_m}(\mathrm{d}s,\omega) Y_{n_m}(\mathrm{d}s,\omega)$$

$$= \lim_{l\to\infty}\lim_{m\to\infty} \int_I\int_I (|s-t|^{-\lambda} \wedge l) \cdot$$

$$\frac{P^x\{|X(s_j)-X(s_1)|<2^{-n_m}, |X(t_j)-X(t_1)|<2^{-n_m}, j=2,3,\cdots,k\}}{(4^{-n_m})^{(k-1)d_f}} \cdot$$

$$\mathrm{d}s_1\mathrm{d}s_2\cdots\mathrm{d}s_k\mathrm{d}t_1\cdots\mathrm{d}t_k$$

$$\leqslant \int_I\int_I |s-t|^{-\lambda} c_6 M_\alpha^k \prod_{j=1}^{k} |t_j - s_j|^{-\frac{k-1}{k}\frac{d_s}{2}}$$

$$\leqslant c_6 M_\alpha^k k^{\frac{-\lambda}{2}} \prod_{j=1}^{k} |t_j - s_j|^{-(\lambda+(k-1)\frac{d_s}{2})\cdot\frac{1}{k}} \mathrm{d}s_1\mathrm{d}s_2\cdots\mathrm{d}s_k\mathrm{d}t_1\cdots\mathrm{d}t_k$$

$$< +\infty$$

由 Frostman 引理，并注意到式(29.11)(29.12)(29.13)知式(29.2)成立. 定理 29.1 证毕.

推论 $\forall x \in G$，有

$$\dim M_k = k - (k-1)\frac{d_s}{2} \quad P^x \text{ a.s.}$$

证 令 $L = \{I = [a_1, b_1] \times \cdots \times [a_k, b_k] \mid 0 < a_1 < b_1 < \cdots < a_k < b_k, a_i, b_i$ 为有理数，$i = 1, 2, \cdots, k\}$，则 $\forall x \in G$，有

$$M_k \subset \bigcup_{I\in L} [M_k(I) \cup \{\{0\} \times (X^{-1}(x) \cap [a_2, b_2]) \times \cdots \times (X^{-1}(x) \cap [a_k, b_k])\}]$$

由豪斯道夫维数的可列平稳性及文[130]的推论 4.5 及定理 29.1 有

$$\dim M_k \leqslant \max\left(\sup_{I\in L} \dim M_k(I), (k-1)(1-\frac{d_s}{2})\right)$$

$$= k - (k-1)\frac{d_s}{2}$$

$\forall I \in L$,取 $b > b_k$, $\forall n \geqslant 1$,记

$$I_{nb} = [a_1 + nb, b_1 + nb] \times \cdots \times [a_k + nb, b_k + nb]$$

$\forall \lambda < k - (k-1)\dfrac{d_s}{2}$,由马尔可夫性质及定理 29.1,有

$$P^x\{\dim M_k(I_{nb}) \geqslant \lambda \mid X(s), 0 \leqslant s \leqslant (n-1)b\}$$
$$= P^{X((n-1)b)}\{\dim M_k(I) \geqslant \lambda\} \geqslant a > 0$$

由推广的博雷尔 – Cantelli 引理(见文[124],32 页)有

$$P^x(\dim M_k(I_{nb}) \geqslant \lambda \text{ i. o. }) = 1$$

因此 $P^x(\dim M_k \geqslant \lambda) = 1$. 由 λ 的任意性,知

$$\dim M_k \geqslant k - (k-1)\frac{d_s}{2} \quad P^x \text{ a. s.}$$

推论证毕.

一类递归集的豪斯道夫维数及 Bouligand 维数①

第30章

武汉大学数学系的吴敏教授在1995年给出了递归集豪斯道夫维数的下界估计,并由此确定了一类递归集的维数,所获结果包含并推广了 Bedford, Dekking 及文志英、钟红柳等人的有关结果。

为了研究 Fractal 集的机制, Dekking[133],[134]通过迭代方式引入了递归集,它可以生成几乎所有熟知的 Fractal 集,已成为一类非常重要的 Fractal 集. 递归集的生成过程的一个显著特点是:它的同阶生成元之间会产生重叠,因此,确定其维数是一个非常困难的问题. 在自相似的情形(此时,为保证其经典维数公式成立的"开集"条件也不一定满足), Bedford[132], Dekking[134] 考虑过一类弱重叠(即满足"可解"条件)的递归集,并确定了其豪斯道夫维数. 在非自相似的情形,

① 吴敏. 一类递归集的 Hausdorff 维数及 Bouligand 维数[J]. 数学学报,1995,38(2):154-163.

Dekking[134]曾给出一个豪斯道夫维数的上界估计,但无下界估计. 本章对一般递归集,给出了一个豪斯道夫维数的非平凡的下界估计,利用这一结果,确定了一类非自相似的递归集的豪斯道夫维数与 Bouligand 维数,并将 Dekking 等人的结果作为特殊情形.

1. 基本概念

在本章中,我们分别用 $\dim_H$ 和 $\dim_B$ 表示豪斯道夫维数和 Bouligand 维数,有关定义及性质参见文[19].

下面介绍与递归集有关的一些概念和结果.

设 S 表示一个有限字母的集合,S^* 是由 S 生成的自由半群,S^* 中的元素称为词 $\theta:S^*\to S^*$ 自同态,即对任意的 u,v 属于 S^*,有 $\theta(u,v)=\theta(u)\cdot\theta(v)$. 记 $\mathbf{R}^d$ 为 d 维欧氏空间,$f:S^*\to\mathbf{R}^d$ 同态映射,即对任意的 u,v 属于 S^*,有 $f(u\cdot v)=f(u)+f(v)$.

设 $L_\theta:\mathbf{R}^d\to\mathbf{R}^d$ 线性映射,使得对任意的 $s\in S$,有 $L_\theta(f(s))=f(\theta(s))$,$L_\theta$ 称为 θ 的表示. 若 L_θ 的特征根之模均比 1 大,则称 L_θ 为扩张表示. 在本章中,总假设 L_θ 为扩张表示.

$\mathcal{L}(\mathbf{R}^d)$ 表示 $\mathbf{R}^d$ 中所有非空紧集的集合,$\mathcal{L}_0(\mathbf{R}^d)=\mathcal{L}(\mathbf{R}^d)\cup\varnothing$,$K[\cdot]:S^*\to\mathcal{L}_0(\mathbf{R}^d)$ 映射,且满足:对任意的 u,v 属于 S^*,有 $K[u\cdot v]=K[u]\cup\{K[v]+f(u)\}$. 若 s 属于 S,使 $K[s]=\varnothing$,则称这样的 s 是一个虚元,集合 $Q=\{s\in S,K[s]=\varnothing\}$ 称为虚元集. 假设 θ 是 Q - 平稳的,即存在正整数 m,使对任意的 s 属于 S,下面两者之一成立:(1)$\theta^k s\in Q^*$,$k\geqslant m$;(2)$\theta^k s\notin Q^*$,$k\geqslant m$. 又称满足(2)的元为本质元,用 E 表示本质元的集合. 由文[134],我们总可以假设:

$\theta Q^* \subset Q^*$，并且若 $s \notin Q^*$，则 $\theta(s) \notin Q^*$；以及 $E = S \setminus Q$. 在上述假设下，Dekking[133] 证明：若 w 为任一包含本质元的词，则存在一个非空紧集 $K_\theta(s)$，使 $L_\theta^{-n} K[\theta^n(w)] \to K_\theta(w)$，$n \to \infty$，依豪斯道夫度量意义成立. 我们称 $K_\theta(w)$ 为递归集. 又由文[134]知 $K_\theta(w)$ 与 $K[\cdot]$ 的选择无关，在本章中，我们取 $K[s] = \{\alpha f(s) | 0 \leqslant \alpha \leqslant 1\}$.

又假设 θ 为本质混合的，即存在正整数 m，对任意的 t, s 属于 E，使得 s 一定出现在 $\theta^m(t)$ 中. 在这个假设下，Bedford[132] 证明：对任意的 t，s 属于 E，$\dim_H K_\theta(s) = \dim_H K_\theta(t)$.

设 $A \subset S$，$|w|_A$ 表示词 w 中集合 A 的元出现的次数. 设 $s, t \in E$，令 $m_{st} = |\theta(s)|_t$，若记 $|E| = r$，则可以定义一个 $r \times r$ 阶非负矩阵 $\boldsymbol{m}_E = (m_{st})_{s,t \in E}$，我们称矩阵 $\boldsymbol{m}_E$ 为 θ 的代换矩阵，它在递归集的研究中起着重要作用. 当 θ 是本质混合时，显然 $\boldsymbol{m}_E$ 是本原矩阵，由 Frobewing 定理[19]知，$\boldsymbol{m}_E$ 存在一单重正特征值，它大于所有其他的特征值的模，记此特征值为 λ_E. Bedford[132] 证明

$$\lambda_E^n \sim |\theta(s)|_E, \quad n \to \infty \tag{30.1}$$

设 $s \in E$，定义

$$\begin{aligned} \alpha_0 &= \sup\left\{\alpha \mid \exists \varepsilon > 0, \varliminf_{n\to\infty} \frac{m_d(K[\theta^n(s)])^\varepsilon}{|\theta^n(s)|_E^\alpha} = \infty\right\} \\ &= \inf\left\{\alpha \mid \exists \varepsilon > 0, \varliminf_{n\to\infty} \frac{m_d(K[\theta^n(s)])^\varepsilon}{|\theta^n(s)|_E^\alpha} = 0\right\} \end{aligned} \tag{30.2}$$

其中 m_d 是 $\mathbf{R}^d$ 上勒贝格测度，A^ε 为 A 的 ε - 平行体，即若 $A \subseteq \mathbf{R}^d$，则 $A^\varepsilon = \{x \in \mathbf{R}^d \mid |x - y| \leqslant \varepsilon, y \in A\}$. 在式(30.2)中用 $\varlimsup$ 代替 $\varliminf$ 可相应定义另一数值. 记为

β_0,显然 $\alpha_0 \leqslant \beta_0$.

注　容易验证下列关系式:$m_d(K[w])^{\varepsilon/p} \leqslant m_d(K[w])^{\varepsilon} \leqslant p^d m_d(K[w])^{\varepsilon/p}$,其中 $p>1$ 是仅与 d 有关的常数. 因此,若存在 $\varepsilon_0>0$ 使式(30.2)成立,则对任意的 $\varepsilon>0$,式(30.2)成立.

当 L_θ 是相似映射时(即 L_θ 是数乘及旋转的复合),其诸特征值之模相等,记为 $|\lambda|$. Dekking 曾猜想:$\dim_H K_\theta(w)=\lg\lambda_E/\lg|\lambda|$,当且仅当对某一正 ε,$\varliminf\limits_{n\to\infty}\dfrac{m_d(K[\theta^n(w)])^{\varepsilon}}{|\theta^n(w)|_E}>0$(Dekking 称这个条件为:$\theta$ 是可解的). Bedford[132] 及钟红柳[138] 分别用动力系统理论和初等方法证明了这一猜想.

当 L_θ 不是相似映射时,Dekking[134] 给出:$\forall s\in E,\dim_H K_\theta(s)\leqslant\left(\lg\lambda_E+\sum\limits_{i=1}^{d}\lg\dfrac{|\lambda_d|}{|\lambda_i|}\right)/\lg|\lambda_d|$,其中 $|\lambda_1|\leqslant|\lambda_2|\leqslant\cdots\leqslant|\lambda_d|$ 是 L_θ 的特征值的模. 钟红柳[138] 将上述不等式改进为:$\forall s\in E,\dim_H K_\theta(s)\leqslant\left(\alpha_0\lg\lambda_E+\sum\limits_{i=1}^{d}\lg\dfrac{|\lambda_d|}{|\lambda_i|}\right)/\lg|\lambda_d|$. 在本章中,我们将证明:$\forall s\in E,\alpha_0\lg\lambda_E/\lg|\lambda_1\cdots\lambda_d|^{1/d}\leqslant\dim_H K_\theta(s)\leqslant\dim_B K_\theta(s)\leqslant\left(\beta_0\lg\lambda_E+\sum\limits_{i=1}^{d}\lg\dfrac{|\lambda_d|}{|\lambda_i|}\right)/\lg|\lambda_d|$.

2. 若干引理

在本章中,记号 $S,E,Q,K[\cdot],K_\theta(w),m_E,\lambda_E,|w|_A$ 的意义均同前述,并且,我们总是假设:L_θ 是扩张表示,θ 是 Q - 平稳且本质混合的.

引理 30.1　令 L 是 $\mathbf{R}^d$ 上的自同态,特征值为 $\lambda_1,\lambda_2,\cdots,\lambda_d$,且 $|\lambda_1|\leqslant|\lambda_2|\leqslant\cdots\leqslant|\lambda_d|$,则对任意的

$\lambda > |\lambda_d|$，存在 $b > 0$，对任何属于 $\mathbf{R}^d$ 的 v，有 $\|L^n(v)\| \leqslant b \cdot \lambda^n \cdot \|v\|, n = 1,2,\cdots$.

证明见文[135].

引理 30.2 L 的假设同引理 30.1，又若 L^{-1} 存在，则对任意的 $\lambda' < |\lambda_1|$，存在 $b' > 0$，对任何 v 属于 $\mathbf{R}^d$，$\|L^n(v)\| \geqslant b' \cdot \lambda'^n \cdot \|v\|, n = 1,2,\cdots$.

证 因为 L^{-1} 存在，所以，$\lambda_1^{-1}, \lambda_2^{-1}, \cdots, \lambda_d^{-1}$ 是 L^{-1} 的特征值，并且，$|1/\lambda_1| \geqslant |1/\lambda_2| \geqslant \cdots \geqslant |1/\lambda_d|$，由引理 30.1，对任何 $\lambda'' > |1/\lambda_1|$，存在 $b'' > 0$，对任何 v 属于 $\mathbf{R}^d$，即

$$\|L^{-n}(v)\| \leqslant b'' \cdot \lambda''^n \cdot \|v\| \quad (n = 1,2,\cdots)$$

$$\|v\| = \|L^{-n} \cdot L^n(v)\| \leqslant b'' \cdot (\lambda'') \cdot \|L^n(v)\| \quad (n = 1,2,\cdots)$$

于是，$\|L^n(v)\| \geqslant 1/b'' \cdot (1/\lambda'')^n \cdot \|v\|$ $(n = 1,2,\cdots)$，令 $b' = (1/b'') > 0, \lambda' = (1/\lambda'') < |\lambda_1|$，故 $\|L^n(v)\| \geqslant b' \cdot (\lambda')^n \cdot \|v\| (n = 1,2,\cdots)$.

由引理 30.1 的证明可得：

推论 30.1 L 的假设同引理 30.2，则对任何的 $\lambda > |\lambda_d|, \lambda' < |\lambda_1|$，存在 N，对任何 $n > N$，对任何 v 属于 $\mathbf{R}^d$，有 $(\lambda')^n \cdot \|v\| \leqslant \|L^n(v)\| \leqslant \lambda^n \cdot \|v\|$.

设 $d(\cdot, \cdot)$ 是豪斯道夫度量，即对于 $A, B \in \mathcal{L}(\mathbf{R}^d)$，有

$$d(A,B) = \sup\{\sup_{x \in A} \inf_{y \in B} \|x - y\|, \sup_{y \in B} \inf_{x \in A} \|x - y\|\}$$

不难验证 $d(\cdot, \cdot)$ 具有下列简单性质：

(1) 对任意的 A, B 属于 $\mathcal{L}(\mathbf{R}^d)$，$x$ 属于 $\mathbf{R}^d$，$d(A + x, B + x) = d(A, B)$.

(2) 对 A_1, A_2, B_1, B_2 属于 $\mathcal{L}(\mathbf{R}^d)$，$d(A_1 \cup A_2, B_1 \cup B_2) \leqslant \max\{d(A_1, B_1), d(A_2, B_2)\}$.

(3) 对任意的 A,B,C 属于 $\mathcal{L}(\mathbf{R}^d)$, $d(A,B)\leqslant d(A,C)+d(C,B)$. 在本章中, $d(\cdot,\cdot)$ 总表示豪斯道夫度量.

引理 30.3　记 $K_n=L_\theta^{-n}K[\theta^n(s)]$, 则 $d(K_n,K_\theta(s))\leqslant c\cdot\lambda^{-n}(n=0,1,2,\cdots)$, 其中 $c=d_0\cdot b\cdot(1/(1-\lambda^{-1}))$, b,λ 满足引理30.1 的条件. 特别地, 当 n 充分大时, $d(K_n,K_\theta(s))\leqslant(d_0/(1-\lambda^{-1}))\cdot\lambda^{-n}$.

证　由文[133] 中定理 2.4 的证明可得

$$d(K_n,K_{n+1})\leqslant\max_{s\in S}d(L_\theta^{-n}K[s],L_\theta^{-n-1}K[\theta(s)])\tag{30.3}$$

对式(30.3) 应用引理 30.1 得

$$d(K_n,K_{n+1})\leqslant d_0\cdot b\cdot\lambda^{-n}\tag{30.4}$$

其中 $d_0=\max\limits_{s\in S}d(K[s],L_\theta^{-1}K[\theta(s)])$, b,λ 满足引理 30.1 的条件. 对式(30.3) 应用推论 30.1 得: 对充分大的 n, 有

$$d(K_n,K_{n+1})\leqslant d_0\cdot\lambda^{-n}\tag{30.5}$$

由式(30.4), 得

$$\begin{aligned}d(K_n,K_{n+m})&\leqslant d(K_n,K_{n+1})+d(K_{n+1},K_{n+2})+\cdots+\\&\quad d(K_{n+m-1},K_{n+m})\\&\leqslant d_0b\lambda^{-n}+d_0b\lambda^{-n-1}+\cdots+d_0b\lambda^{-n-m+1}\\&=d_0b\lambda^{-n}((1-\lambda^{-m})/(1-\lambda^{-1}))\end{aligned}$$

从而

$$\begin{aligned}d(K_n,K_\theta(s))&\leqslant d(K_n,K_{n+m})+d(K_{n+m},K_\theta(s))\\&\leqslant d_0b\lambda^{-n}((1-\lambda^{-m})/(1-\lambda^{-1}))+\\&\quad d(K_{n+m},K_\theta(s))\end{aligned}$$

对上述不等式两边, 令 $m\to\infty$, 得 $d(K_n,K_\theta(s))\leqslant d_0\cdot b\lambda^{-n}(1-\lambda^{-1})$, 令 $c=d_0\cdot b/(1-\lambda^{-1})$, 即引理前段得

证.

由上述过程结合式(30.5),得:对充分大的 n,有
$d(K_n,K_\theta(s)) \leqslant (d_0/(1-\lambda^{-1}))\cdot\lambda^{-n}$

引理 30.4　设 $A \in \mathcal{L}_0(\mathbf{R}^d)$,则

(1) $m_d(L_\theta^{-n}(A)) = m_d(A)/|\lambda_1\cdots\lambda_d|^n$;

(2) 当 n 充分大时,有

① $(L_\theta^n(A))^{(\lambda')^n\cdot\varepsilon} \subset L_\theta^n(A^\varepsilon) \subset (L_\theta^n(A))^{\lambda^n\cdot\varepsilon}$;

② $(L_\theta^{-n}(A))^{\lambda^{-n}\cdot\varepsilon} \subset L_\theta^{-n}(A^\varepsilon) \subset (L_\theta^{-n}(A))^{\lambda'^{-n}\cdot\varepsilon}$;

其中 λ,λ' 的意义同推论 30.1,ε 是一正数.

证　(1) 我们注意到

$$m_d(L_\theta^{-n}(A)) = \int_{L_\theta^{-n}(A)} \mathcal{X}_{L_\theta^{-n}(A)}\,\mathrm{d}m_d = \int_A \mathcal{X}_A\cdot|J|\cdot\mathrm{d}m_d$$

其中 $\mathcal{X}_A$ 为集合 A 的指示函数,J 为变换 L_θ^{-n} 的雅可比(Jacobi) 矩阵,$|J|$ 表示 J 的行列式的绝对值.

又 $\lambda_1,\cdots,\lambda_d$ 是 L_θ 的特征值,所以,$\lambda_1^{-n},\cdots,\lambda_d^{-n}$ 是 L_θ^{-n} 的特征值,故 $|J| = |\det L_\theta^{-n}| = |\lambda_1^{-n}\cdots\lambda_d^{-n}| = |\lambda_1\cdots\lambda_d|^{-n}$,　从　而,$m_d(L_\theta^{-n}(A)) = |\lambda_1\cdots\lambda_d|^{-n}\int_A \mathcal{X}_A\mathrm{d}m_d = m_d(A)/|\lambda_1\cdots\lambda_d|^n$.

(2)① 对任何 x 属于 $(L_\theta^{-n}(A))^{(\lambda')^n\cdot\varepsilon}$,则存在 y 属于 $L_\theta^{-n}(A)$,使得 $\|x-y\| < (\lambda')^n\cdot\varepsilon$. 从而,存在 $\bar{y}$ 属于 A,使得 $L_\theta^{-n}(\bar{y}) = y$, $\|x - L_\theta^{-n}(\bar{y})\| < (\lambda')^n\cdot\varepsilon$. 由推论 30.1,当 n 充分大时,$\|\bar{y} - L_\theta^{-n}(x)\| \leqslant (\lambda')^{-n}$. $\|L_\theta^{-n}(\bar{y}) - x\| < \varepsilon$, 令 $\bar{x} = L_\theta^{-n}(x)$,$\bar{x}$ 属于 A^ε, 且 $L_\theta^n(\bar{x}) = x$, $\|\bar{x}-\bar{y}\| < \varepsilon$,$\bar{y}$ 属于 A,故 x 属于 $L_\theta^n(A^\varepsilon)$,从而 $(L_\theta^n(A))^{\lambda'\cdot\varepsilon} \subset L_\theta^n(A^\varepsilon)$.

对任何 x 属于 $L_\theta^n(A^\varepsilon)$, 则存在 $\bar{x}$ 属于 A^ε, 使

$L_\theta^n(\bar{x})=x$. 从而,存在 $\bar{\bar{x}}$ 属于 A,使得 $\|\bar{x}-\bar{\bar{x}}\|<\varepsilon$, $L_\theta^n(\bar{x})=x$. 由推论30.1,对充分大的 n,有 $\|x-L_\theta^n(\bar{\bar{x}})\|=\|L_\theta^n(\bar{x})-L_\theta^n(\bar{\bar{x}})\|\leqslant\lambda^n\cdot\|\bar{x}-\bar{\bar{x}}\|<\lambda^n\cdot\varepsilon$,且 $L_\theta^n(\bar{\bar{x}})$ 属于 $L_\theta^n(A)$,故 x 属于 $(L_\theta^n(A))^{\lambda^n\cdot\varepsilon}$,从而,$L_\theta(A^\varepsilon)\subset(L_\theta^n(A))^{\lambda^n\cdot\varepsilon}$

同理可证明(2)②.

引理 30.5　若 u,v 属于 S^*,则 $K_\theta(u\cdot v)=K_\theta(u)\cup\{K_\theta(v)+f(u)\}$.

证

$$
\begin{aligned}
&L_\theta^{-n}K(\theta^n(u\cdot v))\\
&=L_\theta^{-n}K(\theta^n(u)\cdot\theta^n(v))\\
&=L_\theta^{-n}K(\theta^n(u))\cup(L_\theta^{-n}K(\theta^n(v))+L_\theta^{-n}f(\theta^n(u)))\\
&=L_\theta^{-n}K(\theta^n(u))\cup\{L_\theta^{-n}K(\theta^n(v))+f(u))
\end{aligned}
$$

因为,依豪斯道夫度量意义有

$$L_\theta^{-n}K(\theta^n(u\cdot v))\to K_\theta(u\cdot v)\quad(n\to\infty)$$

$$L_\theta^{-n}K(\theta^n(u))\to K_\theta(u)\quad(n\to\infty)$$

$$L_\theta^{-n}K(\theta^n(v))+f(u)\to K_\theta(v)+f(u)\quad(n\to\infty)$$

故 $K_\theta(u\cdot v)=K_\theta(u)\cup(K_\theta(v)+f(u))$.

3. 主要结果及推论

定理 30.1　对任意 s 属于 E,有

$$
\begin{aligned}
&\alpha_0\lg\lambda_E/\lg|\lambda_1\cdots\lambda_d|^{1/d}\\
&\leqslant\dim_H K_\theta(s)\leqslant\dim_B K_\theta(s)\\
&\leqslant(\beta_0\lg\lambda_E+\sum_{i=1}^{d}\lg\frac{|\lambda_d|}{|\lambda_i|})/\lg|\lambda_d| \qquad (*)
\end{aligned}
$$

证　令 $\theta^n(s)=s_1^n\cdots,s_{l(n)}^n$,其中 $s_1^n,s_2^n,\cdots,s_{l(n)}^n\in S$,$l(n)=|\theta^n(s)|$,由引理30.5,有

$$K_\theta(\theta^n(s)) = \bigcup_{j=1}^{|\theta^n(s)|} (K_\theta(s_j^n) + f(s_1^n \cdots s_{j-1}^n))$$

又若 $s_j^n \in Q$，有 $K_\theta(s_j^n) = \varnothing$，于是

$$K_\theta(\theta^n(s)) = \bigcup_{j=1}^{|\theta^n(s)|_E} (K_\theta(s_j^n) + f(s_1^n \cdots s_{j-1}^n))$$

设 $2r = \max\limits_{s \in E} \operatorname{diam} K_\theta(s)$（$\operatorname{diam} A$ 表示集合 $A \in \mathcal{L}_0(\mathbf{R}^d)$ 的直径），选择半径为 r 的球包含 $K_\theta(s_j^n) + f(s_1^n \cdots s_{j-1}^n)$，将该球记为 $B(\tilde{s}_j^n, r)$，又线段 $K(s)$ 的两端点 0 及 $f(s)$ 均属于 $K_\theta(s)$，于是 $K(s_j^n) + f(s_1^n \cdots s_{j-1}^n) \subset B(\tilde{s}_j^n, r)$，因此

$$\bigcup_{j=1}^{|\theta^n(s)|_E} B(\tilde{s}_j^n, r+\varepsilon) \supset \left(\bigcup_{j=1}^{|\theta^n(s)|_E} (K(s_j^n) + f(s_1^n \cdots s_{j-1}^n)\right)^\varepsilon = (K(\theta^n(s)))^\varepsilon \tag{30.6}$$

由引理 30.1，对 $\lambda_0 > |\lambda_d|$，存在 b'_0 对任何 $v \in \mathbf{R}^d$，$\| L_\theta^n(v) \| \leqslant b'_0 \cdot \lambda_0^n \cdot \| v \|$，于是 $\| v \| = \| L_\theta^n \cdot L_\theta^{-n}(v) \| \leqslant b'_0 \cdot \lambda_0^n \| L_\theta^{-n}(v) \|$，从而 $\| L_\theta^{-n}(v) \| \geqslant b_0 \cdot \lambda_0^{-n} \| v \|$，其中 $b_0 = (b'_0)^{-1} \leqslant 1$. 现在从 $|\theta^n(s)|_E$ 个球 $\{B(\tilde{s}_j^n, r+\varepsilon)\}$ 中选出 $J_n(s)$ 个球 $\{B(\tilde{s}_{j_k}^n, r+\varepsilon)\}_{1 \leqslant k \leqslant J_n(s)}$，满足下述条件：

（1）若 $k \neq l$，则 $d(\tilde{s}_{j_k}^n, \tilde{s}_{j_l}^n) > 3 \cdot b'_0(r+\varepsilon)$；

（2）若 $x_m \notin Q, m \notin \{j_k\}_{1 \leqslant k \leqslant J_n(s)}$，则 $\exists j_{k_0}$，使 $d(\tilde{s}_m^n, \tilde{s}_{j_{k_0}}^n) \leqslant 3 \cdot b'_0 \cdot (r+e)$.

由(2)

$$\bigcup_{k=1}^{J_n(s)} B(\tilde{s}_{j_k}^n, 4b'_0(r+\varepsilon)) \supset \bigcup_{j=1}^{|\theta^n(s)|_E} B(\tilde{s}_j^n, r+\varepsilon)$$

由(2)

$$J_n(s) \cdot m_d(B(0, 4b'_0(r+\varepsilon)))$$
$$\geqslant m_d\left(\bigcup_{k=1}^{J_n(s)} B(\tilde{s}_{j_k}^n, 4b'_0(r+\varepsilon))\right)$$

$$\geqslant m_d\Big(\bigcup_{j=1}^{|\theta^n(s)|_E} B(\tilde{s}_j^n, r+\varepsilon)\Big) \geqslant m_d(K(\theta^n(s)))^\varepsilon$$

(30.7)

设 $0 < \alpha < \alpha_0$，由式(30.2) 得

$$m_d(K(\theta^n(s)))^\varepsilon / |\theta^n(s)|_E^\alpha \to \infty \quad (n \to \infty)$$

(29.8)

设 $0 < p < \tau = \alpha \lg \lambda_E / \lg|\lambda_1 \cdots \lambda_d|^{1/d}$，于是

$$\Big(\frac{1}{d}\lg|\lambda_1\cdots\lambda_d|\Big)^p < \Big(\frac{1}{d}\lg|\lambda_1\cdots\lambda_d|\Big)^\tau < \lambda_E^\alpha$$

$$J_n(s) \cdot m_d(B(0, 4b'_0(r+\varepsilon))) / \Big(\frac{1}{d}\lg|\lambda_1\cdots\lambda_d|\Big)^{np}$$

$$\geqslant m_d(K(\theta^n(s)))^\varepsilon / \lambda_E \alpha_n$$

$$= (m_d(K(\theta^n(s)))^\varepsilon / |\theta^n(s)|_E^\alpha) \cdot (|\theta^n(s)|_E / \lambda_E^n)^\alpha$$

由式 (30.8) 及式 (30.1)，$\exists N(s)$，$\forall n \geqslant N(s)$，$J_n(s)/\Big(\frac{1}{d}\lg|\lambda_1\cdots\lambda_d|\Big)^{np} \geqslant 1$. 设 $N_0 = \max\limits_{s \in E} N(s)$，则 $\forall s \in E$，$\forall n \geqslant N_0$，有

$$J_n(s)/\Big(\frac{1}{d}\lg|\lambda_1\cdots\lambda_d|\Big)^{np} \geqslant 1 \qquad (30.9)$$

设 $\{U_i\}$ 是 $K_\theta(s)$ 的任一 $(r+\varepsilon)/\lambda_0^{N_0}$ − 开球覆盖，因 $K_\theta(s)$ 是紧集，$\exists m$，使 $\bigcup\limits_{i=1}^{m} U_i \supset K_\theta(s)$，并且

$$|U_i|^p = |L_\theta^{-N_0} \cdot L_\theta^{N_0}(U_i)|^p \geqslant b_0^p \cdot \lambda_0^{-N_0 p} |L_\theta^{N_0}(U_i)|^p$$

于是

$$\sum |U_i|^p \geqslant \sum_{i \geqslant 1} |L_\theta^{N_0}(U_i)|^p \cdot b_0^p / \lambda_0^{N_0 p}$$

(30.10)

由于 $K_\theta(\theta(s)) = L_\theta K_\theta(s)$，由引理 30.1 及关系式

$$L_\theta^{N_0}(K_\theta(s)) \subset L_\theta^{N_0}(\bigcup^m U_i) = \bigcup^m L_\theta^{N_0}(U_i)$$

因此$\{L_\theta^{N_0}(U_i)\}$是$K_\theta(\theta^{N_0}(s))$的一个$b'_0(r+\varepsilon)$-覆盖(此时,$L_\theta^{N_0}(U_i)$的椭球,最长的半径为$(r+\varepsilon)b'_0$),又

$$K_\theta(\theta^{N_0}(s)) = \bigcup_{j=1}^{|\theta^{N_0(s)}|_E}(K_\theta(s_j^{N_0})+f(s_1^{N_0}\cdots s_{j-1}^{N_0}))$$

选J_{N_0}个$K_\theta(s_{j_k}^{N_0})+f(s_1^{N_0}\cdots s_{j-1}^{N_0})$,且

$$K_\theta(s_{j_k}^{N_0})+f(s_1^{N_0}\cdots s_{j_k-1}^{N_0}) \subset B(\tilde{s}_{jk}^{N_0},r+\varepsilon)_{1\leqslant k\leqslant J_{N_0}(s)}$$

用V^k表示$\{L_\theta^{N_0}(U_i)\}$中与$K_\theta(s_{j_k}^{N_0})+f(s_1^{N_0}\cdots s_{j_k-1}^{N_0})$相交的元组成的集合,又$L_\theta^{N_0}(U_i)$的直径至多为$(r+\varepsilon)b'_0$,由(1)$\forall i\neq j$,$V^i$中的元与$V^j$中的元不相交,由式(30.9)及式(30.10)得

$$\sum_{i\geqslant1}|U_i|^p \geqslant \frac{J_{N_0}\cdot b_0^p}{\left(\frac{1}{d}\lg|\lambda_1\cdots\lambda_d|\right)^{N_0p}}\cdot\frac{\left(\frac{1}{d}\lg|\lambda_1\cdots\lambda_d|\right)^{N_0p}}{\lambda_0^{N_0p}}\cdot \sum_{1\leqslant k\leqslant J_{N_0}}\left(\sum|L_\theta^{N_0}(U_i)|^p\right)$$

$$\geqslant \frac{b_0^p\left(\frac{1}{d}\lg|\lambda_1\cdots\lambda_d|\right)^{N_0p}}{\lambda_0^{N_0p}}\cdot \left(\sum_{1\leqslant k\leqslant J_{N_0}}\sum_{i\in V^k}|L_0^{N_0}(U_i)|^p\right) \tag{30.11}$$

选K_0,使$\sum_{i\in V^{k_0}}|L_\theta^{N_0}(U_i)|^p$是式(30.11)中$J_{N_0}$个和中最小的,则

$$\sum_{i\geqslant1}|U_i|^p \leqslant b_0^p\cdot\left(\frac{d^{-1}\lg|\lambda_1\cdots\lambda_d|}{\lambda_0}\right)^{N_0p}\cdot \sum_{i\in V^{k_0}}|L_\theta^{N_0}(U_i)|^p \tag{29.12}$$

若$\max_{i\in V^{k_0}}|L_\theta^{N_0}(U_i)|\geqslant(r+\varepsilon)/\lambda_0^{N_0}$,由式(30.12)得

$$\sum_{i\geqslant 1}|U_i|^p \geqslant (r+\varepsilon)b_0^p(\lg|\lambda_1\cdots\lambda_d|^{1/d})^{N_0p}/\lambda_0^{N_0(p+1)}$$
$$>0$$

否则由 $\{L_\theta^{N_0}(U_i)\}_{i\in V^{k_0}}$ 是某个递归集 $K_\theta(t)$ 的一个 $(r+\varepsilon)b'_0$ - 覆盖,$t\in E$. 我们可以重复上述过程,由 $\{U_i\}$ 是有限族,所以有限步后,总可以找到某个常数 $c>0$,使 $\sum|U_i|^p\geqslant c>0$.

由 $p<\tau$ 的任意性,得 $\dim_H K_\theta(s)\geqslant \alpha\lg\lambda_E/\frac{1}{d}\lg|\lambda_1\cdots\lambda_d|$, 又由 $\alpha<\alpha_0$ 的任意性,得 $\dim_H K_\theta(s)\geqslant\alpha_0\lg\lambda_E/\frac{1}{d}\lg|\lambda_1\cdots\lambda_d|$.

设 $\{\varepsilon_n\}_{n\geqslant 1}$ 是正数序列,满足

$$\lim_{n\to\infty}\varepsilon_n=0,\lim_{n\to\infty}(\lg\varepsilon_{n+1}/\lg\varepsilon_n)=1$$

由文[135]知,若 $A\subset\mathbf{R}^d$ 为非空有界集,则

$$\dim_B A=\lim_{n\to\infty}(d-\lg m_d(A^{\varepsilon_n})/\lg\varepsilon_n)\quad(30.13)$$

又 $\|L_\theta^n\|^{1/n}\to|\lambda_d|$, $\forall m>0$, $\exists N_m$, $\forall n\geqslant N_m$, 有 $\|L_\theta^n\|^{1/n}\leqslant|\lambda_d|+1/m$,记 $\lambda_m=|\lambda_d|+1/m>|\lambda_d|$, 于是 $\|L_\theta^n\|<\lambda_m^n, n\geqslant N_m$. 从而 $\forall v\in\mathbf{R}^d$, $\|L_\theta^n(v)\|\leqslant\lambda_m^n\cdot\|v\|, n\geqslant N_m$.

令 $\varepsilon_n=\lambda_m^{-n}\cdot\varepsilon\downarrow 0$,由引理30.3,引理30.4,以及 $\lambda_m>|\lambda_d|$,得,当 $n\geqslant N_m$ 时

$$\begin{aligned}m_d(K_\theta(s))^{\varepsilon_n}&\leqslant m_d(K_n)^{\left(\frac{d_0}{1-\lambda_m^{-1}}+\varepsilon\right)\lambda_m^n}\\&\leqslant m_d(L_\theta^{-n}(K(\theta^n(s)))^{d_0/(1-\lambda_m^{-1})+\varepsilon})\\&=m_d(K(\theta^n(s)))^{d_0/(1-\lambda_m^{-1})+\varepsilon}/|\lambda_1\cdots\lambda_d|^n\\&\leqslant m_d(K(\theta^n(s)))^{d_0|\lambda_d|/(|\lambda_d|-1)+\varepsilon}/|\lambda_1\cdots\lambda_d|^n\end{aligned}$$

对 $\beta>\beta_0$,由式(30.2)及注,有

$$\overline{\lim_{n\to\infty}}(m_d(K(\theta^n(s)))^{d_0|\lambda_d|/(|\lambda_d|-1)+\varepsilon}/|\theta^n(s)|_E^{\beta})=0$$

又由式(30.1)得，$\exists N', \forall n\geqslant N'$，有

$$m_d(K(\theta^n(s)))^{d_0|\lambda_d|/(|\lambda_d|-1)+\varepsilon}\leqslant \lambda_E^{n\beta}$$

当 $n\geqslant \max\{N', N_m\}$ 时

$$m_d(K_\theta(s))^{\varepsilon_n}\leqslant \lambda_E^{n\beta}/|\lambda_1\cdots\lambda_d|^n$$

$$\begin{aligned}&\lg m_d(K_\theta(s))^{\varepsilon_n}/-\lg \varepsilon_n\\ \leqslant& n\lg(\lambda_E^{\beta}/|\lambda_1\cdots\lambda_d|)/-\log\varepsilon_n\\ =&(n\lg(\lambda_E^{\beta}|\lambda_d|^d/|\lambda_1\cdots\lambda_d|)-\\ &nd\lg|\lambda_d|)/(n\lg\lambda_m-\lg\varepsilon)\end{aligned}\tag{30.14}$$

又当 $m\to\infty$ 时，$N_m\to\infty$，从而 $n\to\infty$，对式(30.14)两边令 $m\to\infty$，得

$$\lim_{n\to\infty}(\lg m_d(K_\theta(s))^{\varepsilon_n}/(-\lg\varepsilon_n))\leqslant\frac{\lg(\lambda_E^{\beta}|\lambda_d|^d/|\lambda_1\cdots\lambda_d|)}{\lg|\lambda_d|}-d$$

由式(30.13)，得

$$\dim_B K_\theta(s)\leqslant\left(\beta\lg\lambda_E+\sum_{i=1}^{d}\lg\frac{|\lambda_d|}{|\lambda_i|}\right)/\lg|\lambda_d|$$

由 $\beta>\beta_0$ 的任意性，得

$$\dim_B K_\theta(s)\leqslant\left(\beta_0\lg\lambda_E+\sum_{i=1}^{d}\lg\frac{|\lambda_d|}{|\lambda_i|}\right)/\lg|\lambda_d|$$

下面我们对定理作如下讨论：

(1)当 $\alpha_0=\beta_0$ 时，为使 $\dim_H K_\theta(s)=\dim_B K_\theta(s)$，只要不等式(*)成为等式，即 $\alpha_0\lg\lambda_E/\lg|\lambda_1\cdots\lambda_d|^{1/d}=\left(\alpha_0\lg\lambda_E+\sum_{i=1}^{d}\lg\frac{|\lambda_d|}{|\lambda_i|}\right)/\lg|\lambda_d|$，由简单计算可知，上式成立当且仅当 $\lambda_E^{\alpha_0}=|\lambda_1\cdots\lambda_d|$ 或 $|\lambda_1\cdots\lambda_d|=|\lambda_d|^d$. 从而得如下推论.

推论 30.1　若 $|\lambda_1| = \cdots = |\lambda_d| = |\lambda|$，则对任何 s 属于 E，$\dim_H K_\theta(s) = \dim_B K_\theta(s) = \alpha_0 \lg \lambda_E / \lg|\lambda|$. 特别地，若

$$\underline{\lim} \frac{m_d(K(\theta^n(s))^\varepsilon)}{|\theta^n(s)|_E} > 0$$

(此时，$\overline{\lim} \frac{m_d(K(\theta^n(s))^\varepsilon)}{|\theta^n(s)|_E} < \infty$ 自行满足，即 $\alpha_0 = \beta_0 = 1$)，则对任何的 s 属于 E，$\dim_H K_\theta(s) = \dim_B K_\theta(S) = \lg \lambda_E / \lg|\lambda|$.

这就表明：定理包括了(当 L_θ 是相似映射时)Dekking 猜想以及文[137]的结果. 特别要指出的是：若 L_θ 是相似映射，则其特征值的模相同，但反之不真. 而 Bedford 在证明 Dekking 猜想时，必须依赖 L_θ 的相似性，这里我们不依赖 L_θ 的相似性即可获同样形式的结果. 由此可知推论 30.1 比 Bedford 的结果更广泛。

推论 30.2　对任何 s 属于 E，$\dim_H K_\theta(s) = \dim_B K_\theta(s) = d \Leftrightarrow \lambda_E^{\alpha_0} = |\lambda_1 \cdots \lambda_d|$.

我们知道要判断一个递归集是空间填充曲线并不是一件容易的事. 这里我们给出了递归集是空间填充曲线的必要条件.

(2) 即使在 L_θ 是相似映射，且 $\alpha_0 = \beta_0$ 的情形，仍存在实例使式(*)中严格不等式成立[例30.5]。此时，定理给出递归集的 $\dim_H$ 和 $\dim_B$ 的一个估计.

(3) 当 $|\lambda_1| = \cdots = |\lambda_d| = |\lambda|$ 时，式(*)成为

$$\begin{aligned} &\alpha_0 \lg \lambda_E / \lg|\lambda| \\ \leqslant\ & \dim_H K_\theta(s) \leqslant \dim_B K_\theta(s) \\ \leqslant\ & \beta_0 \lg \lambda_E / \lg|\lambda| \end{aligned}$$

我们的一个猜想是：在 L_θ 为自相似的情形，有 $\alpha_0 = \beta_0$.

4. 举例

例 30.1 平面填充曲线[133].

设 $S=\{a,b,c,d\}$,则

$$\theta: a\to abadadab, b\to cbcbadab$$
$$c\to cbcbcdadcbcd, d\to adcd$$

$$f(a)=-f(c)=(1,0), f(b)=-f(d)=(0,1)$$

$$\boldsymbol{L}_\theta=\begin{pmatrix}4 & 0\\ 0 & 2\end{pmatrix}, \lambda_E=8, \lambda_1=2, \lambda_2=4$$

这里显然有 $\alpha_0=\beta_0=1$,由推论 30.2,$\dim_H K_\theta(a)=\dim_B K_\theta(a)=2$.

例 30.2 Heighway 龙曲线[133].

设 $S=\{a,b,c,d\}$

$$\theta: a\to ab, b\to cb, c\to cd, d\to ad$$

$$f(a)=-f(c)=(1,0), f(b)=-f(d)=(0,1)$$

$$\boldsymbol{L}_\theta=\begin{pmatrix}1 & 1\\ -1 & 1\end{pmatrix}, \lambda_1=1+\mathrm{i}, \lambda_2=1-\mathrm{i}, \lambda_E=2$$

这里显然有 $\alpha_0=\beta_0=1$,由推论 30.1,$\dim_H K_\theta(s)=\dim_B K_\theta(s)=2$.

递归曲线 $K_\theta(a)$ 是著名的龙曲线,由 J.E. Heighway 于 1960 年给出并讨论.

例 30.3 三角龙曲线[133].

设 $S=\{a,b,c\}$

$$\theta: a\to aba, b\to bcb, c\to cac$$

$$f(a)=(1,0), f(b)=(1/2,\sqrt{3}/2)$$

$$f(c)=(1/2,-\sqrt{3}/2)$$

$$\lambda_E=3, \lambda_1=\frac{5}{2}-\frac{\sqrt{3}}{2}\mathrm{i}, \lambda_2=\frac{5}{2}+\frac{\sqrt{3}}{2}\mathrm{i}$$

这里显然 $\alpha_0=\beta_0=1$,由于 $|\lambda_1|=|\lambda_2|$,由推论

30.1, $\dim_H K_\theta(abc) = \dim_B K_\theta(abc) = 2\lg 3/\lg 7$.

例 30.4　有重叠的三分康托集.

设　　$S = \{a, \bar{a}, \bar{c}\}$

$$\theta: a \to ac\bar{a}a\bar{a}, \bar{a} \to \bar{a}\ \bar{a}\ \bar{a}, c \to \bar{c}\ \bar{c}\ \bar{c}$$

$$f(a) = f(\bar{a}) = 1, f(\bar{c}) = -1$$

$$K(\bar{a}) = \varnothing, K(\bar{c}) = \varnothing, K(a) = [0,1]$$

$$\lambda = 3, \lambda_E = 3$$

取 $0 < \varepsilon < 1/2$，当 $\alpha = \lg 2/\lg 3$ 时

$$\varlimsup_{n\to\infty} \frac{m_d(K(\theta^n(a)))^\varepsilon}{|\theta^n(a)|_E^\alpha} = \varlimsup_{n\to\infty} \frac{2^n(1+\varepsilon)}{3^{n\cdot\lg 2/\lg 3}}$$

$$= \varliminf_{n\to\infty} \frac{2^n(1+\varepsilon)}{3^{n\cdot\lg 2/\lg 3}} > 0$$

由推论 30.1, $\dim_H K_\theta(a) = \dim_B K_\theta(a) = \alpha_0 \cdot \lg 3/\lg 3 = \lg 2/\lg 3$.

例 30.5　c_p, c_q 是三分康托集，$p \geqslant q \geqslant 3$. $c_p \times c_q$ 是递归集，因为，设

$$S = \{a, b, c, d, \bar{a}, \bar{b}, \bar{c}, \bar{d}\}$$

$$\theta: a \to ab\bar{a}^{p-2}da, \bar{a} \to \bar{a}^p, \beta \to bc\bar{b}^{q-2}ab$$

$$\bar{b} \to \bar{b}^q, c \to cd\bar{c}^{p-2}bc, \bar{c} \to \bar{c}^p$$

$$d \to da\bar{d}^{q-2}cd, \bar{d} \to \bar{d}^q$$

$$f(a) = f(\bar{a}) = -f(c) = -f(\bar{c}) = (1,0)$$

$$K(\bar{s}) = \varnothing, s = a,b,c,d, L_\theta = \begin{pmatrix} p & 0 \\ 0 & q \end{pmatrix}, \lambda_E = 4$$

不难验证，$K_{\theta_{p,q}}(abcd)$ 满足可解条件，且 $K_{\theta_{p,q}}(abcd) = c_p \times c_q$. 已知 $\dim_H(c_p \times c_q) = \dim_H c_p + \dim_H c_q + \lg 2/\lg p + \lg 2/\lg q$，而 $2\lg 4/\lg|p \cdot q| < \lg 2/\lg p + \lg 2/$

$\lg q<1+(\lg 4-\lg q)/\lg p$,要上述不等式成为等式,只需 $p=q$,由定理得

$$\begin{aligned}4\lg 2/\lg(p\cdot q) &< \dim_H(c_p\times c_q)\\ &= \dim_B(c_p\times c_q)\\ &< (2\lg 2+\lg(p/q))/\lg p\end{aligned}$$

当 $p=9,q=8$ 时,有 $0.648\ 3<\dim_H(c_p\times c_q)=0.648\ 4<0.684\ 5$. 当 $p=100,q=99$ 时,有 $0.301\ 358\ 838<\dim_H(c_p\times c_q)=0.301\ 359\ 197<0.303\ 212\ 398$. 可以证明:若 $p=n+1,q=n$,当 n 充分大时,$\dim_H(c_p\times c_q)$ 与定理所给的下界任意接近.

谢尔品斯基地毯上布朗运动水平集与紧集之交的豪斯道夫维数[①]

第31章

武汉大学的吴军教授在1995年研究了谢尔品斯基地毯上布朗运动的水平集与紧集之交的豪斯道夫维数,证明了:若E为$[0,+\infty)$上紧集,$x\in G$,$\dim E>\frac{d_s}{2}$,则

$$\dim(X^{-1}(x)\cap E)\leqslant\dim E-\frac{d_s}{2}\ \text{a. s.}$$

若E为$(0,+\infty)$上紧集,则当$\dim E<\frac{d_s}{2}$时,$X^{-1}(x)\cap E=\varnothing$ a. s. 当$\dim E>\frac{d_s}{2}$时,$\forall 0<\lambda<\dim E-\frac{d_s}{2}$,有

$$P(\dim X^{-1}(x)\cap E)\geqslant\lambda)>0$$

其中$d_s=2\lg 3/\lg 5$.

1. 引言与预备知识

令$Z=\{0,\pm1,\pm2,\cdots\}$,$N=\{1,2,$

① 吴军. Sierpinski Gasket 上 Brownian 运动水平集与紧集之交的 Hausdorff 维数[J]. 数学杂志,1995,15(2):203-209.

$3,\cdots\}$，$\mathbf{R}^d$ 表 d 维欧氏空间，$\forall x\in\mathbf{R}^d,\lambda\in\mathbf{R}^1,A\subset\mathbf{R}^d$，令 $x+A=\{x+y:y\in A\}$，$\lambda A=\{\lambda x,x\in A\}$. 取 $a_0=(0,0)$，$a_1=(1,0)$，$a_2=\left(\frac{1}{2},\sqrt{\frac{3}{2}}\right)$，再取 $F_0=\{a_0,a_1,a_2\}$，J_0 为 F_0 之闭凸包，归纳地定义

$$F_{n+1}=F_n\cup\{2^na_1+F_n\}\cup\{2^na_2+F_n\}\quad(n=0,1,2,\cdots)$$

令 $G'_0=\bigcup_{n=0}^{\infty}F_n$，$G''_0$ 为 G'_0 关于 y 轴的反射，$G_0=G''_0\cup G''_0$. 再令 $G_n=2^{-n}G_0,n\in\mathbf{Z},G_\infty=\bigcup_{n=0}^{\infty}G_n$，称 $G=\mathrm{cl}(G_\infty)$ 为(无界)谢尔品斯基地毯.

令 $$d_f=\frac{\lg 3}{\lg 2},\quad \nu=\frac{\lg 2}{\lg 5},\quad d_s=\frac{2\lg 3}{\lg 5}$$

文[126]中，Barlow 和 Perkins 构造了一个取值于 G 上的对称扩散过程$\{X(t),t\geqslant 0\}$. 称之为谢尔品斯基地毯上的布朗运动，并研究了其性质，特别地，对于此过程转移密度给出了

引理 31.1[126] 存在函数 $P(t,x,y),(t,x,y)\in(0,+\infty)\times G\times G$，使得

(1) $P(t,x,y)$ 为$\{X(t),t\geqslant 0\}$关于 μ 的转移密度，即

$$P_tf(x)=\int_G f(y)P(t,x,y)\mu(\mathrm{d}y),\forall x\in G,f\in C_b(G)$$

(2) $P(t,x,y)=P(t,y,x),\forall(x,y)\in G\times G,t>0$;

(3) $P(t,x,y)$ 在 $(0,+\infty)\times G\times G$ 上三元连续;

(4) 存在正常数 c_1,c_2,c_3,c_4，使得 $\forall t>0,(x,y)\in G\times G$，有

$$c_1t^{-\frac{d_s}{2}}\exp\{-c_2(|x-y|t^{-\nu})^{\frac{1}{1-\nu}}\}$$
$$\leqslant P(t,x,y)\leqslant c_3t^{-\frac{d_s}{2}}\exp\{-c_4(|x-y|t^{-\nu})^{\frac{1}{1-\nu}}\}$$

其中 μ 的定义见文[126].

2. 主要结果及其证明

定理 31.1　若 E 为 $(0, +\infty)$ 上一个紧集，且 $\dim E < \frac{d_s}{2}$，则 $\forall x \in G$

$$X^{-1}(x) \cap E = \varnothing \qquad \text{a. s.}$$

证　由于 $\dim E < \frac{d_s}{2}$，取 $\varepsilon > 0$ 充分小，使得

$$\dim E < (\nu - \varepsilon) d_f$$

则 $\forall n \in \mathbf{N}$，存在一列开球 $\{B(t_{n,j}, \delta_{n,j}), j \geqslant 1\}$ 满足 $t_{n,j} \in E, \delta_{n,j} \leqslant 2^{-n}, j \geqslant 1, E \subset \bigcup_{j=l}^{\infty} B(t_{n,j}, \delta_{n,j})$ 且 $\lim\limits_{n \uparrow \infty} \sum\limits_j \delta_{n,j}^{(\nu-\varepsilon)d_f} = 0$. 由文[126]，$\{X(t), t \geqslant 0\}$ 满足任意小于 ν 阶的一致赫尔德条件，所以 $\exists c > 0$（不依赖于 ω）和 r. v. $\delta(\omega)$，$\delta(\omega) < +\infty$ a. s. 使得

$$|X(t_1) - X(t_2)| \leqslant c \cdot |t_2 - t_1|^{\nu - s}$$

当 $|t_1 - t_2| \leqslant \delta(\omega)$ 时.

注意到

$$\begin{aligned}
&\{\omega: X^{-1}(x) \cap E \neq \varnothing\} \\
&\subset \varliminf_{n \to \infty} \bigcup_{j=1}^{\infty} \{X(t) = x, \exists t \in B(t_{n,j}, \delta_{n,j})\} \\
&\subset \varliminf_{n \to \infty} \bigcup_{j=1}^{\infty} \{|X(t_{n,j}) - x| \leqslant c\delta_{n,j}^{\nu-\varepsilon}\}
\end{aligned}$$

由法图引理和引理 31.1，有

$$\begin{aligned}
&P\{\omega, X^{-1}(x) \cap E \neq \varnothing\} \\
&\leqslant \varliminf_{n \to \infty} \sum_{j=1}^{\infty} P\{|X(t_{n,j}) - x| \leqslant c \cdot \delta_{n,j}^{\nu-\varepsilon}\} \\
&= \varliminf_{n \to \infty} \sum_{j=1}^{\infty} \int_{\{y \in G: |y-x| < c \cdot \delta_{n,j}^{\nu-\varepsilon}\}} P(t_{n,j}, a_0, y) \mu(\mathrm{d}_y)
\end{aligned}$$

$$\leqslant \varliminf_{n\to\infty}\sum_{j=1}^{\infty} c_3 t^{-\frac{d_s}{2}} c^{d_f}\cdot(\delta_{n,j})^{(\nu-\varepsilon)d_f}$$

$$\leqslant c_3\cdot d(0,E)^{\frac{d_s}{2}} c^{d_f}\varliminf_{n\to\infty}\sum_{j=1}^{\infty}(\delta_{n,j})^{(\nu-\varepsilon)d_f}=0$$

其中 $d(0,E)=\inf\{|x|,x\in E\}$. 所以

$$X^{-1}(x)\cap E=\varnothing \qquad \text{a. s.}$$

定理 31.2　若 $E\subset[0,+\infty)$ 为紧集, $\dim E>\frac{d_s}{2}$, 则 $\forall x\in G$, 有

$$\dim(X^{-1}(x)\cap E)\leqslant \dim E-\frac{d_s}{2}\quad \text{a. s.}$$

证　(1) 若 $\dim(0,E)>0$, $\forall a\geqslant \dim E-\frac{d_s}{2}$, 取 $\varepsilon>0$ 使得

$$a>\dim E-(\nu-\varepsilon)d_f \tag{31.1}$$

因 $\{X(t),t\geqslant 0\}$ a. s. 满足任意小于 ν 阶的一致赫尔德条件, 所以存在常数 c(不依赖于 ω) 及 r. v. $\delta(\omega)$, $\delta(\omega)<+\infty$ a. s., 使得当 $|t_1-t_2|\leqslant\delta(\omega)$ 时

$$|X(t_1)-X(t_2)|\leqslant c|t_2-t_1|^{\nu-\varepsilon} \tag{31.2}$$

由式(31.1), $\forall n\in\mathbf{N}$, 存在开区间列 $\{B_{n,j},j\geqslant 1\}$ 满足

$$E\subset\bigcup_{j=1}^{\infty}B_{n,j},\ \sup_j(\operatorname{diam}B_{n,j})\leqslant\frac{1}{n}$$

且 $\varliminf_{n\to\infty}\sum_{j=1}^{\infty}(\operatorname{diam}B_{n,j})^{\alpha(\nu-\varepsilon)d_f}$ 记 $B_{n,j}$ 的中为 $t_{n,j}$, 我们可要求 $t_{n,j}\in E$, 令

$$B_{n,j}(x)=\begin{cases}B_{n,j},x\in X(B_{n,j})\\ \varnothing, 其他\end{cases}$$

则 $B_{n,j}(x)$ 是 $X^{-1}(x)\cap E$ 的一个覆盖, 由式(31.2), 固定 ω, 当 n 充分大时, 若 $x\in X(B_{n,j})$, 则

$$|X(t_{n,j})-x|\leqslant c(\operatorname{diam} B_{n,j})^{r-\varepsilon}$$

因此

$$\sum_j (\operatorname{diam} B_{n,j}(x))^{\alpha}\leqslant\sum_{j\to\Gamma_n}(\operatorname{diam} B_{n,j})^{\alpha} \tag{31.3}$$

其中 $\Gamma_n=\{j:|X(t_{n,j})-x|\leqslant c\cdot(\operatorname{diam} B_{n,j})^{\nu-\varepsilon}\}$

故$\varliminf_{j\to\infty}\sum_j(\operatorname{diam} B_{n,j}(x))^{\alpha}\leqslant\varliminf_{n\to\infty}\sum_{j\to\Gamma_n}(\operatorname{diam} B_{n,j})^{\alpha}$ a. s.

由法图引理,有

$$\begin{aligned}&E(\varliminf_{n\to\infty}\sum_j \operatorname{diam} B_{n,j}(x))^{\alpha})\\&\leqslant\varliminf\sum_{j=1}^{\infty}(\operatorname{diam} B_{n,j})^{\alpha}P\{|X(t_{n,j})-x|\leqslant C\cdot(\operatorname{diam} B_{n,j})^{\gamma-\varepsilon}\}\\&\leqslant\varliminf_{n\to\infty}\sum_{j=1}^{\infty}(\operatorname{diam} B_{n,j}^{\alpha}\cdot\int_{\{y\in G:|y-x|\leqslant c\}}(\dim B_{n,j})^{\alpha-\varepsilon}\\&\leqslant\varliminf_{n\to\infty}\sum_{j=1}^{\infty}(\operatorname{diam}\ B_{n,j})^{\alpha}c^{d_f}c_3d(0,E)^{-\frac{d_s}{2}}(\operatorname{diam}\ B_{n,j})^{(\gamma-\varepsilon)d_j}\\&<+\infty\end{aligned}$$

故　　$\dim(X^{-1}(x)\cap E)\leqslant a$　　a. s.

由 a 的任意性

$$\dim(X^{-1}(x)\cap E)\leqslant\dim E-\frac{d_s}{2}\text{a. s.}$$

(2) 若 $d(0,E)=0$,取 $E_n=E\cap\left[\frac{1}{n},+\infty\right)$,则 $\{E_n\}$ 单调上升且 $\bigcup_{n=1}^{\infty}E_n=E\backslash\{0\}$,故 $\dim(E\backslash\{0\})=\dim E>\frac{d_s}{2}$,由豪斯道夫维数的 σ 稳定性,当 n 充分大时有 $\dim E_n>\frac{d_s}{2}$,则由(1),当 n 充分大时,有

$$\begin{aligned}\dim(X^{-1}(x)\cap E_n) &\leqslant \dim E_n-\frac{d_s}{2}\\ &\leqslant \dim E-\frac{d_s}{2}\quad \text{a. s.}\end{aligned}$$

又因为 $X^{-1}(x)\cap E\subset(X^{-1}(x)\cap(E\backslash\{0\}))\cup\{0\}$

所以 $\dim(X^{-1}(x)\cap E)\leqslant\dim(X^{-1}(x)\cap(E\backslash\{0\}))\vee 0$

$$\begin{aligned}&=\max\dim(X^{-1}(x)\cap E_n)\vee 0\\ &\leqslant\max(\dim E_n)-\frac{d_s}{2}\vee 0\\ &=\dim E-\frac{d_s}{2}\end{aligned}$$

总之 $\dim(X^{-1}(x)\cap E)\leqslant\dim E-\frac{d_s}{2}$ a. s.

定理 31.3 若 $E\subset(0,+\infty)$ 为紧集且 $\dim E>\frac{d_s}{2}$,则 $\forall x\in G,\forall 0<\lambda<\dim E-\frac{d_s}{2}$,有

$$P\{\dim(X^{-1}(x)\cap E)\geqslant\lambda\}>0$$

证 由 $\dim E>\frac{d_s}{2}$,则 $\forall 0<\lambda<\dim E-\frac{d_s}{2}$,由 Frostman 引理,存在支撑在 E 上的概率测度 σ 使得

$$\int_E\int_E\frac{\sigma(\mathrm{d}s)\sigma(\mathrm{d}t)}{|s-t|^{\lambda+\frac{d_s}{2}}}<+\infty \tag{31.4}$$

显然有

$$\int_E\int_E\frac{\sigma(\mathrm{d}s)\sigma(\mathrm{d}t)}{|s-t|^{\frac{d_s}{2}}}<+\infty \tag{31.5}$$

取闭区间 $[a,b]\supset E$,且 $[a,b]\subset(0,+\infty)$,则有

$$\int_a^b\int_a^b\frac{\sigma(\mathrm{d}s)\sigma(\mathrm{d}t)}{|s-t|^{\lambda+\frac{d_s}{2}}}<+\infty \tag{31.6}$$

且

$$\int_a^b\int_a^b \frac{\sigma(\mathrm{d}s)\sigma(\mathrm{d}t)}{|s-t|^{\frac{d_s}{2}}} < +\infty \tag{31.7}$$

$\forall n\in\mathbf{N},\forall t\in[a,b]$，定义

$Y_n(t,\omega) = \left(\frac{1}{2^{-n}}\right)^{d_f}\cdot\frac{1}{\mu(A_1(x))}\int_a^t \Big|_{\{X(s)-x|<2^{-n}\}}\sigma(\mathrm{d}s)$ 其中

$$A_1(x) = \{y\in G: |y-x|\leqslant 1\}$$

则 $\forall n,m$，有

$$\begin{aligned}
&EY_n(t,\omega)Y_m(t,\omega)\\
&= E(2^n)^{d_f}\mu(A_1(x))^{-1}(2^m)^{d_f}\mu(A_1(x))^{-1}\cdot\\
&\quad\int_a^t\int_a^t \mathrm{E}\,1_{\{|X(s)-x|<2^{-n}\}}1_{\{|X(v)-y|<2^{-m}\}}\sigma(\mathrm{d}s)\sigma(\mathrm{d}y)\\
&= \int_a^t\int_a^t(2^n)^{d_f}\mu(A_1(x)^{-1}(2^m)^{d_f}\mu(A_1(x))^{-1}\cdot\\
&\quad\int_a^t\int_a^t \mathrm{E}\,1_{\{|X(s)-x|\leqslant 2^{-n}\}}1_{\{|X(v)-y|\leqslant 2^{-m}\}}\sigma(\mathrm{d}s)\sigma(\mathrm{d}y)
\end{aligned}$$

而当 $a<s<v$ 时，由马氏性

$$\begin{aligned}
&(2^n)^{d_f}\mu(A_1(x))^{-1}(2^m)^{d_f}\mu(A_1(x))^{-1}P\{|X(s)-\\
&x|\leqslant 2^{-n},|X(v)-x|\leqslant 2^{-m}\}\\
&=(2^n)^{d_f}\mu(A_1(x))^{-1}(2^m)^{d_f}\mu(A_1(x))^{-1}\cdot\\
&\int_G\int_G P(s,a_0,y)P(v-s,y,z)l_{(|y-x|\leqslant 2^{-n}|\{|z-x|\leqslant 2^{-n}\}}\mu\\
&(\mathrm{d}y)\mu(\mathrm{d}z)\\
&\leqslant c_3^2\cdot s^{-\frac{d_s}{2}}\cdot|v-s|^{-\frac{d_s}{2}}\leqslant c_3^2a^{-\frac{d_s}{2}}|v-s|^{-\frac{d_s}{2}}
\end{aligned}$$

由式(31.7)及勒贝格控制收敛定理并利用引理31.1，有

$$\lim_{\substack{n\to\infty\\ m\to\infty}} EY_n(t,\omega)Y_m(t,\omega)$$

$$\int_a^t\int_a^t r(s,v,x)\sigma(\mathrm{d}s)\sigma(\mathrm{d}v)$$

其中

$$r(s,v,x)=\begin{cases}P(s,a_0,x)P(v-s,x,x),\text{当 } s\leqslant v\\P(v,a_0,x)P(s-v,x,x),\text{当 } v<s\end{cases}$$

所以 $$\lim_{\substack{m\to\infty\\n\to\infty}}E(Y_n(t,\omega)-Y_m(t,\omega))^2=0$$

由博雷尔 - Cantelli 引理,存在 $Y(t,\omega)$ 及 $\{n_k,k\geqslant 1\}$ 使得

$$Y_{n_k}(t,\omega)\longrightarrow Y(t,\omega)\quad \text{a. s.}\quad (k\to\infty)$$

进一步,若 I 为 $[a,b]$ 之稠密子集,$b\in I$,则存在 $\{n_k,k\geqslant 1\}$ 的子序列,不妨就设为 $\{n_k,k\geqslant 1\}$,存在 $\overline{\Omega}\subset\Omega,P(\overline{\Omega})=1$,使得

$$Y_{n_k}(t,\omega)\to Y(t,\omega),\forall\omega\in\overline{\Omega},\forall t\in I$$

$\forall t\in[a,b]$,定义

$$W(t,\omega)=\begin{cases}\inf\{Y(s,\omega)\mid s\in I,s\geqslant t\} & (\omega\in\overline{\Omega})\\0 & (\omega\overline{\in}\overline{\Omega})\end{cases}$$

显然 $W(t,\omega)$ 为 t 的一个非降函数,且

$$E(W^2(b,\omega))<+\infty \tag{31.8}$$

我们容易证明由 $Y_{n_k}(t,\omega)(k\geqslant 1)$,$W(t,\omega)$ 均可导出 $[a,b]$ 上的一个有限测度,分别记为 $Y_{n_k}(\cdot,\omega)(k\geqslant 1)$ 和 $W(\cdot,\omega)$,且 $Y_{n_k}(\cdot,\omega)$ 弱收敛于 $W(\cdot,\omega)$.

由 $\{X(t)\mid t\geqslant 0\}$ 样本轨道的连续性,$W(\cdot,\omega)$a. s. 支撑在 $X^{-1}(x)\cap E$ 上. 又

$$\begin{aligned}&E\ Y_{n_k}(b,\omega)\\&=(2^{n_k})^{d_f}\mu(A_1(x))\int_a^b P(|X(s)-x|\leqslant 2^{-n_k})\sigma(\mathrm{d}s)\end{aligned}$$

而 $$(2^{n_k})^{d_f}\mu(A_1(x))P(|X(s)-x|\leqslant 2^{-n_k})$$

$$\leqslant c_2\cdot a^{-\frac{d_s}{2}}$$

由控制收敛定理知

$$\begin{aligned}
E\,W(b,\omega) &= \lim_{k\to\infty} E\,Y_{n_k}(b,\omega)\\
&= \lim_{k\to\infty}\int_a^b (2^{n_k})^{d_f}\mu(A_1(x))\cdot\\
&\quad \int_{\{y\in G: y-x\leqslant 2^{-n_k}\}} P(s,a_0,y)\mu(\mathrm{d}y)\sigma(\mathrm{d}s)\\
&= \int_a^b P(s,a_0x)\sigma(\mathrm{d}s) > 0 \qquad (31.9)
\end{aligned}$$

$\forall 0<\lambda_1<1$，有

$$\begin{aligned}
P\{W(b,\omega)>0\} &\geqslant P\{W(b,\omega)>\lambda_1 EW(b,\omega)\}\\
&\geqslant (1-\lambda_1)^2\frac{[EW(b,\omega)]^2}{DW^2(b,\omega)}>0
\end{aligned}$$

（由式(31.8)及(31.9)）

由单调收敛定理和控制收敛定理可得

$$E\int_a^b\int_a^b \frac{1}{|s-t|^{\lambda}}W(\mathrm{d}t)W(\mathrm{d}s)$$

$$\lim_{m\to\infty}E\int_a^b\int_a^b\left(\frac{1}{|s-t|^{\lambda}}\wedge m\right)W(\mathrm{d}t)W(\mathrm{d}s)$$

$$=\lim_{m\to\infty}\lim_{k\to\infty}\int_a^b\int_a^b\left(\frac{1}{|s-t|^{\lambda}}\wedge m\right)\left(\frac{1}{\mu(A_1(x))}\right)^2(2^{n_k})^{d_f}P\{|X(s)-x|$$

$$\leqslant 2^{-n_k}\,|X(t)-x|\leqslant 2^{-n_k}\}\sigma(\mathrm{d}s)\sigma(\mathrm{d}t)$$

$$\leqslant \lim_{m\to\infty}\int_a^b\int_a^b\left(\frac{1}{|s-t|^{\lambda}}\wedge m\right)c_3^2\cdot a^{-\frac{d_s}{2}}|t-s|^{-\frac{d_s}{2}}\sigma(\mathrm{d}s)\sigma(\mathrm{d}t)$$

$$=c_3^2\cdot a^{-\frac{d_s}{2}}\int_a^b\int_a^b\frac{1}{|s-t|^{\lambda+\frac{d_s}{2}}}\sigma(\mathrm{d}s)\sigma(\mathrm{d}t)<+\infty \qquad (31.10)$$

由式(31.9)和(31.10)，有

$$P\cdot\{\dim(X^{-1}(x)\cap E)\geqslant\lambda\}>0$$

推论 31.4 $\forall x \in G, \dim X^{-1}(x) = 1 - \frac{d_s}{2}$ a. s.

证 由定理 31.2 有

$$\dim X^{-1}(x) = \dim\left(\bigcup_{j=1}^{\infty} (X^{-1}(x) \cap (0,i])\right)$$
$$\max_i \dim(X^{-1}(x) \cap [0,i])$$
$$\leqslant 1 - \frac{d_s}{2} \quad \text{a. s.}$$

另外,在定理 31.3 中取 $E = \left[\frac{1}{2},1\right]$则由马氏性,

$\forall k \in \mathbf{N}, \forall 0 < \lambda < 1 - \frac{d_s}{2}$,有

$$P\{\dim(X^{-1}(x) \cap (E+k)) \geqslant \lambda \mid X(t), 0 \leqslant t \leqslant k\}$$
$$= P^{X(k)}(\dim(X^{-1}(x) \cap E) \geqslant \lambda)$$

而由定理 31.3 的证明知存在 $\delta > 0$,使得

$$P^{X(k)(w)}(\dim(X^{-1}(x) \cap E) \geqslant \lambda) \geqslant \delta > 0$$
$$\forall k \in \mathbf{N}, \forall \omega \in \Omega$$

由推广的博雷尔 - Cantelli 引理(见文[140],32 页)有

$$P\{\dim(X^{-1}(x) \cap (E+k)) \geqslant \lambda \quad \text{i. o.}\} = 1$$
$$P\{\dim(X^{-1}(x) \cap \bigcup_{k=1}^{\infty} (E+k)) \geqslant \lambda\} = 1$$

所以 $\qquad P\{\dim X^{-1}(x) \geqslant \lambda\} = 1$

由 λ 的任意性,命题得证.

广义自相似集的重 fractal 分解集的点态维数及 packing 维数[①]

第 32 章

设 K 为广义自相似集,μ 为支撑于 K 上的无穷乘积测度,武汉大学的苏峰和赵兴球两位教授在 1995 年证明了 K 的重 fractal 分解集 K. 恰好由关于测度 μ 的点态维数为 α 的点所组成,并证明了 K_α 的 packing 维数与其豪斯道夫维数一致,从而 K_α 为在泰勒文[152]意义下的 fractal 集.

1. 引言

自相似集是目前研究得较为深入的一类 fractal 集(见文献[19][148][149][150]),然而,在它的生成过程中,要求每一级压缩所采用的尺度均相同,在大量的理论研究及实际应用中(如按准周期方式排列的调和链的振动谱的研究[145]),均要求在逐阶生成过程中容许不同的压缩尺度. 为此,华苏[147]引入广

① 苏峰,赵兴球. 广义自相似的重 fractal 分解集的点态维数及 packing 维数[J]. 数学杂志,1995,15(4):396-400.

义自相似集. 基于同样的原因,对广义自相似集作重 fractal 测度分析无论从理论上,不是从应用上均有重要意义. 苏峰[151]对广义 Moran 集讨论了重 fractal 分解问题. 然而,由定义确定重 fractal 分解集 K_α 中的点,须首先确定一列含 x 的基本区间. 在本章中,我们对广义自相似集讨论其点态维数,证明了 K_α 可以由测度 μ 的局部性态来刻划,即 K_α 恰好由 ρ 的点态维数为 α 的点所组成,在本章的后一部分,我们证明了 K_α 的 packing 维数与其豪斯道夫维数一致. 从而证明了 K_α 为泰勒[152]意义下的 fractal 集.

首先,我们陈述一些必要的定义与记号,设 n 是正整数,$n\geqslant 2$, $S=\{1,2,\cdots,n\}$, $S_0=\varnothing$, $S_k=\{1,2,\cdots,n\}^k$, $S^*=\bigcup\limits_{k\geqslant 0}S_k$, $\Omega=S^{\mathbf{N}}$, $\mathbf{N}$ 为自然数集,Ω 称为码空间.

若 $\sigma\in S_k$, σ 中所含字母的个数. $\sigma*i=\sigma(1)*\cdots*\sigma(k)*i$,若 $\sigma\in\Omega$,记 $\sigma|k=\sigma(1)*\cdots*\sigma(k)$,对 $\sigma\in S^*$, $C(\sigma)$ 为由 σ 确定的 Ω 中的柱集

$$C(\sigma)=\{\tau\in\Omega|\tau|k=\sigma,|\sigma|=k\}$$

设 J 为 $\mathbf{R}^d$ 中的一个无孤立点的非空紧子集,$t_{ji}\in(0,1)$, $i=1,2,\cdots,n$; $j=1,2,\cdots$. J 的一列压缩为

$$(t_{11},t_{12},\cdots,t_{1n})$$
$$(t_{21},t_{22}\cdots,t_{2n}$$
$$\vdots$$

$J(\sigma)$ 如下递归定义: $J(\varnothing)=J$.

设若 $\sigma\in S_k$, $J(\sigma)$ 已定义,则 $J(\sigma*i)$ 以比率 $t_{k+1,i}$ 与 $J(\sigma)$ 几何相似,$i=1,2,\cdots,n$, $\{J(\sigma*i)\}_{i=1}^n$ 两两不交,广义自相似集 K 定义为

$$K=\bigcap_{k=0}^{\infty}\bigcup_{\sigma\in S_k}J(\sigma)$$

注　若 $t_{ji}=t_{1i},\forall j\geqslant 1,\forall i\in S$,则 K 即为经典 Moran 集[146].

集合 E 的直径记为 $|E|$,对 $\sigma\in S_k$,有

$$|J(\sigma)|=|J|t(\sigma)=|J|\prod_{i=1}^{k}t_{i,\sigma(i)}$$

以下不妨设 $|J|=1$.

定义 Ω 到 K 上的一个自然码映射 g 如下

$$\{g(\sigma)\}=\bigcap_{k\geqslant 1}J(\sigma|k)$$

在 Ω 上,定义 $\rho(\sigma,\tau)=\gamma^{\max\{k:\sigma|k=\tau|k\}}(0<\gamma<1)$,则 ρ 为 Ω 上的一个度量,(Ω,ρ) 为一紧致度量空间. 设 $(P_{ji})_{i=1}^{n}=(P_{j1},\cdots,P_{jn})$ 为一列概率向量,即 $\forall j\geqslant 1$, $\sum_{i=1}^{n}P_{ji}=1$,$\hat{\mu}$ 为此概率向量列在 Ω 上定义的无穷乘积测度,满足:对 $\sigma\in\Omega$,有

$$\hat{\mu}(C(\sigma|k))=P(\sigma|k)=\prod_{i=1}^{k}P_{t,\sigma li}$$

定义 32.1　$\mu(E)=\hat{\mu}(g^{-1}(E)),E\subset\mathbf{R}^d$,则 μ 为支撑于 K 上的一个概率测度.

定义 32.2　$\hat{K}_\alpha=\{\sigma\in\Omega,\lim\limits_{k\to\infty}\lg P(\sigma|k)/\lg t(\sigma|k)=\alpha\}$

$$K_\alpha=g(\hat{K}_\alpha)$$

本章中,我们假设以下条件成立:

(1) $t=\inf\limits_{i,j}t_{ji}>0$;

(2) $D=\inf\limits_{k\geqslant 1}D_k>0$,其中

$$D_k=\min\left\{\frac{d(u,v)}{|J(\sigma|k-1)|},u\in J(\sigma|k),\right.$$
$$v\in J(\tau|k),\tau=(\sigma|k-1)*s,$$

$s \neq \sigma(k), \sigma \in \Omega\}$

定理 32.1 $\forall \sigma \in \Omega, x = g(\sigma)$,则

$$\limsup_{\varepsilon \to 0} \frac{\lg \mu(B(x,\varepsilon))}{\lg \varepsilon} \leqslant \limsup_{k \to \infty} \frac{\lg \mu(J(\sigma \mid k))}{\lg \mid J(\sigma \mid k) \mid} = \limsup_{k \to \infty} \frac{\lg p(J(\sigma \mid k))}{\lg t(\sigma \mid k)}$$

这里 $B(x,\varepsilon)$ 为以 x 为心,ε 为直径的球.

证 选取 ε,使 $\varepsilon < 2t$,选取 k,使 $J(\sigma \mid k) \subset B(x, \varepsilon)$,且 $J(\sigma \mid k-1) \not\subset B(x,\varepsilon)$,则

$$\lg \mu(J(\sigma \mid k)) \leqslant \lg \mu(B(x,\varepsilon))$$

且 $$\frac{\varepsilon}{2} \leqslant \mid J(\sigma \mid k-1) \mid = \mid J(\sigma \mid k) \mid / t_{t,\sigma(k)} < \frac{1}{t} \mid J(\sigma \mid k) \mid < \frac{\varepsilon}{t}$$

$$\frac{\lg \mu(B(x,\varepsilon))}{\lg \varepsilon} \leqslant \frac{\lg \mu(J(\sigma \mid k))}{\lg \varepsilon} \leqslant \frac{\lg \mu(J(\sigma \mid k))}{\lg \mid J(\sigma \mid k) \mid}\left(1 + \frac{\lg \frac{t}{2}}{\lg \varepsilon}\right)$$

令 $\varepsilon \to 0$,有

$$\limsup_{k \to 0} \frac{\lg \mu(B(x,\varepsilon))}{\lg \varepsilon} \leqslant \limsup_{k \to \infty} \frac{\lg \mu(J(\sigma \mid k))}{\lg \mid J(\sigma \mid k) \mid}$$

定理 32.2 设 $\sigma \in \Omega, x = g(\sigma)$,则

$$\liminf_{\varepsilon \to 0} \frac{\lg \mu(B(x,\varepsilon))}{\lg \varepsilon} \leqslant \liminf_{k \to \infty} \frac{\lg \mu(J(\sigma \mid k))}{\lg \mid J(\sigma \mid k) \mid} = \liminf_{k \to \infty} \frac{\lg P(J(\sigma \mid k))}{\lg t(\sigma \mid k)}$$

证 对 $\forall \varepsilon > 0, \varepsilon < D$,设

$$h_\varepsilon(x) = \max\{i, B(x,\varepsilon) \cap K \subset J(\sigma \mid i)\}$$

则 $$\lg \mu(B(x,\varepsilon)) \leqslant \lg \mu(\sigma \mid h_\varepsilon(x))$$

且　　$B(x,\varepsilon) \cap K \not\subset J(\sigma | h_\varepsilon(x)+1)$

即　　$\exists y \in J(\sigma | h_\varepsilon(x)) \cap K \cap B(x,\varepsilon)$

且　　$y \notin J(\sigma | h_\varepsilon(x)+1)$

由假设条件(2),得

$$\varepsilon/2 > d(x,y) > D_{k_\varepsilon(x)} t(\sigma | h_\varepsilon(x)) \geqslant D | J(\sigma | h_\varepsilon(x)) |$$

$$\frac{\lg \mu(B(x,\varepsilon))}{\lg \varepsilon} \geqslant \frac{\lg \mu(J(\sigma | h_\varepsilon(x)))}{\lg \varepsilon} \geqslant \frac{\lg \mu(J(\sigma | h_\varepsilon(x)))}{\lg | J(\sigma | h_\varepsilon(x)) | + \lg 2D}$$

令　$\varepsilon \to 0$,有

$$\liminf_{k\to 0} \frac{\lg \mu(B(x,\varepsilon))}{\lg \varepsilon} \geqslant \liminf_{k\to\infty} \frac{\lg \mu(J(\sigma | k))}{\lg | J(\sigma | k) |}$$

综合定理32.1与定理32.2,我们有:

定理32.3　设 $\sigma \in \Omega, x = g(\sigma)$,则 $x \in K_a$,当且仅当 $\lim\limits_{\varepsilon\to 0} \lg \mu(B(x,\varepsilon))/\lg \varepsilon = \alpha$.

以下,仅在条件(1)下,假设

(3) 设 $\beta_m(q)$ 由式 $\prod\limits_{j=1}^{m}\left(\sum\limits_{i=1}^{n} p_{ji}^q t_{ji}^{\beta_m(q)}\right) = 1$ 确定,满足 $\lim\limits_{m\to\infty} \beta_m(q) = \beta(q)$ 且 $\beta'(q)$ 存在,记

$$\alpha(p) = -\beta'(q), f(q) = \beta(q) + q\alpha(q)$$

则我们有 $K_{\alpha(q)}$ 的 packing 维数结果如下.

定理32.4　若 $K_{\alpha(q)} \neq \varnothing$,则 $\mathrm{Dim}\, K_{\alpha(q)} = f(q)$.

证　由于每一级压缩均不相交,故 $\forall j, \sum\limits_{i=1}^{n} t_{ji}^d \leqslant 1$. 由条件(1),对 $\forall i,j$,有

$$t_{ji} \leqslant (1-(n-1)t^d)^{1/d} < 1$$

取 $C_1 = (1-(n-1)t^d)^{1/d}$,则对 $\sigma \in \Omega, t(\sigma | k) \leqslant C_1^k$,

$\forall \sigma \in \hat{K}_{\alpha(q)}$，$\exists$ 正整数 N_σ，当 $k \geqslant N_\sigma$ 时，有

$$\lg p(\sigma \mid k)/\lg t(\sigma \mid k) < \alpha(q) + \delta/2q$$

$$t(\sigma \mid k) < \varepsilon$$

记 $$\hat{K}_{\alpha(q),M} = \{\sigma \in \hat{K}_{\alpha(q)}; N_\sigma \leqslant M\}$$

则 $$\hat{K}_{\alpha(q),M} \subseteq \hat{K}_{\alpha(q),M+1}; \hat{K}_{\alpha(q)} = \bigcup_{M \geqslant 1} \hat{K}_{\alpha(q),M}$$

对 $M > 0$，设 $\varepsilon > 0$，$\varepsilon < t^M$，$B(x_i, \varepsilon_i)(i = 1,2,\cdots)$ 为一列两两不交的球，$x_i \in K_{\alpha(q),M}$，$\varepsilon_i < \varepsilon$，则存在 $\sigma_i \in \hat{K}_{\alpha(q),M}$，使 $g(\sigma_i) = x_i$，选取 k_i，使

$$|J(\sigma_i \mid k_i)| < \varepsilon_i/2 \leqslant J(\sigma_i \mid k_i - 1)$$

由 ε 的选取知，$k_i \geqslant M$，从而

$$\lg p(\sigma_i \mid k_i)/\lg t(\sigma_i \mid k_i) < \alpha + \delta/2q$$

可得 $|J(\sigma_i \mid k_i)|^{f+\delta} \leqslant p(\sigma_i \mid k_i)^q t(\sigma_i \mid k_i)^{\beta(q)+\delta/2}$

由 $\{B(x_i, \varepsilon_i)\}$ 两两不交，$\{J(\sigma_i \mid k_i)\}$ 亦两两不交，类似于文[151]中引理1.3的证明，有

$$\sum_i p(\sigma_i \mid k_i)^q t(\sigma_i \mid k_i)^{\beta(q)+\delta/2} < 1$$

从而

$$\sum_i |B(x_i, \varepsilon_i)|^{f(q)+\delta} = \sum_i \varepsilon_i^{f(q)+\delta}$$

$$\leqslant \sum_i (2|J(\sigma_i \mid k_i - 1)|)^{f(q)+\delta}$$

$$< \left(\frac{2}{t}\right)^{f(q)+\delta} \sum_i |J(\sigma_i \mid k_i)|^{f(q)+\delta} < \left(\frac{2}{t}\right)^{f(q)+\delta}$$

所以 $$\dim K_{\alpha(q),M} \leqslant f(q) + \delta$$

由 packing 维数的 σ - 平衡性. 有 $\dim K_{\alpha(q)} \leqslant f(q) + \delta$，由 δ 任意性，$\mathrm{Dim}\, K_{\alpha(q)} \leqslant f(q)$.

另外，若 $K_{\alpha(q)} \neq \varnothing$，由文[151]中定理2.1及不等式：$\dim K_{\alpha(q)} \leqslant \mathrm{Dim}\, K_{\alpha(q)}$，则有

$$\mathrm{Dim}\, K_{\alpha(q)} = \dim K_{\alpha(q)} = f(q)$$

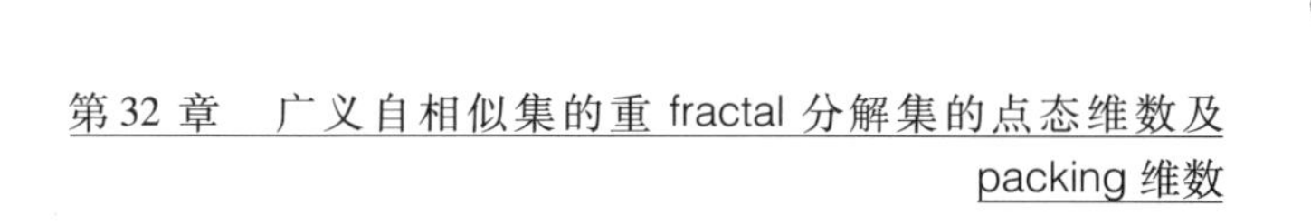

特例：若 $\Phi_\alpha = (t_{1i})_{i=1}^{n_1}$，$\Phi_b = (t_{2i})_{i=1}^{n_2}$，分别为两两不交的相似压缩映射簇，$(P_{ji})_{i=1}^{n_1}(j = 1,2)$ 为两概率向量，$\{\Phi_k\}$ 为 Φ_a，Φ_b 以非周期方式生成的压缩映射列

$$N(k) = \#\{i \mid \Phi_i = \Phi_a, i \leqslant k\}, a_k = N(k)/k$$

且 $\lim\limits_{k\to\infty} a_k = a$.

$\beta(q)$ 由下列方程确定

$$\left(\sum_{i=1}^{n_1} p_{1i}^q t_{1i}^{\beta(q)}\right)^a \left(\sum_{i=1}^{n_2} p_{2i}^q t_{2i}^{\beta(q)}\right)^{(1-\alpha)} = 1$$

$$\alpha(q) = -\beta'(q), f(q) = q\alpha(q) + \beta(q)$$

设 $q(\alpha)$ 为 $\alpha(q)$ 的逆函数，$f_1(\alpha) = \alpha q(\alpha) + \beta(q(\alpha))$，我们有：

定理 32.5　对 $\alpha \in (\alpha(+\infty), \alpha(-\infty))$，有 $\mathrm{Dim}\, K_\alpha = f_1(\alpha)$.

此特例包含了自相似的情形，对由代换序列方式产生的压缩情形，类似文[151]，也可得出相应的结果.

具阻尼的非线性波动方程整体吸引子的豪斯道夫维数、分形维数估计①

第33章

中山大学数学系的黄煜教授在1998年得到了一类具有线性阻尼且非线性项满足临界增长条件的非线性波动方程整体吸引子的豪斯道夫维数、分形维数估计.

1. 引言和结果

设 Ω 为 $\mathbf{R}^3$ 中连通的有界开集,边集 $\partial\Omega\subset C^\infty$. 记 $V=H_0^1(\Omega)$, $H=L^2(\Omega)$. 符号 $H_0^\delta(\Omega)$ 和 $H^\delta(\Omega)$ ($\delta\in\mathbf{R}^*$) 具有传统意义[153]. $\|\cdot\|_q$ 表 $L^q(\Omega)$ 中范数. 记 A: $D(A)\subset H\to H$ 为 $-\Delta$ 赋以齐次狄利克雷(Dirichlet)边界条件的线性算子, $\sigma(A)$ 为 A 的谱集. 故 A 是正定自共轭算子且有紧的预解式, A 的谱 $\sigma(A)$ 只含特征值 $\lambda_j(j=1,2,\cdots)$,满足

$$0<\lambda_1\leqslant\lambda_2\leqslant\cdots\leqslant\lambda_j\leqslant\cdots\quad(\lambda_j\to\infty)$$

---

① 黄煜. 具阻尼的非线性波动方程整体吸引子的Hausdorff维数、分形维数估计[J]. 应用数学学报,1998,21(2):257-266.

我们可以定义 A 的 δ 幂 $A^{\delta}(\delta\in\mathbf{R})$,其定义域为空间 $V_{2\delta}=D(A^{\delta})$,其内积为

$$(u,v)_{2\delta}=(A^{\delta}u,A^{\delta}v),\ \forall u,v\in D(A^{\delta})$$

这里$(\cdot,\cdot)$表 H 中内积,对任意 $\delta>0$,我们有[154]

$$H_0^{\delta}(\Omega)\subset V_{\delta}\subset H^{\delta}(\Omega) \tag{33.1}$$

特别,$V_1=H_0^1(\Omega)=V$. V_{δ} 中范记为$|\cdot|_{\delta}$.

本章讨论非线性波动方程

$$\begin{cases}\partial_{tt}u+\beta u_t-\Delta u=f(u) & (x\in\Omega,t\geqslant 0)\\ u(x,t)=0 & (x\in\partial\Omega,t\geqslant 0)\\ u(x,0)=u_0(x),\partial_t u(x,0)=u_1(x) & (x\in\Omega)\end{cases} \tag{33.2}$$

这里$\beta>0$为常数,非线性项$f\in C^2(\mathbf{R})$满足增长条件

$$|f''(s)|\leqslant C(|s|^p+1)\quad(s\in\mathbf{R},0\leqslant p\leqslant 1) \tag{33.3}$$

及耗散条件

$$\limsup_{|s|\to\infty}\frac{f(s)}{s}<\lambda_1 \tag{33.4}$$

方程(33.2)具有丰富的物理意义,如当$f(s)=-\sin s$时,(33.2)为 Sine - Gordon 方程;当$f(s)$为多项式时,(33.2)为量子力学中的非线性波动方程.

我们已经知道[155]:方程(33.2)的解决定了一个在空间 $X=V\times H$ 上的 C^0 - 半群$\{T(t),t\geqslant 0\}$. 对于该半群的动态性状,我们已有,文[156]证明$\{T(t)\}$在 X 上存在整体吸引子 A;当 $p<1$ 时,文[157]及[158]得到 A 的豪斯道夫维数的估计. 但当 $p=1$ 时,仍没有得到 A 的有关维数的估计. 本章的目的就在于此.

当 $p<1$ 时,方程(33.2)的整体吸引子 A 实际上是$H^2(\Omega)\times H_0^1(\Omega)$中的有界集. 这给对其维数的估计

带来很大的方便. 而当 $p=1$ 时,我们还不能断言这一点. 所以,为了给出 A 的维数估计,需对方程(33.2)采用一种新的分解方法[159],及更加精细的估计.

引理 33.1 设 $f\in C^2(\mathbf{R})$ 满足式(33.3)和(33.4),其中 $p=1$,则 f 可分解为 $f=f_0+f_1$,其中 $f_0\in C^2(\mathbf{R})$,$f_1\in C^1(\mathbf{R})$满足

$$sf_0(s)\leqslant 0 \qquad s\in\mathbf{R} \tag{33.5}$$

$$|f''_0(s)|\leqslant c(|s|+1) \qquad s\in\mathbf{R} \tag{33.6}$$

$$|f'_1(s)|\leqslant c(|s|^{2-\mu}+1) \qquad s\in\mathbf{R} \tag{33.7}$$

$$\lim_{|s|\to\infty}\sup\frac{f_1(s)}{s}<\lambda_1 \tag{33.8}$$

其中常数 $c>0,0<\mu<2$.

本章的主要结果是

定理 33.1 设式(33.5)-(33.8)成立,且 $f'_0(0)=0$,则方程(33.2)的整体吸引子 A 的豪斯道夫维数、分形维数有限.

我们将在定理的证明中给出具体的维数估计.

2. 几个基本命题

对 $u\in V$,定义 $f_e(u)(x)=f(u(x))$,$f_{ie}(u)(x)=f_i(u(x))$,$i=0,1$.

命题 33.1 设 $f=f_0+f_1$,f_0 及 f_1 满足式(33.5)-(33.8),则 f_e 具有如下性质:

(1) $f_e:V\to H$ 为局部利普希茨条件且 Fréchet 可微,其导算子 $f'_e:V\to\mathcal{L}(V,H)$ 由下式给出

$$(f'_e(u)v)(x)=f'(u(x))v(x) \quad (u,v\in V)$$

(2) $f'_e:V\to\mathcal{L}(V,H)$ 有界;

(3) $f'_e:V\to\mathcal{L}(V,H)$ 为局部利普希茨条件.

证 利用赫尔德不等式及 $V\subset L^6(\Omega)$ 可直接验

证.

命题33.2　在命题33.1的假设下,我们有:对 $u=u_1+u_2, u_1\in V, u_2\in V_{1+\delta}, 0<\delta<\frac{1}{2}$ 及 $v\in V$,有

$$\|f'_e(u)v\|_2^2\leqslant c(|u_1|_1^4|v_1|^2+(|u_2|_{1+\delta}^4+1)|v|_\sigma^2) \tag{33.9}$$

其中 $c>0, \sigma=1-2\delta$.

证　记 c 为任一常数. 由假设及赫尔德不等式知

$$\begin{aligned}\|f'_e(u)v\|_2^2&=\int_\Omega|f'(u(x))v(x)|^2\mathrm{d}x\\&\leqslant c\int_\Omega((u_1(x)+u_2(x))^2+1)^2v^2(x)\mathrm{d}x\\&\leqslant c\int_\Omega(u_1^4(x)+u_2^4(x)+1)v^2(x)\mathrm{d}x\\&\leqslant c(\|u_1\|_6^4\|v\|_6^2+(\|u_2\|_\nu^4+1)\|v\|_{\nu'}^2)\end{aligned} \tag{33.10}$$

其中 $\nu=\frac{6}{1-2\delta}, \nu'=\frac{6}{1+4\delta}$.

据式(33.1), $V_l\subset H^l(\Omega)\subset L^q(\Omega)$,其中 $1/q=1/2-l/3, 0<l<3/2$,及式(33.10),可得式(33.9),证毕.

方程(33.2)的解 u 可分解成 $u=v+w$,其中 v,w 分别为下列方程的解

$$\begin{cases}\partial_{tt}v+\beta\partial_t v+Av=f_{0e}(v) & \text{在 } \mathbf{R}^* \text{ 上}\\ v(0)=u_0, \partial_t v_{(0)}=u_1\end{cases} \tag{33.11}$$

和

$$\begin{cases}\partial_{tt}w+\beta\partial_t w+Aw=f_{0e}(v+w)-f_{0e}(v)+f_{1e}(u)\\ \qquad \text{在 } \mathbf{R}^* \text{ 上}\\ w(0)=\partial_t w(0)=0\end{cases}\tag{33.12}$$

这样,由式(33.2)生成的半群 $T(t)$ 可相应分解成 $T(t)=S(t)+K(t)$,其中 $S(t)$,$K(t)$ 分别为由式(33.11)和(33.12)的解映射. 注意,这时 $S(t)$ 是 $X=V\times H$ 上的 C^0 - 半群,而 $K(t)$ 一般不是.

引理 33.2[156] 设 f_0 满足式(33.5)和(33.6),则存在连续函数 $M,\alpha:\mathbf{R}^*\to\mathbf{R}^*$ 满足: 若 $\|\{u_0,u_1\}\|_X\leqslant r$,则

$$\|S(t)\{u_0,u_1\}\|_X\leqslant M(r)\exp(-\alpha(r)t)\quad(\forall t\geqslant 0)\tag{33.13}$$

命题 33.3 设式(33.5)-(33.8)成立,且 $f'_0(0)=0$,则解映射 $K(t):X\to X_\delta$ 对 t 一致有界. 这里 δ 为某一正常数,$X_\delta=V_{1+\delta}\times V_\delta$.

注 命题 33.3 推广了文献[160]第 2 章的引理 6.2. 他还需加强假定 $|f'_1(s)|$ 小于或等于常数才得到相同的结果,故命题 33.3 的证明需要与之不同的更精细估计.

命题 33.3 的证明 由于 $T(t)$ 存在整体吸引子,据引理 33.2,$K(t):X\to X$ 对 t 一致有界. 在证明中,记 $c(r)$ 为仅依赖于 $r>0$ 的常数,c 为任意常数,f_{ie} 简记为 $f_i(i=0,1)$.

式(33.12)内积(对 H)$A^{2\delta}w'+\dfrac{\beta}{2}A^{2\delta}w\,(w'\triangleq\partial_t w)$ 得

$$\frac{1}{2}\frac{\mathrm{d}}{\mathrm{d}t}(\|A^{\delta}w'\|_2^2+\|A^{\delta+1/2}w\|_2^2+$$

$$\beta(w',A^{2\delta}w)+\beta^2\|A^{\delta}w\|_2^2-$$

$$2\int_\Omega(f(u)-f_1(v))A^{2\delta}w\mathrm{d}x)+$$

$$\frac{\beta}{2}\|A^{\delta}w'\|_2^2+\frac{\beta}{2}\|A^{\delta+1/2}w\|_2^2-$$

$$\frac{\beta}{2}\int_\Omega(f(u)-f_0(v))A^{2\delta}w\mathrm{d}x$$

$$=-\int_\Omega(((f'_0(v+w)-f'_0(v))u'+$$

$$f'_0(v)w'+f'_1(u)u')A^{\delta-1/2}A^{\delta+1/2}w\mathrm{d}x \tag{33.14}$$

若$\{u_0,u_1\}\in X$，$\|\{u_0,v_1\}\|_X\leqslant r$，则

$$\|v'(t)\|_2+\|w'(t)\|_2+\|u'(t)\|_2+$$

$$|v(t)|_1+|w(t)|_1+|u(t)|_1\leqslant c(r)$$

故，若$0<\delta<1/4$，则

$$|h(t)|\triangleq\left|\frac{\beta}{2}(w',A^{2\delta}w)+\frac{\beta^2}{2}\|A^{\delta}w\|_2^2+\int_\Omega(f(u)-f_0(v))A^{2\delta}w\mathrm{d}x\right|\leqslant c(r)\quad(\forall t\geqslant 0) \tag{33.15}$$

$$\frac{\beta}{2}\int_\Omega|(f(u)-f_0(v))A^{2\delta}w|\mathrm{d}x\leqslant c(r)\quad(\forall t\geqslant 0) \tag{33.16}$$

这里利用了$f_0,f:V\to H$有界的事实.

现估计式(33.14)右边各项. 首先，选取正数q,ν满足

$$\frac{q}{6}+\frac{q}{6}+\frac{1}{\nu}=1,\frac{1}{q\nu}=\frac{1}{2}-\frac{2\delta}{3} \tag{33.17}$$

即

$$\frac{1}{q}=\frac{1}{3}+\left(\frac{1}{2}-\frac{2\delta}{3}\right)$$

由嵌入定理及命题的假设得

$$\|f'_0(v)w'\|_q \leqslant c\|(|v|(1+|v|)|w'|)\|_q \leqslant c\|v\|_6\|(1+|v|)\|_6\|w'\|_{q\nu} \leqslant c(r)|v|_1\|A^\delta w'\|_2$$

类似可得,对同样的 q,我们有

$$\|(f'_0(v+w)-f'_0(v))u'\|_q \leqslant c(r)\|u'\|_2\|A^{\delta+1/2}w\|_2 \tag{33.19}$$

其次,对任一满足$\frac{6}{5}<s\leqslant\frac{6}{5-\mu}$的 s,我们有

$$\|f'_1(u)u'\|_s \leqslant c(r) \tag{33.20}$$

其中 μ 由式(33.7)给出. 选取 $\delta>0$ 足够小,使$\frac{1}{q}=\frac{5}{6}-\frac{2\delta}{3}>\frac{1}{s}$. 据式(33.20)有

$$\|f'_1(u)u'\|_q \leqslant \|f'_1(u)u'\|_s \leqslant c(r) \tag{33.21}$$

最后,取$\frac{1}{r}=\frac{1}{2}-\frac{1-2\delta}{3}=1-\frac{1}{q}$,则

$$\|A^{\delta-1/2}A^{\delta+1/2}w\|_r \leqslant \|A^{\delta+1/2}w\|_2 \tag{33.22}$$

综上所述,我们有

$$\frac{\mathrm{d}}{\mathrm{d}t}\left(\frac{1}{2}\|A^\delta w'\|_2^2+\frac{1}{2}\|A^{1/2+\delta}w\|_2^2+h(t)\right)+\frac{\beta}{2}\|A^\delta w'\|_2^2+\frac{\beta}{2}\|A^{1/2+\delta}w\|_2^2$$
$$\leqslant c(r)(\|u'\|_2\|A^{1/2+\delta}w\|_2^2+|v|_1\|A^\delta w'\|_2\|A^{\delta+1/2}w\|_2+\|A^{1/2+\delta}w\|_2+1)$$

记

$$\Phi(t)=\frac{1}{2}\|A^\delta w'\|_2^2+\frac{1}{2}\|A^{1/2+\delta}w\|_2^2+h(t)+c_0(r)$$

其中 $c_0(r)$ 为 $|h(t)|$ 的界，则

$$\frac{\mathrm{d}}{\mathrm{d}t}\Phi(t)+\left(\frac{\beta}{3}-c(r)(|v(t)|_1+\|u'(t)\|_2)\right)\Phi(t)$$

$$\leqslant c_1(r)$$

据引理33.2，存在 $T>0$，使得当 $t\geqslant T$ 时

$$c(r)|v(t)|_1\leqslant\frac{\beta}{12}$$

所以，当 $t\geqslant T$ 时

$$\frac{\mathrm{d}}{\mathrm{d}t}\Phi(t)+\left(\frac{\beta}{4}-c(r)\|u'(t)\|_2\right)\Phi(t)\leqslant c_1(r)$$

据 Gronwall 不等式，对 $t\geqslant t_1\geqslant T$，有

$$\Phi(t)\leqslant\exp\left(-\int_{t_1}^{t}m(\tau)\mathrm{d}\tau\right)\Phi(t_1)+$$

$$c_1(r)\int_{t_1}^{t}\exp\left(-\int_{s}^{t}m(\tau)\mathrm{d}\tau\right)\mathrm{d}s\qquad(33.23)$$

其中 $m(t)=\beta/4-c(r)\|u'(t)\|_2$.

另外，式(33.2)两边(在 H 中)内积 u' 可得

$$\frac{1}{2}\frac{\mathrm{d}}{\mathrm{d}t}\left(\|u'\|_2^2+|u|_1^2+\int_{\Omega}G(u)\mathrm{d}x\right)+\beta\|u'\|_2^2=0$$

$$(33.24)$$

其中 $G(u)=-\int_0^u f(v)\mathrm{d}v$. 据假设(33.5)－(33.8)可推知，存在常数 $\varepsilon_0\left(0<\varepsilon_0<\frac{\lambda_1}{2}\right)$，$c_0$ 和 c_1 使得 $\forall s\in\mathbf{R}$ 有

$$-\left(\frac{\lambda_1}{2}-\varepsilon_0\right)s^2-c_0\leqslant G(s)\leqslant c_1(1+|s|^{p+3})$$

$$(33.25)$$

记

$$\varepsilon(t) = \frac{1}{2}\|u'\|_2^2 + \frac{1}{2}|u|_1^2 + \int_\Omega G(u)\mathrm{d}x$$

则

$$\frac{1}{2}\|u'\|_2^2 + \frac{\varepsilon_0}{\lambda_1}|u|_1^2 - c_0\mathrm{mes}(\Omega)$$

$$\leqslant \varepsilon(t) \leqslant \frac{1}{2}\|u'\|_2^2 + \frac{1}{2}|u|_1^2 + c_1\mathrm{mes}(\Omega) +$$

$$c_1\|u\|_{p+3}^{p+3}$$

故由式(33.24)可推得

$$\int_0^{+\infty}\|u'(\tau)\|_2^2\mathrm{d}\tau \leqslant c(r) \qquad (33.26)$$

所以

$$\int_s^t m(\tau)\mathrm{d}\tau = \int_s^t\left(\frac{\beta}{4} - c(r)\|u'(\tau)\|_2\right)\mathrm{d}\tau$$

$$\geqslant \frac{\beta}{4}(t-s) - c(r)\sqrt{t-s}\left(\int_s^t\|u'(\tau)\|_2^2\mathrm{d}r\right)^{1/2}$$

$$\geqslant \frac{\beta}{4}[(t-s) - c(r)\sqrt{t-s}](\forall t \geqslant s \geqslant 0)$$

因此,据式(33.23),对任意 $t \geqslant T$,有

$$\Phi(t) \leqslant \frac{\beta c^2(r)}{16}\Phi(T) + c_1(r)$$

所以,对任一 $t \geqslant T$.

$$\|\{w(t),w'(t)\}\|_{X_{2\delta}}^2 = \|A^{\delta+1/2}w\|_2^2 + \|A^\delta w'\|_2^2$$

$$\leqslant \Phi(t) \leqslant c(r)(\Phi(T)+1)$$

命题 33.3 证毕.

3. 线性化方程

为了证明定理33.1,我们还需验证由式(33.2)生成的半群$\{T(t)\}$的可微性.

方程(33.2)形式上的线性化方程为

$$\begin{cases} U'' + \beta U' + AU = f'(u)U \\ U(0) = \xi, U'(0) = \zeta \end{cases} \quad (33.27)$$

设 u 为方程(33.2)的解，据命题33.1中(1)及文[157]中第2章的理论，对每一$\{\xi,\zeta\} \in X$，，方程(33.27)存在唯一解 U，且$\{U,U'\} \in C(\mathbf{R},X)$.

命题33.4　设$f = f_0 + f_1$ 满足引理33.1，则对任一$t>0$，C^0 - 半群 $T(t)$ 在 X 上Fréchet可微. 其在$\{u_0, u_1\}(\in X)$的导算子为

$$L(t,\{u_0,u_1\}):\{\xi,\zeta\} \to \{U(t),U'(t)\}$$

其中 U 为方程(33.27)的解.

证　我们首先证明 $T(t)$ 的局部利普希茨性.

设$\varphi_0 = \{u_0,u_1\} \in X$，$\tilde{\varphi}_0 = \varphi_0 + \{\xi,\zeta\} \in X$ 且 $\|\varphi_0\|_X \leqslant r$，$\|\tilde{\varphi}_0\|_X \leqslant r$. 由于 $T(t)$ 是耗散的，故存在 $r_1 > 0$，使得

$$\max\{\|T(t)\varphi_0\|_X, \|T(t)\tilde{\varphi}_0\|_X\} \leqslant r_1 \quad (\forall t \geqslant 0) \quad (33.28)$$

设 u，$\tilde{u}$ 分别为方程(33.2)对应于初值 φ_0，$\tilde{\varphi}_0$ 的解并记 $\psi = \tilde{u} - u$，则 ψ 满足

$$\begin{cases} \psi'' + \beta\psi + A\psi = f(\tilde{u}) - f(u) \\ \psi(0) = \xi, \psi'(0) = \zeta \end{cases} \quad (33.29)$$

式(33.29)两边作用ψ'，并注意到f的局部利普希茨性可得

$$\frac{\mathrm{d}}{\mathrm{d}t}(\|\psi'\|_2^2 + |\psi|_1^2) \leqslant c(r_1)(\|\psi'\|_2^2 + |\psi|_1^2)$$

故得 $T(t)$ 的局部利普希茨性

$$\|T(t)\tilde{\varphi}_0 - T(t)\varphi_0\|_x \leqslant \exp(c(r_1)t)\|\{\xi,\zeta\}\|_X$$

设 U 为式(33.27)的解，则 $\theta = \tilde{u} - u - U$ 满足

$$\begin{cases}\theta'' + \beta\theta' + A\theta - f'(u)\theta = h \\ \theta(0) = \theta'(0) = 0\end{cases} \tag{33.30}$$

其中

$$\begin{aligned} h &\triangleq f(\tilde{u}) - f(u) - f'(u)(\tilde{u} - u) \\ &= \int_0^1 (f'(su(\tau) + (1-s)\tilde{u}(\tau)) - \\ &\quad f'(u(\tau)))(\tilde{u}(\tau) - u(\tau))\mathrm{d}s \end{aligned}$$

据命题 33.1 中式(33.3) 得

$$\| f'(su(\tau) + (1-s)\tilde{u}(\tau)) - f'(u(\tau)) \|_{\mathcal{L}(U,H)}$$

$$\leqslant c(r_1)s|\tilde{u}(\tau) - u(\tau)|_1 \quad (\forall \tau \geqslant 0, s \in [0,1])$$

所以

$$\| h(\tau) \|_2 \leqslant c(r_1)|\tilde{u}(\tau) - u(\tau)|_1^2 \quad (\forall \tau \geqslant 0) \tag{33.31}$$

最后,式(33.30) 两边作用 θ' 并注意到

$$\| f'(u(\tau)) \|_{\mathcal{L}(V,H)} \leqslant c(r_1) \quad (\forall \tau \geqslant 0)$$

可推得

$$\frac{\mathrm{d}}{\mathrm{d}t}(\| \theta' \|_2^2 + |\theta|_1^2)$$

$$\leqslant c(r_1)(\| \theta' \|_2^2 + |\theta|_1^2 + |\tilde{u}(\tau) - u(\tau)|_1^4)$$

由 Gronwall 不等式及 $T(t)$ 的局部利普希茨性可得

$$\| \theta'(t) \|_2^2 + |\theta(t)|_1^2$$

$$\leqslant c(r_1)\exp(c_1(r_1)t)(\| \zeta \|_2^2 + |\xi|_1^2)^2$$

故对任一 $t > 0$,当$\{\xi,\zeta\} \to 0$ 时

$$\frac{\| T(t)\tilde{\varphi}_0 - T(t)\varphi_0 - U(t) \|_X^2}{\| \{\xi,\zeta\} \|_X^2} \to 0$$

即 $T(t)$ 是 Fréchet 可微的. 证毕.

4. 定理的证明

首先把方程(33.2) 写成在空间 X 上的一阶抽象

发展方程. 令$\psi = \{u, u' + \varepsilon u\}^T$,其中$0 < \varepsilon \leqslant \varepsilon_0, \varepsilon_0 = \min\left\{\frac{\beta}{4}, \frac{\lambda_1}{2\beta}\right\}$,则$\psi$满足

$$\begin{cases}\psi' + \boldsymbol{\Lambda}_\varepsilon \psi + G(\psi) = 0 \\ \psi(0) = \{u_0, u_1 + \varepsilon u_0\}\end{cases} \tag{33.32}$$

其中
$$G(\psi) = \{0, -f(u)\}^T$$

$$\boldsymbol{\Lambda}_\varepsilon = \begin{pmatrix} \varepsilon I & I \\ A - \varepsilon(\beta - \varepsilon)I & (\beta - \varepsilon)I \end{pmatrix}$$

I为恒同算子.

记$\{T_\varepsilon(t)\}$为由式(33.32)生成的群,则对$\varphi_0 = \{u_0, u_1\}^T \in X$,有

$$T_\varepsilon(t)\varphi_0 = R_\varepsilon T(t) R_{-\varepsilon}\varphi_0$$

其中R_ε是X中的一个同构

$$R_\varepsilon : \{u, v\} \rightarrow \{u, v + \varepsilon u\}$$

所以,若记A为$\{T(t)\}$的整体吸引子,则$R_\varepsilon A$为$\{T_\varepsilon(t)\}$的整体吸引子,且它们有相同的维数. 现估计$R_\varepsilon A$的维数.

据命题33.4,式(33.32)的一阶变分方程为

$$\Psi' = -\boldsymbol{\Lambda}_\varepsilon \Psi + G'(\psi)\Psi \triangleq F'(\psi)\Psi \tag{33.33}$$

其中$\Psi = \{U, U' + \varepsilon U\}, G'(\psi) = \{0, -f'(u)U\}$. 初始条件为

$$\Psi(0) = \eta = \{\xi, \eta\} \in X \tag{33.34}$$

设$\Psi_1(\tau), \cdots, \Psi_m(\tau)$为方程(33.33),(33.34)分别对应于初值$\eta_1, \eta_2, \cdots, \eta_m (\eta_i \in X)$的解,并记$\Phi_j(\tau) = \{\xi_j(\tau), \zeta_j(\tau)\} (j = 1, 2, \cdots, m)$为空间$Q_m(\tau)E_0 \triangleq \operatorname{span}\{\Phi_1(\tau), \cdots, \Phi_m(\tau)\}$的一组标准正交基,则

$$\begin{aligned}
&\mathrm{Trace}(F'(\psi(\tau))\circ Q_m(\tau))\\
&=\sum_{j=1}^{m}(F'(\psi(\tau))\circ Q_m(\tau)\Phi_j(\tau),\Phi_j(\tau))_X\\
&=\sum_{j=1}^{m}(F'(\psi(\tau))\Phi_j(\tau),\Phi_j(\tau))_X
\end{aligned}$$

由于

$$\begin{aligned}
&(F'(\psi(\tau))\Phi_j(\tau),\Phi_j(\tau))_X\\
&=-(\boldsymbol{\Lambda}_\varepsilon\Phi_j(\tau),\Phi_j(\tau))+(f'(u(\tau))\xi_j(\tau),\zeta_j(\tau))
\end{aligned}$$

而

$$\begin{aligned}
&(\boldsymbol{\Lambda}_\varepsilon\Phi_j(\tau),\Phi_j(\tau))\\
&=\varepsilon|\xi_j(\tau)|_1^2+(\beta-\varepsilon)\|\zeta_j(\tau)\|_2^2-\\
&\quad\varepsilon(\beta-\varepsilon)(\xi_j(\tau),\zeta_j(\tau))\\
&\geqslant\alpha_1(|\xi_j(\tau)|_1^2+\|\zeta_j(\tau)\|_2^2)\quad\left(\alpha_1=\frac{\varepsilon}{2}\right)
\end{aligned}$$

据引理 33.2,存在 $M>0,\alpha>0$,使得

$$\|S(t)\varphi\|_X\leqslant M\exp(-\alpha t)\quad(\forall\varphi\in A,t\geqslant 0)\tag{33.35}$$

据命题 33.3,存在常数 $c>0$,使

$$\|K(t,\varphi)\|_{X_\delta}\leqslant c\quad(\forall\varphi\in A,t\geqslant 0)\tag{33.36}$$

因此,据命题 33.2 及式(33.35)(33.36)有

$$\begin{aligned}
&\|f'(T_\varepsilon(\tau)\varphi)\xi_j(\tau)\|_2^2\\
&=\|f'(R_\varepsilon T(\tau)R_{-\varepsilon}\varphi)\xi_j(\tau)\|_2^2\\
&\leqslant c(\|S(\tau)\varphi\|_X^4|\xi_J(\tau)|_1^2+(\|K(\tau,\varphi)\|_{X_\delta}^4+1)|\xi_j(\tau)|_\sigma^2)\\
&\leqslant c(\exp(-4\alpha t)|\xi_j(\tau)|_1^2+|\xi_j(\tau)|_\sigma^2)\\
&\quad(\forall\varphi\in R_\varepsilon A,\tau\geqslant 0)
\end{aligned}\tag{33.37}$$

其中 $\sigma=1-2\delta,c>0$ 为常数.

综合上述有

$$
\begin{aligned}
&(F'(\psi(\tau))\Phi_j(\tau),\Phi_j(\tau))_X \\
\leqslant & -\alpha_1(|\xi_j(\tau)|_1^2+\|\xi_j(\tau)\|_2^2)+ \\
& c(\exp(-4\alpha\tau)|\xi_j(\tau)|_1^2+|\xi_j(\tau)|_\sigma^2)^{1/2}\|\xi_j(\tau)\|_2 \\
\leqslant & -\frac{\alpha_1}{2}(|\xi_j(\tau)|_1^2+\|\xi_j(\tau)\|_2^2)+ \\
& \frac{c^2}{2\alpha_1}\exp(-4\alpha\tau)|\xi_j(\tau)|_1^2+\frac{c^2}{4\alpha_1}|\xi_j(\tau)|_\sigma^2
\end{aligned}
$$

由于$|\xi_j(\tau)|_1^2+\|\zeta_j(\tau)\|_2^2=1$，所以

$$
\begin{aligned}
&\sum_{j=1}^m(F'(\psi(\tau))\Phi_j(\tau),\Phi_j(\tau))_X \\
\leqslant & -\frac{m\alpha_1}{2}+\frac{c^2m}{2\alpha_1}\exp(-4\alpha\tau)+\frac{c^2}{2\alpha_1}\sum_{j=1}^m|\xi_j(\tau)|_\sigma^2
\end{aligned}
\tag{33.38}
$$

另外，我们有[157]

$$
\sum_{j=1}^m\|\xi_j(\tau)\|_\sigma^2\leqslant\sum_{j=1}^m\lambda_j^{\sigma-1}
$$

其中$\lambda_j(j=1,2,\cdots)$为A的前m个特征值，所以

$$
\begin{aligned}
&\mathrm{Trace}\,F'(\psi(\tau))\circ Q_m(\tau) \\
\leqslant & -\frac{m\alpha_1}{2}+\frac{c^2m}{2\alpha_1}\exp(-4\alpha\tau)+\frac{c^2}{2\alpha_1}\sum_{j=1}^m\lambda_j^{\sigma-1}
\end{aligned}
\tag{33.39}
$$

故

$$
\begin{aligned}
q_m(t) &= \sup_{\psi_0\in R_\varepsilon A}\sup_{\substack{\eta_i\in X\\ |\eta_i|_X\leqslant 1\\ i=1,\cdots,m}}\left(\frac{1}{t}\int_0^t\mathrm{Trace}(F'(T_\varepsilon(\tau)\psi_0)\circ Q_m(\tau))\mathrm{d}\tau\right. \\
&\leqslant -\frac{m\alpha_1}{2}+\frac{c^2m}{8\alpha_1\alpha t}(1-\exp(-4\alpha t))+\frac{c^2}{2\alpha_1}\sum_{j=1}^m\lambda_j^{\sigma-1}
\end{aligned}
$$

所以

$$
q_m=\lim_{t\to\infty}\sup q_m(t)\leqslant-\frac{m\alpha_1}{2}+\frac{c^2}{2\alpha_1}\sum_{j=1}^m\lambda_j^{\sigma-1}
\tag{33.40}
$$

由于 $\lambda_j \to \infty\ (j \to \infty)$，故当 $m \to \infty$ 时，$\frac{1}{m}\sum_{j=1}^{m}\lambda_j^{\sigma-1} \to 0$.
据式(33.40)，存在 $m > 0$，使得

$$q_m < 0 \tag{33.41}$$

据文[157]第291页可得，$R_\varepsilon A$ 的豪斯道夫维数($\dim_H$)及分形维数($\dim_f$)分别满足

$$\dim_H(R_\varepsilon A) \leqslant m, \dim_f(R_\varepsilon A) \leqslant 2m$$

这里的 m 由式(32.41)决定，所以

$$\dim_H(A) \leqslant m, \dim_f(A) \leqslant 2m$$

证毕.

广义 $M-J$ 集的界与 $J-$ 集豪斯道夫维数的估计[①]

第 34 章

鞍山钢铁学院数理系的刘向东,东北大学信息科学与工程学院的焉德军,朱伟勇,王光兴等四位教授在 2001 年解析地给出了广义 $M-J$ 集的界,其中某些界在某种意义上是最佳的. 解决了应用逃逸时间等算法计算机构造其混沌分形图的首要问题,并在此基础上通过线性逼近的方法给出了某些情况下 $J-$ 集豪斯道夫维数的近似估计.

B. B. Mandelbrot 1975 年提出“非规整几何”概念并建立了分形几何的理论. 现在,分形几何已被认为是描述非线性问题的最好的一种语言与工具. 它的建立与发展,使动力系统、自组织与耗散结构、湍流、分叉理论、神经元网络等一大批学科得到了发展. 分形理论作为非线

① 刘向东,焉德军,朱伟勇,王光兴. 广义 $M-J$ 集的界与 $J-$ 集 Hausdorff 维数的估计[J]. 应用数学和力学,2001,22(11).1187-1192.

性科学的理论基础正越来越多地受到人们的重视[161]. 逃逸时间算法是构造朱利亚和 Mandelbrot 分形集(简记为 J - 集和 M - 集)经典、常用的方法[162],但该方法应用时需首先确定分形集的界. 以往界的确定一般靠对特殊问题的估计与尝试,缺少统一的解决方法,而估计不好时会出现集合构造不全或未能展示细节等问题. 本文解析地给出广义 $M-J$ 集的界,其中某些界在某种意义上是最佳的. 不仅解决了应用该算法构造其混沌分形集的首要问题,并在此基础上给出了某些情况下 J - 集豪斯道夫维数的近似估计.

1. z^n+c $M-J$ 集的界与维数

(1)z^n+c M - 集的界

定义 34.1[163,164] $f_{(n,c)}(z)=z^n+c(n\geqslant 2)$ 的充满的 J - 集

$$F(f_{(n,c)})\triangleq\{z\in\mathbf{C}\mid\{f^k_{(n,c)}(z)\}_{k=1}^{\infty}\text{有界}\}\quad(34.1)$$

J - 集 $J(f_{(n,c)})\triangleq\partial F(f_{(n,c)})$,其中$\partial(\circ)$代表集合的边界.

利用 Montel[163] 定理,可以得到 M - 集的常用等价定义:

定义 34.2[163,164] $f_{(n,c)}(z)=z^n+c(n\geqslant 2)$ 的 M - 集

$$\begin{aligned}M_n&\triangleq\{c\in\mathbf{C}\mid f_{(n,c)}(z)\text{的 } J\text{ - 集连通}\}\\&=\{c\in\mathbf{C}\mid\text{复序列}\{f^k_{(n,c)}(0)\}_{k=1}^{\infty}\text{有界}\}\quad(34.2)\end{aligned}$$

定理 34.1 $f_{(n,c)}(z)=z^n+c(n\geqslant 2)$ 的 M - 集

$$M_n\subseteq\{c\in\mathbf{C}\mid |c|\leqslant\sqrt[n-1]{2}\}$$

证 $\{f^k_{(n,c)}(0)\}_{k=1}^{\infty}$ 有界等价于实序列

$$\{|f^k_{(n,c)}(0)|\}_{k=1}^{\infty}$$

有界.

当 $|c|>\sqrt[n-1]{2}$ 时

$$|f^2_{(n,c)}(0)|=|c^n+c|$$
$$>|c|(\sqrt[n-1]{2})^{n-1}-|c|=|c|$$

若又有 $|w|>|c|$，则

$$|f_{(n,c)}(w)|=|w^n+c|$$
$$>|w|(\sqrt[n-1]{2})^{n-1}-|w|=|w| \quad (34.3)$$

所以序列 $\{|f^k_{(n,c)}(0)|\}_{k=1}^{\infty}$ 严格单调增. 若 $|f^k_{(n,c)}(0)|\to\alpha<+\infty\ (k\to+\infty)$，则 $\mathbf{C}$ 平面圆周 $|z|=\alpha(\alpha>\sqrt[n-1]{2})$ 上存在点 z 满足 $|f_{(n,c)}(z)|=|z|$，与式(34.3)矛盾. 所以 $|f^k_{(n,c)}(0)|\to+\infty\ (k\to+\infty)$，得到

$$M_n\subseteq\{c\in\mathbf{C}\mid |c|\leqslant\sqrt[n-1]{2}\}$$

由于 n 为偶数时 $\sqrt[n-1]{2}\in M_n$，说明定理34.2给出的界是不可改进的.

(2) z^n+c $J-$ 集的界与维数估计

定理 34.2　$f_{(n,c)}(z)=z^n+c(n\geqslant2)$ 的连通型 $J-$ 集 $J(f_{(n,c)})$ 满足

$$J(f_{(n,c)})\subseteq\{z\in\mathbf{C}\mid |z|\leqslant\sqrt[n-1]{2}\}$$

证　因为 $J(f_{(n,c)})=\partial F(f_{(n,c)})$，我们只需证明 $F(f_{(n,c)})\subseteq\{z\in\mathbf{C}\mid |z|\leqslant\sqrt[n-1]{2}\}$.

由定理34.1，知 $|c|\leqslant\sqrt[n-1]{2}$. 当 $|z|>\sqrt[n-1]{2}$ 时

$$|f_{(n,c)}(z)|=|z^n+c|>|z|(\sqrt[n-1]{2})^{n-1}-\sqrt[n-1]{2}$$
$$=2|z|-\sqrt[n-1]{2}>|z| \quad (34.4)$$

即序列 $\{|f^k_{(n,c)}(z)|\}_{k=1}^{\infty}$ 严格单调增，且它也不能有有限的极限，所以 $|f^k_{(n,c)}(z)|\to+\infty\ (k\to+\infty)$，得到

$$F(f_{(n,c)})\subseteq\{z\in\mathbf{C}\mid |z|\leqslant\sqrt[n-1]{2}\}$$

一般地，z^2+c 的普通 $J-$ 集在圆 $\{z\in\mathbf{C}\mid |z|\leqslant$

$\dfrac{1+\sqrt{1+4|c|}}{2}\}$ 内.

引理 34.1　设 Γ 为复平面 $\mathbf{C}$ 上的回路.

(1) 如果 $c\in\mathbf{C}$ 位于 Γ 内,则 $f_{(n,c)}^{-1}(\Gamma)$ 是以 Γ 的内部的逆象为它的内部的回路.

(2) 若 $c\in\mathbf{C}$ 在 Γ 上,则 $f_{(n,c)}^{-1}(\Gamma)$ 为从一点引出 n 个回路的图形,使得 Γ 的内部的逆象为 n 个回路的内部.

(3) 若 $c\in\mathbf{C}$ 在 Γ 外,则 $f_{(n,c)}^{-1}(\Gamma)$ 为 n 个不交的回路,使得 Γ 的内部的逆象为 n 个回路的内部.

证明略.

定理 34.3　对模充分大的 c 和 $n\geqslant 2$,有

$$J(f_{(n,c)})\subseteq\{z\,|\,|z|\leqslant\sqrt[n]{2c}\,|\}$$

且全不连通. $J(f_{(n,c)})$ 满足

$$\dim_B J(f_{(n,c)})=\dim_H J(f_{(n,c)})\approx\frac{n}{n-1}\,\frac{\ln n}{\ln c}$$

证　不妨设 $\left|\dfrac{c}{2}\right|>|\sqrt[n]{2c}|>\sqrt[n-1]{2}$. 若 $|z|>|\sqrt[n]{2c}|$,与定理 34.1,34.2 类似,$|f_{(n,c)}^{k}(z)|\to+\infty$ $(k\to+\infty)$,一定无界,所以

$$J(f_{(n,c)})\subseteq\{z\,|\,|z|\leqslant|\sqrt[n]{2c}|\}$$

这时,$c\notin\{z\,|\,|z|\leqslant|\sqrt[n]{2c}|\}$,由引理 34.1,$f_{(n,c)}^{-1}$ 将圆盘 $\{z:|z|\leqslant|\sqrt[n]{2c}|\}$ 映射为 n 个不相交的部分,所以 $J(f_{(n,c)})$ 全不连通,$f_{(n,c)}^{-1}$ 的 n 个分支对 $J(f_{(n,c)})$ 是压缩的,$J(f_{(n,c)})$ 是这 n 个分支定义的 n 个压缩变换构成的非线性 IFS 的吸引子.

对其中某一分支及 $z_1,z_2\in J(f_{(n,c)})$,一定有 $z_1,z_2\in\{z\,|\,|z|\leqslant|\sqrt[n]{2c}|\}$,从而

$$|\sqrt[n]{z_1-c}-\sqrt[n]{z_2-c}|$$
$$=\frac{|z_1-z_2|}{|\sqrt[n]{(z_1-c)^{n-1}}-\sqrt[n]{(z_1-c)^{n-2}(z_2-c)}+\cdots+\sqrt[n]{(z_2-c)^{n-1}}|}$$

由于 $|c|$ 远远大于 $|z_1|$, $|z_2|$ 有

$$\frac{|z_1-z_2|}{\left|n\left(\frac{3c}{2}\right)^{(n-1)/n}\right|}<|\sqrt[n]{z_1-c}-\sqrt[n]{z_2-c}|<\frac{|z_1-z_2|}{\left|n\left(\frac{c}{2}\right)^{(n-1)/n}\right|}$$

对 n 个不交的、由压缩比分别为 $\frac{1}{n}\left|\frac{2}{c}\right|^{(n-1)/n}$ 和 $\frac{1}{n}\left|\frac{2}{3c}\right|^{(n-1)/n}$ 的压缩映射构成的线性 IFS,它们吸引子的豪斯道夫维数与盒维数相等[19],其豪斯道夫维数 s_1 和 s_2 分别满足

$$n\left(\frac{1}{n}\left|\frac{2}{c}\right|^{(n-1)/n}\right)^{s_1}=1 \tag{34.5}$$

$$n\left(\frac{1}{n}\left|\frac{2}{3c}\right|^{(n-1)/n}\right)^{s_2}=1 \tag{34.6}$$

求解式(34.5)(34.6)得

$$s_1=\frac{\ln n}{\ln n+\frac{n-1}{n}(\ln c-\ln 2)}\approx\frac{n}{n-1}\frac{\ln n}{\ln c}$$

$$s_2=\frac{\ln n}{\ln n+\frac{n-1}{n}(\ln c+\ln 3-\ln 2)}\approx\frac{n}{n-1}\frac{\ln n}{\ln c}$$

所以,对模充分大的 c,有

$$\dim_B J(f_{(n,c)})=\dim_H J(f_{(n,c)})\approx\frac{n}{n-1}\frac{\ln n}{\ln c}$$

引理 34.2　对模充分小的 c, $f_{(n,c)}(z)=z^n+c(n\geqslant 2)$ 靠近 0 的吸引不动点 z^* 满足 $|z^*|\leqslant 2|c|$.

证　由临界点定理[163], $f_{(n,c)}^k(0)\to z^*(k\to+\infty)$.

不妨设$|c| < \sqrt[n-1]{(1/2^n)}$,则

$$|f_{(n,c)}^2(0)| = |c^n + c| \leqslant |c^n| + |c| = (|c|^{n-1} + 1)|c| < 2|c|$$

而若$|w| < 2|c|$,则

$$\begin{aligned}|f_{(n,c)}(w)| &= |w^n + c| \leqslant |w^n| + |c| \\ &\leqslant 2^n|c|^n + |c| \leqslant (2^n|c|^{n-1} + 1)|c| \\ &< 2|c| \end{aligned} \tag{34.7}$$

这样,$|f_{(n,c)}^k(0)| < 2|c| (k = 0, 1, 2, \cdots)$,所以

$$|z^*| \leqslant 2|c|$$

引理 34.3 对模充分小的 c 和 $n \geqslant 2$,若$|z| \leqslant \sqrt[n-1]{1 - 10|c|}$,则 $z^n + c$ 靠近 0 的吸引不动点 z^* 吸引 z.

证 对模充分小的 c,$z^n + c$ 靠近 0 的吸引不动点 z^* 的吸引域 A 近似于开单位圆盘,下面估计 A 的界.

当$\frac{1}{2} < |z| \leqslant \sqrt[n-1]{1 - 10|c|}$时,一定成立 $5|c| \leqslant |z|(1 - |z|^{n-1})$. 再利用引理 34.2,得

$$\begin{aligned}|f_{(n,c)}(z) - z^*| &= |z^n + c - z^*| \leqslant |z|^n + |c| + |z^*| \\ &\leqslant 3|c| + |z|^n \leqslant |z| - 2|c| \leqslant |z - z^*|\end{aligned}$$

所以 z 在 A 内. 由于 A 为包含 z^* 的开单连通区域,所以对$\forall z$ 有:$\{z \mid |z| \leqslant \sqrt[n-1]{1 - 10|c|}\} \subseteq A$.

定理 34.4 对模充分小的 c 和 $n \geqslant 2$,$J(f_{(n,c)}) \subseteq \{z \mid \sqrt[n-1]{1 - 10|c|} \leqslant z \leqslant \sqrt[n-1]{2}\}$,是拟圆. $J(f_{(n,c)})$满足

$$1 \leqslant \dim_H J(f_{(n,c)}) \leqslant \frac{\ln n}{\ln n + \frac{n-1}{n}\ln\left(\sqrt[n-1]{1 - 10|c|} - |c|\right)}$$

证 不妨$|c| \leqslant \sqrt[n-1]{2}$. 当$|z| > \sqrt[n-1]{2}$时

$$|f_{(n,c)}(z)| = |z^n + c| > |z|(\sqrt[n-1]{2})^{n-1} - \sqrt[n-1]{2}$$

$$=2|z|-\sqrt[n-1]{2}>|z|$$

即序列 $\{|f^{k}_{(n,c)}(z)|\}_{k=1}^{\infty}$ 严格单调递增. 这一增大过程不可能有有限的极限, 所以 $|f^{k}_{(n,c)}(z)|\to+\infty$ $(k\to+\infty)$, 得到

$$J(f_{(n,c)})\subseteq\{z|\sqrt[n-1]{1-10|c|}\leqslant|z|\leqslant\sqrt[n-1]{2}\}$$

这时, 圆盘 $\{z\,|\,|z|\leqslant\sqrt[n-1]{2}\}$ 和圆盘 $\{z\,|\,|z|\leqslant\sqrt[n-1]{1-10|c|}\}$ 中均含 c, 由引理 $f^{-1}_{(n,c)}$ 将圆环 $\{z\,|\sqrt[n-1]{1-10|c|}\leqslant|z|\leqslant\sqrt[n-1]{2}\}$ 映射为 n 个刚刚相交的部分, 所以 $J(f_{(n,c)})$ 连通. $f^{-1}_{(n,c)}$ 的 n 个分支对 $J(f_{(n,c)})$ 是压缩的, $J(f_{(n,c)})$ 是由 $f^{-1}_{(n,c)}$ 的 n 个分支定义的 n 个压缩变换构成的刚触及的非线性 IFS 的吸引子.

不妨从 $|z|=1$ 开始. 曲线每次经 $f^{-1}_{(n,c)}$ 的 n 个分支作用之后, 仍然得到一个围绕 c 的闭曲线, 其极限为拟圆.

对其中某一分支及 $z_1,z_2\in J(f_{(n,c)})$, 一定有 z_1, $z_2\in\{z|\sqrt[n-1]{1-10|c|}\leqslant|z|\leqslant\sqrt[n-1]{2}\}$, 从而

$$|\sqrt[n]{z_1-c}-\sqrt[n]{z_2-c}|$$

$$=\frac{|z_1-z_2|}{|\sqrt[n]{(z_1-c)^{n-1}}+\sqrt[n]{(z_1-c)^{n-2}(z_2-c)}+\cdots+\sqrt[n]{(z_2-c)^{n-1}}|}$$

由于 $|c|$ 远远小于 $|z_1|$, $|z_2|$, 得

$$|\sqrt[n]{z_1-c}-\sqrt[n]{z_2-c}|\leqslant\frac{|z_1-z_2|}{|n(\sqrt[n-1]{1-10|c|}|-|c|)^{(n-1)/n}}$$

所以 $\dim_H J(f_{(n,c)})<s$, 其中 s 满足

$$n\left(\frac{1}{n}\left|\frac{1}{\sqrt[n-1]{1-10|c|}-|c|}\right|^{(n-1)/n}\right)=1\quad(34.8)$$

求解式(34.8)得

$$s=\frac{\ln n}{\ln n+\frac{n-1}{n}\ln\left(\sqrt[n-1]{1-10|c|}-|c|\right)}$$

由于$|c|$充分小时,$J(f_{(n,c)})$是拟圆,其豪斯道夫维数一定大小等于1,所以有

$$1\leqslant\dim_H J(f_{(n,c)})\leqslant\frac{\ln n}{\ln n+\frac{n-1}{n}\ln\left(\sqrt[n-1]{1-10|c|}-|c|\right)}$$

2. $z^3+az+b(a\neq0)$ $M-J$ 集的界

(1) $z^3+az+b(a\neq0)$ $M-$集的界

定义 34.3[19] $f_{[a,b]}(z)=z^3+az+b(a\neq0)$的充满的$J-$集.

$$F_{[a,b]}\triangleq\{z\in\mathbf{C}\mid\{f_{[a,b]}^k(z)\}_{k=1}^{\infty}\text{有界}\}$$

$J-$集 $\quad J(f_{[a,b]})\triangleq\partial F(f_{[a,b]})$

定义 34.4[19] $f_{[a,b]}(z)=z^3+az+b(a\neq0)$的$M-$集

$$\begin{aligned}M_{[a,b]}&\triangleq\{(a,b)\mid a,b\in\mathbf{C},\text{有}f_{[a,b]}(z)\text{的 }J-\text{集连通}\}\\&=\left\{(a,b)\mid a,b\in\mathbf{C},\left\{f_{[a,b]}^k\left(\sqrt{\frac{-a}{3}}\right)\right\}_{k=1}^{\infty}\text{与}\right.\\&\qquad\left.\left\{f_{[a,b]}^k\left(-\sqrt{\frac{-a}{3}}\right)\right\}_{k=1}^{\infty}\text{都有界}\right\}\end{aligned}$$

引理 34.4 $x,y\in\mathbf{C},\max\{|x+y|,|x-y|\}\geqslant\sqrt{|x^2|+|y^2|}$.

证明略.

定理 34.5 $f_{[a,b]}(z)=z^3+az+b(a\neq0)$的 $M-$集$M_{[a,b]}$在四维空间中有界.

证 若$|b|\geqslant\sqrt{|a|+2}$,由引理 34.4,$f_{[a,b]}\left(\sqrt{\frac{-a}{3}}\right)$与$f_{[a,b]}\left(-\sqrt{\frac{-a}{3}}\right)$中至少有一个模大于

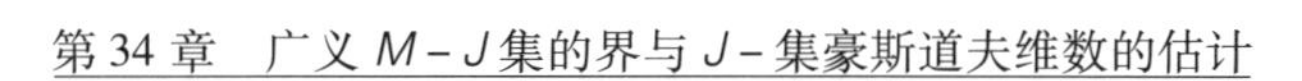

$\sqrt{\frac{4|a^3|}{27}+|b^2|}\geqslant\sqrt{\frac{4|a^3|}{27}+|a|+2}$,记其为 w,$|w|>|b|$.

$$
\begin{aligned}
|f_{[a,b]}(w)| &= |w^3+aw+b|\geqslant|w^3|-|aw|-|b| \\
&\geqslant|w|(|w^2|-|a|)-|b| \\
&>|w|\left(\frac{4|a^3|}{27}+2\right)-|w|>|w|
\end{aligned}
$$

即 $\{|f_{[a,b]}^k(w)|\}_{k=1}^{\infty}$ 严格单调递增,且不可能有有限极限,所以 $|f_{[a,b]}^k(w)|\to+\infty\ (k\to+\infty)$,得

$M_{[a,b]}\subseteq\{(a,b)\mid a,b\in\mathbf{C}$,且 $|b|<\sqrt{|a|+2}\}$

当 $|b|<\sqrt{|a|+2}$ 时,又若 $|a|>6$,则

$$
\left|\frac{2a}{3}\sqrt{\frac{-a}{3}}\right|>\left|\sqrt{\frac{-a}{3}}\right|+\sqrt{|a|+2}
$$

所以 $f_{[a,b]}\left(\sqrt{\frac{-a}{3}}\right)$ 与 $f_{[a,b]}\left(-\sqrt{-\frac{-a}{3}}\right)$ 中至少有一个模大于 $\left|\frac{2a}{3}\sqrt{\frac{-a}{3}}\right|$. 仍记其为 w. 则

$$
\begin{aligned}
|f_{[a,b]}(w)| &= |w^3+aw+b|\geqslant|w^3|-|aw|-|b| \\
&>|w|(|w|^2-|a|)-\sqrt{|a|+2} \\
&>|w|\left(\frac{4|a|^3}{27}-3\right)-|w|>|w|
\end{aligned}
$$

所以 $\{|f_{[a,b]}^k(w)|\}_{k=1}^{\infty}$ 严格单调递增,且不可能有有限极限,$|f_{[a,b]}^k(w)|\to+\infty\ (k\to+\infty)$,得到

$$
M_{[a,b]}=\{(a,b)\mid |a|\leqslant6,|b|\leqslant2\sqrt{2}\}
$$

$J-$ 集的界.

定理 34.6　$z^3+az+b\ (a\neq0)$ 的连通型 $J-$ 集 $J(f_{[a,b]})$ 满足

$$
J(f_{[a,b]})\subset\{z\in\mathbf{C}\mid |z|\leqslant3\}
$$

证明详略.

3. 结语

本章给出了 z^n+c 和 $z^3+az+b(a\neq0)$ 的 $M-J$ 集界，其中某些界在某种程度上是最佳的；为应用逃逸时间算法构造其混沌分形图提供了一般化的方法，并在此基础上通过线性逼近的方法给出了某些情况下 J-集豪斯道夫维数的近似估计.

d 维平稳高斯过程图集和水平集的豪斯道夫维数和 Packing 维数[①]

第 35 章

荆州师范学院数学系的陈振龙和王国超两位教授在 2000 年研究了 d 维平稳高斯过程样本轨道的分形性质,得到了图集和水平集的豪斯道夫维数及 Packing 维数,Polya 过程为其特例.

1. 引言

设 $X(t)\equiv X(t,w)\ (t\in\mathbf{R}^*)$ 是相对于某一概率空间$(K,\mathscr{F},P)$均值为 0 的平稳高斯过程,其协方差函数 $r(t)=E[X(t+s)X(s)]$满足下面条件:

(1)$r(0)=1$ 且 $X(0)\neq 0, r(t)\neq 1\ (t\neq 0)$;

(2)$1-r(t)\sim t^T(t\downarrow 0)(0<T<2)$;

(3)$r(t)$在区间$(0,1]$上是连续凹函数.

可以验证,Polya 过程是满足(1)

---

① 陈振龙,王国超. d 维平稳高斯过程图集和水平集的 Hausdorff 维数和 Packing 维数[J]. 华中师范大学学报(自然科学版),2000,34(3):253-253.

(2)(3)的平稳高斯过程[165].

称 $X^d(t) \triangleq (X_1(t),\cdots,X_d(t)) \in \mathbf{R}^d(t \in \mathbf{R}^*)$ 为 d 维平稳高斯过程,若 $X_1(t),\cdots,X_d(t)$ 是独立的平稳高斯过程.

本章 $|\cdot|$ 既表绝对值,也表范数,$c_1,c_2,c_3,\cdots$ 表正常数,每次出现不一定相同.

令图集 $G_r f|_E = \{(t,f(t)): t \in E\}$,水平集 $f^{-1}(x) \cap E = \{t \in E: f(t) = x\}$. dim 表示豪斯道夫维数,Dim 表示 Packing 维数.

2. 主要结果

定理 35.1 设 $X^d(t)$ 是 d 维可分平稳高斯过程,其分量 $X_i(t)(i=1,2,\cdots,d)$ 均满足(1)(2)(3),紧集 $E \subset \mathbf{R}^*$,则

$$\dim G_r X^d|_E = \min\left\{\dim E + \left(1 - \frac{T}{2}\right)d, \frac{2}{T}\dim E\right\} \quad \text{a. s.} \tag{35.1}$$

$$\mathrm{Dim}\, G_r X^d|_E \leqslant \min\left\{\mathrm{Dim}\, E + \left(1 - \frac{T}{2}\right)d, \frac{2}{T}\mathrm{Dim}\, E\right\} \quad \text{a. s.} \tag{35.2}$$

证 由文献[166]知,$\forall 0 < W < \frac{1}{2}$,$X^d(t)$ 满足 $\frac{1}{2} - W$ 的赫尔德连续性,显然有不等式(35.2)及下面式(35.3)成立

$$\dim G_r X^d|_E \leqslant \min\left\{\dim E + \left(1 - \frac{T}{2}\right)d, \frac{2}{T}\dim E\right\} \quad \text{a. s.} \tag{35.3}$$

下证

$$\dim G_r X^d|_E \geqslant \min\left\{\dim E + \left(1 - \frac{T}{2}\right)d, \frac{2}{T}\dim E\right\} \text{ a. s.}$$

由条件(2)知

$$1 - r(s-t) \sim (s-t)^T (s \downarrow t) \quad (0 < T < 2)$$

从而$\exists c_1 > 0$，$\exists W_1 > 0$，$\forall t, s \in R^*$，当$0 < s - t < W_1$时，有

$$1 - r(s-t) \geqslant c_1 (s-t)^T \quad (0 < T < 2) \quad (35.4)$$

又

$$e(s,t) \triangleq E(X^d(t) - X^d(s))^2 = 2 - 2r(s-t)$$

由式(35.4)知

$$e(s,t) \geqslant 2c_1 (s-t)^T \quad (0 < T < 2) \quad (35.5)$$

由豪斯道夫维数的 e 稳定性知：只须证明对 $\operatorname{diam} E < W_1$ 时，式(35.4)成立即可. 事实上，由 $\mathbf{R}^*$ 可以被分解成可列个长度小于 W_1 的区间的并和 E 为紧集可知 $E = \bigcup_{i=1}^{M} (E \cap I_i)$，这里 I_i 为区间，且 $\operatorname{diam} I_i < W_1$. 若对 $E_i = F \cap I_i$ 证明了式(35.4)成立，由豪斯道夫维数的 e 稳定性可知对 E 式(35.4)也成立. 为此

$$\forall \lambda < \min\left\{\dim E + \left(1 - \frac{T}{2}\right)d, \frac{2}{T}\dim E\right\}$$

由 Frostman 定理[167]知，只须证下式成立即可，在 E 上存在正测度 e 满足

$$\int_{E\times E} E(|t-s| + |X^d(t) - X^d(s)|)^{-\lambda} \mathrm{d}^e(t)\mathrm{d}^e(s)$$

$$\leqslant \int_{E\times E} E(|t-s| + |X^d(t) - X^d(s)|^2)^{\frac{\lambda}{2}} \mathrm{d}^e(t)\mathrm{d}^e(s)$$

$$< +\infty \quad (35.6)$$

因为

$$E(|t-s|^2 + |X^d(t) - X^d(s)|^2)^{-\frac{\lambda}{2}}$$

$$
\begin{aligned}
&= (2\pi)^{-\frac{d}{2}}(\mathrm{e}(s,t))^{-\frac{d}{2}} \cdot \\
&\quad \int_{\mathbf{R}^d}(|t-s|^2 + x_1^2 + \cdots + x_d^2)^{-\frac{\lambda}{2}} \cdot \\
&\quad \exp\left(-\frac{x_1^2 + \cdots + x_d^2}{2e(s,t)}\right)\mathrm{d}x_1\mathrm{d}x_2\cdots\mathrm{d}x_d \\
&\xlongequal{y_i = \frac{x_i}{\sqrt{e(s,t)}}} (2^{\mathrm{e}})^{-\frac{d}{2}}(e(s,t))^{-\frac{\lambda}{2}} \cdot \\
&\quad \int_{\mathbf{R}^d}\left(\frac{|t-s|^2}{e(s,t)} + y_1^2 + \cdots + y_d^2\right)^{-\frac{x}{2}} \\
&\quad \exp\left(-\frac{y_1^2 + y_2^2 + \cdots + y_d^2}{2}\right)\mathrm{d}y_1\mathrm{d}y_2\cdots\mathrm{d}y_d \\
&\leqslant (2\pi)^{-\frac{d}{2}}(e(s,t))^{-\frac{\lambda}{2}} \cdot \\
&\quad \int_{\mathbf{R}^d}\left(\sum_{i=1}^{d}\left(\frac{|t-s|^2}{de(s,t)} + y_i^2\right)\right)^{-\frac{\lambda}{2}}\mathrm{d}y_1\mathrm{d}y_2\cdots\mathrm{d}y_d \\
&\leqslant \mathrm{const}(\lambda)(e(s,t))^{-\frac{\lambda}{2}} \cdot \\
&\quad \prod_{i=1}^{d}\int_0^{+\infty}\left(\frac{|t-s|^2}{de(s,t)} + y_i^2\right)^{-\frac{\lambda}{2d}}\mathrm{d}y_1\mathrm{d}y_2\cdots\mathrm{d}y_d \qquad (35.7)
\end{aligned}
$$

又因为

$$
\int_0^{+\infty}(y+a)^{-r}\mathrm{d}y = \begin{cases} \mathrm{const}(r)a^{-r+\frac{1}{2}} & \left(r > \frac{1}{2}\right) \\ \mathrm{const}(r) < +\infty & \left(0 < r < \frac{1}{2}\right) \end{cases} \qquad (35.8)
$$

由(35.5)(35.7)和(35.8)三式得:当 $\lambda > d$ 时

$$
\begin{aligned}
&E(|t-s|^2 + |X^d(t) - X^d(s)|^2)^{-\frac{\lambda}{2}} \\
&\leqslant \mathrm{const}(\lambda)|t-s|^{-\lambda+d(1-\frac{T}{2})} \qquad (35.9)
\end{aligned}
$$

当 $\lambda < d$ 时

$$E(|t-s|^2+|X^d(t)-X^d(s)|^2)^{-\frac{\lambda}{2}}$$
$$\leqslant \text{const}(\lambda)|t-s|^{-\frac{Td}{2}} \tag{35.10}$$

若 $\min\left\{\frac{2}{T}\dim E,\dim E+(1-\frac{T}{2})d\right\}\leqslant d$，由 λ 的假设，此时 $\lambda<d$ 且 $\lambda<\frac{2}{T}\dim E$，即 $\frac{T}{2}\lambda<\dim E$，由 Frostman 定理及式(35.10)，存在 E 上的正测度 e 使

$$\int_{E\times E}E(|t-s|^2+|X^d(t)-X^d(s)|^2)^{-\frac{\lambda}{2}}\mathrm{d}^{\mathrm{e}}(t)\mathrm{d}^{\mathrm{e}}(s)$$
$$\leqslant \text{const}(\lambda)\int_{E\times E}\frac{\mathrm{de}(t)\mathrm{de}(s)}{|t-s|^{\frac{T\lambda}{2}}}<+\infty \tag{35.11}$$

若 $\min\left\{\frac{2}{T}\dim E,\dim E+(1-\frac{T}{2})d\right\}$，由 λ 的任意性可选

$$d<\lambda<\min\{\frac{2}{T}\dim E,\dim E+(1-\frac{T}{2})d\}$$

即 $\lambda>d$，且 $\dim E>\lambda+\frac{Td}{2}-d$，由 Frostman 定理及式(35.10)，存在 E 上的正测度 e 使

$$\int_{E\times E}E(|t-s|^2+|X^d(t)-X^d(s)|^2)^{-\frac{\lambda}{2}}\mathrm{de}(t)\mathrm{de}(s)$$
$$\leqslant \text{const}\int_{E\times E}\frac{\mathrm{de}(t)\mathrm{de}(s)}{|t-s|^{\lambda+\frac{Td}{2}-d}}<+\infty \tag{35.12}$$

由式(35.11)和(35.12)即知式(35.6)成立.

推论 34.1　条件同定理 35.1，则对于任意 $0\leqslant a<b$，有

$$\dim G_rX^d|_{[a,b]}=\min\left\{1+(1-\frac{T}{2})d,\frac{2}{T}\right\}\ \text{a. s.} \tag{35.13}$$

$$\mathrm{Dim}\ G_r X^d|_{[a,b]} = \min\left\{1 + \left(1 - \frac{T}{2}\right)d, \frac{2}{T}\right\} \text{ a. s.} \tag{35.14}$$

定理 35.2　设 $X^d(t)$ 是 d 维平稳高斯过程，其分量 $X_i(t)(i = 1, 2, \cdots, d)$ 均满足条件(1)(2)(3)，紧集 $E \subset \mathbf{R}^*$，则

$$\dim\{(X^d)^{-1}(x) \cap E\} \leqslant \max\left\{0, \dim E - \frac{Td}{2}\right\} \text{ a. s.} \tag{35.15}$$

$$\mathrm{Dim}\{(X^d)^{-1}(x) \cap E\} \leqslant \max\left\{0, \mathrm{Dim}\ E - \frac{Td}{2}\right\} \text{ a. s.} \tag{35.16}$$

若 $E \subset \mathbf{R}^*$，则 $\forall x \in \mathbf{R}^d$，有

$$P\left(\dim\{(x^d)^{-1}(x) \cap E\} \geqslant \max\{0, \dim E - \frac{Td}{2}\}\right) > 0 \tag{35.17}$$

证　由文献[166 – 168]即知式(35.15)和(35.16)成立. 下证式(35.17)成立. 显然，只须证：当 $\dim E > \frac{Td}{2}$ 时

$$P\left(\dim\{(x^d)^{-1}(x) \cap E\} \geqslant \dim E - \frac{Td}{2}\right) > 0 \tag{35.18}$$

由条件(2)有

$$1 - r(s - t) \sim (s - t)^T (s \downarrow t) \quad (0 < T < 2)$$

从而

$$1 - r^2(s - t) \sim (s - t)^T (s \downarrow t) \quad (0 < T < 2)$$

因此 $\exists c_2 > 0, W_2 > 0, \forall t, s \in \mathbf{R}^*$，当 $0 < s - t < W_2$ 时，有

$$1-r^2(s-t)\geqslant c^2(s-t)^T(s\downarrow t)\quad(0<T<2)\tag{35.19}$$

由豪斯道夫维数的 e 稳定性,类似定理35.1的证明只须对 $\mathrm{diam}\,E<W_2$ 的情形证明式(35.18)成立即可.取 T' 使得$\frac{Td}{2}<\frac{T'd}{2}<\dim E$,则由 Frostman 定理,在 E 上存在正的测度 μ,使得

$$\int_{E\times E}\frac{\mathrm{d}\mu(t)\mathrm{d}\mu(s)}{|t-s|^{\frac{Td}{2}}}<+\infty\tag{35.20}$$

对任意固定的 $x\in\mathbf{R}^d$, $\forall X>0$,在 E 上定义随机测度 μ_X 如下

$$\mathrm{d}_X^{\mu}(t)=\left(\frac{2c}{X}\right)^{\frac{d}{2}}\exp\left(-\frac{|X^d(t)-x|^2}{2X}\right)\mathrm{d}\mu(t)$$

$$=\int_{\mathbf{R}^d}\exp\left(-\frac{1}{2}X|a|^2+i\langle a,X^d(t)-x\rangle\right)\mathrm{d}a$$

其中$\langle\circ,\circ\rangle$表示 $\mathbf{R}^d$ 中的内积,所以:

若当 $X\to0$,存在 μ_X 的子列有极限 μ_0,则 μ_0 是 $(X^d)^{-1}(x)\cap E$ 上的测度,由 Frostman 定理及文献[169],为证式(35.18),只须证明:① $\exists C_3>0$, $E\|\mu_X\|\geqslant c_3$(X充分小);② $\exists c_4>0$,使 $E\|\mu_X\|^2\geqslant c_4$;③ $\forall V<T'\frac{d}{2}-T\frac{d}{2}$,有 $E(Iv(\mu_X))<+\infty$.

下面分别证明.

① $E\|\mu_X\|=\int_E\int_{\mathbf{R}^d}\exp\left(-\frac{X}{2}|a|^2\right)\cdot$

$\quad\mathrm{E}\exp(i\langle a,X^d(t)-x\rangle)\mathrm{d}a\mathrm{d}\mu(t)$

$$=\int_E\int_{\mathbf{R}^d}[\exp(-i\langle a,x\rangle)\exp\left(-\frac{1}{2}a'Aa\right)\mathrm{d}a]\mathrm{d}\mu(t)$$

$$\xlongequal{\text{由傅里叶变换}} (2c)^{\frac{d}{2}}\int_E \frac{1}{\det A}\exp\left(-\frac{1}{2}x'A^{-1}x\right)\mathrm{d}\mu(t)$$

$$= (2c)^{\frac{d}{2}}\int_E (X+\mathrm{Var}(x_1(t)))^{-\frac{d}{2}}$$

$$\exp\left(-\frac{1}{2}(X+\mathrm{Var}(X_1(t))^{-1}\mid x\mid^2\right)\mathrm{d}\mu(t)$$

$$= (2c)^{\frac{d}{2}}\int_E (X+1)^{-\frac{d}{2}}\cdot$$

$$\exp\left(-\frac{1}{2}(X+1)^{-1}\mid x\mid^2\right)\mathrm{d}\mu(t) \qquad (35.21)$$

其中$A=(X+\mathrm{Var}(X^d(t)))\boldsymbol{I}_d$,$\boldsymbol{I}_d$表示$d\times d$单位矩阵.

由 E 是属于 $\mathbf{R}^*$ 的紧集,故当 X 充分小时,由式(35.21) 知 $\exists\ \overline{c_3}$(与 X 无关) >0,使

$$E\parallel \_x\parallel \geqslant \overline{c_3}\_(E)=c_3>0$$

② 由 $X_i(t)$ 的独立性及傅里叶(Fourier) 变换得

$$E(\parallel x\parallel^2)=\int_{E\times E}\prod_{k=1}^{d}\frac{2c}{\det \boldsymbol{B}_k}\cdot$$

$$\exp\left(-\frac{1}{2}(x_k,x_k)B_k^{-1}(x_k,x_k)^T\right)\cdot$$

$$\mathrm{d}\mu(t)\mathrm{d}\mu(s)$$

其中

$$\boldsymbol{B}_k = X\boldsymbol{I}_2+\begin{pmatrix} EX_k^2(t) & E(X_k(t)X_k(s)) \\ E(X_k(t)X_k(s)) & EX_k^2(t)\end{pmatrix}$$

$$\triangleq X\boldsymbol{I}_2+\widetilde{\boldsymbol{B}}_k$$

$$\det \boldsymbol{B}_k \geqslant \widetilde{\boldsymbol{B}}_k = 1-r^2(s-t)$$

由 $\boldsymbol{B}_k^{-1}$ 是正定矩阵及式(35.19) 知

$$E(\parallel x\parallel^2)\leqslant (2c)^d c_2^{-\frac{d}{2}}\int_{E\times E}\frac{1}{\mid t-s\mid^{\frac{Td}{2}}}\mathrm{d}\mu(t)\mathrm{d}\mu(s)$$

$$\xlongequal{\text{由式(35.20)}} c_4 < +\infty$$

③ 由 ② 的证明知 $\forall V < \frac{T'd}{2} - \frac{Td}{2}$.

$$\begin{aligned}
E(I_V(x)) &= E\int_{E\times E} \frac{\mathrm{d}\mu X(t)\mathrm{d}\mu X(s)}{|t-s|^V} \\
&\leqslant \int_{E\times E} \frac{(2c)^d c_2^{-\frac{d}{2}}}{|t-s|^{V+\frac{Td}{2}}}\mathrm{d}\mu(t)\mathrm{d}\mu(s) \\
&= (2c)^d c_2^{-\frac{d}{2}} \int_{E\times E} \frac{1}{|t-s|^{V+\frac{Td}{2}}}\mathrm{d}\mu(t)\mathrm{d}\mu(s) \\
&\leqslant (2c)^d c_2^{-\frac{d}{2}} \int_{E\times E} \frac{1}{|t-s|^{\frac{Td}{2}}}\mathrm{d}\mu(t)\mathrm{d}\mu(s) \\
&< +\infty
\end{aligned}$$

由 T' 的任意性及文献[169]知：$\forall x \in \mathbf{R}^d$，当 $\dim E > \frac{Td}{2}$ 时，有

$$P\left(\dim\{(X^d)^{-1}(x) \cap E\} \geqslant \dim E - \frac{Td}{2}\right) > 0$$

因此式(35.16)成立.

推论 35.2　条件同定理35.2，则

$$P\left(\dim\{(x^d)^{-1}(x) \cap E\} = \max\left\{0, \dim E - \frac{Td}{2}\right\}\right) > 0 \tag{35.22}$$

推论 35.3　条件同定理35.2，当 $\mathrm{Dim}\, E = \dim F$ 时

$$P\left(\mathrm{Dim}\{(X^d)^{-1}(x) \cap E\} = \max\left\{0, \mathrm{Dim}\, E - \frac{Td}{2}\right\}\right) > 0 \tag{35.23}$$

紧豪斯道夫测度空间上的黎曼积分理论[①]

第36章

陕西师范大学数学研究所的王国俊教授2004年在紧豪斯道夫测度空间上建立了黎曼型的积分理论,证明了函数可积的充要条件是该函数几乎处处连续.提出了黎曼积分的可计算性概念,证明了黎曼积分是可计算的当且仅当积分域可以度量化.

1. 引言

黎曼积分的成熟理论是由柯西(Cauchy)、黎曼、斯笛尔几斯和Darboux等人于19世纪建立起来的.由于它的"简单、优美且可构造的特点"[170]使它被应用于诸如傅里叶级数理论、曲线与曲面积分理论以及微分方程理论等现代分析学中的几乎每一个分支.然而与勒贝格积分相比较,黎曼积分有很大的局限性,即它仅能在欧氏空间 $\mathbf{R}^n$ 中去定义.

① 王国俊.紧Hausdorff测度空间上的Riemann积分理论[J].数学学报,2004,47(6):1041-1052.

黎曼积分是基于对函数的定义域作分划而建立的. 在 1 维情形,积分区域通常为闭区间,这时分划中的成员是小区间. 在 2 维情形,积分区域通常为 $\mathbf{R}^2$ 中的连通闭区域,这时分划中的成员是小方块,然而勒贝格积分是基于对函数的值域作分划而建立的. 函数的值域作为 $\mathbf{R}$ 的子集虽然是容易作分划的,但它在函数的定义域上所诱导的分划却可能相当复杂,其成员已经远远不限于是小区间或小方块了. 这时函数的勒贝格积分是定义为简单函数的积分的极限的,这里所谓"简单函数"是分片为常值的函数,其中的每一片作为可测集却未必是简单的. 正是从这一意义上讲,黎曼积分是构造性的和可计算的,而勒贝格积分则失去了这种优点. 也正因如此,如何在更广的框架中建立黎曼积分理论是一个诱人的研究课题.

由于黎曼积分对积分区域要求的严格性,数学家们曾一度认为黎曼积分无法进行推广(参看文[171],第 44 章). 当然,勒贝格积分已经是黎曼积分的一种推广了,但我们关注的是那种保持了黎曼积分风格,即基于对积分区域作分划的那种推广. 近年来随着 Domain 理论的发展,这一课题被重新提了出来.

正如文[172]所指出的:"Domain 理论的提出源于两种完全不同的背景. 最重要的一个源于计算机函数或语言的研究,另一个是纯数学的研究"(关于 Domain 理论还可参阅文[173]或[174]). 近年来的研究表明,Domain 理论在许多方面都有重要应用[175],其中 Edalat 基于所谓上空间概念引入了一种可构造的测度理论,并利用拓扑空间上的赋值概念以 Domain 理论为工具,成功地在带有博雷尔测度的紧度量空间上建立了黎曼积分理论[170]. 它无疑是"优美的和可构造的",然而似乎并不简单. 由于它过多地依赖于专门术语,以致于使不熟悉 Domain 理论的人难于理解. 本章则给出一种 Domain – Free 式的黎曼积分理论,而且将建立此种积分的区域从紧度量空间进一步拓广为紧豪斯道夫空间. 特别当积分区域为紧度量空间时,本章的积分理论与文[170]中的积分理论相一致. 因而本章是文[170]中理论的推广. 值得注意的是,本章的理论似乎更好地继承了传统黎曼积分的风格,因而从这一意义上看才真正是简单的和易于理解的(虽然某些基本性质,如定理 36.3 的得来十分不易). 本章的黎曼积分理论保持了传统黎曼积分的几乎全部好的性质. 此外,本章还提出了黎曼积分可计算性的新概念,并证明了当且仅当积分区域为紧度量空间时黎曼积分才是可计算的.

2. 紧豪斯道夫测度空间 $(X,\mathcal{T})$

本章中 $(X,\mathcal{T})$ 表示紧豪斯道夫拓扑空间,那么 $X\times X$ 上存在一致结构 $\mathcal{U}$,使拓扑 $\mathcal{T}$ 可由 $\mathcal{U}$ 导出[176]. 令

$$\mathcal{U}^{\circ}=\{U\in\mathcal{U}\mid U=U^{-1}\text{且 }U\text{ 是}(X,\mathcal{T})^{2}\text{ 中的开集}\}\tag{36.1}$$

则 $\mathcal{U}^{\circ}$ 是 $\mathcal{U}$ 的一个基,且 $\mathcal{U}^{\circ}$ 关于有限交运算封闭.

设 $\mathrm{B}(X)$ 是 $(X,\mathcal{T},A,\mu)$ 为紧豪斯道夫测度空间,若以下各条件成立:

(1) $(X,\mathcal{T})$ 是紧豪斯道夫拓扑空间;

(2) (X,A,μ) 是测度空间,且 $0<\mu(X)<+\infty$;

(3) $\mathrm{B}(X)\subset A$;

(4) 如果 X 的子集 E 可测,且 $\mu(E)=0$,则对任意给定的 $\varepsilon>0$,存在开集 G_{ε} 满足条件 $E\subset G_{\varepsilon}$ 与

$\mu(G_\varepsilon)<\varepsilon$.

例 36.1　设 X 是 $\mathbf{R}^n$ 中的有界闭集，$\top$ 是 $\mathbf{R}^n$ 中通常拓扑在 X 上的限制，则 $(X,\top)$ 为紧豪斯道夫拓扑空间. 设 A 为 $\mathbf{R}^n$ 中包含于 X 的勒贝格可测集的全体，μ 为 $\mathbf{R}^n$ 中的勒贝格测度在 X 上的限制，则 $(X,\top,A,\mu)$ 为紧豪斯道夫测度空间.

以下在不致混淆时常把 $(X,\top,A,\mu)$ 简记为 X，本章采用与文[176]一致的符号. 特别是设 $A\subset X,x\in X$, $U\in\mathcal{U}^\circ$，规定

$$U[A]=\{x\in X\mid \exists y\in A\text{ 使}(x,y)\in U\},U[x]=U[\{x\}] \tag{36.2}$$

又，下面的引理 36.1 在讨论黎曼积分的性质时要用到.

引理 36.1　设 D 与 H 分别是 $(X,\top)$ 中的紧子集与开集，且 $D\subset H$，则

(1) 存在 $V\in\mathcal{U}^\circ$，使 $(V\circ V)[D]\subset H$;

(2) 设 $P\times P\subset V,G\times G\subset V$，且 $P\cap G\neq\varnothing,G\cap D\neq\varnothing$，则 $P\subset H$，这里 V 如(1)中所述.

证　因为 H 是 D 的邻域且 D 是紧子集，所以 H 包含 D 的一个形如 $U[D]$ 的邻域. 这里 $U\in\mathcal{U}$[176] 取 W, $V\in\mathcal{U}^\circ$，使 $W\subset U,V\circ V\subset W$，则(1)成立.

承上，任取 $g\in P\cap G$，则 $\forall x\in P$，由 $(x,g)\in P\times P\subset V$，得 $x\in V[G]$，从而 $P\subset V[G]$. 类似地，任取 $e\in G\cap D$，则 $\forall y\in G$. 由 $(y,e)\in G\times G\subset V$，得 $y\in V[D]$，从而 $G\subset V[D]$，所以有 $P\subset V[G]\subset(V\circ V)[D]$. 那么，由(1)，$P\subset H$.

3. X 上有界实值函数的黎曼积分

定义 36.2　设 $\mathcal{P}=\{P_1,\cdots,P_n\}$ 是 X 的一个分划，

即 $X=\bigcup_{i=1}^{n}P_i$ 且 $P_i\cap P_j=\varnothing(i\neq j)$，$P_i\neq\varnothing(i=1,\cdots,n)$. 称 $\mathscr{P}$ 为 X 的 U－分划，如果存在 $U\in\mathscr{U}^\circ$ 和 X 的有限开覆盖 $\mathscr{C}\{C_1,\cdots,C_n\}$，使

(2) $C_i\times C_i\subset U(i=1,\cdots,n)$；

(3) $P_1=C_1,P_k=C_k-\bigcup_{i=1}^{k-1}C_i(k=2,\cdots,n)$.

以下用 $\varphi(U)$ 表示 X 的全体 U－分划之集.

例 36.2 设 $X\subset\mathbf{R},X=[0,1]$，$\mathscr{P}=\{P_1,\cdots,P_n\}$，这里

$$P_i=\left[\frac{i-1}{n},\frac{i}{n}\right)(i=1,\cdots,n-1),P_n=\left[\frac{n-1}{n},1\right]$$

则 $\mathscr{P}$ 是 X 的一个分划. 令 $\varepsilon=\frac{3}{2n}$，且

$$U=\{(x,y)\mid |x-y|<\varepsilon\}\tag{36.3}$$

则 $\mathscr{P}$ 是 X 的一个 U－分划. 事实上，设 $\mathscr{C}=\{C_1,\cdots,C_n\}$，这里

$$C_1=P_1,C_i=\left(\frac{2i-3}{2n},\frac{i}{n}\right)(i=2,\cdots,n-1),C_n=\left(\frac{2n-3}{2n},1\right]$$

则 $\mathscr{C}$ 是 X 的开覆盖，且易验证定义 36.2 中的两个条件都成立，这时 $\mathscr{P}$ 中每个区间的长度都小于 ε. 由式 (36.3) 自然可以把 $\mathscr{P}$ 称为 ε－分划，所以定义 36.2 是实分析学中区间的 ε－分划概念推广.

命题 36.1 $\forall U\in\mathscr{U}^\circ,\varphi(U)\neq\varnothing$.

证明 设 $U\in\mathscr{U}^\circ$，取 $V\in\mathscr{U}^\circ$，使

$$V\circ V\subset U\tag{36.4}$$

由 V 为 $X\times X$ 中开集知 $\mathscr{D}=\{V[x]\mid x\in X\}$ 为 X 的开覆盖. 因为 X 是紧空间，所以 $\mathscr{D}$ 有有限开子覆盖 $\mathscr{C}=\{C_1,\cdots,C_n\}$，这里 $C_i=V[x_i]$，$x_i\in X(i=1,\cdots,n)$. 由 $\mathscr{U}^\circ$ 的定义(36.1)知 V 是对称的，所以由式(36.4)得

$C_i \times C_i \subset U(i=1,\cdots,n)$. 令 $P_1 = C_1, P_k = C_i - \bigcup_{i=1}^{k-1} C_i$, $k=2,\cdots,n$,则定义 36.2 中的条件(1)与(2)都成立,所以 $\mathrm{P} = \{P_1,\cdots,P_n\} \in \varphi(U)$.

注　当 X 不是紧空间时命题 36.1 不必成立. 例如,设 X 为无限的散空间,取 U 为 $X \times X$ 的对角线,则由定义 36.2 的条件(1)知 $C_i(i=1,\cdots,n)$ 为单点集,从而 C 不可能覆盖 X,那么就不存在 X 的 U-分划,所以 $\varphi(U) = \varnothing$.

以下设 $f: X \to \mathbf{R}$ 是 X 上的有界实函数

$$|f(x)| < M_1 < +\infty, x \in X \tag{36.5}$$

定义 36.3　设 $U \in \mathrm{U}^\circ$,令

$$S^-(\mathrm{P},f) = \sum_{i=1}^{n} \mu(P_i) \cdot \inf f(P_i) \tag{36.6}$$

$$S^+(\mathrm{P},f) = \sum_{i=1}^{n} \mu(P_i) \cdot \sup f(P_i) \tag{36.7}$$

这里 $\mathrm{P} = \{P_1,\cdots,P_n\}$ 是 X 的任一分划. 分别定义 $S^-(U,f)$ 与 $S^+(U,f)$ 如下

$$S^-(U,f) = \inf\{S^-(\mathrm{P},f) \mid \mathrm{P} \in \varphi(U)\} \tag{36.8}$$

$$S^+(U,f) = \sup\{S^+(\mathrm{P},f) \mid \mathrm{P} \in \varphi(U)\} \tag{36.9}$$

命题 36.2　设 $U, V \in \mathrm{U}^\circ$,则

$$-\infty < S^-(U,f) \leqslant S^+(V,f) < +\infty \tag{36.10}$$

证　根据定义 36.1 的条件(2),可设

$$0 < \mu(x) = M_2 < +\infty \tag{36.11}$$

这时对 X 的任一分划 $\mathrm{P} = \{P_1,\cdots,P_n\}$,由式(36.6)得

$S^-(\mathrm{P},f) \geqslant \sum_{i=1}^{n} \mu(P_i) \cdot (-M_1) = -M_1 \cdot \mu(X) = -M_1M_2 > -\infty$. 类似可证 $S^+(\mathrm{P},f) \leqslant M_1M_2 < +\infty$,从而由式(36.8)与式(36.9),得

$$-\infty < -M_1M_2 \leqslant S^-(U,f), S^+(V,f) \leqslant M_1M_2 < +\infty \tag{36.12}$$

又由命题 36.1 知存在 X 的$(U\cap V)$-分划 P. 由 $\varphi(U\cap V)\subset\varphi(U)\cap\varphi(V)$以及式(36.8)与式(36.9),得

$$\begin{aligned} S^-(U,f) &\leqslant S^-(U\cap V,f) \leqslant S^-(\mathrm{P},f) \leqslant S^+(\mathrm{P},f) \\ &\leqslant S^+(U\cap V,f) \leqslant S^+(V,f) \end{aligned} \tag{36.13}$$

由式(36.12)与式(36.13)即得式(36.10).

在 U°中规定

$$U\leqslant V,\text{当且仅当 } V\subset U \tag{36.14}$$

则由 U°关于有限交运算封闭知$(\mathrm{U}^\circ,\leqslant)$是定向偏序集. 这时由式(36.8)和式(36.14)知当 $U\leqslant V$ 时 $S^-(U,f)\leqslant S^-(V,f)$. 又由命题 36.2 知$\{S^-(U,f)\mid U\in\mathrm{U}^\circ\}$有上界,所以实值网$\{S^-(U,f),U\in\mathrm{U}^\circ\}$的极限存在且等于$\{S^-(U,f)\mid U\in\mathrm{U}^\circ\}$的上确界. 关于 $S^+(U,f)$也有对偶的结论成立,所以有:

命题 36.3 设 $f:X\to\mathbf{R}$ 是有界实值函数,则以下极限存在且等式成立

$$\lim\{S^-(U,f),U\in\mathrm{U}^\circ\} = \sup\{S^-(U,f)\mid U\in\mathrm{U}^\circ\}$$
$$\lim\{S^+(U,f),U\in\mathrm{U}^\circ\} = \inf\{S^+(U,f)\mid U\in\mathrm{U}^\circ\}$$

定义 36.4 设 X 是紧豪斯道夫测度空间,F: $X\to\mathbf{R}$ 是有界实值函数,规定

$$(R)\int_X^- f\mathrm{d}\mu = \sup\{S^-(U,f)\mid U\in\mathrm{U}^\circ\} \tag{36.15}$$

$$(R)\int_X^+ f\mathrm{d}\mu = \inf\{S^+(U,f)\mid U\in\mathrm{U}^\circ\} \tag{36.16}$$

并分别称$(R)\int_X^- f\mathrm{d}\mu$与$(R)\int_X^+ f\mathrm{d}\mu$为$f$在$X$上的黎曼下积分与黎曼上积分. 当下积分与上积分相等时称f在X上黎曼可积,并且令

$$(R)\int_X f\mathrm{d}\mu = (R)\int_X^- f\mathrm{d}\mu = (R)\int_X^+ f\mathrm{d}\mu \tag{36.17}$$

注　(1) 由命题 36.3 知X上有界实值函数f的上、下黎曼积分恒存在,且由式(36.10) 知

$$(R)\int_X^- f\mathrm{d}\mu \leqslant (R)\int_X^+ f\mathrm{d}\mu \tag{36.18}$$

(2) 在下一节中将证明,f黎曼可积当且仅当f几乎处处连续,其证明完全依赖于X的U – 分划的“开覆盖差”式的结构. 而对于X的两个U – 分划P_1与P_2而言,构作X的一个分划P使其同时加细P_1与P_2虽然并不难,但要使P仍具有“开覆盖差”式的结构却不容易,以至于难于说明X的全体U – 分划之集构成定向集. 这正是我们在定义 36.3 中引入$S^-(U,f)$与$S^+(U,f)$的原因所在. 命题 36.3 也表明了由此而得的集$\{S^-(U,f) \mid U \in \mathsf{U}^\circ\}$与$\{S^+(U,f) \mid U \in \mathsf{U}^\circ\}$都是定向集且存在极限.

(3) 如果分别称式(36.6) 与式(36.7) 中的最值为关于f的 Darboux 下和与 Darboux 上和,自然可以分别引入下和的上确界$S^-(f)$与上和的下确界$S^+(f)$如下

$$S^-(f) = \sup\{S^-(\mathsf{P},f) \mid \mathsf{P}\text{是}X\text{的}U\text{ – 分划},U \in \mathsf{U}^\circ\} \tag{36.19}$$

$$S^+(f) = \inf\{S^+(\mathsf{P},f) \mid \mathsf{P}\text{是}X\text{的}U\text{ – 分划},U \in \mathsf{U}^\circ\} \tag{36.20}$$

分别比较式(36.15) 与式(36.19) 以及式(36.16) 与

式(36.20),则由式(36.8)(36.9)和(36.18),可得

$$(R)\int_X^- f\mathrm{d}\mu \leqslant S^-(f) \leqslant S^+(f) \leqslant (R)\int_X^+ f\mathrm{d}\mu \tag{36.21}$$

本章没有像通常那样当 $S^-(f)=S^+(f)$ 时称 f 黎曼可积,而是当 $(R)\int_X^- f\mathrm{d}\mu=(R)\int_X^+ f\mathrm{d}\mu$ 时才称 f 黎曼可积.当然,如果 f 黎曼可积,其积分值也等于 $S^-(f)$ 与 $S^+(f)$.

4. 黎曼积分的性质

本章所引入的黎曼积分继承了实分析学中黎曼积分的基本性质.为简便计,以下略去积分号前的(R).

定理 36.1 设 f,g 是 X 上的有界实函数,α 与 β 是任两个实数,则当 f 与 g 都是黎曼可积函数时,$\alpha f+\beta g$ 也是黎曼可积函数,且

$$\int_X(\alpha f+\beta g)\mathrm{d}\mu=\alpha\int_X f\mathrm{d}\mu+\beta\int_X f\mathrm{d}\mu \tag{36.22}$$

证 如果 $\alpha\geqslant 0$,则容易证明当 f 可积时,αf 也可积且 $\int_X(\alpha f)\mathrm{d}\mu=\alpha\int_X f\mathrm{d}\mu$. 现在设 $\alpha\leqslant 0$,则 $\inf(\alpha f)(P_i)=\alpha\sup f(P_i)$,$S^-(\mathrm{P},\alpha f)=\alpha S^+(\mathrm{P},f)$,所以

$$\begin{aligned}S^-(U,\alpha f)&=\inf\{S^-(\mathrm{P},\alpha f)\mid \mathrm{P}\in\varphi(U)\}\\&=\inf\{\alpha S^+(\mathrm{P},f)\mid \mathrm{P}\in\varphi(U)\}\\&=\alpha\sup\{S^+(\mathrm{P},f)\mid \mathrm{P}\in\varphi(U)\}\\&=\alpha S^+(U,f)\end{aligned}$$

类似地,$S^+(U,\alpha f)=\alpha S^-(U,f)$. 由此容易证明若 f 可积,则 αf 也可积且 $\int_X(\alpha f)\mathrm{d}\mu=\alpha\int_X f\mathrm{d}\mu$. 对 βg 也

有同样的结论,所以以下只需证明当 f 与 g 皆可积时,$f+g$ 也可积且

$$\int_X (f+g)\mathrm{d}\mu = \int_X f\mathrm{d}\mu + \int_X g\mathrm{d}\mu$$

事实上,设 $U \in \mathsf{U}^\circ$,$\mathsf{P} = \{P_1,\cdots,P_n\}$ 是 X 的 U-分划. 由式(36.6)-(36.9)及 $\inf f(P_i) + \inf g(P_i) \leqslant \inf(f+g)(P_i) \leqslant \sup f(P_i) + \sup g(P_i)$,得

$$\begin{aligned} S^-(\mathsf{P},f) + S^-(\mathsf{P},g) &\leqslant S^-(\mathsf{P},f+g) \\ &\leqslant S^+(\mathsf{P},f) + S^+(\mathsf{P},g) \\ S^-(U,f) + S^-(U,g) &\leqslant S^-(U,f+g) \\ &\leqslant S^+(U,f) + S^+(U,g) \end{aligned} \tag{36.23}$$

类似地,有

$$\begin{aligned} S^-(U,f) + S^-(U,g) &\leqslant S^+(U,f+g) \\ &\leqslant S^+(U,f) + S^+(U,g) \end{aligned} \tag{36.24}$$

由 f 与 g 可积和命题 36.3 知对任意给定的 $\varepsilon > 0$,有 $V \in \mathsf{U}^\circ$,使当 $U \in \mathsf{U}^\circ$ 且 $U \geqslant V$ 时,有 $|(S^-(U,f) + S^-(U,g)) - (S^+(U,f) + S^+(U,g))| < \varepsilon$. 从而由式(36.23)和式(36.24)知,当 $U \geqslant V$ 时,$|S^-(U,f+g) - S^+(U,f+g)| < \varepsilon$. 那么,由

$$S^-(U,f+g) \leqslant \int_X^- (f+g)\mathrm{d}\mu \leqslant \int_X^+ (f+g)\mathrm{d}\mu \leqslant S^+(U,f+g)$$

以及 ε 的任意性就得 $\int_X^- (f+g)\mathrm{d}\mu = \int_X^+ (f+g)\mathrm{d}\mu$,并且由式(36.23)与式(36.24)容易看出

$$\int_X (f+g)\mathrm{d}\mu = \int_X f\mathrm{d}\mu + \int_X g\mathrm{d}\mu$$

所以定理 36.1 成立.

定理 36.2 设 X 上的有界实值函数 f 黎曼可积，则 f 在 X 上几乎处处连续.

证 设 A 是 X 的非空子集, $x \in X, \varepsilon > 0$. 令

$$\omega(f,A) = \sup f(A) - \inf f(A)$$

$$\omega(f,x) = \inf\{\omega(f,G) \mid x \in G \in \mathcal{T}\}$$

$$D(f,\varepsilon) = \{x \in X \mid \omega(f,x) \geqslant \varepsilon\}$$

则 f 的不连续点之集为

$$D(f) = \bigcup_{n=1}^{\infty} D\left(f,\frac{1}{n}\right) \qquad (36.25)$$

注意 $\forall n \in \mathbf{N}, D\left(f,\frac{1}{n}\right)$ 为闭集，因为设 x_0 为 $D\left(f,\frac{1}{n}\right)$ 的聚点，则 $D\left(f,\frac{1}{n}\right)$ 中有收敛于 x_0 的网 $\{S_m, m \in E\}$,这里 E 为定向集. 因为 f 在各 S_m 处的振幅均不小于 $\frac{1}{n}$,所以 f 在其极限 x_0 处的振幅也不小于 $\frac{1}{n}$,从而 $x_0 \in D\left(f,\frac{1}{n}\right)$.

设 f 在 X 上不是几乎处处连续的，则 $\mu(D(f)) > 0$，从而有 $n \in \mathbf{N}$，使 $d = \mu(D(f,\frac{1}{n})) > 0$. 以下把 $D\left(f,\frac{1}{n}\right)$ 简记为 D_n. 任取 $U \in \mathcal{U}^\circ$,则有 $V \in \mathcal{U}^\circ$,使 $V \circ V \subset U$. 由式(36.2) 知

$$\nu = \{V[x] \mid x \in X\} \qquad (36.26)$$

是 X 的开覆盖. 因为 X 是紧空间,所以 ν 有有限子集 $\mathcal{C} = \{C_1, \cdots, C_m\}$ 覆盖了 X,且

$$C_i \times C_i \times U \quad (i = 1, \cdots, m) \qquad (36.27)$$

又, D_n 作为 X 的闭子集也是紧的,且 $\mathcal{C}$ 是 D_n 的开覆盖,所以 $\mathcal{C}$ 有子族覆盖了 D_n. 特别是 $\mathcal{C}$ 有子族 $\mathcal{C}^*$ 覆盖了

D_n，且 $\mathcal{C}^*$ 的任何真子族都不覆盖 D_n. 通过重新编号不妨设有 $k \leqslant n$，使 $\mathcal{C}^* = \{C_1, \cdots, C_k\}$. 这时，显然

$$C_1 \cap D_n \neq \varnothing, (C_j - \bigcup_{i=1}^{j-1} C_i) \cap D_n \neq \varnothing \quad (j = 2, \cdots, k) \tag{36.28}$$

值得注意的是 $(C_j - \bigcup_{i=1}^{j-1} C_i) \cap D_n$ 中的点未必是 $C_j - \bigcup_{i=1}^{j-1} C_i$ 中的内点，从而不能断言 f 在 $C_j - \bigcup_{i=1}^{j-1} C_i$ 上的振幅大于或等于 $\frac{1}{n}$ 而导出 f 不可积的结论. 以下对各 C_i 进行改造.

由式(36.28)知存在 $x_1 \in C_1 \cap D_n$，$x_j \in (C_j - \bigcup_{i=1}^{j-1} C_i) \cap D_n (j = 2, \cdots, k)$. 因为 X 是紧豪斯道夫空间且 C_i 为开集，所以 x_i 有开邻域 $G(x_i)$ 满足条件 $G^-(x_i) \subset C_i (i = 1, \cdots, k)$，且 $G^-(x_1), \cdots, G^-(x_k)$ 两两不相交. 定义 $C_i^* (i = 1, \cdots, k)$ 如下

$$C_j^* = C_j - \bigcup_{i=j+1}^{k} G^-(x_i) \quad (j = 1, \cdots, k-1, C_k^* = C_k) \tag{36.29}$$

由式(36.29)容易验证

(1) $C_1^*, \cdots, C_k^*$ 是开集；

(2) $\bigcup_{i=1}^{k} C_i^* = \bigcup_{i=1}^{k} C_i$；

(3) $x_1 \in (C_1^*)^\circ$，$x_j \in (C_j^* - \cup_{i=1}^{j-1} C_i^*)^\circ$，$j = 2, \cdots, k$.

且由式(36.27)与式(36.29)，得

$$C_i^* \times C_i^* \subset U \quad (i = 1, \cdots, k) \tag{36.30}$$

现在构作 X 的 U - 分划 $\mathcal{P} = \{P_1, \cdots, P_m\}$ 如下

$$P_1 = C_1^*, P_l = C_l^* - \bigcup_{i=1}^{l-1} C_i^* \quad (l = 2, \cdots, m)$$

(36.31)

这里约定当 $l \geqslant k$ 时，$C_l^* = C_l$. 由式(36.27)和(36.30)和式(36.31)知 $\mathcal{P}$ 确为 X 的 U－分划，即 $\mathcal{P} \in \varphi(U)$.

因为 x_i 是 P_i 的内点且 $x_i \in D_n$，所以

$$\sup f(P_i) - \inf f(P_i) \geqslant w(f, x_i) \geqslant \frac{1}{n} \quad (i = 1, \cdots, k)$$

(36.32)

注意 $D_n \subset \bigcup_{i=1}^{k} C_i = \bigcup_{i=1}^{k} C_i^* = \bigcup_{i=1}^{k} P_i$，从而 $\sum_{i=1}^{k} \mu(P_i) = \mu(\bigcup_{i=1}^{k} P_i) \geqslant \mu(D_n) = d$，则由(36.6)，(36.7)和(36.32)各式可得 $S^+(\mathcal{P}, f) - S^-(\mathcal{P}, f) \geqslant \frac{d}{n} > 0$，那么由式(36.8)和(36.9)，得

$$S^+(U, f) - S^-(U, f) \geqslant \frac{d}{n} > 0 \quad (36.33)$$

因为 U 是 $\mathcal{U}^\circ$ 中的任意元，所以对任二 $U, V \in \mathcal{U}^\circ$，取式(36.33)中的 U 为 $U \cap V$，则由 $S^-(U, f) \leqslant S^-(U \cap V, f) \leqslant S^+(U \cap V, v) \leqslant S^+(V, f)$ 及 U, V 的任意性便知 f 在 X 上不是黎曼可积的.

定理 36.3 设 f 是在 X 上几乎处处连续的有界实值函数，则 f 是黎曼可积函数.

证 设 f 在 X 上几乎处处连续，即 $\mu(D(f)) = 0$，则对任意给定的正数 ε，有开集 H 使

$$D(f) \subset H \quad 且 \quad \mu(H) < \frac{\varepsilon}{4M} \quad (36.34)$$

这里

$$M = \max\{M_1, M_2\} \tag{36.35}$$

取 $n \in \mathbf{N}$,使

$$\frac{1}{n} < \frac{\varepsilon}{2M} \tag{36.36}$$

则 $D_n = D(f, \frac{1}{n}) \subset H$.

因为 D_n 是 X 中包含于开集 H 的紧子集,所以由引理 36.1 的(1) 知,有 $V \in \mathcal{U}^\circ$,使

$$(V \circ V)[D] \subset H \tag{36.37}$$

设 $x \in X - D(f)$,则 f 在 x 处连续,从而有 $U_x \in \mathcal{U}^\circ$,使 $w(f, U_x[x]) < \frac{1}{n}$. 设 $x \in D(f) - D_n$,则 f 在 x 处的振幅小于 $\frac{1}{n}$,从而有 $U_x \in \mathcal{U}^\circ$,使 $w(f, U_x[x]) < \frac{1}{n}$. 总之

$$w(f, U_x[x]) < \frac{1}{n}, x \in X - D_n \tag{36.38}$$

$\forall x \in X - D_n$,取 $V_x \in \mathcal{U}^\circ$,使 $V_x \circ V_x \subset U_x$. 令 $\nu = \{V^*[x] \mid x \in D_n\} \cup \{V_x^*[x] \mid x \in X - D_n\}$,这里

$$V^* \in \mathcal{U}^\circ, V^* \circ V^* \subset V, V_x^* \in \mathcal{U}^\circ, V_x^* \circ V_x^* \subset V_x \tag{36.39}$$

则 ν 是 X 的开覆盖. 由 X 是紧空间且 D_n 是 X 的紧子集知 ν 有有限子覆盖 $\{G_1, \cdots G_k, G_{k+1}, \cdots, G_{k+m}\}$, 这里 $\{G_1, \cdots, G_k\}$ 覆盖了 D_n,且 $G_i = V^*[x_i], x_i \in D_n, i = 1, \cdots, k$. $G_l = V_{xl}^*[x_l], x_l \in X - D_n, l = k+1, \cdots, k+m$. 由式(36.39) 知

$$\begin{aligned} &G_i \times G_i \subset V \quad (i = 1, \cdots, k) \\ &G_l \times G_l \subset V_{xl} \quad (l = k+1, \cdots, k+m) \end{aligned} \tag{36.40}$$

令 $W = V^* \cap V^*_{x_{k+1}} \cap \cdots \cap V^*_{x_{k+m}}$，则 $W \in \mathcal{U}^\circ$. 由命题 36.1 知存在 X 的 W – 分划 $\mathcal{P} = \{P_1, \cdots, P_s\} \in \varphi(W)$，即存在 X 的开覆盖 $\{C_1, \cdots, C_s\}$，使 $P_1 = C_1, P_j = C_j - \bigcup_{i=1}^{j-1} C_i, C_\iota \times C_i \subset W, i, j = 1, \cdots, s, j \neq 1$. 不妨设 D_n 的开覆盖 $\{G_1, \cdots, G_k\}$ 并未覆盖全空间 X. 将 X 的 W – 分划 $\mathcal{P}$ 分成两个不相交的部分 $\mathcal{P}_1$ 与 $\mathcal{P}_2$，使 $\forall P \in \mathcal{P}_1$，$P \cap (\bigcup_{i=1}^{k} G_i) \neq \varnothing, \forall P \in \mathcal{P}_2$ 存在 $l \geqslant k+1$，使 $P \cap G_l \neq \varnothing$. 设 $P \in \mathcal{P}_1$，这时有 $i \leqslant k$，使 $P \cap G_i \neq \varnothing$，$G_i \cap D_n \neq \varnothing$，且 $P \times P \subset W \subset V^* \subset V$ 和式(36.40)成立，所以由引理 36.1 的(2) 知 $P \subset H$. 设 $P \in \mathcal{P}_2$，则有 $l \geqslant k+1$，使 $P \cap G_l \neq \varnothing$. 这时 $P \times P \subset W \subset V_{xl}$，$G_l \times G_l \subset V_{xl}$，且 $V_{xl} \circ V_{xl} \subset U_{xl}$. 由此易证 $P \subset U_{xl}[xl]$. 这时有

$$S^+(\mathcal{P}, f) - S^-(\mathcal{P}, f) \leqslant \sum \{\mu(P) \cdot \omega(f, P) \mid P \in \mathcal{P}_1\} + \sum \{\mu(P) \cdot w(f, P) \mid P \in \mathcal{P}_2\}$$

因为 $\cup \mathcal{P}_1 \subset H$ 且当 $P \in \mathcal{P}_2$ 时，由式(36.38) 有 $w(f, P) < \frac{1}{n}$，所以由上式以及(36.35)(36.36) 两式，得

$$\begin{aligned} S^+(\mathcal{P}, f) - S^-(\mathcal{P}, f) &\leqslant \mu(H) \cdot 2M + \mu(X) \cdot \frac{1}{n} \\ &\leqslant \frac{\varepsilon}{4M} \cdot 2M + M \cdot \frac{\varepsilon}{2M} = \varepsilon \end{aligned} \tag{36.41}$$

下面进一步证明

$$S^+(W, f) - S^-(W, f) \leqslant 5\varepsilon \tag{36.42}$$

从而由式(36.15) 与式(36.16) 可得 $\int_X^+ f \mathrm{d}\mu - \int_X^- f \mathrm{d}\mu \leqslant$

5ε,那么由 ε 的任意性就得出 f 黎曼可积的结论. 事实上,设 $\mathscr{Q}=\{Q_1,\cdots,Q_t\}$ 为 X 的任一 W - 分划. 和分划 P 一样,$\mathscr{Q}$ 也可分为两个不相交的部分 $\mathscr{Q}_1$ 与 $\mathscr{Q}_2$,$\forall Q\in\mathscr{Q}_1, Q\cap\cup_{i=1}^{k}G_i\neq\varnothing$,$\forall Q\in\mathscr{Q}_2$,存在 $l\geqslant k+1$,使 $Q\cap G_l\neq\varnothing$. 这时 $\forall Q\in\mathscr{Q}_1, Q\subset H$,$\forall Q\in\mathscr{Q}_2$,有 $l\geqslant k+1$,使 $Q\subset U_{xl}[xl]$. 设 $\mathrm{P}_2=\{P^{(1)},\cdots,P^{(u)}\}$,$\mathscr{Q}_2=\{Q^{(1)},\cdots Q^{(v)}\}$,令 $R_{ij}=P^{(i)}\cap Q^{(j)}(i=1,\cdots u, j=1,\cdots,v)$,则 $\{R_{ij}\mid i\leqslant u, j\leqslant v\}$ 为两两不相交的子集族,且

$$P^{(i)}=\bigcup_{j=1}^{v}R_{ij}, Q^{(j)}=\bigcup_{i=1}^{u}R_{ij} \tag{36.43}$$

设

$$\theta=\sum\{\mu(R_{ij})\inf f(R_{ij})\mid i=1,\cdots,u,j=1,\cdots,v\} \tag{36.44}$$

任取 $P^{(i)}\in\mathrm{P}_2$,则有 $l\geqslant k+1$,使 $P^{(i)}\subset U_{xl}[xl]$,所以由式(36.38)知 $w(f,P^{(i)})\leqslant w(f,U_{xl}[xl])<\frac{1}{n}$. 由此得

$$|\inf f(P^{(i)})-\inf f(R_{ij})|<\frac{1}{n}\quad(i=1,\cdots,u,j=1,\cdots,v) \tag{36.45}$$

由式(36.44)(36.45),得

$$\begin{aligned}&\left|\sum_{i=1}^{u}\mu(P^{(i)})\inf f(P^{(i)})-\theta\right|\\=&\sum_{i=1}^{u}\sum_{j=1}^{v}\mu(R_{ij})\mid\inf f(P^{(i)})-\inf f(R_{ij})\mid\\\leqslant&\mu(X)\cdot\frac{1}{n}<\frac{\varepsilon}{2}\end{aligned} \tag{36.46}$$

同理可得

$$\left|\sum_{j=1}^{v}\mu(Q^{(j)})\inf f(Q^{(j)})-\theta\right|<\frac{\varepsilon}{2}\quad(36.47)$$

从而由式(36.46)(36.47),得

$$\left|\sum_{P\in\mathrm{P}_2}\mu(P)\inf f(P)-\sum_{Q-\mathrm{Q}_2}\mu(Q)\inf f(Q)\right|<\varepsilon\quad(36.48)$$

这时由式(36.34) 和式(36.48),得

$$\begin{aligned}&|S^-(\mathrm{P},f)-S^-(\mathscr{Q},f)|\\ \leqslant&\left|\sum_{P\in\mathrm{P}_1}\mu(P)\inf f(P)-\sum_{Q\in\mathscr{Q}_1}\mu(Q)\inf f(Q)\right|+\\&\left|\sum_{P\in\mathrm{P}_2}\mu(P)\inf f(P)-\sum_{Q\in\mathscr{Q}_2}\mu(Q)\inf f(Q)\right|\\ \leqslant&\mu(H)\cdot 2M+\varepsilon\leqslant\frac{\varepsilon}{4M}\cdot 2M+\varepsilon<2\varepsilon\quad(36.49)\end{aligned}$$

所以由 $\mathscr{Q}$的任意性和式(36.8),得

$$|S^-(\mathrm{P},f)-S^-(W,f)|\leqslant 2\varepsilon\quad(36.50)$$

同理可证

$$|S^+(\mathrm{P},f)-S^+(W,f)|\leqslant 2\varepsilon\quad(36.51)$$

所以由(36.41)和(36.50)(36.51)各式即得式(36.42).

推论 36.1 有界实值函数f在X上黎曼可积当且仅当f在X上几乎处处连续.

定理 36.4 设f是定义在$[a,b]$上的有界实函数,且f在实分析学中的意义下黎曼可积,则f也在本文的意义下黎曼可积,且

$$\int_a^b f(x)\,\mathrm{d}x=(R)\int_{[a,b]}f\mathrm{d}\mu\quad(36.52)$$

成立,这里μ是R的勒贝格测度.

证 设f在实分析学的意义下勒贝格可积,则f在$[a,b]$上几乎处处连续,所以由推论 36.1 知f也在紧

豪斯道夫空间$[a,b]$上按本章的意义黎曼可积. 这时可按证明式(36.50)和式(36.51)的方法证明式(36.52)成立.

定义 36.5　设X是紧豪斯道夫测度空间,A是X中的非空可测子集,$g:A\to\mathbf{R}$是在A上几乎处处连续的有界实函数. 定义$f:X\to\mathbf{R}$如下

$$f(x)=\begin{cases}g(x) & (x\in A)\\ 0 & (x\notin A)\end{cases}\tag{36.53}$$

则f是X上几乎处处连续的有界实值函数,从而黎曼可积. 规定

$$(R)\int_A g\mathrm{d}\mu=(R)\int_X f\mathrm{d}\mu\tag{36.54}$$

$(R)\int_A g\mathrm{d}\mu$常简记为$\int_A g\mathrm{d}\mu$. 这时称g在A上黎曼可积.

由定理36.1立即得出:

定理 36.5　设A与B是紧豪斯道夫测度空间X中非空可测子集,且$A\cap B=\varnothing$. 若有界实值函数g在A与B上都黎曼可积,则g也在$A\cup B$上黎曼可积,且

$$\int_{A\cup B}g\mathrm{d}\mu=\int_A g\mathrm{d}\mu+\int_B g\mathrm{d}\mu\tag{36.55}$$

定理 35.6　设f是紧豪斯道夫测度空间X上的有界实值函数. 若f在X上黎曼可积,则f也在X上勒贝格可积

$$(L)\int_X f\mathrm{d}\mu=(R)\int_X f\mathrm{d}\mu\tag{36.56}$$

证明　设f在X上黎曼可积,则由定理36.2知f是X上几乎处处连续的函数,从而是X上的可测函数. 又,f有界,所以其勒贝格积分存在. 设f黎曼可积,则由定义36.4知对任意给定的$\varepsilon>0$,存在$U,V\in\mathrm{U}^{\circ}$,使

$S^{+}(U,f)-S^{-}(V,f)<\varepsilon$. 令 $W=U\cap V$,则

$$S^{+}(W,f)-S^{-}(W,f)<\varepsilon \qquad (36.57)$$

且

$$S^{-}(W,f)\leqslant (R)\int_X f\mathrm{d}\mu \leqslant S^{+}(W,f) \qquad (36.58)$$

任取X的W - 分划 $\mathrm{P}=\{P_1,\cdots,P_n\}$,则由定义36.3知

$$S^{-}(W,f)\leqslant S^{-}(\mathrm{P},f)\leqslant S^{+}(\mathrm{P},f)\leqslant S^{+}(W,f) \qquad (36.59)$$

分别作 X 上的简单函数 α 与 β 如下

$$\alpha(x)=\alpha_i=\inf f(P_i) \quad (i=1,\cdots,n)$$
$$\beta(x)=\beta_i=\sup f(P_i) \quad (i=1,\cdots,n)$$

则显然有

$$\alpha(x)\leqslant f(x)\leqslant \beta(x) \quad (x\in X) \qquad (36.60)$$

且由简单函数的勒贝格积分的定义知

$$(L)\int_X \alpha\mathrm{d}\mu=\sum_{i=1}^{n}\alpha_i\mu(P_i)=S^{-}(\mathrm{P},f)$$
$$(L)\int_X \beta\mathrm{d}\mu=\sum_{i=1}^{n}\beta_i\mu(\mathrm{P}_i)=S^{+}(\mathrm{P},f) \qquad (36.61)$$

由式(36.59)及(36.61)各式得

$$S^{-}(W,f)\leqslant (L)\int_X \alpha\mathrm{d}\mu \leqslant (L)\int_X f\mathrm{d}\mu$$
$$\leqslant (L)\int_X \beta\mathrm{d}\mu \leqslant S^{+}(W,f) \qquad (36.62)$$

因为 ε 是任意的,所以由式(36.5)(36.58)和式(36.63),即得式(36.56).

推论 36.2　设 X 为紧度量空间,则本章的黎曼积分与文[170]中的黎曼积分一致,即f在本章意义下可积当且仅当f在文[170]的意义下可积且两种积分相

等. 因而本章的黎曼积分理论是文[170]中的黎曼积分理论的推广.

证 设 X 为紧度量空间,则文[170]得到的函数 f 可积的充要条件与本章推论 36.1 相同. 这时本章定理 36.6 与文[170]都证明了 f 是勒贝格可积的且两种积分的值相等,所以推论 36.2 成立.

以上只给出了 X 上黎曼可积函数的最基本的性质. 事实上还可证明一致收敛的黎曼可积函数列的极限函数是黎曼可积的,从而由定理 36.1 知 X 上全体黎曼函数之集按一致收敛拓扑构成 Banach 空间,我们还可以定义无界函数的黎曼积分,这里不做过多介绍.

4. 黎曼可积函数的可计算性

Domain 理论关注的一个焦点是所谓可计算性问题[170],其基本思想是在一定意义下用有限的计算公式去逼近某个问题的解. 本节中我们证明定义在紧度量测度空间 X 上的黎曼积分在一定意义下是可计算的,同时证明为使有界的黎曼可积函数的积分是可计算的,X 必须是可度量化的空间.

定义 36.6 设$(X,\mathsf{T},\mathsf{A},\mu)$是紧豪斯道夫测度空间. X 上的黎曼积分叫作可计算的,如果对 T 的每个拓扑基 B,B 有可数子集

$$\mathsf{B}^* = \{B_{nm} \mid m = 1,\cdots,k_n, n = 1,2,\cdots\} \tag{36.63}$$

使得对任一黎曼可积函数 f,有

$$(R)\int_X f\mathrm{d}\mu = \lim_{n\to\infty} S^-(\mathsf{P}_n,f) = \lim_{n\to\infty} S^+(\mathsf{P}_n,f) \tag{36.64}$$

这里
$$\mathsf{P}_n = \{P_1^{(n)},\cdots,P_{k_n}^{(n)}\}$$

$$P_1^{(n)} = B_{n1}, P_j^{(n)} = B_{nj} - \bigcup_{i=1}^{j-1} B_{ni}$$
$$(j = 2, \cdots, k_n, n = 1,2,\cdots) \qquad (36.65)$$

定理 36.7　设 X 是紧度量测度空间,则 X 上的黎曼积分是可计算的.

证　设$(X,\mathcal{T})$是可度量化的拓扑空间,相应的度量函数为 ρ,则可设 $\mathcal{U}^{\circ} = \{U_n \mid n = 1,2,\cdots\}$,这里 $U_n = \{(x,y) \mid \rho(x,y) < \frac{1}{n}\}(n = 1,2,\cdots)$ 这时对 X 上的任一黎曼可积函数 f,均有

$$(R)\int_X f\mathrm{d}\mu = \lim_{n\to\infty} S^-(U_n,f) \qquad (36.66)$$

设 $\mathcal{B}$ 是 $\mathcal{T}$ 的任一拓扑基,$n \in \mathbf{N}$, $\forall x \in X$,取 x 的开邻域 $B(x)$,使 $B(x) \in \mathcal{B}$ 且 $B(x)$ 的直径小于$\frac{1}{2n}$,则 $\{B(x) \mid x \in X\}$ 是紧空间 X 的开覆盖,所以有子覆盖 $\mathcal{B}_n = \{B_{n1},\cdots,B_{nk_n}\}$. 令 $\mathcal{P}_n = \{P_1^{(n)},\cdots,P_{k_n}^{(n)}\}$,这里 $P_m^{(n)}$ 由式(36.65)确定,则由 $B_{nm} \times B_{nm} \subset U_n(m = 1,\cdots,k_n)$ 知 $\mathcal{P}_n(n = 1,2,\cdots)$ 是 X 的 U_n - 分划. 因为 $S^-(U_n,f) \geqslant S^-(\mathcal{P}_n,f) \leqslant (R)\int_X f\mathrm{d}\mu$,所以由式(36.66)得$(R)\int_X f\mathrm{d}\mu = \lim_{n\to\infty} S^-(\mathcal{P}_n,f)$.

定理 36.8　设紧豪斯道夫测度空间$(X,\mathcal{T},\mathcal{A},\mu)$上的黎曼积分是可计算的,则$(X,\mathcal{T})$是可度量化的拓扑空间.

证　设$(X,\mathcal{T})$不可度量化. 以下证明定义 36.6 中的条件不成立. 事实上,因为$(X,\mathcal{T})$是紧豪斯道夫空间,$(X,\mathcal{T})$可看作是某方体 $Y = \prod_{t\in T}(X_t,\mathcal{T}_t)$ 的子空

间[176]，这里 $\forall t \in T, X_t = [0,1]$，且 T_t 是 $[0,1]$ 上的通常拓扑. 因为 (X,T) 不可度量化，所以 T 是不可数集，并且有不可数多个 $t \in T$，使 X 在第 t 个因子空间中的投影 $\pi_t(X)$ 的势大于 1，因为反之 X 将是可度量化的. 考虑 Y 的如下形式的开子集

$$G = \prod_{t \in T_0}(a_t, b_t) \times \prod_{t \in T - T_0} X_t \qquad (36.67)$$

这里 T_0 是 T 的非空有限子集，$\forall t \in T_0, (a_t, b_t) \subset [0, 1]$. Y 的形如 G 的开集的全体构成一个拓扑基 $\overline{\mathrm{B}}$，$\overline{\mathrm{B}}$ 在 X 上的限制就是 (X,T) 的一个拓扑基 B，设 B^* 是 B 的任一可数子集，B^* 如式(36.63)所示，则 B^* 中开集都具有 $G \cap X$ 的形式，这里 G 具有式(36.67)的结构. 以 T^* 记 B^* 中开集所涉及的各有限集 T_0 之并，则 T^* 是可数集，所以有 $s \in T - T^*$，使

$$\forall B \in \mathrm{B}^*, \pi_s(B) = \pi_s(X), \text{且} \ |\pi_s(X)| \geqslant 2 \qquad (36.68)$$

因为 $\pi_s(x) \subset [0,1]$，令

$$a = \inf \pi_s(X), b = \sup \pi_s(X) \qquad (36.69)$$

则 $a, b \in [0,1]$ 且 $a < b$.

定义 X 上的函数 f 为

$$f(x) = \pi_s(x) \quad (x \in X) \qquad (36.70)$$

即 f 把 X 中的每个点 x 映射为 x 在第 s 个因子空间中的坐标，则 $f: X \to [0,1]$ 是 X 上的有界连续函数，从而是黎曼可积函数. 这时对 B^* 中任一开集 B_{nm}，由式(36.68)和式(36.70)知

$$f(B_{nm}) = \pi_s(X) \quad (m = 1, \cdots, n_k, n = 1, 2, \cdots) \qquad (36.71)$$

那么，由式(36.65)以及 P_n 中各集均非空得

$$f(P_i^{(n)}) = \pi_s(X) \quad (i = 1, \cdots, n_k, n = 1, 2, \cdots) \tag{36.72}$$

所以由式(36.72)与式(36.69)得

$$\inf f(P_i^{(n)}) = a$$
$$\sup f(P_i^{(n)}) = b$$
$$(i = 1, \cdots, n_k, n = 1, 2, \cdots) \tag{36.73}$$

由式(36.73)和 $S^-(\mathrm{P}_n, f)$, $S^+(\mathrm{P}_n, f)$ 的定义及式(36.11),得 $S^-(\mathrm{P}_n, f) = a\mu(X) = aM_2$, $S^+(\mathrm{P}_n, f) = b\mu(Z) = bM_2$. 因为 $M_2 > 0$ 且 $a < b$,所以式(36.64)不可能成立. 可见 X 上的黎曼积分是不可计算的.

第37章 朱利亚集及其豪斯道夫维数的连续性[①]

对于 $d\geqslant 2$,考虑多项式族 $P_c=z^d+c,c\in\mathbf{C}$. $K_c=\{z\in\mathbf{C}\mid\{P_c^n(z)\}_{n\geqslant 0}$有界$\}$为 P_c 的填充朱利亚集,$J_c=\partial K_c$ 为其朱利亚集. $HD(J_c)$ 为 J_c 的豪斯道夫维数. 设 $\omega(0)$为 P_{c_0}的临界点0的轨道的聚点集. 我们假定 P_{c_0}在 $\omega(0)$上是扩张的,且 $0\in J_{c_0}$,$|c_0|>\varepsilon>0$. 如果一序列 $c_n\to c_0$,则 $J_{c_n}\to J_{c_0}$,$K_{c_n}\to J_{c_0}$,在豪斯道夫拓扑下. 如果存在一常数 $C_1>0$ 和一序列 $c_n\to c_0$,使得 $d(c_n,J_{c_0})\geqslant C_1|c_n-c_0|^{1+1/d}$,中国科学院数学与系统科学研究院数学研究所的庄伟研究员在2004年证明了 $HD(J_{c_n})\to HD(J_{c_0})$. 这里 $d(c_n,J_{c_0})$为 c_n 与 J_{c_0}间的距离.

① 庄伟. Julia 集及其 Hausdorff 维数的连续性[J]. 数学学报,2004,47(6):1161-1166.

1. 主要结果

设 P_n,P 为多项式,且 P 是扩张的(一有理函数 f:$J(f)\mapsto J(f)$ 是扩张的如果其朱利亚集 $J(f)$ 不含有临界点和抛物点). 在文[177]中,麦克马伦证明了:假设 P 是扩张的,$\deg P_n=\deg P$,如果 P_n 的系数都收敛到 P 的系数,那么有 $J(P_n)\to J(P)$ 与 $HD(J(P_n))\to HD(J(P))$. 在文[178]中,Rivera - Letelier 考虑了多项式族 $P_c=z^d+c,d\geqslant 2,c\in\mathbf{C}$. $M_d=\{c\in\mathbf{C}\mid J_c$ 是连通的$\}=\{c\in\mathbf{C}\mid c\in K_c\}$. 还研究了如下多项式的动力系统问题,$0\in J_c$ 且 P_c 的有限临界点 0 是非回复的,这样的多项式在文[179]中被称为半双曲的. 假定 $c_0\in\partial M_d$,使得 P_{c_0} 是半双曲的,文[178]证明了如果存在一常数 $C_1>0$ 和一序列 $c_n\to c_0$,使得

$$d(c_n,M_d)\geqslant C_1|c_n-c_0|^{1+1/d}$$

则 $HD(J_{c_n})\to HD(J_{c_0})$;还证明了存在一常数 $C_2>0$,使得

$$d_H(J_c,J_{c_0})\leqslant C_2|c-c_0|^{1/d}$$

$$d_H(K_c,J_{c_0})\leqslant C_2|c-c_0|^{1/d}$$

这里 d,d_H 分别为欧氏距离与豪斯道夫距离.

现在我们考虑多项式族 $P_c=z^d+c,d\geqslant 2,c\in\mathbf{C}$,其唯一有限临界点是 0. $\omega(0)$ 为临界点 0 的轨道的聚点集. 假定 P_{c_0} 在 $\omega(0)$ 上是扩张的,且 $0\in J_{c_0},|c_0|>\varepsilon>0$,我们有下面两个定理.

定理 A 假设 P_{c_0} 在 $\omega(0)$ 上是扩张的,且 $0\in J_{c_0},|c_0|>\varepsilon>0$. 若存在一列 $c_n\to c_0$,则

$$J_{c_n}\to J_{c_0},K_{c_n}\to J_{c_0}$$

在豪斯道夫拓扑下.

定理 B　假设 P_{c_0} 在 $\omega(0)$ 上是扩张的，且 $0 \in J_{c_0}$，$|c_0| > \varepsilon > 0$. 若存在一常数 $C_1 > 0$ 和一序列 $c_n \to c_0$，使得

$$d(c_n, J_{c_0}) \geqslant C_1 |c - c_0|^{1+1/d}$$

则 $HD(J_{c_n}) \to HD(J_{c_0})$.

2. 预备知识

两个数 A 与 B，$A \sim B$ 意味着对一常数 C_0，$C_0^{-1}B < A < C_0 B$. $B_r(x)$ 代表中心在 x，半径为 r 的球.

对 $c \in J_{c_0}$ 填充朱利亚集 K_c 是一个紧致连通集，$\overline{\mathbf{C}} - K_c$ 与 $\overline{\mathbf{C}} - \overline{D}$ 同胚，这里 $\overline{\mathbf{C}}$ 与 D 分别代表黎曼球与单位圆盘. 存在唯一映射

$$\phi_c : \overline{\mathbf{C}} - K_c \mapsto \overline{\mathbf{C}} - \overline{D}, \phi_c(\infty) = \infty$$

这一映射使 P_c 在 $\overline{\mathbf{C}} - K_c$ 中与 z^d 在 $\overline{\mathbf{C}} - \overline{D}$ 中共轭. 对于 $r > 1$ 集合 $\{z | \phi_{c_0} = r\}$ 是一解析若尔当曲线叫作等势曲线，$\{re^{2\pi i\theta} | r > 1, \theta \in \mathbf{R}\}$ 在 ϕ_{c_0} 下的逆像叫作辐角 θ 的外射线. 如果 $\lim\limits_{r \to 1} \phi_{c_0}^{-1}(re^{2\pi i\theta}) = z$，我们说外射线在点 z 处可达；在这种情况下，$z \in J_{c_0}$.

对 $c \notin J_{c_0}$，在 ∞ 邻域内有一映射 ϕ_c，使 P_c 与 z^d 共轭，我们可假定 $\phi_c(\infty) = \infty$. 因此 ϕ_c 可以延拓到 c.

文[179]证明了如下事实，存在常数 $\varepsilon > 0$，$C_0 > 0$ 与 $\theta \in (0,1)$，对于 $x \in J_{c_0}$ 和 $P_{c_0}^{-n}(B_\varepsilon(x))$，$n \geqslant 0$，映射 $P_{c_0}^n : B \mapsto B_\varepsilon(x)$ 最多是 d 次的，$\mathrm{diam}(B) < C_0\theta^n$，且 J_{c_0} 的余集是一 John 区域，这意味着 J_{c_0} 是局部连通的，且存在一 $\delta > 0$，如果 $z \in J_{c_0}$，w 属于在点 z 可达的外射线，则 $B_{\delta|z-w|}(w) \cap J_{c_0} = \varnothing$. 另外，由 Carathéodory 理论，映射 $\phi_{c_0}^{-1}$ 在 $\overline{\mathbf{C}} - \overline{D}$ 内可以连续延拓到 ∂D，因此每一条

外射线都在 J_{c_0} 的一点上可达.

P_{c_0} 在 $\omega(0)$ 上扩张. 由扩张性质,存在一 $m > 1$,使得 $P_{c_0}^m(0) \in \omega(0)$,我们假定 $m > 1$ 是这样最小的整数,通常我们置 $z_0 = P_{c_0}^m(0)$. 因为 P_{c_0} 在 $\omega(0)$ 上一致扩张,我们可以在 $\omega(0)$ 上用一些小区域构造一马尔可夫划分,这些小区域是由有限条外射线与一等势线所围成的;由文[179]知所有外射线在 J_{c_0} 某点处可达. 小区域与单位圆盘同胚.

命题 37.1 马尔可夫划分在 $\omega(0)$ 上可以用小区域构造一马尔可夫划分,即存在有限多个不相交的小区域 $U_a(a \in A)$ 可覆盖 $\omega(0)$,使得 P_{c_0} 在 U_a 内单值. ,而且若 $a, b \in A$,使得 $U_a \cap P_{c_0}(U_b) \neq \varnothing$,则 $U_a \subset P_{c_0}(U_b)$.

证 如果 0 是非回复的,证明与半双曲的相同[178]. 如果0是回复的,即0属于0的 ω - 极限集,$0 = \lim\limits_{k\to\infty} P_{c_0}^{n_k}(0)$. 此时,我们假定 P_{c_0} 在 $\omega(0) - \{0\}$ 上扩张. 如果 z 在0 的 δ 邻域 $B_\delta(0)$ 内,由于 $|c_0| > \varepsilon > 0$,$|P_{c_0}(z)| > \varepsilon - |z|^d > \delta > 0$. 我们设 U_0 为包含0 的在 $B_\delta(0)$ 内的由等势线与外射线围成的小区域,U_1 为与 U_0 相交的 P_{c_0} 在其内单值的小区域. 置 $U_2 = U_0 \cup U_1$,则 U_2 包含0且 P_{c_0} 在 U_2 内单值,这样 P_{c_0} 在每一个与 $\omega(0)$ 相交的小区域内是单值的. 所有这些与 $\omega(0)$ 相交的小区域就是我们所要求的马尔可夫划分. 余下部分的证明与半双曲的类似[178]. 证毕.

考虑由命题 37.1 给出的马尔可夫划分 $U_a(a \in A)$. 对于 $n \geqslant 0$,与 $\omega(0)$ 相交的小区域 U_a 在 $P_{c_0}^n$ 下的逆像叫作马尔可夫划分的第 n 步. 对 $n \geqslant 1$ 所有马尔可

夫划分第 n 步的集合构成了一马尔可夫划分；我们称为马尔可夫划分 $U_a(a \in A)$ 的加细划分.

我们略去了下面几个命题的证明，其证明与半双曲的类似（见文[178]）.

命题 37.2　对于 $\forall k \geqslant 0, P_{c_0}^k$ 在每一马尔可夫划分的第 k 步内的偏差都被一不依赖于 k 的常数 K 所界定.

命题 37.3　设 W 为马尔可夫划分 $U_a(a \in A)$ 的第 n 步，则

$$P_{c_0}^n : W \mapsto U_a = P_{c_0}^n(W)$$

的逆映射能单值地延拓到 $\overline{U_a}$ 的邻域，这种延拓仅依赖于 $a \in A$.

因为 P_{c_0} 在 $\omega(0)$ 上一致扩张，对一常数 $\sigma > 0$，存在一动力全纯运动 $j:B_\sigma(c_0) \times \omega(0) \to \mathbf{C}$（见文[180]）. 这就是说，对 $\forall c \in B_\sigma(c_0)$，映射 $j_c:\omega(0) \mapsto \mathbf{C}$ 是单射，对 $\forall z \in \omega(0)$，映射 $c \mapsto j_c(z)$ 是全纯的，而且对 $\forall c \in B_\sigma(c_0)$ 映射 j_c，使 P_{c_0} 在 $\omega(0)$）上与 P_c 在 $j_c(\omega(0))$ 上共轭.

我们知道 $m > 1$ 是使得 $P_{c_0}^m \in \omega(0)$ 的最小的整数. 如有必要可以减小 $\sigma > 0$，使得全纯运动 j 可以延拓到 c_0，这样函数 $z(c) = j_c(c_0)$ 在临界点 c_0 就是连续的. 函数 z 定义在 $B_\sigma(c_0)$ 内满足 $z(c_0) = c_0$，由定义 $P_c^{m-1}(z(c)) = j_c(P_{c_0}^{m-1}(c_0))$.

命题 37.4　假设关于 $\omega(0)$ 有一马尔可夫划分，则 $\exists \sigma > 0$，使得映射 $j:B_\sigma(c_0) \times \bigcup_{a \in A} U_a \mapsto C$ 为动力全纯运动，而且 $\exists R > 0$，使得 $j(B_\sigma(c_0) \times \bigcup_{a \in A} U_a) \subset B_R(0)$.

3. 定理的证明

本节证明定理 A. 正的常数 $C_1, C_2, \cdots$ 和所有隐含的常数都仅依赖于 P_{c_0}.

对于 $\omega(0)$,我们考虑如上所述的一马尔可夫划分. $m > 1$ 是使得 $P_{c_0}^m(0) \in \omega(0)$ 的最小的整数. 设 $z = P_{c_0}^m(0)$, U_n 为包含 z_0 的马尔可夫划分的第 n 步. 由命题 37.3 和克贝偏差定理得到 $d(z_0, U_n) \sim \operatorname{diam}(U_n)$(见文[178]). V_n 为 U_n 在 $P_{c_0}^m$ 下到 0 的拉回, 则我们有 $d(\partial V_n, 0) \sim \operatorname{diam}(V_n) \sim (\operatorname{diam}(U_n))^{1/d}$.

由马尔可夫性质并考虑到 U_a 是由等势线与外射线所围成的小区域,如果 W 是 V_n 的一个拉回,我们得到 $W \cap V_n = \varnothing$ 或 $W \in V_n$. 设

$$K_n = \{z \mid P_{c_0}^k \notin V_n, k \geqslant 0\}$$

为一闭的前向不变集,则 V_n 是 $\mathbf{C} - K_n$ 的包含 0 的连通分支,且对每一 $\mathbf{C} - K_n$ 的连通分支 W, $\exists k$, 使得 $P_{c_0}^k$: $W \mapsto V_n$ 为双全纯映射.

引理 37.1 设 P_{c_0} 在 $\omega(0)$ 上扩张,且 $0 \in J_{c_0}$, $|c_0| > \varepsilon > 0$,则存在仅依赖于 P_{c_0} 的常数 $C_1 > 0$,使得对任意大的 n 和 $\mathbf{C} - K_n$ 的任一连通分支 W,都有

(1) $\operatorname{diam}(W) \leqslant C_1 \operatorname{diam}(V_n)$;

(2) $\operatorname{diam}(W) \leqslant C_1 d(W, c_0) \operatorname{diam}(V_n)$.

证 设常数 $\varepsilon > 0$, $\theta \in (0,1)$ 和 $C_2 > 0$. 让 n 充分大,使得 $V \in B_{\varepsilon/2}(0)$. 这样如果 $q \geqslant 0$,使得 $P_{c_0}^q: W \mapsto V_n$ 为双全纯映射,则 $P_{c_0}^q$ 在 $B_\varepsilon(0)$ 所对应的拉回 W_0 内是单值的,且 $c_0 \notin W_0$. 置 W' 为 $B_{\varepsilon/2}(0)$ 所对应的拉回. 由克贝偏差定理,存在一常数 $L > 0$,使得 $\operatorname{diam}(W) \leqslant L\operatorname{diam}(W')\operatorname{diam}(V_n) \leqslant LC_2\theta^q \operatorname{diam}(V_n)$.

因此,对于 $C_1 > LC_2\theta^q$,(1) 成立. 另外,注意到圆环 $W_0 - \overline{W'}$ 的模等于圆环 $B_\varepsilon(0) - B_{\varepsilon/2}(0)$ 的模;显然 $B_\varepsilon(0) - B_{\varepsilon/2}(0)$ 的模不依赖于 ε. 因为 $c_0 \notin W_0$,存在一万有常数 $C_3 > 0$,使得 $\mathrm{diam}(W') \leqslant C_3 d(W', c_0) \leqslant C_3 d(W, c_0)$. 因此(2) 也成立. 证毕.

由文[178] 知,定义在一开集 $W \subset \mathbf{C}$ 与集合 $X \subset \mathbf{C}$ 的全纯运动为一映射 $j: W \times X \to \mathbf{C}$,使得 $\forall \lambda \in W$,映射 $j_\lambda: X \to \mathbf{C}$ 是单射,$\forall x \in X, j_\lambda(x)$ 全纯依赖于 λ.

引理 37.2　设 V 为由势为1的等势线所围成的 J_{c_0} 的邻域,则存在仅依赖于 P_{c_0} 的常数 $\eta > 0$ 和 $C_4 > 0$,对充分大的 n,存在一全纯运动 $j_n: B_n \times K_n \mapsto \mathbf{C}$,使得

(1) $(j_n)_{c_0} |_{K_n}$ 为恒等映射;

(2) 对所有的 $(c, z) \in B_n \times K_n$, $(j_n)_c(P_{c_0}(z)) = P_c((j_n)_c(z))$;

(3) 对所有的 $(c, z) \in B_n \times (K_n \cap V)$,我们有 $|(j_n)_c(z) - z| \leqslant C_4 \mathrm{diam}(V_n)$, 这里 $B_n = B_{\eta \mathrm{diam}(U_n)}(c_0)$.

证　这一引理的证明与半双曲的类似(见文[178]).

定理A的证明　设 n 充分大,且 $c \in B_n - B_{n+1}$,使得 $|c - c_0| \sim \mathrm{diam}(U_n)$. 由引理 37.2 有 $d_H(J_{c_0}, (j_n)_c(K_n \cap J_{c_0})) \leqslant C_4 \mathrm{diam}(U_n) = C_5 |c - c_0|^{1/d}$,这里 d_H 是豪斯道夫距离. 再由引理 37.1,对于 $\mathbf{C} - K_n$ 的每一连通分支 W, $\mathrm{diam}(W) \leqslant C_6 |c - c_0|^{\frac{1}{d}}$. 因此 $(j_n)_c(K_n \cap J_{c_0}) \subset K_c$,且 $\mathrm{diam}((j_n)_c(K_n \cap J_{c_0})) \leqslant C_6 |c - c_0|^{1/d}$, 得到 $d_H(K_c, J_{c_0}) \leqslant (C_5 + C_6) \cdot |c - c_0|^{1/d}$. 如果 $c_n \to c_0$,便可得出 $K_{c_n} \to J_{c_0}$.

同样,我们可得到 $J_{c_n}\to J_{c_0}$. 证毕.

定理 B 的证明 同样,所有下列常数 $C_1,C_2,\cdots$ 和隐含的常数都仅依赖于 P_{c_0}.

引理 37.3 设 P_{c_0} 在 $\omega(0)$ 上是扩张的,且 $0\in J_{c_0}$, $|c_0|>\varepsilon>0$. 若存在一列 $c_n\to c_0$, 使得 $|c_n-c_0|^{d/(d-1)}(d(c_n,J_{c_0}))^{-1}\to 0$,则 $HD(J_{c_n})\to HD(J_{c_0})$.

证 对 $\forall c\in\mathbf{C}$,Sullivan 在文[181]中证明了如下结果,有理函数 P_c 在其朱利亚集 J_c 上有唯一共形概率测度 μ_c,其指数为 $d_c=HD(J_c)$ 或在 $\{P_c^{-n}(0)\}_{n\geqslant 0}$ 上是原子的(如果一点的共形概率测度为 0,我们称共形概率测度 μ_c 为非原子的). 因此我们要证

$$\lim_{n\to\infty}HD(J_{c_n})=HD(J_{c_0})$$

只要证明下式就足够了

$$\lim_{r\to 0}\lim_{n\to\infty}\mu_{c_n}(B_r(0))=0$$

由上式可知 $\lim\limits_{n\to\infty}\mu_{c_n}$ 在零点是非原子的. 因 μ_c 是 J_c 上唯一共形概率测度,由定理 A,如果 $c_n\to c_0$,则 $J_{c_n}\to J_{c_0}$. 因此 μ_{c_0} 至少是 $\{\mu_{c_n}\}_{n\geqslant 1}$ 的一弱极限,且 μ_{c_0} 在零点是非原子的. 这样就可得出 $d_{c_n}\to d_{c_0}$.

考虑如第二部分中的一马尔可夫划分和由命题 37.4 给出的一全纯运动 $j:B_\sigma(c_0)\times\bigcup\limits_{a\in A}U_a\mapsto\mathbf{C}$. 我们取常数 $\sigma>0,C_0>0$ 和 $\theta_0\in(0,1)$,如有必要可取 σ 足够小,使得对所有 $m\geqslant 1$, $\forall c\in B_\sigma(c_0)$ 和 $\forall w\in j_c(\omega(0))$,有 $|(P_c^m)'(w)|^{-1}\leqslant C_0\theta_0^m$. 我们还可假定对 P_c^m 有下述一致有界偏差性质:对 $\forall c\in B_\sigma(c_0)$,每一 $m\geqslant 1$ 和马尔可夫划分 $j_c(U_a)(a\in A)$ 的第 m 步 W,存在一常数 $K>1$,使得 P_c^m 在 W 中的偏差被 K 所界定(见命题37.2).

我们知道 U_n 是包含 $P_{c_0}^m(0)$ 的第 n 步,V_n 是包含 0 的 U_n 在 $P_{c_0}^m$ 下的拉回. 对于 $r>0$ 充分小,$\exists n=n(r)\to\infty$,若 $\forall c\to c_0$ 且 $r\to 0$,则有 $B_r(c_0)\subset V_n^c$. 因此,只要证明下式即可

$$\lim_{n\to\infty}\lim_{s\to\infty}\mu_{c_s}(V_n^{c_s})=0$$

设 D 为包含 0 的充分小的圆盘,使得 $c\in B_\sigma(c_0)$,$P_c^m|_D$ 最多是 d 次的. 如有必要可加细马尔可夫划分,对于 $\forall c\in B_\sigma(c_0)$,我们假定 $U_l^c\subset P_c^m(D)$. 对于 $n\geqslant 1$,有

$$\mu_c(V_n^c)=\sum_{l\geqslant n}\mu_c(V_l^c-V_{l+1}^c)$$

由文[178]中的附录 2(这一结论在这种情况下也是成立的),我们有映射 $z(c)=j_c(c_0)$ 在临界点 c_0 处是连续的且 $z'(c_0)\neq 1$. 函数 z 定义在 $B_\sigma(c_0)$ 内满足 $z(c_0)=c_0$,由定义 $P_c^{m-1}(z(c))=j_c(P_{c_0}^{m-1}(c_0))$. 对于 $\forall c\in B_\sigma(c_0)$,置 $\xi(c)=j_c(P_{c_0}^{m-1}(c_0))=P_c^{m-1}(z(c))$,$\beta_c=P_c^m(0)$. 对 $l\geqslant 1$,我们有

$$\begin{aligned}&\mu_c(V_l^c-V_{l+1}^c)\\&\leqslant d\mu_c(U_l^c-U_{l+1}^c)\inf_{(V_l^c-V_{l+1}^c)\cap J_c}|(P_c^m)'(z)|^{-d_c}\end{aligned}$$

由命题 37.2 且考虑到 μ_c 是一共形概率测度,我们有

$$\mu_c(U_l^c-U_{l+1}^c)\leqslant K^{d_c}|(P_c^l)'(\xi(c))|^{-d_c}$$

另外,$\exists C_1>0$,使得对 $\forall c\in B_\sigma(c_0)$,$\forall z\in V_1^c$,成立

$$|(P_c^m)'(z)|>C_1|P_c^m(z)-\beta_c|^{(d-1)/d}\quad(*)$$

设 $k=k(c)$ 为最大的整数,使得 $\beta_c\in U_k^c$. 置 $l\geqslant 1$,则有下列三种情况:

(1)$k-1\leqslant l\leqslant k+1$. 由命题 37.2 与文[178]中的附录2,我们有 $|(P_c^l)'(\xi(c))|^{-1}\sim|\xi(c)-\beta_c|\sim|z(c)-c|\sim|c-c_0|$,其中隐含的常数仅依赖于 $c\in B_\sigma(c_0)$. 因此 $|(P_c^l)'(\xi(c))|^{-1}\leqslant C_2|c-c_0|$,$C_2>0$ 不依赖于 c. 另外

$$d(\beta_c,(U_l^c-U_{l+1}^c)\cap J_c)\geqslant d(\beta_c,J_c)$$
$$\geqslant\widetilde{C}_3d(c,J_c)\geqslant C_3d(c,J_{c_0})$$

对 $\forall z\in(V_l^c-V_{l+1}^c)\cap J_c$,有

$$|(P_c^m)'(z)|>C_1C_3^{(d-1)/d}(d(c,J_{c_0}))^{(d-1)/d}$$

因此

$$\mu_c(V_l^c-V_{l+1}^c)\leqslant C_4|c-c_0|^{d_c}(d(c,J_{c_0}))^{-d_c(d-1)/d}$$

这里 $C_4=d(KC_2(C_1C_3^{(d-1)/d})^{-1})^{d_c}$.

(2)$l<k-1$. 注意到

$$d(\beta_c,U_l^c-U_{l+1}^c)\geqslant C_5d(\partial U_{l+1}^c,U_{l+2}^c)$$

如有必要减小 $C_5>0$,这样由命题 37.2,我们有

$$d(\beta_c,U_l^c-U_{l+1}^c)>C_6|(P_c^l)'(\xi(c))|^{-1}$$

因此,由上面的式(*)可得

$$|(P_c^m)'(z)|>C_1(d(\beta_c,U_l^c-U_{l+1}^c))^{(d-1)/d}$$
$$\geqslant C_1C_6^{(d-1)/d}|(P_c^l)'(\xi(c))|^{-(d-1)/d}$$

这样

$$\mu_c(V_l^c-V_{l+1}^c)$$
$$\leqslant dK^{d_c}|(P_c^l)'(\xi(c))|^{-d_c}(C_1C_6^{(d-1)/d})^{-d_c}|\cdot$$
$$(P_c^l)'(\xi(c))|^{d_c(d-1)/d}$$

因此 $\mu_c(V_l^c-V_{l+1}^c)\leqslant C_7\theta_0^{l(d-1)/d}$. 这里

$$C_7=dK^{d_c}(C_1C_6^{(d-1)/d})^{-d_c}C_0^{(d-1)/d}$$

(3)$l>k+1$. 我们有 $d(\beta_c,U_l^c-U_{l+1}^c)\geqslant C_8d(\partial U_{l-1}^c,U_l^c)$. 如有必要减小 $C_6>0$,像(2)中一样,

可得

$$d(\beta_c, U_l^c - U_{l+1}^c) > C_6 |(P_c^l)'(\xi(c))|^{-1}$$

这样

$$\mu_c(V_l^c - V_{l+1}^c) \leqslant C_7 \theta_0^{l(d-1)/d}$$

由上面的结论,对于 $n \geqslant 1$,我们可得出

$$\begin{aligned}\mu_c(V_n^c) &= \sum_{l \geqslant n} \mu_c(V_l^c - V_{l+1}^c) \\ &\leqslant C_4 |c - c_0|^{d_c} (d(c, J_{c_0}))^{-d_c(d-1)/d} + \\ &\quad C_7 \sum_{l \geqslant n, l \neq k-1, k, k+1} \theta_0^{l(d-1)/d}\end{aligned}$$

因为

$$\sum_{l \geqslant n} \theta_0^{l(d-1)/d} = \frac{(\theta_0^{(d-1)/d})^n}{1 - \theta_0^{(d-1)/d}} \to 0, n \to \infty$$

而由题设条件可知,当 $s \to \infty$ 时

$$|c_s - c_0|^{d_c} (d(c_s, J_{c_0}))^{-d_c(d-1)/d} \to 0$$

我们可得出

$$\lim_{n \to \infty} \lim_{s \to \infty} \mu_{c_s}(V_n^{c_s}) = 0$$

这样引理 37.3 证毕.

证　现在证明定理 B. 由题设可知 $\exists C_1 > 0$,序列 $c_n \to c_0$ 使得 $d(c_n, J_{c_0}) \geqslant C_1 |c_n - c_0|^{1+1/d}$,这样

$$\begin{aligned}&|c_n - c_0|^{d/(d-1)} (d(c_n, J_{c_0}))^{-1} \\ &\leqslant \frac{1}{C_1} |c_n - c_0|^{1/(d(d-1))} \to 0, n \to \infty\end{aligned}$$

由引理 37.3 知 $HD(J_{c_n}) \to HD(J_{c_0})$. 定理证毕.

第38章 形式级数域中具有某种连分数展式集合的豪斯道夫维数①

武汉大学数学与统计学院的余月力和南昌航空大学数学与信息科学学院的胡慧在2009年研究了形式级数域中若干连分数例外集. 利用质量分布原理和构造特殊覆盖,得到了当连分数展式部分商的度分别以多项式速度和指数速度趋向无穷大时,分别对应例外集的豪斯道夫维数.

1. 引言

$\xi\in[0,1]$,记$[0;a_1(\xi),a_2(\xi),\cdots]$为$\xi$的连分数展式. I. J. Good[101]和K. E. Hirst[188]分别证明了若$b\in\mathbf{R},b>1$,则

$$\dim\{\xi\mid a_n(\xi)\to\infty,当\ n\to\infty\ 时\}=1/2$$

$$\dim\{\xi\mid a_n(\xi)\geqslant b^n,\forall n\in\mathbf{N}\}=1/2$$

T. W. Cusick[189]和C. G. Moorrthy[190]分别估计了在实数域中当连分数展式部

① 余月力,胡慧. 形式级数域中具有某种连分数展式集合的豪斯道夫维数[J]. 数学杂志,2009,29(6):738-744.

分商以双重和三重指数趋于无穷大的集合的豪斯道夫维数. T. Luczak[191]证明了若 $b,c>1$,则

$$\begin{aligned}&\dim\{\xi\mid a_n(\xi)\geqslant c^{b^n},\ \forall n\in\mathbf{N}\}\\&=\dim\{\xi\mid a_n(\xi)\geqslant c^{b^n}\text{对无穷多个 } n \text{ 成立}\}\\&=1/(b+1)\end{aligned}$$

在本章中将讨论形式级数域中类似的集合. 记 $\mathfrak{F}$ 为 q 个元素的有限域,$\mathfrak{F}[X]$ 为系数在 $\mathfrak{F}$ 中的多项式,$\mathfrak{F}(X)$ 为 $\mathfrak{F}[X]$ 的分式域,记 $\mathfrak{F}((X)^{-1})$ 为形式级数域

$$\mathfrak{F}((X)^{-1})=\{x\mid x=\sum_{i=-n}^{+\infty}a_{-i}X^{-i},n\in\mathbf{Z},a_i\in\mathfrak{F}\}$$

定义 $|x|_\infty=0$,若 $x=0$;$|x|_\infty=q^n$,若 $a_n\neq 0$. 记 $[x]$ 为 x 的多项式部分,即 $[x]=a_nX^n+\cdots+a_1X+a_0$. 记

$$I=\{x\mid x=a_{-1}X^{-1}+a_{-2}X^{-2}+\cdots,a_i\in\mathfrak{F},i\leqslant -1\}$$

则 I 以度量 $d(x,y)=|x-y|_\infty,x,y\in\mathfrak{F}((X)^{-1})$ 是一紧的阿贝尔(Abel)群. 用 μ 记 I 上标准化的哈尔(Haar)测度,则对任意 $b_1,\cdots,b_n\in\mathfrak{F}$,有

$$\begin{aligned}&\mu\{x=a_{-1}X^{-1}+a_{-2}X^{-2}+\cdots\in I\mid\\&a_{-1}=b_1,\cdots,a_{-n}=b_n\}=\frac{1}{q^n}\end{aligned}$$

在 $\mathfrak{F}[X],\mathfrak{F}(X),\mathfrak{F}((X)^{-1})$ 和 $\mathbf{Z},\mathbf{Q},\mathbf{R}$ 之间有很多的类似. 对形式级数域中的连分数,这里引用文献[192]中有关记号.

定义映射 $f:I\to I,f(x)=x^{-1}-[x^{-1}],x\in I$,则 $\forall x\in I$,有

$$x=\cfrac{1}{A_1(x)+\cfrac{1}{A_2(x)+\cdots}}=:[0;A_1(x),A_2(x),\cdots]$$

其中 $A_n(x)=[(f^{n-1}(x))^{-1}]$.

在与实数中的情形一致,令

$$Q_{-1}(x)=P_0(x)=0,Q_0(x)=P_{-1}(x)=1$$

$$P_{n+1}(x)=A_{n+1}(x)P_n(x)+P_{n-1}(x)\quad(n\geqslant0)\tag{38.1}$$

$$Q_{n+1}(x)=A_{n+1}(x)Q_n(x)+Q_{n-1}(x)\quad(n\geqslant0)\tag{38.2}$$

则$\dfrac{P_n(x)}{Q_n(x)}=\cfrac{1}{A_1(x)+\cfrac{}{\ddots+\cfrac{1}{A_n(x)}}}=:[0;A_1(x),A_2(x),\cdots,A_n(x)]$. 在形式级数域中,有

$$\left|x-\frac{P_n(x)}{Q_n(x)}\right|_\infty=\frac{1}{|Q_n(x)|_\infty|Q_{n+1}(x)|_\infty}\tag{38.3}$$

我们将证明如下结果.

定理 38.1 $\dim\{x|x\in I,\deg A_n(x)\to\infty\}=1/2$.

定理 38.2 若 $A\in\mathbf{R},A>0$,则 $\dim\{x|x\in I,\deg A_n(x)\geqslant n^A,\forall n\geqslant1\}=1/2$. $\phi(n)$是定义在 $\mathbf{N}$ 上的函数,若 $\lim\limits_{n\to+\infty}\dfrac{\phi(n)}{n}\to+\infty$,则

$\dim\{x|x\in I,\deg A_n(x)\geqslant\phi(n)$ 对无穷多个 n 成立$\}\leqslant1/2$

定理 38.3 若 $a\in\mathbf{R},a>1$,则

$$\begin{aligned}&\dim\{x|x\in I,\deg A_n(x)\geqslant a^n,\forall n\geqslant1\}\\&=\dim\{x|x\in I,\deg A_n(x)\geqslant a^n\text{ 对无穷多个 } n \text{ 成立}\}\\&=\frac{1}{a+1}\end{aligned}$$

2. 结论的证明

设集合 $V=\{V_1,V_2,\cdots\}$,其中 V_i 是形式级数域中的球,$s>0$,令 $\Lambda_s(V)=\sum\limits_i|V_i|^s$. 此处和下文中

$|V_i|$ 表示球 V_i 的半径. 因为 $|x|_\infty$ 为离散度量, 在本章中球 U 的半径为 r 的含义为 $\sup\limits_{x,y\in U} d(x,y) = r$. 若 W 为 I 的子集, 则 W 的 s - 维豪斯道夫测度定义为

$$\mathscr{H}^s(W) = \lim_{\delta\to 0}\{\inf_V \Lambda_s(V): W \subseteq \bigcup_{V_i\in V} V_i, \max_{V_i\in V}|V_i| \leqslant \delta\}$$

W 的豪斯道夫维数定义为

$$\begin{aligned}\dim W &= \inf_s\{\mathscr{H}^s(W) = 0\} = \sup_s\{\mathscr{H}^s(W) = +\infty\}\\ &= \sup_s\{\mathscr{H}^s(W) > 0\} = \inf_s\{\mathscr{H}^s(W) < +\infty\}\end{aligned}$$

豪斯道夫维数的下界估计中需要用到如下质量分布原理, 见文献[19] 的命题 4.2).

引理 38.1　若 $E \subset I$, μ 为定义在 I 上的正有限测度并且 $\mu(E) > 0$. 若存在常数 $c > 0$ 和 $\delta > 0$ 使得对任意 $|D| \leqslant \delta$ 的球 D, 有 $\mu(D) \leqslant c|D|^s$, 则 $\dim E \geqslant s$.

同文献[101] 中引理 2 完全类似, 在形式级数域中有如下引理.

引理 38.2　令 $H = \{x \mid x \in I, A_i(x) \in H_i, i \geqslant 1\}$. H_i 是度大于或等于 1 的多项式全体的非空子集. 令 $H' = \{x \mid x \in I$, 对 x, $\exists n_x \in \mathbf{Z}^*$ 当 $n \geqslant n_x$, $A_n(x) \in H_n\}$, 则 $\dim H = \dim H'$.

证　注意到对映射 $f_{A_1,\cdots,A_n}: x \to [0; A_1, A_2, \cdots, A_n + x]$, 即

$$f_{A_1,\cdots,A_n}(x) = \frac{P_n + xP_{n-1}}{Q_n + xQ_{n-1}}$$

有

$$|f(x) - f(y)|_\infty = \frac{|x-y|_\infty}{|Q_n|_\infty^2}$$

即 f 是 $I \to I$ 双利普希茨映射, $H' = \bigcup\limits_{n=1}^{+\infty} \bigcup\limits_{A_1,\cdots,A_n} f_{A_1,\cdots,A_n}(H)$, 其中第二个并取所有满足 $\deg A_i$

$\geqslant 1(1\leqslant i\leqslant n)$ 的多项式序列 $A_1,\cdots,A_n$. 由豪斯道夫维数的双利普希茨不变性和可数稳定性,故 $\dim H=\dim H'$.

令 $I_{A_1,\cdots,A_n}=\{x\mid x\in I,A_i(x)=A_i,1\leqslant i\leqslant n\}$,其中 $A_i\in\mathfrak{F}[X]$,$\deg A_i\geqslant 1$,则由文献[193]的引理2,有

$$\mu(I_{A_1,\cdots,A_n})=q^{-2(\deg A_1+\cdots+\deg A_n)}$$

$$|I_{A_1,\cdots,A_n}|=q^{-2(\deg A_1+\cdots+\deg A_n)-1}$$

对实数 ξ,我们用$[\xi]$ 表示不超过 ξ 的最大整数.

引理 38.3 记 $E=\{x\mid x\in I,\deg A_n(x)=[a^n]+1\}$,则 $\dim E\geqslant\frac{1}{a+1}$.

证 令

$$D_n=\{\sigma^{(n)}\mid\sigma^{(n)}=(A_1,\cdots,A_n)\in\mathfrak{F}((X)^{-1})^n$$
$$\deg A_k=[a^k]+1,1\leqslant k\leqslant n\}$$

以及 $E_0=I,E_n=\bigcup\limits_{\sigma^{(n)}\in D_n}I_{\sigma^{(n)}},n\geqslant 1$,其中 $I_{\sigma^{(n)}}:=I_{A_1,\cdots,A_n}$. 若 $\sigma^{(n)}=(A_1,\cdots,A_n)$,则 $E=\bigcap\limits_{n=1}^{+\infty}E_n$. 记 $m_k=(q-1)q^{[a^k]+1}$,$\varepsilon_k=q^{-2([a]+\cdots+[a^k]+k)}$. 得到 E_i 由不交的球 $I_{\sigma^{(i)}}$ 组成,$\sigma^{(i)}\in D_i$,并且 E_{k-1} 中每个球 $I_{\sigma^{k-1}}$ 由 E_k 中 m_k 个球 $I_{\sigma^{(k)}}$ 组成,其中 $\sigma^{(k-1)}\in D_{k-1}$,$\sigma^{(k)}\in D_k$. 定义支撑在紧集 E 上的质量分布 ν 使得 E_k 中 $m_1\cdots m_k$ 个 $I_{\sigma^{(k)}}$ 球每个具有质量$(m_1\cdots m_k)^{-1}$,$I_{\sigma^{(k)}}$ 具有 μ 测度 ε_k.

设 U 是 I 中的一个球,并且 $0<|U|<q^{-1}$. 因为 $|I|=q^{-1}$,则 $\exists k\in\mathbf{Z}^*$ 使得

$$\varepsilon_k\leqslant|U|<\varepsilon_{k-1}$$

可以得到:

(1)U 至多与 E_k 中 m_k 个球 $I_{\sigma^{(k)}}$ 相交. 这是因为

$|U|<\varepsilon_{k-1}$，$|\cdot|_\infty$ 是一非阿基米德赋值，故 U 至多与 E_{k-1} 的一个球相交. 而 $I_{\sigma(k-1)}$ 由 m_k 个 $I_{\sigma(k)}$ 组成.

(2) U 至多与 E_k 中 $\frac{q|U|}{\varepsilon_k}$ 个球 $I_{\sigma(k)}$ 相交. 这是因为 $|\cdot|_\infty$ 是一非阿基米德赋值，$|U|\geqslant\varepsilon_k=|I_{\sigma(k)}|$，故若 $I_{\sigma(k)}$ 与 U 相交则必有 $I_{\sigma(k)}$ 包含于 U. 由于 $\mu(U)=q|U|$，故与 U 相交的 $I_{\sigma(k)}$ 的个数不超过 $\frac{q|U|}{\varepsilon_k}$.

故 $\forall 0\leqslant s\leqslant 1$，有

$$\nu(U)\leqslant(m_1\cdots m_k)^{-1}\min\left\{\frac{q|U|}{\varepsilon_k},m_k\right\}$$

$$\leqslant(m_1\cdots m_k)^{-1}\left(\frac{q|U|}{\varepsilon_k}\right)^s m_k^{1-s}$$

则 $\frac{\nu(U)}{|U|^s}\leqslant\frac{q^s}{m_1\cdots m_{k-1}m_k^s(\varepsilon_k)^s}$. 若

$$s<\lim_{k\to+\infty}\frac{\lg(m_1\cdots m_{k-1})}{-\lg(m_k\varepsilon_k)}$$

则存在某个正常数 M_s 使得对任意 $|U|<q^{-1}$ 的球 U 有 $\frac{\nu(U)}{|U|^s}\leqslant M_s$. 因为 $\lim\limits_{k\to+\infty}\frac{\lg(m_1\cdots m_{k-1})}{-\lg(m_k\varepsilon_k)}=\frac{1}{a+1}$，由引理 38.1，得到 $\dim E\geqslant s$ 对任意 $s<\frac{1}{a+1}$ 的 s 成立，故 $\dim E\geqslant\frac{1}{a+1}$.

引理 38.4　令 $E_\alpha=\{x\mid x\in I,\deg A_n(x)\geqslant\alpha,\forall n\geqslant 1\}$，$\alpha$ 是正整数，则 $\dim E_\alpha=t$，其中 t 满足 $\sum\limits_{k=\alpha}^{+\infty}(q-1)q^{k(1-2t)}=1$. 并且若 $\alpha>1+\frac{e^{\frac{q-1}{\lg q}}}{\lg q}$，则 $t\leqslant\frac{1}{2}+\frac{\lg(\alpha-1)+\lg\lg q}{2(\alpha-1)\lg q}$.

证 令 $E_\alpha^n=\{x\mid x\in I,\alpha\leqslant \deg A_n(x)\leqslant n\}$,则 $E_\alpha=\bigcup_{n=m}^{+\infty}E_\alpha^n$,$E_\alpha^n\subset E_\alpha^{n+1}$. 故 $\dim E=\lim_{n\to+\infty}\dim E_\alpha^n$. 对自相似集 E_α^n,由文献[194]中定理3.5,得到 $\dim E_\alpha^n=s_n$,其中 $\sum_{k=\alpha}^{n}(q-1)q^{k(1-2s_n)}=1$. 从而 s_n 是严格递增的,且若 $n\geqslant\alpha+1$,则 $1\geqslant s_n>s_\alpha\geqslant\frac{1}{2}$. 令 $\lim_{n\to+\infty}s_n=t$. 因为 $\sum_{k=\alpha}^{n}(q-1)q^{k(1-2s_n)}=1$,所以

$$(q-1)q^{(1-2s_n)\alpha}+q^{1-2s_n}=1+(q-1)q^{(1-2s_n)(1+n)}$$

故若 $n\geqslant\alpha+1$,则

$$1\leqslant(q-1)q^{(1-2s_n)\alpha}+q^{1-2s_n}\leqslant 1+(q-1)q^{(1-2s_{\alpha+1})(1+n)}$$

因为 $\lim_{n\to\infty}(q-1)q^{(1-2s_\alpha)(1+n)}=0$,故 $1=(q-1)q^{(1-2t)\alpha}+q^{1-2t}$,即 $\sum_{k=\alpha}^{+\infty}(q-1)q^{k(1-2t)}=1$. 从而 $(q-1)\frac{q^{(1-2s)\alpha}}{1-q^{1-2s}}=1$. 由中值定理,当 $s>\frac{1}{2}$ 时,有 $1-q^{1-2s}\geqslant q^{1-2s}(2s-1)\lg q$,所以由 $(q-1)\frac{q^{(1-2s)\alpha}}{1-q^{1-2s}}=1$ 得到 $(2t-1)q^{(\alpha-1)(2t-1)}\leqslant\frac{q-1}{\lg q}$. 若令 $2t-1=u$,$q^{(\alpha-1)}=v$,则若 $\lg\lg v\geqslant\frac{q-1}{\lg q}$,即 $\alpha\geqslant 1+\frac{e^{\frac{q-1}{\lg q}}}{\lg q}$ 时,有 $u\leqslant\frac{\lg\lg v}{\lg v}$,即 $\dim E_\alpha\leqslant\frac{1}{2}+\frac{\lg(\alpha-1)+\lg\lg q}{2(\alpha-1)\lg q}$.

引理 38.5 令 $G=\{x\mid x\in I,\deg A_n(x)\geqslant\phi(n)$ 对无穷多个 n 成立$\}$,其中 $\phi(n)$ 是定义在 $\mathbf{N}$ 上的函数且 $\lim_{n\to+\infty}\frac{\phi(n)}{n}=+\infty$,则 $\dim G\leqslant\frac{1}{2}$.

证　不失一般性，我们可以假设 $\forall n,\phi(n)$ 为正整数，否则以 $[\phi(n)]+1$ 代替 $\phi(n)$. 令

$$G_n=\{x\mid x\in I,\deg A_{n+1}(x)\geqslant\phi(n+1)\}=\bigcup_{A_1,\cdots,A_n}\{x\in I_{A_1,\cdots,A_n}\mid \deg A_{n+1}(x)\geqslant\phi(n+1)\}$$

$$G=\bigcap_{m=1}^{+\infty}\bigcup_{n=m}^{+\infty}G_n$$

则 $\forall m\geqslant 1$，有

$$G\subseteq\bigcup_{n=m}^{+\infty}G_n=\bigcup_{n=m}^{+\infty}\bigcup_{A_1,\cdots,A_n}\{x\in I_{A_1,\cdots,A_n}\mid \deg A_{n+1}(x)\geqslant\phi(n+1)\}$$

集合 $\{x\in I_{A_1,\cdots,A_n}\mid \deg A_{n+1}(x)\geqslant\phi(n+1)\}$ 是一个中心为 $\dfrac{P_n}{Q_n}$，半径为

$$q^{-2(\deg A_1+\cdots+\deg A_n)-\phi(n+1)}$$

的球. 因为当 $n\to+\infty$ 时，有 $q^{-2(\deg A_1+\cdots+\deg A_n)-\phi(n+1)}\to 0$，从而若 $\dfrac{1}{2}<s\leqslant 1$，则

$$\begin{aligned}
\mathscr{H}^s(G)&\leqslant\lim_{m\to+\infty}\Lambda_s\Big(\bigcup_{n=m}^{+\infty}G_n\Big)\\
&=\lim_{m\to+\infty}\Lambda_s\Big(\bigcup_{n=m}^{+\infty}\bigcup_{A_1,\cdots,A_n}\{x\in I_{A_1,\cdots,A_n}\mid \deg A_{n+1}(x)\geqslant\phi(n+1)\}\Big)\\
&\leqslant\lim_{m\to+\infty}\sum_{n=m}^{+\infty}\sum_{A_1,\cdots,A_n}q^{-2(\deg A_1+\cdots+\deg A_n)s-\phi(n+1)s}\\
&=\lim_{m\to+\infty}\sum_{n=m}^{+\infty}q^{-\phi(n+1)s}\Big(\sum_{A_1}q^{-2\deg A_1 s}\Big)\cdots\Big(\sum_{A_n}q^{-2\deg A_n s}\Big)\\
&=\lim_{m\to+\infty}\sum_{n=m}^{+\infty}q^{-\phi(n+1)s}\Big(\sum_{k=1}^{+\infty}(q-1)q^kq^{-2ks}\Big)^n\\
&=\lim_{m\to+\infty}\sum_{n=m}^{+\infty}\left(\frac{(q-1)q^{1-2s}}{(q^s)^{\frac{\phi(n+1)}{n}}(1-q^{1-2s})}\right)^n
\end{aligned}$$

故若$\frac{\phi(n+1)}{n}\to+\infty$,则 $\forall\ \frac{1}{2}<s\leqslant 1,\mathscr{H}^{s}(G)=0$,则 $\dim G\leqslant\frac{1}{2}$.

我们引入文献[191]用到的一些记号. 令 $I_{n,x}$ 为中心在$\frac{P_n(x)}{Q_n(x)}$半径为 $q^{-(1+b)\deg Q_n(x)}$ 的球,$J_{n,x}$ 为中心在$\frac{P_n(x)}{Q_n(x)}$半径为 $Q^{-2(1+b)\deg Q_n(x)}$ 的球,其中 $1<b<a$. 对 $k=1,2,\cdots$, 定义 $\mathscr{F}_k=\{I_{n,x}:\deg Q_n(x)=k\geqslant\frac{1}{3}b^n\}$ 和集合 $\mathscr{J}_k=\{J_{n,x}:\deg Q_n(x)=k\}$. 与 T. Luczak 的证明方法类似,令 $T=\{x:x\in I,\deg A_n(x)\geqslant a^n$ 对无穷多个 n 成立$\}$. 在形式级数域中,类似文献[192],有下面的引理 38.6.

引理 38.6 (1) 若 $x\in T$, 则 $\deg Q_{n+1}(x)>\max\{b\deg Q_n(x),b^{(n+1)}\}$ 对无穷多个 n 成立.

(2) $\forall m\in\mathbf{N}$,集族 $\bigcup\limits_{k=m}^{+\infty}\mathscr{F}_k\cup\bigcup\limits_{k=m}^{+\infty}\mathscr{J}_k$ 覆盖 T.

证 (1) $\forall m$ 存在 $k>m$, 使得 $\deg Q_m(x)<a^kb^{m-k}$,并且 $\deg A_k(x)\geqslant a^k$. 前一个不等式是因为当 $k\to+\infty$ 充分大时 $a^kb^{m-k}\to+\infty$,后一个不等式对无穷多个 k 成立. 令 $f(n)=a^kb^{n-k}$,则 $\deg Q_m(x)<f(m)$ 且 $\deg Q_k(x)\geqslant\deg A_k(x)\geqslant a^k=f(k)$. 选择使得 $m\leqslant n<k$ 并且 $\deg Q_n(x)<f(n)$ 成立的最大的 n,则

$$\begin{aligned}\deg Q_{n+1}(x)&\geqslant f(n+1)=b(f(n))\\&>\max\{b\deg Q_n(x),b^{n+1}\}\end{aligned}$$

(2) 若 $x\in T$, 由 (1) 已证, 可以找到 n 使得 $\deg Q_n(x)>m$ 且

$$\deg Q_{n+1}(x) > \max\{b\deg Q_n(x), b^{n+1}\}$$

由式(38.3),$x \in I_{n,x}$,故若 $\deg Q_n(x) \geqslant \frac{1}{3}b^n$,则 x 可以被 $\mathscr{F}_k$ 覆盖.若 $\deg Q_n(x) < \frac{1}{3}b^n$,则

$$(1+2b)\deg Q_n(x)$$
$$< (1+2b)\frac{1}{3}b^n < b^{n+1} < \deg Q_{n+1}(x)$$

故由式(38.3)得到 $x \in J_{n,x}$.从而集族 $\bigcup_{k=m}^{+\infty}\mathscr{F}_k \cup \bigcup_{k=m}^{+\infty}\mathscr{J}_k$ 覆盖 T.

引理38.7　以 $\psi(k)$ 表示 $\mathscr{F}_k$ 中球 $I_{n,x}$ 的个数,则 $\psi(x) \leqslant lq^kq^lk^l$,其中 $l=[\log_b(3k)]$.

证　(1)设 k,n 为正整数,$n<k$ 使得 $k_1+\cdots+k_n=k$ 的正整数序列 $k_1,\cdots,k_n$ 的个数为 $\binom{k-1}{n-1}$,其值小于 k^n.

(2)$\mathfrak{F}[X]$ 中使得 $\deg A_1=k_1,\cdots,\deg A_n=k_n$ 且 $k_1+\cdots+k_n=k$ 的多项式序列 $A_1,\cdots,A_n$ 的个数为 $(q-1)q^{k_1}\cdots(q-1)q^{k_n}$,其值小于 q^nq^k,$k=\deg Q_n \geqslant \frac{1}{3}b^n$,故 $n \leqslant l$.因为 $P_n(x)$,$Q_n(x)$ 和 $I_{n,x}$ 由序列 $A_1(x),\cdots,A_n(x)$ 唯一确定,故 $\mathscr{F}_k$ 中球 $I_{n,x}$ 的个数,使得 $\deg A_1+\cdots+\deg A_n=k$,$\frac{1}{3}b^n \leqslant k$ 的多项式序列 $A_1,\cdots,A_n$ 的个数.从而

$$\psi(k)=\sum_{\deg A_1+\cdots+\deg A_n=k,n\leqslant l}1=\sum_{n=1}^{l}\sum_{k_1+\cdots+k_n=k}\sum_{\deg A_i=k_i,1\leqslant i\leqslant n}1$$

由(1)和(2),得到

$$\psi(k)=\sum_{n=1}^{l}\sum_{k_1+\cdots+k_n=k}\sum_{\deg A_i=k_i,1\leqslant i\leqslant n}1$$
$$\leqslant\sum_{n=1}^{l}\sum_{k_1+\cdots+k_n=k}q^kq^n\leqslant\sum_{n=1}^{l}q^kq^nk^n\leqslant lq^kq^lk^l$$

引理 38.8 $\dim T\leqslant\frac{1}{a+1}$.

证 $\mathscr{F}_k$ 中球 $I_{n,x}$ 和 $\mathscr{J}_k$ 中球 $J_{n,x}$ 的半径分别为 $q^{-(1+b)k}$ 和 $q^{-2(1+b)k}$. 并且当 $k\to+\infty$ 时,$q^{-(1+b)k}$ 和 $q^{-2(1+b)k}$ 都趋近于 0. $\mathscr{J}_k$ 中球的个数即使得 $\deg Q_n(x)=k$ 的多项式组 $P_n(x),Q_n(x)$ 的个数,从而小于 $(q-1)^2q^{2k}$. 这是因为 $\deg P_n(x)<\deg Q_n(x)=k$,使得 $\deg P_n(x)<k,\deg Q_n(x)=k$ 的多项式 $P_n(x),Q_n(x)$ 均少于 $(q-1)q^k$ 个. 从而得到

$$\mathscr{H}^s(T)\leqslant\varliminf_{m\to+\infty}\Lambda_s\left(\bigcup_{k=m}^{+\infty}\mathscr{F}_k\cup\bigcup_{k=m}^{+\infty}\mathscr{J}_k\right)$$
$$\leqslant\varliminf_{m\to+\infty}\left(\Lambda_s\left(\bigcup_{k=m}^{+\infty}\mathscr{F}_k\right)+\Lambda_s\left(\bigcup_{k=m}^{+\infty}\mathscr{J}_k\right)\right)$$
$$\leqslant\varliminf_{m\to+\infty}\left(\sum_{k=m}^{+\infty}\Lambda_s(\mathscr{F}_k)+\sum_{k=m}^{+\infty}\Lambda_s(\mathscr{J}_k)\right)$$
$$\leqslant\varliminf_{m\to+\infty}\left(\sum_{k=m}^{+\infty}\psi(k)q^{-(1+b)ks}+\sum_{k=m}^{+\infty}(q-1)^2q^{2k}q^{-2(1+b)ks}\right)$$

$\forall\beta>1$, $\lim\limits_{k=+\infty}\frac{\psi(k)}{q^{\beta k}}\to0$, 故如果 $s>\frac{1}{b+1}$, 那么 $\sum\limits_{k=1}^{+\infty}\psi(k)q^{-(1+b)ks}$ 和 $\sum\limits_{k=1}^{+\infty}(q-1)^2q^{2k}q^{-2(1+b)ks}$ 均收敛. 因此若 $s>\frac{1}{b+1}$,$\mathscr{H}^s(T)\leqslant0$. 从而我们得到 $\dim T\leqslant\frac{1}{b+1}$. 因为 $\dim T\leqslant\frac{1}{b+1}$ 对任意满足 $1<b<a$ 的 b 都成立,故 $\dim T\leqslant\frac{1}{a+1}$.

由引理 38. 2,引理 38. 3 和引理 38. 8 得到

$$\begin{aligned}\frac{1}{a+1} &\geqslant \dim T \\ &= \dim\{x \mid x \in I, \deg A_n(x) \geqslant a^n, \forall n \geqslant 1\} \\ &\geqslant \dim E \geqslant \frac{1}{a+1}\end{aligned}$$

故定理 38. 3 得证. 由引理 38. 2,得

$$\begin{aligned}\dim E_\alpha &\geqslant \dim\{x \mid x \in I, \deg A_n(x) \geqslant n^A, \forall n \geqslant 1\} \\ &\geqslant \dim\{x \mid x \in I, \deg A_n(x) \geqslant a^n, \forall n \geqslant 1\}\end{aligned}$$

由引理 38. 4 和已证定理 38. 3,令 $\alpha \to +\infty$,$a \to 1$,则得到定理 38. 1 和定理 38. 2 的前一部分. 定理 38. 2 的后一部分即引理 38. 5.

Rademacher 级数水平集的豪斯道夫维数[①]

第 39 章

设 $L_{a,b}$ 是由实数列 $\{a_n\}$ 诱导的 Rademacher 级数的水平集，其级数部分和的上极限为 b，下极限为 a. 华中师范大学数学与统计学学院的刘春苔教授在 2012 年利用自然数密度和符号空间上的局部赫尔德连续性，证明了当数列 $\{a_n\}$ 通项趋于 0 且不属于 l^1 时，水平集 $L_{a,b}$ 的豪斯道夫维数为 1.

1. 引言

Rademacher 函数 $R_n(x)$ 是形如 $R_n(x) = \mathrm{sgn}\ \sin(2^n\pi x)$ 的函数，其中 $\mathrm{sgn}\ x$ 为符号函数，即相应于 $x>0, x=0, x<0$，$\mathrm{sgn}\ x$ 分别取值为 1,0,−1. 我们称

$$S(x) = \sum_{n=1}^{\infty} a_n R_n(x)$$

为 Rademacher 级数，记其前 n 项和为

① 刘春苔. Rademacher 级数水平集的 Hausdorff 维数[J]. 数学学报(中文版)，2012，55(6)：1013-1018.

$S_n(x)$,其中实数列$\{a_n\}$满足以下条件

$$\sum_{n=1}^{\infty} |a_n| = +\infty, 且 a_n \to 0 \tag{H}$$

记$L(x)$为集$\{S_n(x) \mid n \geqslant 1\}$的极限点集. 本章讨论如下两个水平集的豪斯道夫维数

$$L_{a,b} = \{x \in (0,1) \mid \limsup_{n \to \infty} S_n(x) = b, \liminf_{n \to \infty} S_n(x) = a\} \tag{39.1}$$

$$I_{a,b} = \{x \in (0,1) \mid L(x) = [a,b]\} \tag{39.2}$$

得到了如下定理.

定理 39.1　设数列$\{a_n\}$满足条件(H),实数a,b满足$a < b$,则集$L_{a,b}$和$I_{a,b}$的豪斯道夫维数均为 1.

水平集维数问题有着丰富的历史背景. 它源于经典的分形函数魏尔斯特拉斯函数$W(x)$,此函数最初由魏尔斯特拉斯在 1871 年所构造,它是一个处处连续而处处不可微的函数. 到 1916 年,Hardy[195] 将之改进. 1977 年,Mandelbrot[196] 指明此函数的图像$G(W)$具有分形性质,证明了$G(W)$的豪斯道夫维数严格大于 1. 随后,人们开始广泛关注此类函数,研究其图像的各种分形测度及维数[19,197-200]. 虽然人们已经刻画了$G(W)$的 Box 维数,但是求它的豪斯道夫维数仍然是一个公开问题(称之为维数问题). 为了解决此维数问题,人们付出巨大努力:很多学者通过研究函数图像的水平集维数来讨论维数问题(因为在某种意义上,图像可以表为水平集的张量积); 也有很多学者[197,199,201,202] 将魏尔斯特拉斯函数中的余弦函数替换为形式更为简单的 Rademacher 函数或者 Takagi 函数,通过研究相应图像和水平集的维数来探究此维数问题. 因此,人们也关心 Rademacher 级数所对应的水

平集

$$L_a = \{x \in (0,1) \mid S(x) = a\}$$

的维数,这里一般要求实数列$\{a_n\}_{n=1}^{\infty}$满足条件(H).若不满足条件(H),则水平集 L_a 维数问题就与无穷伯努利(Bernoulli)测度卷积有很大关联,而后者的研究历史更长,更为复杂.

当数列$\{a_n\}$满足条件(H)时,回顾水平集L_a有关豪斯道夫维数的研究历史. Kaczmarz 和 Steinhaus[200] 研究的一个特殊情形表明:对任给一实数 $a \in \mathbf{R}$,存在 $x \in (0,1)$(x 的势为连续统),使得 $S(x) = a$. Beyer[204] 在条件$\{a_n\} \in l^2$下证明了 $\dim_H L_a = 1$,此处记号 $\dim_H$ 表示豪斯道夫维数. Beyer 同时也证明,当条件$\{a_n\} \in l^2$ 减弱为条件 $\sum_{n=2}^{\infty} |a_n - a_{n-1}| < \infty$ 时, $\dim_H L_a \geqslant \frac{1}{2}$,并且猜想$\frac{1}{2}$是最好的下界. 但是 1998 年,吴军[205] 对此猜想给出了否定回答,他在相同条件下证明了 $\dim_H L_a = 1$. 2000 年,奚李峰[206] 去掉了条件 $\sum_{n=2}^{\infty} |a_n - a_{n-1}| < \infty$,也证明了水平集的维数为 1. 这里我们指出,水平集维数问题也源于文献[198,206].

然而,作为维数问题的补充,发散水平集 $L_{a,b}$ 维数却讨论不多. 限于我们所掌握的文献,仅有 Beyer[204] 使用投影方法:指明在条件(H)下,如果序列$\{a_n\} \in l^2$,就有 $\dim_H L_{a,b} = 1$.

本章主要研究发散水平集 $L_{a,b}$ 和 $I_{a,b}$ 的维数,考虑的情形是数列$\{a_n\}$仅满足条件(H). 我们发展了新的方法:自然数密度和符号空间上的局部赫尔德连续性,

来研究此类问题,定理39.1的结论也有助于进一步认识维数问题.

2. 预备知识

设$\sum_2^k = \{\sigma_1\cdots\sigma_k \mid \sigma_j = \pm 1, 1 \leqslant j \leqslant k\}$,记$\sum_2^* = \bigcup_{k\geqslant 0}\sum_2^k$ 约定$\sum_2^0 = \{\varnothing\}$. 设$\sigma = \sigma_1\cdots\sigma_k \in \sum_2^k$,$\tau = \tau_1\cdots\tau_n \in \sum_2^n$,$\sigma * \tau = \sigma_1\cdots\sigma_k\tau_1\cdots\tau_n$表示词的连接. 符号$\sum_2^\infty = \{\sigma_1\sigma_2\cdots \mid \sigma_j \in \sum_2, j \geqslant 1\}$表示无限长的词集,其元$\sigma = \sigma_1\sigma_2\cdots$简记为$\sigma = (\sigma_n)$. $\sigma = (\sigma_n)$,$\tau = (\tau_n) \in \sum_2^\infty$间的距离定义为

$$d(\sigma,\tau) = 2^{-\min\{n:\sigma_n\neq\tau_n\}}$$

对任意$x \in (0,1]$,它存在二进制展式. 对于二进有理数,限定其展式必含有无穷个1,则任意$x \in (0,1]$,存在唯一的$\sigma = (\sigma_n) \in \sum_2^\infty$,使得$x = \sum_{n\geqslant 1}(\sigma_n + 1)2^{-n-1}$. 我们称$\sigma$为$x$的地址. 此时$S(x)$可以用$x$的地址$\sigma$表出,即

$$S(x) = \sum_{n\geqslant 1}\sigma_n a_n := S(\sigma)$$

类似地,有$S_n(x) = \sum_{k=1}^n \sigma_k a_k := S_n(\sigma)$.

设$\Lambda \subset \mathbf{N}$,称

$$D^+(\Lambda) = \limsup_{n\to\infty}\frac{\#(\Lambda \cap (0,n])}{n}$$

$$D^-(\Lambda) = \liminf_{n\to\infty}\frac{\#(\Lambda \cap (0,n])}{n}$$

为集 Λ 的上、下密度. 若 $D^{+}(\Lambda) = D^{-}(\Lambda)$,则称此共同值为 Λ 的密度.

引理 39.1 设数列 $\{a_n\}$ 满足条件(H),实数 $M > 0, b > 0$,则存在 $\mathbf{N}$ 的可数子集 $\Lambda = \Lambda(M,b)$,使得

(1) $D^{+}(\Lambda) < \frac{1}{M}$;

(2) $\sum_{n\in\Lambda} |a_n| = \sum_{n\notin\Lambda} |a_n| = \infty$;

(3) $\sup\{|a_n| \mid n \in \Lambda\} \leqslant b$.

证 设 $M > 0, b > 0$. 因为 $\lim_{n\to\infty} a_n = 0$,所以存在 $N > 0$,使得 $n > N$ 时,有 $|a_n| < b$. 又由于 $\sum_{n=1}^{\infty} |a_n| = \sum_{n>N} |a_n| = \infty$,所以存在递增序列 $\{l_k\}$,使得 $\sum_{n=l_{k-1}+1}^{l_k} |a_n| \in (b,2b)$,这里 $l_0 = N$. 记

$$M_1 = \bigcup_{k=1}^{\infty} (\mathbf{Z} \cap (l_{2k}, l_{2k+1}]) := \{i_1, i_2, \cdots\}$$

这里 $\{i_j\}$ 为严格递增序列. 而由 l_k 的定义有

$$\sum_{n\in M_1} |a_n| = \sum_{n\notin M_1} |a_n| = \infty$$

再由

$$\infty = \sum_{n\in M_1} |a_n| = \sum_{j=1}^{\infty} |a_{i_j}| = \sum_{k=1}^{M} \sum_{j=0}^{\infty} |a_{i_{jM+k}}|$$

知存在 $1 \leqslant k \leqslant M$,使得 $\sum_{j=1}^{\infty} |a_{i_{jM+k}}| = \infty$. 令 $\Lambda = \{i_{jM+k} \mid j \geqslant 0\}$,则

$$D^{+}(\Lambda) = \limsup_{n\to\infty} \frac{\#(\Lambda \cap (0,n])}{n}$$

$$\leqslant \limsup_{j\to\infty} \frac{\#(\Lambda \cap (0,i_{jM+k}])}{i_{jM+k}}$$

$$\leqslant \limsup_{j\to\infty} \frac{j}{jM+k} = \frac{1}{M}$$

所以对此 Λ,结论(1) 成立. 同样从 Λ 的构造可知结论(2) 和(3) 也成立.

引理 39.2　设数列 $\{a_n\}$ 满足条件(H). 如果 $\sup\{|a_n| \mid n \geqslant 1\} < b$,那么存在 $\sigma \in \sum_2^\infty$,使得

$$\limsup_{n\to\infty} S_n(\sigma) = b, \liminf_{n\to\infty} S_n(\sigma) = -b$$

证　不妨设数列 $\{a_n\}$ 所有项非零. 令 $l_0 = 0$,且令 l_1 为满足 $\sum_{n=l_0+1}^{l} |a_n| < b$ 的最大正整数 l,同时记 $s_1 = \sum_{n=l_0+1}^{l_1} |a_n|$. 因为 $\sup\{|a_n|\} < b$ 且数列 $\{a_n\}$ 满足条件(H),所以 l_1 和 s_1 存在. 假设 l_k, s_k 已经确定,下面确定 l_{k+1} 和 s_{k+1}. 若 k 为奇数,令 l_{k+1} 为满足 $s_k - \sum_{n=l_k+1}^{l} |a_n| > -b$ 的最大正整数 l,若 k 为偶数,令 l_{k+1} 为满足 $s_k + \sum_{n=l_k+1}^{l} |a_n| < b$ 的最大正整数 l. 而令 $s_{k+1} = s_k + (-1)^k \sum_{n=l_k+1}^{l_{k+1}} |a_n|$. 对于 $l_{k-1} < n \leqslant l_k$,令 $\sigma_n(-1)^{k-1}\operatorname{sgn}(a_n)$. 于是 $\sigma = (\sigma_n) \in \sum_2^\infty$. 注意到数列 $\{S_n(\sigma) = \sum_{i=1}^{n} \sigma_i a_i\}_{n\geqslant 1}$ 在 $l_{k-1} < n \leqslant l_k$ 单调时,且 k 为奇数时单调递增,k 为偶数时单调递减. 于是

$$\limsup_{n\to\infty} S_n(\sigma) = \lim_{k\to\infty} S_{l_{2k-1}}(\sigma) = \lim_{k\to\infty} s_{2k-1} = b$$

$$\liminf_{n\to\infty} S_n(\sigma) = \lim_{k\to\infty} S_{l_{2k}}(\sigma) = \lim_{k\to\infty} s_{2k} = -b$$

这两个极限存在是因为$\{a_n\}$的通项趋于0.

引理 39.3[205] 设$\{a_n\}$满足条件(H),λ为实数.记

$$E_\lambda(\{a_n\}) = \{\sigma = (\sigma_n) \in \sum_2^\infty \mid \sum_{n=1}^\infty \sigma_n a_n = \lambda\}$$

则$\dim_H E_\lambda(\{a_n\}) = 1$.

引理 39.4[19] 设f是从度量空间(X_1,d_1)到度量空间(X_2,d_2)的映射,$0 < \varepsilon < 1$.若存在$\delta > 0$,使得对任意$d_1(x,y) < \delta$,有

$$d_2(f(x),f(y)) \leqslant d_1(x,y)^{1-\varepsilon}$$

则$\dim_H E \geqslant (1-\varepsilon)\dim_H f(E)$.

3. 主要结论及其证明

设实数a,b满足$a < b$.记

$$E_{a,b} = \{\sigma \in \sum_2^\infty \mid \limsup_{n\to\infty} S_n(\sigma) = b, \liminf_{n\to\infty} S_n(\sigma) = a\} \tag{39.3}$$

$G_{a,b} = \{\sigma \in \sum_2^\infty \mid L(\sigma) = [a,b]\}$,此处$L(\sigma)$为$\{S_n(\sigma) \mid n \geqslant 1\}$的极限点集,则式(39.1)可表述为

定理 39.1 设$\{a_n\}$满足条件(H).若实数a,b满$a < b$,则$\dim_H E_{a,b} = \dim_H G_{a,b} = 1$.

为证此定理,首先引入一些记号和引理.设$\Lambda = \{n_1,n_2,\cdots\} \subset \mathbf{N}$.对任意$\sigma = (\sigma_n) \in \sum_2^\infty$,删除所有的$\sigma_{n_k}$,可以得到$\sum_2^\infty$中的一个新词(可能与$\sigma$相同),将此新词记为$h_\Lambda(\sigma)$,于是$h_\Lambda$是$\sum_2^\infty$到自身的映射.记

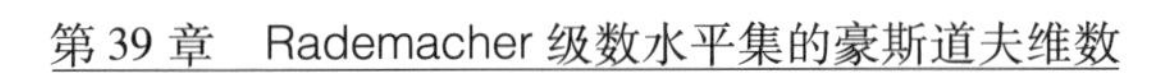

Λ^c 为 Λ 的余集，且记 $S_n^{\Lambda}(\sigma) = \sum_{k=1,k\in\Lambda}^{n} \sigma_k a_k$. 定义

$$\begin{aligned} E_{a,b}^{\Lambda} &= \{\sigma \in \sum_2^{\infty} \mid \lim_{n\to\infty} S_n^{\Lambda^c}(\sigma) \\ &= \frac{a+b}{2}, \limsup_{n\to\infty} S_n^{\Lambda}(\sigma) \\ &= \frac{b-a}{2}, \liminf_{n\to\infty} S_n^{\Lambda}(\sigma) \\ &= \frac{a-b}{2}\} \end{aligned}$$

引理 39.5　设 $F \subset \sum_2^{\infty}$，$\Lambda \subset \mathbf{N}$，$E = \{h_{\Lambda}(\sigma) \mid \sigma \in F\}$. 若 $D^+(\Lambda) < \frac{1}{M}$，且 $\dim_H E = 1$，则

$$\dim_H F \geqslant 1 - \frac{1}{M}$$

证　设 $\sigma, \tau \in \sum_2^{\infty}$ 满足 $d(\sigma,\tau) = 2^{-n}$，那么

$$d(h_{\Lambda}(\sigma), h_{\Lambda}(\tau)) \leqslant 2^{-n+k(n)} = d(\sigma,\tau)2^{1-k(n)/n}$$

这里 $k(n) = \#(\Lambda \cap [0,n])$. 由引理 39.4 和条件 $D^+(\Lambda) < \frac{1}{M}$ 知

$$\dim_H F \geqslant \left(1 - \frac{1}{M}\right)\dim_H E = 1 - \frac{1}{M}$$

证毕.

引理 39.6　设 $\{a_n\}$ 满足条件(H)，则对任意 $M > 0$，存在 Λ 使得

$$\dim_H E_{a,b}^{\Lambda} \geqslant 1 - \frac{1}{M}$$

证　设 $\Lambda = \Lambda(M, \frac{b-a}{2}) := \{n_1, n_2, \cdots\}$ 为引理

39.1 所给,同时针对于数列$\{a_{n_k}\}$和常数$\frac{b-a}{2}>0$. 设$\tau=(\tau_k)\in\sum\limits_2^\infty$为引理 39.2 所给. 记$\{b_n\}$为数列$\{a_n\mid n\notin\Lambda\}$,则数列$\{b_n\}$也满足条件(H),从而由引理 39.3 知,$E_{(a+b)/2}(\{b_n\})$的豪斯道夫维数为 1. 下证$h_\Lambda(E_{a,b}^\Lambda)\supset E_{(a+b)/2}(\{b_n\})$. 任取$\sigma'=(\sigma'_n)\in E_{(a+b)/2}(\{b_n\})$,令$\sigma$为$\sigma'$在第$n_k-k+1$位前添加$\tau_k$,$k\geqslant 1$,即

$$\sigma=\sigma'_1\sigma'_2\cdots\sigma'_{n_1-1}\tau_1\sigma'_{n_1}\cdots\sigma'_{n_2-2}\tau_2\sigma'_{n_2-1}\cdots\sigma'_{n_k-k}\tau_k\sigma'_{n_k-k+1}\in\sum_2^\infty$$

故$h_\Lambda(\sigma)=\sigma'$,而由$E_{a,b}^\Lambda$的定义和$\sigma',\tau$的选择知$\sigma\in E_{a,b}^\lambda$. 注意到$\Lambda$的上密度小于$\frac{1}{M}$,故引理 39.5 表明

$$\dim_H E_{a,b}^\Lambda>1-\frac{1}{M}$$

定理 39.1 的证明 由引理 39.6 知,对任意$M>0$,存在自然数的无穷子集Λ,使得$E_{a,b}^\Lambda$的豪斯道夫维数大于$1-\frac{1}{M}$. 所以如果能够证明,对于所有无穷集Λ,有$E_{a,b}^\Lambda\subset E_{a,b}$,则由$M$的任意性知$\dim_H E_{a,b}=1$. 下证$E_{a,b}^\Lambda\subset E_{a,b}$. 设$\Lambda=\{n_1,n_2,\cdots\}\subset\mathbf{N}$. 任取$\sigma\in E_{a,b}^\Lambda$,因为

$$\lim_{n\to\infty}S_n^{\Lambda^c}(\sigma)=\frac{a+b}{2}$$

所以

$$\begin{aligned}\limsup_{n\to\infty}S_n(\sigma)&=\limsup_{n\to\infty}\Big(\sum_{k=1,k\notin\Lambda}^n\sigma_k a_k+\sum_{k=1,k\in\Lambda}^n\sigma_k a_k\Big)\\&=\lim_{n\to\infty}\sum_{k=1,k\notin\Lambda}^n\sigma_k a_k+\limsup_{n\to\infty}\sum_{k=1,k\in\Lambda}^n\sigma_k a_k\end{aligned}$$

$$= \lim_{n\to\infty} S_n^{\Lambda^c}(\sigma) + \limsup_{n\to\infty} S_n^{\Lambda}(\sigma)$$
$$= \frac{a+b}{2} + \frac{b-a}{2} = b$$

同理有$\liminf_{n\to\infty} S_n(\sigma) = a$,所以$E_{a,b}^{\Lambda} \subset E_{a,b}$.

为证$\dim_H G_{a,b} = 1$,只需验证$E_{a,b} \subset G_{a,b}$(事实上有$E_{a,b} \supset G_{a,b}$).设$\sigma \in E_{a,b}$,则存在$\{n_k\} \subset \mathbf{N}$,使得

$$\limsup_{k\to\infty} S_{n_{2k}}(\sigma) = b, \liminf_{k\to\infty} S_{n_{2k-1}}(\sigma) = a$$

任取$y \in (a,b)$,则对充分大的k,有

$$S_{n_{2k-1}}(\sigma) \leqslant y < S_{n_{2k}}(\sigma)$$

令m_k为$\{n_{2k-1},\cdots,n_{2k}\}$中任一满足$S_i(\sigma) \leqslant y < S_{i+1}(\sigma)$的整数$i$,于是

$$|S_{m_k} - y| \leqslant |a_{m_k+1}|$$

此即表明$\lim_{k\to\infty} S_{m_k}(\sigma) = y$.因此$\sigma \in G_{a,b}$,即$E_{a,b} \subset G_{a,b}$.证毕.

参考文献

[1]盖尔鲍姆 R R,奥尔斯特 T M H. 分析中的反例[M]. 高枚,译. 上海:上海科学技术出版社,1980.

[2]谢邦杰. 超穷数与超穷论法[M]. 长春:吉林人民出版社,1979.

[3]纳汤松 И П. 实变函数论[M]. 徐瑞云,译. 2 版. 北京:人民教育出版社,1958.

[4]CANTOR G. Ein Beitrag zur Mannigfaltigkeitslehre[J]. Crelle J., 1878(84):242 – 258.

[5]DEVINATZ A. Advanced Calculus[M]. New York: Holt, Rinehart, Winston,1968:253.

[6]HILBERT D. Ueber die stetige Abbildung einer Linie auf ein Flaechenstueck[J]. Math. Ann. 1891(38): 459 – 460.

[7]KNOPP K. Einheitliche Erzeugung und Darstellung der Kurven von Peano, Osgood und von Koch[J]. Arch. Math. Phys. 1917(26):103 – 115.

[8]LANCE T, THOMAS E. Arcs with positive measure and a space – filling curve[J]. Amer. Math. Monthly,1991,98:124 – 127.

[9]LEBESGUE H. Lecons sur I' Intégration et la Recherche des Fonctions Primitives[M]. Paris: Gauthier – Villars,1904:44 – 45.

[10]MOORE E H. On certain crinkly curves[J]. Trans. Amer. Math. Soc. 1900(1),72 – 90.

[11]NETTO E. Beitrag zur Mannigfaltigkeitslehre[J]. Crelle J. 1879(86),263 –268.

[12]OSGOOD W F. A Jordan curve of positive area[J]. Trans. Amer. math. Soc. ,1903(4):107 –112.

[13]PEANO G. Sur une courbe qui remplit toute une aire plane[J]. Math. Ann. ,1890(36),157 –160.

[14]SAGAN H. Some reflections on the emergence of space –filling curves[J]. Franklin J. , 1991 (328), 419 –430.

[15]SAGAN H. On the geometrization of the Peano curve and the arithmetization of the Hilbert curve [J]. Int. J. Math. Educ. Sci. Technol. , 1992 (23):403 –411.

[16]SAGAN H. Approximating polygons for the Sierpinski – Knopp space – filling curve[J]. Bull. Acad. Sci. Polom. ,1992(40):19 –29.

[17]SIERPINSKI W. Sur une nouvelle courbe continue qui remplit tout une aire plane[J]. Bull. Acad. Cracovie(Sci. Mat. Nat. Serie A), 1912:462 – 478.

[18]SIERPINSKI W. Sur une courbe non quarrable[J]. Bull. Acad. Cracovie(Sci. Mat. Nat. Serie A), 1913:254 –263.

[19]FALCONER K F. Fractal Geometry. In;Mathematical Fundation and Applications[M]. London: John Wiley and Sons. , 1990.

[20]华苏.广义自相似集的维数研究[J].应用数学学报,1994,17(4):551 –558.

[21] PEYRIÈre J. Calcul de dimension de Hausdorff [J]. Duke Math J, 1977,44:591 -601.

[22] PEYRIÈre J. Comparaison de deux notions de dimension[J]. Bull Soc Math France, 1986, 114: 97 -103.

[23] KAHANE J - P, Salem S. Emsemble Parfaits et sèries Trigonométriques [M]. Paris: Hermann. 1963.

[24] LEE H H, PARK C Y. Hausdorff dimension of symmetric Cantor sets [J]. Kyungpook Math J, 1988,28:141 -146.

[25] MOORTHY C G, Vijaya R, Venkatachalapathy P. Hausdorff dimension of cantor - like sets[J]. Kyungpook Math J., 1992,32:197 -202.

[26] ZHOU Z L. The Hausdorff measure of the koch curve and Sierpinski[J]. Prog. Nat. Sci., 1997,7(4):405 -409.

[27] ZHOU Z L. Hausdorff measure of Sierpinski gasket [J]. Science of China, Ser. A, 1997,27(6):491 - 496.

[28] ZHOU Z L. Hausdorff measure of Self - similar sets - koch curve(in Chinese)[J]. Science of China, Ser. A,1998,28(2):103 -107.

[29] ZHOU Z L, WU M. Hausdorff measure of a Sierpinski Carpet(in Chinese) [J]. Science of China, Ser. A,1999,29(2):138 -144.

[30] ZHU Y C, LUO J. Hausdorff measure of generalized Sierpinski Carpets[J]. Approx. Th. & Appli.,

2000,16(2):13 – 18.

[31] FENG D J, WEN Z Y, WU J. Dimensions of the homogeneous Moran sets[J]. Science in China, Ser. A, 1997, 40: 475 – 482.

[32] MAULDIN R D, WILLIAMS S C. Scaling Hausdorff measures [J]. Mathematika, 1989, 36: 325 – 333.

[33] MARION D J. Measure de Hausdorff et theorie de perron – frobenius des matrices nonnegatives [J]. Ann. Inst. Fourier, Grenoble, 1985, 35(4): 99 – 125.

[34] EDGAR G. Integral, Probability and Fractal measures[M]. New York: Springer – Verlag, 1998.

[35] RAYMOND X S, TRICOT C. Packing regularity of sets in n-space [J]. Math. Proc. Camb. Phil. Soc., 1988,103:133 – 145.

[36] SCHECHTER A. On the centred Hausdorff measure [J]. J. London Math. Soc., 2000,62(2):843 – 851.

[37] AYER E, STRICHARTZ R S. Exact Hausdorff measure and intervals of maximum density for Cantor sets [J]. Trans. Amer. Math. Soc., 1999, 351 (9): 3,725 – 741.

[38] FENG D J, HUA S, WEN Z Y. The pointwise densities of the Cantor measure[J]. J. of Math. Analy. and Appli., 2000, 250:692 – 705.

[39] FALCONER K J. The geometry of fractal sets[M]. Cambridge: Cambridge University Press, 1985.

[40] PENG L, WU M. Hausdorff centered measure of certain linear Cantor sets[J]. Progress in Natural Science, 2005, 15(4): 297 –303.

[41]ZHU Z W,ZHOU Z L. The Hausdorff centred meansure of the symmetry Cantor sets[J]. Approx. Theory and its Appl. ,2002,18(2):49 –57.

[42]ZHU Z W, ZHOU Z L, JIA B G. The Hausdorff measure and upper convex density of a class of self – similar sets on the plane[J]. Acta Mathematica Sinica, Chinese Series, 2005, 48(3): 535 –540.

[43]丰德军,饶辉,吴军. 齐次 *Cantor* 集的网测度性质及应用[J]. 自然科学进展,1996,6(6):673 –678.

[44]FENG D J, WEN Z Y , WU J. Dimensions of the homogeneous moran sets[J]. Science in China(Series A), 1997 (40): 475 –482.

[45]MAULDIN R D , WILLIAMS S C. Scaling Hausdorff measure[J]. Mathematika, 1989 (36),325 –333.

[46]肯尼思 · 法尔科内. 分形几何——数学基础及其应用[M]. 沈阳:东北工学院出版社,1991,42 –88.

[47]奚李峰. 从平面几何中引申出的维数计算[J]. 浙江万里学院学报,1999,12(4):29 –31.

[48]奚李峰. 分形几何若干前沿问题(一)[J]. 浙江万里学院学报,2000,13(1):1 –5.

[49]XI L F. Some Problems of Fractal Ⅳ[J]. Journal of Zhejiang University, 2000, 13(4):1 –4.

[50]林丽平. 一类广义 Cantor 集的 Hausdorff 测度(Ⅱ)[J]. 福州大学学报(自然科学版),2000,28

(4):1-3.

[51]文胜友,许绍元.关于自相似集的 Hausdorff 测度[J].数学学报,2001,44(1):117-124.

[52]卢勇,贾保国.一类推广的 Cantor 集的 Hausdorff 测度[J].中山大学学报(自然科学版),1999,38(2):14-18.

[53]曾超益,许绍元.Cantor 集的 Hausdorff 测度的初等证明[J].数学的实践与认识,2003,33(6):18-82.

[54]许绍元,许璐.关于三分 Cantor 集的构造的一个基本性质及其应用[J].数学的实践与认识,2001,31(2):223-226.

[55]FALCONER K J. Techniques in fractal geometry[M]. Chichester:John Wiley and Sons Ltd, 1996.

[56]FENG D J. Exact packing measure of linear Cantor sets[J]. Math. Nachr., 2003, 248/249: 102-109.

[57]TRICOT C. Rectifiable and fractal sets, in "Fractal geometry and analysis"[M]. Dordrecht: Kluwer Academic Publishers, 1991:367-403.

[58]戴美凤,等.均匀三部分康托集的 Hausdorff 中心测度[J].数学学报,2006,49(1):11-18.

[59]FENG DEJUN. Exact packing measure of linear Cantor sets[J]. Math. Nachr., 2003,248/249:102-109.

[60]MITIRNOVIC D S. Analytic inequalities[M]. Berlin: Springer-Verlag,1970.

[61]PENG LI, WU MIN. Hausdorff centered measure of

certain linear Cantor sets [J]. Progress in natural Science, 2005,15(4):297 -303.

[62]文志英.分形几何的数学基础[M].上海:上海科技教育出版社,2000.

[63]WEN S Y, XU S Y. On Hausdorff measures of self - similar sets (in Chinese) [J]. Acta Mathematica Sinica, 2001,44(1):117 -124.

[64]JIA B G, ZHOU Z L, ZHOU W Z. The Hausdorff measure of the cartesian product of the middle third Cantor set with itself(in Chinese)[J]. Acta Mathematica sinica, 2003, 46(4):747 -752.

[65]ZHOU Z L, LI F. Twelve open problems on the exact value of the Hausdorff measure and on topological entropy: a brief survey of recent results[J]. Institute of Physics Publishiny, Non - Linearity, 2004, 17: 493 -502.

[66]XU S Y, LI G Z. A necessary and sufficiend condition for a self - similar set to have best - a. e. cover consistiong of closed sets(in Chinese)[J]. Journal of Jiangxi Normal University (Natural Science), 2004,28(3):203 -205.

[67]ZENG C Y, XU S Y. An elementary proof on the Hausdorff measure of Cantor dust(in Chinese)[J]. Mathematics in Practice and Theory, 2003,33(6): 78 -82.

[68]ZENG C Y, XU S Y. An elementary proof on the Hausdorff measure of a Sierpinski carpet (in Chinese) [J]. Mathematics in Practice and Theory,

2006,36(2):234 - 237.

[69]JIA B G, ZHOU Z L, ZHOU W Z. A lower bound for the Hausdorff measure of the cartesian product of the middle third Cantor set with itself(in Chinese) [J]. Chinese Annals of Mathematics A, 2003,24 (5):575 - 582.

[70]JIANG J L. The dimensions for certain subests of self - similar sets(in Chinese)[J]. Journal of Mathematics, 2002,22(4):449 - 452.

[71] JACQUES PEYRIÈRE. Mesures singulières associèes à des découpages aléatoires d' un hypercube[C]. Colloquium Mathematicum, 1987.

[72]BILLINGSLEY P. Ergodic theory and information [M]. New Jersey :Wiley, 1965.

[73]PETER WALTERS. An introduction to ergodic theory[M]. Berlin :Springer - Verlag. Graduate Texts in Mathematics, 1979.

[74]HAUSDORFF F. dimension und ausseres mass[J]. Mathematische Annalen, 1919 (79):157 - 179.

[75]BESICOVITCH A S. On the fundamental geometrical properties of linearly measurable plane sets of points[J]. Mathematische Annalen, 1928 (98): 422 - 464.

[76]BESICOVITCH A S. On linear sets of points of fractional dimension[J]. Mathematische Annalen, 1929 (101):161 - 193.

[77]BESICOVITCH A S. On the fundamental geometrical properties of linearly measurable plane sets of

points Ⅱ [J]. Mathematatische Annalen, 1938 (115):296 - 329.

[78] MANDELBROT B B. Fractals: form chance, and dimension[M]. San Francisco: W. H. Freeman & Co., 1977.

[79] MANDELBROT B B. The fractal geometry of nature [M]. San Francisco: W. H. Freeman & Co., 1982.

[80] HUTCHINSON J E. Fractals and self - similarity [J]. Indiana University Mathematics Journal, 1981 (30). 713 - 747.

[81] BARNSLEY M F. Fractals everywhere[M]. Georgia: Academic Press, INC, 1988.

[82] GEMAN D, HOROWITZ J. Occupation Densities Ann[J]. Probob, 1980 (8):1 - 67.

[83] KAHANE J P. Some Random Series of Functions 2nd, ed[M]. London: Cambridge University Press, 1985.

[84] KAUFMAN R. Measure of Hausdorff - type and Brownian Motion [J]. Mathematika, 1972 (19): 115 - 119.

[85] PITT L D. Local Times for Gaussians Vector Fields [J]. Indiana Univ. Math. J., 1978 (27):309 - 330.

[86] ROGERS C A. Hausdorff Measures[M]. London: Cambridge Univ. Press, 1970.

[87] TESTARD F. Polarite, Points Multiples et géométrie de Cartains Processus Gaussiens. These 1987.

[88]肖益民. 分式 Brown 运动的重点与 Hausdorff 维数[J]. 科学通报, 1989(34):1515.
[89]肖益民. 某些 Gauss 场的极性与迹象[J]. 数学杂志, 1991,11(1):101 –108.
[90] HUTCHINSON J E. Fractal and self – similarity [J]. Indiana University Math. J., 1981 (30):713 –747.
[91]MORAN P A P. Additive functions of intervals and Hausdorff measure[J]. Proc, Camb. Phil. Soc., 1949 (42):15 –23.
[92]吴敏. 具有重叠结构的不变集的 Hausdorff 维数[J]. 武汉大学学报(自然科学版),1993(6):17 –24.
[93]BARNSLEY M. Fractals Everywhere[M]. London: Academic Press, Inc. 1988.
[94]孙道椿,吴桂荣. 一种级数的维数[J]. 数学物理学报,1995,15(4):473 –478.
[95]ZHOU Z L, WU M. Hausdorff measure of a sierpinski Carpet(in Chinese) [J]. Science in China, Ser. A, 1999,29(2):138 –144.
[96]ZHU Y C, LUO J. Hausdorff measure of generalized sierpinski Carpets[J]. Approx. Th. & Appli., 2000,16(2):13 –18.
[97] HUTCHINSON J E. Fractals and Self – similarity [J], Indian Univ. Math. J., 1981,30(4):713 –747.
[98] WHYBURN G T. Topological analysis[M]. New Jersey :Princeton University Press, 1958.

[99]ZHOU Z L,WU M. The Hausdorff measure of a Sierpinski carpet[J]. Science in China(Series A), 1999 (42):673 -680.

[100]毛经中,组合数学基础[M]. 武汉:华中师范大学出版社,1990.

[101]HARTONO Y, KRAAIKAMP C, SCHWEIGER F. Algebraic and ergodic properties of a new continued fraction algorithm with non - decreasing partial quotients[J]. J. Theor. Nombres Bordeaux, 2002,14 (2):497 -516.

[102]KRAAIKAMP C, Wu Jun. On a new continued fraction expansion with non - decreasing partial quotients[J]. Monatsh. Math., 2004,143(4):285 - 298.

[103]GOOD I J. The fractional dimensional theory of continued fractions[J]. Proc. Camb. Philos. Soc., 1941,37:199 -228.

[104]FALCONER K J. Techniques in fractal gemetry [M]. New Yrok:John Wiley, 1997.

[105]TAKAGI T. A simple example of the continuous function without derivative[J]. Proc. Phys. Math. Japan, 1903,1:176 -177.

[106]MIRSKY L. A theorem on representation of integers in the scale of r[J]. Scripta Math., 1949,15: 11 -12.

[107]DELANGE H. Sur la fonction sommatoire de la fonction "somme des chiffres"[J]. Enseign. Math., 1975,21(1):31 -47.

[108] BABA Y. On maxima of Takagi – van der waerden functions[J]. Proc. Amer. Math. Soc., 1984, 91(3): 373 – 376.

[109] HATA M, YAMAGUTI M. The Takagi function and its generalization[J]. Japan J. Appl. Math., 1984, 1: 183 – 199.

[110] KAPLAN J L, Mallet – Paret J, Yorke J A. The Lyapunov dimension of a nowhere differentiable attracting torus[J]. Ergodic Theory Dynam. Systems, 1984, 4: 261 – 281.

[111] BUCZOLICH Z. Irregular 1 – sets on the graphs of continuous functions [J]. Acta Math. Hungar., 2008, 121(4): 371 – 393.

[112] LAGARAS J C, Maddock Z. Level Sets of the Takagi function: local level sets [J]. Monatshefte fur. Math., 2012, 166(2): 201 – 238.

[113] 文志英,范爱华,文志雄,等. 分形几何理论与应用[M]. 杭州:浙江科学技术出版社,1998.

[114] WEN Z Y. Moran sets and Moran classes[J]. Chinese Sci. Bull., 2001, 46(22): 1849 – 1856.

[115] FRISTEDT B. An extension of a theorem of S. J. Taylor concerning the multiple points of the symmetric stable process[J]. Z. Wahrsch. verw. Gebiete, 1967 (9): 62 – 64.

[116] GOLDMAN A. Points multiples des trajectoires de processus Gaussiens[J]. Z. Wahrsch. verw. Gebiete, 1981 (75): 481 – 494.

[117] KAHANE J P. Some vandem series of functions

[M]. 2nd. ed.. London: Cambridge University Press, 1985.

[118] KÔNO N. Double points of Gaussian sample path [J]. Z. Wahrsch, verw. Gebiete, 1978 (45): 175 - 180.

[119] MARCUS M B. Capacity of level sets of certain stochastic processes[J]. Z. Wahrsch. verw. Gebiete, 1976 (34): 279 - 284.

[120] MONARD D, PITT L D. Local nondeterminism and Hausdorff dimension, Progress in Probability and Statistics, Seminar On Stochastic Processes [M]. Boston: Birkhhaüser, 1986.

[121] PITT L D. Local time for Gaussian vector fields [J]. Indiana Univ. Math. J., 1978 (27): 309 - 330.

[122] TAYLOR S J. Multiple points for the sample paths of the symmetric stable process [J]. Z. Wahrsch. verw. Geliete, 1966 (5): 247 - 264.

[123] TESTARD F, Polarité. Points multiples et géométrie de certains processus gaussiens, Thèse Doctorat soutenue à Orsay, 1937.

[124] WEBER M. Dimension de Hausdorff et points multiples du mouvement brownien fractionnaire dans $\mathbf{R}^n$ [J]. C. R. Acad. sc. paris, 1983 (297): 357 - 360.

[125] BARLOW M T. Random walks and diffusions on fractals[J]. Proc. ICM, 1990 (2): 1025 - 1035.

[126] BARLOW M T, Perkins E A. Brownian motion on

the Sierpinski gasket[J]. Prob. Th. Rel. Fields, 1988 (79):543 -623.

[127] HALL T, HEYDE C C. Martingale limit theory and its applications [M]. New York: Academic Press, 1980.

[128] MARCUS M B. Capacity of level sets of certain stochastic process[J], Z. W., 1976 (34):274 - 284.

[129] WEBER M. Dimension de Hausdorff de points multiples du mouverment brownien fractionnaire dans $\mathbf{R}^n$[J]. C. R. Acad. Sci. Paris., 1983 (297): 357 -360.

[130] WU JUN, XIAO YIMIN. Some geometric properties of Brownian motion on Sierpinski gasket[J]. China. Ann. of Math., 1995,2(16B):191 -202.

[131] ZHOU XIANYIN. Hausdorff measure of the level sets of Brownian motion on the Sierpinski gasket, Mankai Series Pure Appl. Math. Th. Phys., Probability and Statistics, eds Z. P. Jiang et al[M]. Singapore: World Scientific Press, 1992,283 -300.

[132] BEDFORD T. Dimension and dynamics for fractal recurrent sets[J]. J. London Math. Soc., 1986 (33),89 -100.

[133] DEKKING F M. Recurrent sets[J]. Adv. in Math., 1982 (44):78 -104.

[134] DEKKING F M. Recurrent sets, a fractal formlison Report[R]. Technische Hogescholl Delft,1982: 82 -132.

[135]SENTA E. Non - negative matrices[M]. London: George Allen and Unilin , 1973.

[136]TRICOTC C R. Acad. Sc. Paris, 1986 (303), 609 - 612.

[137]文志英,吴黎明,钟红柳. A Note on Recurrent Sets[M]. Orsay: Thése d'Habilitation , 1990.

[138]钟红柳. 一类递归集的 Hausdorff 维数[D]. 武汉:武汉大学,1989.

[139]HAWKES J. On the Huasdorff dimension of the range of a stable process with a Borel set[J]. Z. W. , 1971 (19):90 - 102.

[140]HALL T, HEYDE C C. Martingale Limit Theory and Its Application [M]. New York: Academic Press, 1980.

[141]KAHANE J. Some Random Series of Functions [M]. 2nd, ed. , London: Camibridge University Press, 1985.

[142]MARCUS M B. Capacity of level sets of certain stochastic processes[J]. Z. W. , 1676 (34),279 - 284.

[143]WEBER M. Dimension de Hausdorff ef points multiples du mouverment brownien fractionnaire dans $\mathbf{R}^n$[J]. C. R. Acad. Sci. Paris, 1983 (297): 357 - 360.

[144]肖益民. 某些高斯场的几何性质[D]. 武汉:武汉大学,1990.

[145]F. Axel and J Payriere. J. stat. phy. , 1989,5/6.

[146]CAWLEY R, MAULDIN R D. Adv. in Math. ,

1992 (92):196 - 236.

[147]华苏. 广义自相似集的维数研究[J]. 应用数学学报,1994,17(4).

[148]HUTCHINSON J E. Fractals and self - similarity [J]. Insiana Univ. Math. J., 1981,30:713 - 747.

[149]MANDELBROT B B. Fractal geometry of the nature[M]. San. Francisco, 1982.

[150]MORAN P A. Additive functions of intevals and Hausdorff measure [J]. Proc. Camb. phil. soc., 1946,12:15 - 23.

[151]苏峰. 广义 Moran 集的重 fractal 分解[J]. 数学年刊,1994,15A (2):134 - 144.

[152]TAYLOR S J. Math. proc. Camb. phil. Soc., 1986 (100):383 - 406.

[153]李立康,郭毓駒. 索伯列夫空间引论. 计算数学丛书[M]. 上海:上海科学技术出版社,1984.

[154] LIONS J L, MAGENES. Non - homogenous Boundary Value Problems and Application[M]. New York: Springer - Verlag,1972.

[155]BABIN A V, Vishik M I. Regular Attractors of Semigroups of Evolutionary Equations[J]. J. Math. Pures et Appl., 1983,62:441 - 491.

[156]ATTIETA J, Alexandre Carvalho N, Hale J K. A Damped Hyperbolic Equation with Critical Exponent [J]. Commun. in Partial Differential Equations, 1992,17(5 - 6):841 - 866.

[157]TEMAM R. Infinite - dimensional Dynamical Systems in Mechanics and Physics[J]. Applied Math.

Sci. , Vol. 68. New York: Springer – Verlag, 1988.

[158]郭伯灵. 非线性演化方程[M]. 上海:上海科技教育出版社,1995.

[159] HUANG YU. Global Attractors for Semilinear Wave Equations with Non – linear Damping and Critical Exponent[J]. Applicable Analysis, 1995,56: 165 – 174.

[160]BABIN A V, Vishik M I. Attractors of Evolution Equations. Studies in Math[M]// Appl. Vol. 25. New York: North – Holland, 1992.

[161]BARNSLEY M F. Fractal Everywhere [M]. Boston: Academic Press Professional. 1993.

[162]PEITGEN. Heinz – Otto. Richter P H. The Beauty of Fractals[M]. Berlin: Springer – Verlag 1986.

[163]BODIL BRANNER. The mandelbrot set. In: Robert L. Devaney. Linda Keen. Eds. Chaos and Fractal, The Mathematics Behind the Computer Graphics, Proceedings of Symposia in Applied Mathematics [C]. Vol. 39. Rhode Island: American Mathematical Society Providence, 1988,75 – 106.

[164]任福尧. 复解析动力学系统[M]. 上海:复旦大学出版社,1997.

[165] Kawasa T. Sample functions of Polya processes [J]. Pacific J Math. 1981,97:125 – 135.

[166]徐赐文,陈振龙. *d* 维平稳高斯过程多重点的 Hausdorff 维数及 Packing 维数[J]. 数学杂志, 1996,16(2):227 – 230.

[167] KAHASE J P. Some random series of fumctions

[M]. 2nd ed. London :Cambridge University Press, 1985.

[168]肖益民.某些高斯向量场的几何性质[D].武汉:武汉大学,1990.

[169]TESTARD F. Polarié, points multiples et gé oné trie de certains processus gaussiens[D]. Paris:Orsay,1987.

[170]EDALAT A. Domain theory and intergation[J]. Theoretical Computer Science, 1995, 151: 163 - 193.

[171]KLINE M. Mathematical thought from ancient to modern times[M]. New York: Oxford University Press,1972.

[172]LIANG J H, LIU Y M. Domain theory and topology[J]. In Chinese. Advances in Mathematics, 1999,28:97 - 104.

[173]ABRAMSKY S, Jung A. Domain theory[M]// Abramsky S, Gabbay D M, Maibaum T S E, eds. Handbook of Logic in Computer Science, Vol. 3. Oxford: Clarendon Press, 1994.

[174]ZHENG C Y, FAN L, CUI H B. Introduction to frames and continuous lattices[M]. in Chinese. Beijing: Capital Normal University Press, 2000.

[175]EDALAT A. Domains for computation in mathematics, physics and exact real arithmetic[J]. Bull. Symbolic Logic, 1997,3:401 - 452.

[176]KELLEY J L. General topology[M]. New York: Springer - Verlag, 1955.

[177] MCMULLEN C. Hausdorff dimension and conformal dynamics Ⅱ: Geometrically finite rational maps [J]. Comment. Math. Helv., 2000,75:535 - 593.

[178] RIVERA - LETELIER J. On the continuity of Hausdorff dimension of Julai sets and similarity between the Mandelbrot set and Julia sets [J]. Fund. Math., 2001,170:287 - 317.

[179] CARLESON L, JONES P, YOCCOZ J C. Julia and John [J]. Bol. Soc. Brasil. Mat., 1994,25: 1 - 30.

[180] SHISHIKURA M. The Hausdorff dimension of the boundery of the Mandelbrot set and Julia sets [J]. Ann. of Math., 1998,147:225 - 267.

[181] SULLIVAN D. conformal dynamical systems, in Geometric Dynamics (Rio de Janeiro, 1981), Leture Notes in Math. 1007 [M]. Berlin: Springer, 1983, 725 - 752.

[182] DOUADY A, Hubbard J, On the dynamics of polynomial - like mappings [J]. Ann. Sci. Ecole Norm. Sup., 1985,18:287 - 344.

[183] DENKER M, URBANSKI M. Hausdorff measure on Julia sets of subexpanding rational maps [J]. Jsranel J. Math., 1991,76:193 - 214.

[184] MANÉAN R. On a lemma of Fatou [J] Bol. Soc. Brasil. Mat., 1993,24:1 - 12.

[185] URBANSKI M. Rational functions with no recurrent critical points [J]. Ergod. Th., and Dynam. Sys., 1994,14:391 - 414.

[186] URBANSKI M. Geometry and ergodic theory of conformal nonrecurrent dynamics[J]. Ergod. Th. and Dynam. Sys., 1997,17:1449 – 1476.

[187] URBANSKI M, ZINSMEISTER M. Continuity of Hausdorff dimension of Julia – Lavaurs sets as a function of the phase[J]. Journal of Conformal Geometry and Dynamics, 2001,5:140 – 152.

[188] HIRST K E. A problem in the fractional dimension theory of continued fractions[J]. Quart. J. Math. Oxford(2),1970,21:29 – 35.

[189] CUSICK T W. Hausdorff dimension of sets of continued fractions[J]. Quart. J. Math. Oxford(2), 1990,41(163):277 – 286.

[190] MOORTHY C G. A problem of Good on Hausdorff dimension[J]. Mathematika, 1992,39(2):244 – 246.

[191] LUCZAK T. On the fractional dimension of sets of continued fractions[J]. Mathematika, 1997,44(1): 50 – 53.

[192] INOUE K, NAKADA H. On meteic Diophantine approximation in positive characteristic[J]. Acta Arithmetica, 2003,110(3):205 – 218.

[193] FUCHS M. On metric Diophantine approximation in the field of formal Laurent series[J]. Finite Fields Appl., 2002,8(3):343 – 368.

[194] WU J. Hausdorff dimensions of bounded – type continued fraction sets of Laurent series[J]. Finite Fields Appl., 2007,13(1):20 – 30.

[195] HARDY G H. Weierstrass's non - dierentiable function[J]. Trans. Amer. Math. Soc., 1916,17:301 - 325.

[196] MANDELBROT B B. Fractals: Form, Chance and Dimension[M]. San Francisco: Freeman, 1977.

[197] BUCZOLICH Z. Irregular 1 - sets on the graphs of continuous functions [J]. Acta. Math. Hungar, 2008,121:371 - 393.

[198] FAN A H. A refinement of an ergodic theorem and its application to Hardy functions[J]. C R. Acad. Sci. Parist, Série, I, 1997,325:145 - 150.

[199] HU T Y, LAU K S. The sum of Rademacher functions and Hausdorff dimension [J]. Math. Proc. Camb. Phil. Soc., 1990,108:97 - 103.

[200] KACZMARZ S, STEINHAUS H. Le systeme orthorgonal, de. M. Rademacher[J]. Studia Mathematica, 1930,2:231 - 247.

[201] KAPLAN J L, MALLET - PARET J, YORKE J A. The Lyapunov dimension of a nowhere differentiable attracting torus[J]. Ergod. Th. Dynam. Sys., 1984,4:261 - 281.

[202] SHIOTA Y, SEKIGUCHI T. Hausdorff dimension of graphs of some Rademacher series[J]. Japan J. Appl. Math., 1990,7:121 - 129.

[203] TROLLOPE J R. An explicit expression for binary digital sums[J]. Math. Mag., 1968,41:21 - 25.

[204] BEYER W A. Hausdorff dimension of level sets of some Redemacher series [J]. Pacific J. Math.,

1962,12:35 -46.

[205]WU J. Dimension of level sets of some Redemacher series[J]. C. R. Acad. sci. Paris, Série I, 1998, 327:29 -33.

[206] XI L F. Hausdorff dimensions of level sets of Rademacher series [J]. C. R. Acad. Sci. Paris, Série I, 2000,331:953 -958.

[207]FAN A H. Individual behaviors of oriented walks [J]. Stochastic Process Appl. , 2000,90(2):263 - 275.